普通高等教育"十三五"规划系列教材

工程材料及机械制造基础

主　编　李　清
主　审　陈金水

华中科技大学出版社
中国·武汉

内 容 提 要

本书以金属零件的制造成形为主线，在介绍材料成形机理的基础上，讲述现今主流的制造方法，并通过知识点引申的方式，介绍非金属材料的成形方法和技术，培养学生的自学能力，从而使学生对整个制造技术有一个整体认识，并会选择材料及制造方法。全书分为9章，包括工程材料的基本知识、钢的热处理及表面工程技术、液态成形技术、压力加工、连接成形、粉末冶金、切削加工、数控加工与计算机辅助制造、特种加工。各章后面均有引申知识点和复习思考题。

本书可以作为高等学校工科相关专业的教材，也可供相关工程技术人员参考。

图书在版编目(CIP)数据

工程材料及机械制造基础/李清主编. —武汉：华中科技大学出版社，2016.6(2023.7 重印)
21世纪高等学校机械设计制造及其自动化系列教材
ISBN 978-7-5680-1515-8

Ⅰ.①工…　Ⅱ.①李…　Ⅲ.①金属加工-工艺学-高等学校-教材　Ⅳ.①TG

中国版本图书馆CIP数据核字(2015)第321892号

工程材料及机械制造基础　　　　李　清　主编
Gongcheng Cailiao ji Jixie Zhizao Jichu

策划编辑：万亚军
责任编辑：刘　飞
封面设计：原色设计
责任校对：何　欢
责任监印：周治超
出版发行：华中科技大学出版社(中国·武汉)　　电话：(027)81321913
武汉市东湖新技术开发区华工科技园　　邮编：430223
录　　排：武汉三月禾文化传播有限公司
印　　刷：武汉邮科印务有限公司
开　　本：787mm×1092mm　1/16
印　　张：18.75
字　　数：473千字
版　　次：2023年7月第1版第7次印刷
定　　价：56.80元

前　言

2011 年，教育部高等学校机械基础课程教学指导分委员会在调研全国工程材料及机械制造基础系列课程的基础上，编制了《工程材料及机械制造基础课程教学基本要求》(以下简称《基本要求》)。本书是参照《基本要求》的精神编写的，同时还汲取了天津大学、河北工业大学、中国民航大学、天津科技大学、天津职业大学等多所学校十多年来在金属工艺学课程教学理念、教学内容、教学体系、教学方法与手段等方面进行教学改革所取得的研究成果，借鉴了国内外知名大学机械基础教育所取得的成功经验，强化了机械制造基础教学体系和创新能力培养的主线。

全书分为 9 章，包括工程材料的基本知识、钢的热处理及表面工程技术、液态成形技术、压力加工、连接成形、粉末冶金、切削加工、数控加工与计算机辅助制造、特种加工。各章后面均有引申知识点和复习思考题。本书可以作为高等学校工科各专业工程材料及机械制造基础系列课程(金属工艺学课程)的教材，也可供相关工程技术人员参考。

本书在规范教学内容、强调知识结构和强化创新意识培养等方面具有特色。书中既有需要掌握的必修内容，又有可深入提高的拓展指南，体现了分类教学、规范化与多样性相统一、拓宽专业培养口径、规范内容最小化和核心内容最低标准等原则，可作为近机械类和非机械类各工科专业的教材或教学参考用书。

本书由天津大学李清主编，陈金水教授主审。具体编写分工如下：绪论由天津大学车建明编写；第 1 章由中国民航大学景微娜、李蕊编写；第 2 章和第 6 章由天津大学王玉果编写；第 3 章和第 4 章由天津科技大学朱征编写；第 5 章由天津大学李清和天津职业大学闫红编写；第 7 章由天津大学王攀峰编写；第 8 章由河北工业大学曹文杰编写；第 9 章由天津大学李清编写。本书的编写还得到了编者所在院校领导的指导与帮助，在此表示衷心的感谢。

由于编者水平有限，书中难免存在不足之处，恳请学界同仁和广大读者批评指正。

编　者

2015 年 11 月于北洋园

目　　录

绪　　论

1. 课程的内容与要求

工程材料及机械制造技术是研究常用工程材料及其制造工艺方法的科学，是一门综合性的技术基础课程。随着科学技术的不断发展，材料的种类越来越多，制造方法层出不穷。本书抓住成形机理这个主线进行分章讲解，以金属材料为例，从材料本身的性质入手，介绍了八种主流的制造工艺。

工程材料及机械制造技术不仅是高等学校工科类学生的一门技术基础必修课，也是非工科类学生提高工程素质的一门重要公共课程。开设本课程的主要目的，在于使学生了解机械制造的一般过程和基本知识，掌握常用金属材料的性能、常规与先进制造技术的基本原理、工艺特点，初步建立现代制造工程和生产过程的概念，培养工程素养及创新意识，其教学特点具有很强的实践性，它是实现理工与人文社会学科融合的有效途径。

当前，我国正在实施科教兴国、人才强国战略，中央发出了“大众创业、万众创新”的战略号召。在这种情况下，推进素质教育，优化知识结构，重视能力培养，着力提高学生的学习能力、实践能力、创新能力就显得尤为重要。本课程在培养基础宽厚、素质高、能力强、富于创新精神的人才方面将发挥重要作用。

2. 金属工艺发展历史

金属工艺的发展与人类文明的发展同步。金属材料的生产和应用是人类征服自然、发展生产力的智慧结晶，是人类社会发展的重要里程碑。

公元前 5000 年左右，埃及人开始冶炼铜，并用铜制造工具和武器。公元前 1800 年左右，中国进入青铜器时代。中国青铜器制造技术发展非常快，到商代进入全盛期，工艺上已达到相当高的水平。商代铸造的后母戊鼎形状雄伟，气势宏大，纹饰华丽，工艺高超，它的质量为 832.8 kg，是世界上迄今出土的最重的青铜器。

公元前 1400 年左右，人类掌握了冶炼铁的技术，开始大量地生产铁，并在很多场合用铁代替了铜。中国在公元前 6 世纪出现了铁制品，在公元前 513 年铸出了世界上最早见于文字记载的铸铁件——晋国铸刑鼎，在商代和西周时期制造出了辘轳、鼓风器等工具。

从东汉到宋元时期，中国的机械技术在世界上长期居于领先地位。

1405 年，明朝郑和率领庞大的船队（240 艘海船、27400 名船员，主船长 137 m）进行了 7 次远航，访问了 30 多个国家。郑和船队航行时间之长、规模之大、范围之广，达到了当时世界航海事业的顶峰，也反映出了中国当时的机械制造水平之高。

1637 年，明朝末年的学者宋应星所著的《天工开物》一书，系统而全面地记载了中国农业、工业及手工业的生产工艺和经验，其中包括金属的开采与冶炼、铸造和锤锻工艺，船舶、车辆、武器、工具的结构和制作方法等。图 0-1 是天工开物中记载的中国古代锤锻制造技术的图示。《天工开物》被译成多种文字流传于世，是一部在世界科技史上占有重要地位的科技著作，也是《金属工艺学》的先祖。

郑和船队和《天工开物》是中国古代科学技术辉煌的两个重要标志。

图 0-1　古代锤锻技术

需要说明的是，第一次工业革命以前，工程结构中使用的主要材料还是木材。车床和其他少数机床已经有了，但其结构是木制的，用来加工木质零件。金属（主要是铜和铁）仅用以制造仪器、钟表、泵和木结构机械上的小型零件。金属加工主要靠工匠的精工细作来达到所需要的精度。

18 世纪，第一次工业革命从英国发起。蒸汽机作为动力机，取代了人力、水利和畜力，开创了以机器代替手工劳动的时代。蒸汽机的出现，促进了蒸汽机车、蒸汽轮船等新机械的发明，引发了交通运输的革命。炼铁高炉的鼓风机有了新的动力，高炉的容量加大，冶炼温度提高，铁的质量也提高，产量也成倍增长。蒸汽机的制造，要求以从未有过的尺寸公差等级加工大型金属零件，从而促成了金属切削技术的第一次大发展，车床也由木质结构逐渐改为金属结构，出现了可制造金属零件的镗床和铣床。大型的集中的工厂生产系统，取代了分散的手工业作坊。金属材料的加工进入机械化时代，金属材料的使用量大幅增长，金属工艺水平大幅提高。

19 世纪中叶，随着发电机和电动机的发明，世界进入了电气时代。电灯、电车、电钻、电焊机等许多电器产品和技术如雨后春笋般地涌现出来。随着内燃机的发明，出现了汽车和飞机，从而对机器的运转速度、零部件的加工精度、生产效率提出了更高的要求。因此，磨床、插齿机、滚齿机、自动机床、组合机床、精密机床相继发明和使用，各种专用的切削机床趋于完备。大批量生产模式出现，标准化、系列化逐步走向完善，金属材料的加工工艺伴随着机械制造业开始迈向自动化和现代化，金属零部件的加工精度达到了纳米级。

2012 年，杰里米·里夫金在他的《第三次工业革命——新经济模式如何改变世界》中这样阐述：目前新兴的可再生能源技术和互联网技术的出现、使用和不断融合，将带给人类生产方式以及生活方式的再次巨大变革。

第三次工业革命将迎来制造业的数字化发展，其核心特征是工业化与信息化深度融合：一是更智能的计算机软件，数字化的规模大大提高了生产速度并降低了成本；二是新材料的出现，新材料比旧材料更轻、更坚固、更耐用；三是更灵巧的机器人，下一代制造业机械设备将能够抓取、装运、暂存、拾取零部件和进行清理打扫等；四是基于网络的制造业服务商出现，促成完整的产业链；五是新的制造方法（如 3D 打印技术）不断出现并使用。

3. 材料制造的内涵

制造一般指通过人工或机器使原材料或半成品成为可供使用的物品（即产品）。制造过程一般需要相应的资源和活动，并产生相应的附加值。

随着历史的发展和技术的进步，制造的含义在不断扩展。制造的含义有狭义和广义之分。狭义制造指产品的制作过程，这也是一般意义上人们对制造的理解，例如，齿轮的制造、汽车的制造等。而广义制造指产品的全生命周期过程，是一个涉及产品设计、材料选择、生产规划、生产过程、质量保证、经营管理、市场销售和服务的一系列相关活动和工作的总称。本书内容属狭义制造范畴。材料的制造方法可以分为三大类：材料成形（变形）加工、材料分离加工和材料增量加工，如图 0-2 所示。

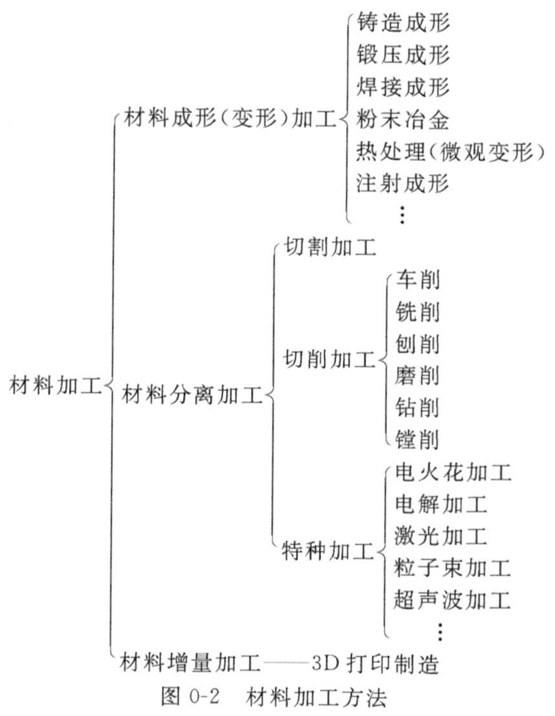

图 0-2 材料加工方法

通常情况下，根据材料在加工过程中的温度，人们将金属材料的加工分为冷加工和热加工两大类。在金属再结晶温度以下进行的加工称为冷加工，而在高于金属再结晶温度进行的加工称为热加工。铸造、锻造和焊接是金属材料的常见热加工方法，是将金属原材料加工成毛坯或产品的主要方法，人们习惯称之为成形加工。车削、铣削、磨削等切削加工以及特种加工等是金属材料的冷加工方法，人们习惯称之为机械加工。

随着工程材料种类的增多和材料加工技术的快速发展，制造产品的材料已不局限于金属材料，无机非金属材料、高分子材料和复合材料已广泛应用于生产和生活的各个领域，相应的材料成形方法也不仅仅是铸造、锻造和焊接，材料成形也包含粉末冶金、塑料成形、复合材料成形以及表面成形等方法。可见，材料成形的范围是不断扩展的。

材料成形不仅可以制造毛坯，也可以直接制造出成品零件，机械加工是在毛坯的基础上进行的，可制造出更高精度的零件。图 0-3 所示为零件的制造过程示意图，可以看出零件的制造过程主要由成形加工和机械加工两部分组成。从这个意义上看，制造技术可分为机械加工制造技术和成形加工制造技术两大类。

在不同的机械制造工业中，各种金属制造方法所占地位及其产品比重有很大不同。例如：轴承工业中，磨削加工占有最大工作量；锅炉、轮船等，主要由钢板的焊接结构件组成；机

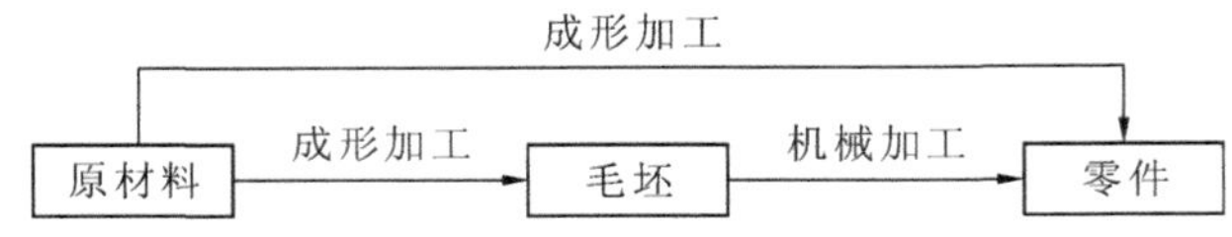

图 0-3 零件的制造过程

床工业中，铸件所占的比重很大；而仪表工业中，冲压件用得较多等。各种制造方法都在朝着高质量、高生产率和低成本的方向迅速发展。各种少切削、无切削加工，以及增材制造的新工艺发展，已使越来越多的零件改变了传统的制造工艺，从而节省了大量的材料并大幅度提高了生产率。此外，各种加工工艺过程的机械化、自动化的迅猛发展，已改变了并正在改变着整个机械制造工业的面貌。

下面以齿轮的制造过程为例，说明零件制造过程中所涉及的材料制造技术。齿轮是典型的盘套类零件，在工作时齿面承受较高的接触应力和摩擦力，齿根承受较大的弯曲应力，有时还承受冲击载荷。因此，对齿轮的力学性能要求较高，要求齿面有高的硬度和耐磨性，齿轮心部有足够高的强度和韧度。齿轮的工作条件不同，材料和制造方法也存在差异。下面列举齿轮的几种不同的制造方法。

(1) 对于低速、轻载齿轮，常用低碳钢或中碳钢锻造成形，再经机械加工、调质等工序。

(2) 对于高速、重载齿轮，常采用20CrMnTi、20CrMo等合金结构钢锻造成形，再经机械加工、渗碳等工艺。

(3) 对于要求不高的齿轮，可以采用灰口铸铁、球墨铸铁等材料铸造成形。

(4) 对于精度和强度要求不高的传动齿轮，如仪器设备、家用器具、玩具等齿轮，可选用尼龙、聚碳酸酯、聚甲醛等塑料注射成形方法制造。

(5) 对于一些强度和硬度较高的小型齿轮，可选用铁基粉末冶金方法制造。

综上所述，不同零件的制造工艺是不同的。对具有一定尺寸和形状精度要求的机械零件而言，一般都需要利用材料成形工艺制造毛坯，并经机械加工和热处理获得成品。

4. 本课程的学习方法

在学习本课程之前，学生应先修工程制图和工程训练等课程，需具备一定的机械产品和机械加工方面的感性知识，以及机械制图和金属材料的基础知识。

本课程的特点之一是涵盖的知识面广，融多种学科知识、多种工艺方法为一体，体现了多学科的交叉与渗透，信息量大。因此，学习时应注重课程内容的相关性。另一特点是实践性强，且教学中以叙述性知识为主，因此，在学习中应注重理论联系实际，要结合在前期工程训练的实践经历和平时日常生活中接触到的机械产品的实例，进行联想思维，加深对所学内容的理解。此外还要认真完成本课程的作业和工艺设计练习，通过独立思考，搞懂并掌握相关内容。

本课程中所学的知识在以后的专业课程学习、课程设计和毕业设计，以及将来的社会实践中都会一再用到，应充分利用这些机会，反复练习，扎实掌握，并进行巩固和提高。

要充分认识到本课程在培养学生的工程意识、创新意识、综合素质和解决工程实际问题的能力方面，具有其他课程难以替代的作用。

第 1 章　工程材料的基本知识

材料是人类用来制造各种产品的物质，是人类生活和生产的物质基础。历史证明材料是社会进步的物质基础和先导，是标志人类进步的里程碑。历史学家根据产品材料的不同，将人类生活分为石器时代、青铜器时代、铁器时代、水泥时代、硅时代和新材料时代。当今，人们把材料、信息、能源作为现代文明的三大支柱。

工程材料是用来制造工程构件、机械零件和工具的材料。工程材料应用于机械、车辆、船舶、建筑、化工、能源、仪器仪表、航空航天等工程领域。工程材料一般按化学成分，分为金属材料、无机非金属材料、高分子材料和复合材料四大类（见图 1-1）。

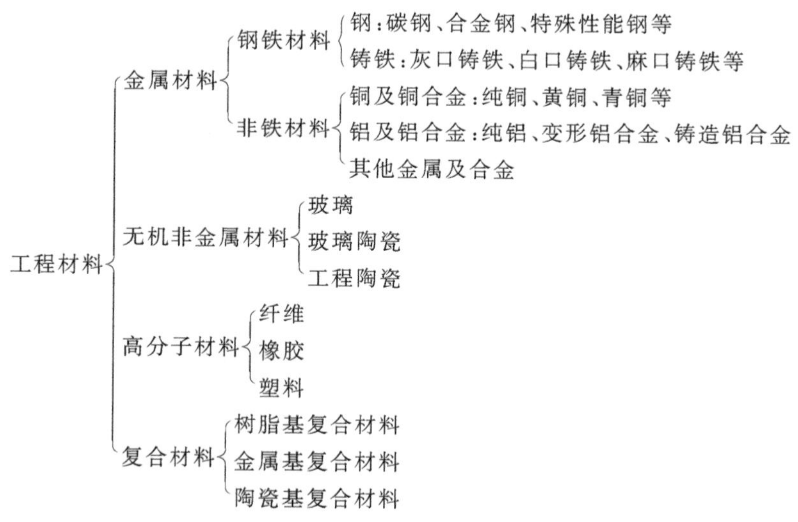

图 1-1　工程材料分类

目前，金属材料是机械工业最重要的工程材料，其中包括金属和以金属为基的合金。金属材料具有良好的力学性能、物理性能、化学性能及加工工艺性能，能满足机器零件的使用要求。金属材料还可以通过热处理改变其组织和性能，进一步扩大使用范围。

无机非金属材料具有硬度高、熔点高、耐高温、绝缘性和耐蚀性好等优点，新型无机材料已发展成为重要的高温材料和功能材料，渗透到各应用领域。但无机非金属材料的塑性和韧度远低于金属材料，严重影响其使用范围。

高分子材料是有机合成材料，也称聚合物。它具有较高的强度、良好的塑性、较强的耐蚀性能，很好的绝缘性和质量轻等优良性能，是工程上发展最快的一类新型结构材料。目前，在工业中已部分代替金属材料，广泛应用到电子信息、生物医药、航空航天、汽车工业、包装、建筑等各个领域。高分子材料种类很多，工程上通常根据力学性能和使用状态将其分为三大类：塑料、橡胶、合成纤维。但高分子材料的力学性能不如金属材料的力学性能，强度有一定局限，易出现应力松弛和蠕变，并且高分子材料的耐老化性能、耐高温性能也较差。

随着科技的不断发展，对材料性能提出了越来越高的要求，金属、高分子、陶瓷等单一材料已不能满足强度、韧度、刚度、质量、耐蚀性等多方面的要求。如果将高强度、高弹性模量的材料与高韧度的材料结合在一起，使其取长补短，可大大提高材料的性能，从而产生一种新型的材料——复合材料。

复合材料是由两种或两种以上的材料组成，各组成材料基本保持其原有各自的物理和化学性能，彼此之间有明显界面的材料。复合材料最大的特点是其性能比其组成材料的性能优越得多，大大改善了组成材料的弱点。例如，汽车的玻璃纤维挡泥板，单独使用玻璃太脆，单独使用聚合物材料则强度太低，然而将这两种单一材料经复合后得到了高强度、高韧度的新材料，而且质量很轻。复合材料具有许多优点：① 比强度和比模量高；② 抗疲劳性能和抗断裂性能好；③ 高温性能好；④ 耐磨减震性能优良。因此，复合材料得到了越来越广泛的应用。以往的民用飞机中，复合材料仅应用于雷达罩、整流罩、舱门等次要受力构件。随着技术不断发展，复合材料已应用于机身、机翼、发动机叶片、发动机罩等主要承重结构的制造，波音 787“梦幻飞机”的复合材料使用量达到 50%以上，可以说，今后将是复合材料的时代。

金属材料有比高分子材料高得多的模量，比陶瓷高得多的韧度、可加工性、磁性和导电性，在工程材料中占有十分重要的地位。金属材料在大型民用运输机的结构质量中占 50%以上。以最先进的空客 A380 飞机为例，金属材料的用量占到 60%以上。为降低飞机结构质量，提高飞机结构效率，飞机结构需选用综合性能优良的材料，选用轻质、高强度和高模量的材料，同时为确保飞机的安全性和经济性，还应考虑材料的韧度、抗疲劳性能、抗断裂性能、耐蚀性等诸多方面。

1.1 材料的主要性能

材料的性能决定了它的使用范围、使用寿命，以及加工适应性，是产品设计、制造过程中最重要的考虑因素。材料性能包括使用性能和工艺性能两方面。其中，使用性能是指材料在正常使用条件下安全、可靠工作所具备的性能，包括力学性能、物理性能、化学性能等；工艺性能是指材料的可加工性，也就是材料在加工制造过程中反映出来的性能，包括锻造性能、铸造性能、焊接性能和切削加工性能等。

1.1.1 金属材料的力学性能

材料的力学性能是其在外力作用下表现出的性能，其主要指标有静载荷作用下的强度、硬度、塑性，动载荷作用下的冲击韧度、断裂韧度，交变载荷作用下的疲劳强度等。这些力学性能指标都可利用试验方法测得。静载荷是载荷缓慢地施加在零件上，加载后载荷大小和方向不随时间发生改变的载荷。动载荷是载荷以较高速度施加在零件上，形成冲击的载荷。交变载荷是载荷大小、方向或大小和方向随时间呈周期性变化的载荷。

1.1.1.1 强度和塑性

1. 拉伸试验和拉伸曲线

金属在静载荷下抵抗塑性变形或断裂的能力称为强度。强度大小通常用应力来表示。根据载荷作用方式不同，强度可分为抗拉强度、抗压强度、抗弯强度、抗剪强度和抗扭强度五种。一般以抗拉强度作为判别金属强度高低的指标。金属的抗拉强度是通过拉伸试验测定的。

进行金属材料室温拉伸试验时，首先必须将金属材料制成符合国家标准 GB/T 228—2010 的标准试样，如图 1-2 所示。然后在拉伸试验机上对试样施加轴向静拉力 F，随载荷的不断增加，试样被拉长，直到拉断。试验机将自动记录每一瞬间的载荷 F 和伸长量 ΔL。利用静拉力 F 和试样伸长量 ΔL 的数值变化可得到力-伸长量的变化曲线，即拉伸曲线，图 1-3(a)所示为低碳钢的力-伸长量拉伸曲线。

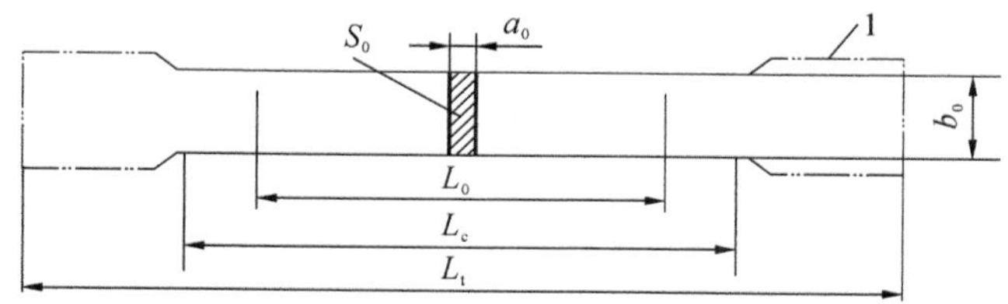

图 1-2　拉伸试样

S_0—平行长度的原始横截面积；L_0—原始标距；1—夹持头部；L_c—平行长度；a_0—试样原始厚度或管壁原始厚度；L_t—试样总长度；b_0—试样平行长度的原始宽度

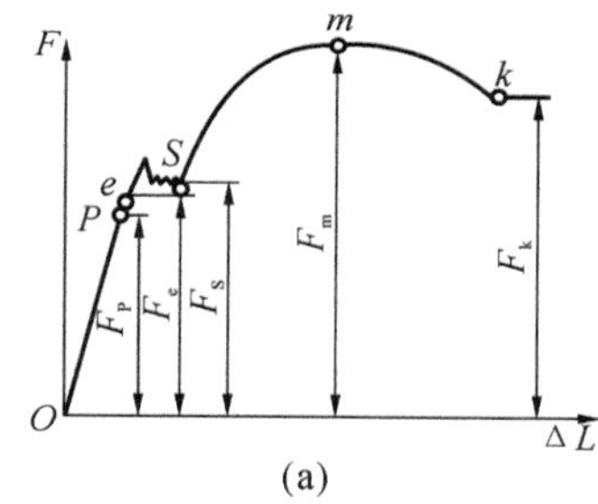

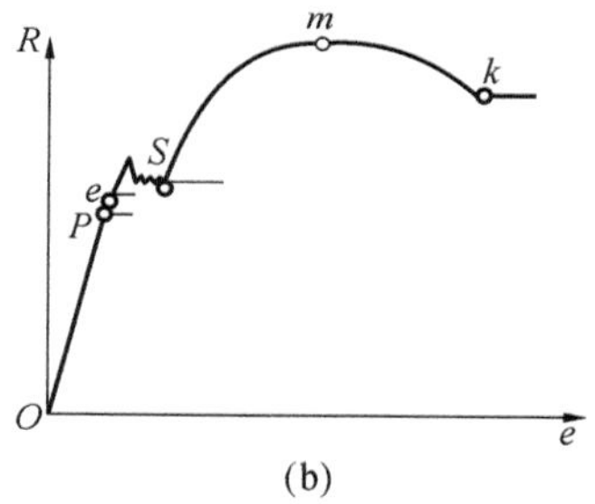

图 1-3　低碳钢拉伸曲线

(a) 拉伸力-伸长量曲线(F-ΔL 曲线)　(b) 应力-应变曲线(R-e 曲线)

为使曲线能够直接反映出材料的力学性能，可将纵坐标的静拉力改为用应力 R 表示，即试样单位横截面的拉应力 $R=\dfrac{F}{S_0}$；应变即试样单位长度的伸长量 $e=\dfrac{\Delta L}{L_0}$。由此绘成如图 1-3(b)所示的应力-应变曲线。R-e 曲线和 F-ΔL 曲线形状相同，仅坐标含义不同。

拉伸曲线能反映金属材料在拉伸载荷作用下的变形过程，如图 1-3 所示，当静拉力未达到 e 点以前，试样只产生弹性变形，此时载荷 F 与伸长量 ΔL 为线性关系，当载荷去除后试样将恢复到原始长度。当载荷超过 e 点之后，试样除了发生弹性变形外，还发生塑性变形，外力去除后试样不能恢复到原始长度，形成永久变形。当外力达到 S 点时，图上出现一近似水平段或者锯齿状线段，这表示载荷虽未增加，但试样仍继续发生塑性变形而伸长，这一现象称为屈服，S 点称为屈服点。此后，随载荷增大，塑性变形明显加大，当载荷达到 m 点时，试样开始变细，出现颈缩，颈缩截面缩小，使继续发生变形所需的载荷下降。载荷达到 k 点时，试样在颈缩处断裂。

2. 弹性和刚度

弹性是金属材料受外力作用产生变形，当外力去除后能恢复原来形状的性能。随外力消失而消失的变形，称为弹性变形。弹性变形量大小与外力成正比，服从胡克定律。弹性变形阶段所对应的最大应力，称为弹性极限。对于弹性零件，如弹簧片、板等，弹性极限是主要的性能指标。弹性模量表征材料产生弹性变形的难易程度，其值是材料在弹性变形范围内的应力与应变的比值，以 E 表示（单位为 MPa），即

$$E = \frac{R}{e} \tag{1-1}$$

材料的弹性模量越大，产生一定量的弹性变形所需要的应力越大，即材料越不容易产生弹性变形。弹性模量主要取决于材料内部的组织结构，常用的材料强化手段对弹性模量影响较小。在工程上，弹性模量被称为材料的刚度，反映了材料抵抗弹性变形的能力。

3. 强度

强度是金属材料在外力的作用下，抵抗塑性变形和断裂的能力，工程上金属材料的强度主要指屈服强度 R_e 和抗拉强度 R_m，单位为 MPa。

1）屈服强度 R_e

拉伸试验中，载荷达到 S 点时材料出现屈服，S 点是材料从弹性变形过渡到塑性变形的临界点。当金属材料出现屈服现象时，载荷不增加，试样仍能继续伸长，此时的应力值称为材料的屈服极限或屈服强度，用 R_e 表示。屈服强度分为上屈服强度和下屈服强度。

$$R_{eH} = \frac{F_{sH}}{S_0} \tag{1-2}$$

式中：R_{eH}——上屈服强度，即试样发生屈服而载荷首次下降前的最高应力（MPa）；

F_{sH}——上屈服载荷，即试样发生屈服而载荷首次下降前的最高载荷（N）；

S_0——试样的原始截面面积（mm^2）。

$$R_{eL} = \frac{F_{eL}}{S_0} \tag{1-3}$$

式中：R_{eL}——下屈服强度，是指在屈服期间不计初始瞬时效应时的最低应力（MPa）；

F_{sL}——下屈服载荷，是指在屈服期间不计初始瞬时效应时的最低载荷（N）；

S_0——试样的原始截面面积（mm^2）。

有一些金属材料如退火的轻金属、退火及调质的合金钢等，在拉伸过程中没有明显的屈服现象，无法确定屈服极限。有些脆性材料如铸铁，不仅没有屈服现象，而且也不会产生颈缩。表征这类材料的屈服强度时，一般工程上规定，以试样产生 0.2%塑性变形时的应力，作为该种材料的规定塑性延伸强度，用 $R_{p0.2}$ 表示。

2）抗拉强度 R_m

抗拉强度是金属材料断裂前所能承受的最大应力，即试样所能承受的最大载荷与试样原始截面面积的比值，用 R_m 表示，即

$$R_m = \frac{F_m}{S_0} \tag{1-4}$$

式中：R_m——试样在断裂前所承受的最大应力（MPa）；

F_m——试样在断裂时所承受的最大载荷（N）；

S_0——试样的原始截面面积（mm^2）。

工程上大多数零件都是在弹性范围内工作的，如果产生过量的塑性变形，零件会失效，因此多以屈服强度作为强度设计的主要依据。对于脆性材料，由于其断裂前不发生塑形变形，无屈服强度可言，在强度计算时以抗拉强度为依据。

R_e 和 R_m 的比值称为屈强比，其数值一般为 0.5～0.75。屈强比越小，材料的可靠性越高，即使超载也不会马上断裂；屈强比越大，材料的利用率越高，但可靠性将下降。

金属材料的强度与化学成分和工艺过程，尤其是热处理工艺有密切关系。纯金属的抗拉强度较低，但合金的抗拉强度明显提高。如铜为 600 MPa，铝为 400 MPa，而铜合金的抗拉强度为 600～700 MPa，铝合金的抗拉强度为 400～600 MPa。通过强化处理或冷热加工，可提高材料的屈服强度和抗拉强度。碳质量分数为 0.4% 的铁碳合金的抗拉强度为 500 MPa，经淬火和高温回火后，其抗拉强度提高到 700～800 MPa。

4. 塑性

塑性是材料在静载荷作用下产生塑性变形而不被破坏的能力，以材料断裂后塑性变形的大小来表征，常用的塑性指标是断后伸长率 A 和断面收缩率 Z。

1）断后伸长率 A

试样断裂后，其标距的伸长与原始标距的百分比称为断后伸长率，即

$$A=\frac{l_u-l_0}{l_0}\times 100\% \tag{1-5}$$

式中：l_0——拉伸试样原始标距(mm)；

l_u——拉伸试样拉断后的标距(mm)。

2）断面收缩率 Z

试样拉断后，缩颈处截面积的最大缩减量与原始截面积的百分比，即

$$Z=\frac{S_0-S_u}{S_0}\times 100\% \tag{1-6}$$

式中：S_0——拉伸试样原始截面面积(mm^2)；

S_u——拉伸试样断裂处的截面面积(mm^2)。

用断面收缩率表示塑性比用断后伸长率表示更能说明真实变形情况。当 $A>Z$ 时，材料无缩颈，为脆性材料特征；而 $A<Z$ 时，材料有缩颈，为塑形材料特征。

A 和 Z 的数值越大，表示材料的塑性越好。在使用中一旦超载，塑性变形还能避免材料突然断裂，从而增加零件的安全性。同时，良好的塑性是金属材料进行轧制、锻造、冲压、焊接的必要条件。

1.1.1.2　硬度

硬度是金属材料表面抵抗局部变形(特别是塑性变形、压痕、划痕)的能力，是衡量金属软硬的指标。硬度直接影响材料的耐磨性，刀具、量具、磨具的耐磨表面都应具有较高的硬度。工程上常用的硬度有布氏硬度、洛氏硬度、维氏硬度等。

1. 布氏硬度

金属材料布氏硬度试验标准 GB/T 231.1—2009 规定，布氏硬度的测试是以直径为 D 的硬质合金球为压头，在规定的试验力 F 作用下，将压头压入被测金属的表面，如图 1-4 所示，保持规定时间后卸除试验力，然后在两垂直方向测得表面压痕直径，求得压痕平均直径 d，以载荷 F 与压痕面积 S 的比值作为布氏硬度值，用 HBW 表示，即

$$\text{HBW}=\frac{F}{S}=0.102\times\frac{2F}{\pi D(D-\sqrt{D^2-d^2})} \tag{1-7}$$

式中：F——试验力(N)；

S——球面压痕表面积(mm^2)；

d——压痕平均直径(mm)；

D——压头直径(mm)。

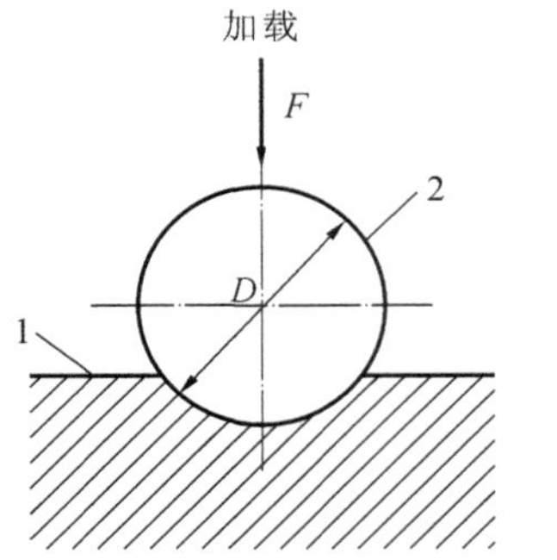

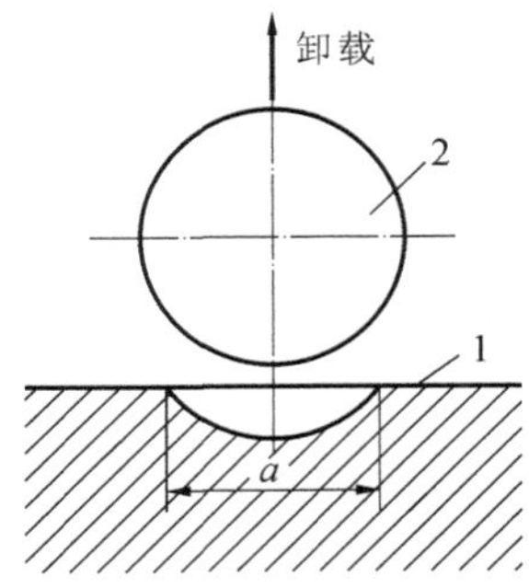

图 1-4　布氏硬度测试原理

1—被测试件;2—压头

布氏硬度的单位是 N/mm^2,但习惯上只写数值不标单位。硬度值越高,表明材料越硬,耐磨性越好。传统的布氏硬度计以淬火钢球为压头,用 HBS 表示。

布氏硬度试验是使用最早、应用最广泛的硬度试验方法,主要适用于灰口铸铁、非铁金属、各种软钢等硬度不是很高的材料。采用布氏硬度,试验值较稳定,准确度较洛氏硬度试验值高,重复性好,但材料表面压痕较大,不宜用于成品零件和薄壁件的硬度检测。

2. 洛氏硬度

洛氏硬度试验采用锥角为 120°、顶部曲率半径为 0.2 mm 的金刚石圆锥体或直径为 1.588 mm的硬质合金球作为压头,施加一定的压力压入材料表面,根据压痕深度来确定材料的硬度。试验时如图 1-5 所示,先加初始试验力,压头在位置 1;然后加主载荷,压头在位置 2;保持主载荷一定时间后,卸除主载荷,在保留初始试验力的情况下,压头在位置 3。故由于主载荷引起的塑性变形而使压头压入深度为 $h=h_3-h_1$。洛氏硬度值采用一个常数 c 减去 h,并用每 0.002 mm 的压痕深度为一个硬度单位

$$\mathrm{HR}=\frac{c-h}{0.002}$$

式中:c 为常数,对于 HRC、HRA,c 取 0.2;对于 HRB,c 取 0.26。洛氏硬度没有单位,试验时硬度值直接从硬度计的表盘上读出。

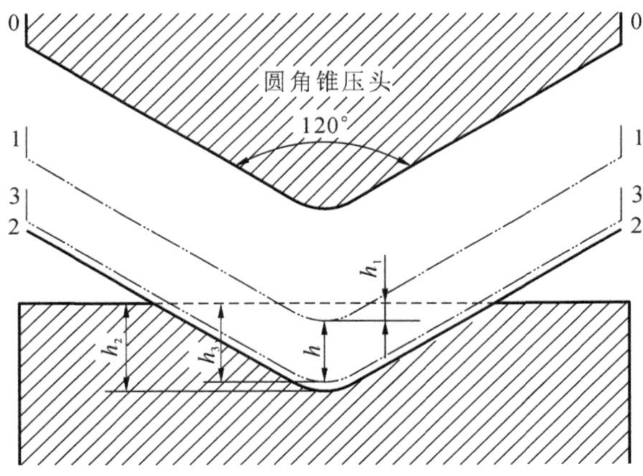

图 1-5　洛氏硬度试验原理图

为了使一台硬度计能测试从软到硬各种材料的硬度,其压头和载荷可以变更,可用 9 种不同符号表示。常用的有三种,即 HRA、HRB 和 HRC。表 1-1 给出了几种测试规范。

表 1-1　洛氏硬度测试规范

硬度符号	压头类型	主载荷	使用测试范围	硬度值有效范围
HRA	120°金刚石圆锥形压头	588.4 N	硬度极高的材料，如硬质合金	70 HRA 以上
HRB	ϕ1.58 mm 淬火钢球	980.7 N	硬度较低的材料，如退火钢、铸铁	25～100 HRB
HRC	120°金刚石圆锥形压头	1471.1 N	硬度较高的材料，如淬火钢、调质钢	20～67 HRC

洛氏硬度试验操作简单、迅速、压痕小、不损伤零件，多用于成品检验。其缺点是测量的硬度值重复性差，不均匀，需多测几个点取平均值。多用于钢铁原材料、非铁金属、经淬火后的工件、表面热处理工件及硬质合金等的硬度测试。

3. 维氏硬度

维氏硬度试验原理和上述两种硬度试验的类似：采用锥面夹角为 136°的金刚石四棱形锥体，在一定载荷下保持一定时间后卸载，得到具有正方形基面的压痕，以压痕对角线长度来衡量硬度值的大小，用 HV 表示。

维氏硬度广泛应用在精密工业和材料研究中，由于试验时所施试验力小，压痕深度浅，故可用于测定薄片金属材料、表面淬硬层、各种涂层等的表面硬度。维氏硬度值具有连续性，可测定很软到很硬的各种金属材料的硬度，且准确性高。其缺点是压痕小，对试件表面质量要求较高。

1.1.1.3　韧度

1. 冲击韧度

在生产实践中，很多机器零件都会受到冲击载荷的作用，如空气锤的锤杆、锻压机的冲头、火车挂钩、活塞销等。由于瞬时冲击引起的变形和应力比静载荷要大得多，因此必须考虑金属材料抵抗冲击载荷的能力。

冲击韧度是金属材料断裂前吸收变形能量的能力。韧度好的金属材料断裂时吸收能量较多，不易发生脆性断裂。金属材料的冲击韧度常用摆锤冲击弯曲试验机来测定。把待测材料制成如图 1-6 所示的标准缺口试样，再将试样放置在试验机支座上，将具有一定重量 G 的摆锤自一定高度 H 自由下落，冲断试样，摆锤凭借剩余的能量又上升到高度 h。摆锤冲断

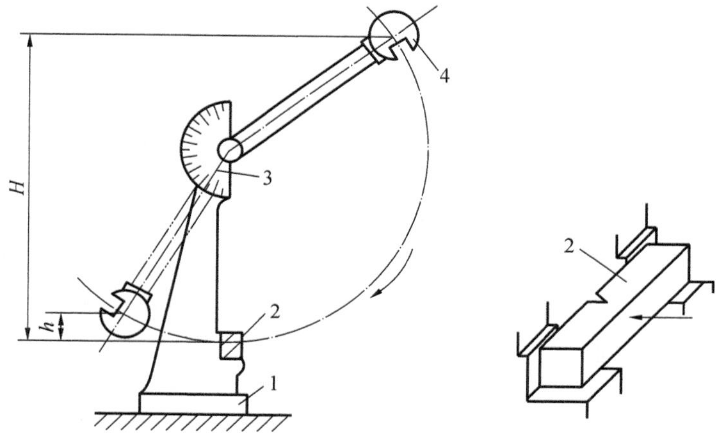

图 1-6　摆锤冲击试验示意图

1—冲击试验机底座；2—试样；3—刻度盘；4—摆锤

试样所吸收能量用 KU 或 KV 表示，单位 J，即

$$KU = GH - Gh \tag{1-8}$$

$$KV = GH - Gh \tag{1-9}$$

式中：KU、KV——U 型、V 型缺口试样的冲击吸收能量（J/cm^2）。

对于在使用中承受较大冲击载荷的构件，材料的冲击韧度是很重要的性能指标。材料的冲击韧度越大，说明其在冲击载荷作用下越不容易损坏。例如，飞机结构中的起落架在使用中会受到较大的冲击载荷，应采用强度高、韧度高的合金钢制造。

冲击韧度低的材料称为脆性材料，在断裂前没有明显的塑性变形，吸收能量少，抗冲击载荷能力低。冲击韧度高的材料为塑性材料，在断裂前有明显的塑性变形，吸收能量多，抵抗冲击载荷的能力强。

材料的冲击韧度随温度的下降而下降，在某一温度范围内冲击韧度急剧下降的现象称为韧脆转变。同时，冲击韧度还受试样形状、表面粗糙度及内部组织的影响。

2. 断裂韧度

金属材料的断裂韧度是指金属材料对裂纹失稳扩展而引起的低应力脆断的抵抗能力。低应力脆断是指材料在工作应力低于或远低于屈服极限时发生的脆性断裂，多发生在高强度合金钢材料结构件和大型焊接结构中。如果结构件中原本就存在一定的缺陷，如夹杂物、缩松、气孔、微裂纹等，这些缺陷都可看做裂纹，当裂纹失稳扩展时就会引起低应力脆断。裂纹扩展的难易，是由裂纹扩展所需要的能量大小决定的，以材料的断裂韧度表征。

含有裂纹的构件，在承受载荷时，由于应力集中，裂纹尖端附近区域的应力远远大于平均应力值。决定构件中裂纹是否发生失稳扩展的不是承载构件的平均应力，而是裂纹尖端附近区域的应力大小。为了研究裂纹尖端附近区域的应力情况，引入应力强度因子，表示裂纹尖端附近区域的应力强弱。

无限大厚平板上有一条长度为 $2a$ 的中央穿透裂纹，应力强度因子用 K_I 表示，单位为 $MN \cdot m^{-\frac{1}{2}}$，即

$$K_I = Y\sigma\sqrt{a} \tag{1-10}$$

式中：Y——与裂纹形状、加载方式及试样几何尺寸有关的量，为无量纲系数；

σ——外加应力（MPa）；

a——裂纹长度的一半（mm）。

K_I 是衡量裂纹尖端应力场强弱的一个物理量，它与外载荷大小、裂纹情况、构件结构几何形状和尺寸有关。当外力增大或裂纹扩展时，裂纹尖端的应力强度因子随之增大，当 K_I 达到某一临界值时，裂纹会突然失稳扩展，材料即发生快速脆断。这个临界值称为断裂韧度，用 K_{IC} 表示，它反映了材料抵抗裂纹扩展的能力。K_{IC} 值越高，材料对裂纹失稳扩展的抵抗能力越强，构件越不容易发生脆性断裂。由试验可知，材料的断裂韧度随材料的屈服强度的提高而降低。所以，选材时不能一味追求材料的高强度，应在满足断裂韧度需要的情况下，提高材料的静强度性能。

1.1.1.4 *疲劳强度*

许多机器零件如轴、齿轮、弹簧、活塞连杆等，是在交变载荷下工作的。在这种载荷作用下的金属构件所能承受的应力远小于材料的屈服强度，同时，其断裂前不会发生明显的塑性变形，断裂会突然发生，因此危险性极强。

交变载荷是指载荷的大小和方向随时间作周期性或者无规则改变的载荷。在交变载荷作用下，结构件所受外力称为交变应力。金属材料在交变载荷作用下发生的破坏称为疲劳破坏。金属材料抵抗疲劳载荷的能力称为疲劳强度。

金属材料的疲劳强度是在一定循环特征下，金属材料承受无限次循环而不被破坏的最大应力。疲劳强度可通过测定材料在交变载荷作用下无断裂的最大应力得到。将材料所受交变应力与断裂循环次数之间的关系绘制成疲劳曲线，即 R-N 曲线，如图 1-7 所示，R 越大，N 值越小。当应力值低于某一数值时，材料经无限次应力循环也不会发生疲劳断裂，此应力称为材料的疲劳强度。当应力为对称循环应力时，如图 1-8 所示，疲劳极限用 R_{-1} 表示。有些材料的疲劳曲线无水平部分，如图 1-9 所示，这时，规定某一循环次数 N_0 所对应的应力作为疲劳极限，一般钢的应力循环次数为 10^7 周次，非铁金属的应力循环次数为 10^8 周次。

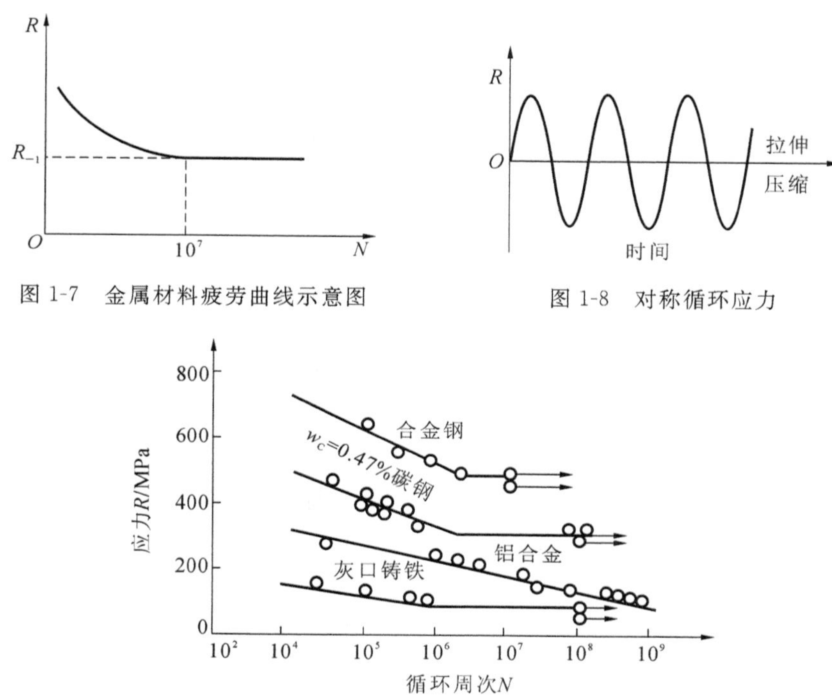

图 1-7　金属材料疲劳曲线示意图

图 1-8　对称循环应力

图 1-9　一些材料的疲劳曲线

金属的疲劳强度除与其化学成分有关外，还受一些因素的影响。

1. 应力集中

如果零件存在缺口、键槽、孔等易造成应力集中的特征，疲劳强度会下降。在零件设计时，应尽量避免应力集中部位的出现。

2. 表面状态

大多数疲劳失效产生于金属表面，对金属材料表面进行处理可起到提高材料疲劳强度的作用，如喷丸处理和表面热处理等，会增加表面硬度，提高其疲劳强度，也可在金属表面形成残余应力层以提高疲劳强度。

3. 表面质量

金属材料表面越光滑，其疲劳强度越高。粗糙的零件表面会造成应力集中，形成疲劳裂纹。

综上所述，为提高零件的疲劳强度，应改善其形状结构，减少应力集中现象，还可采用表面强化的方法，同时，还应控制材料的内部质量，避免气孔、夹渣等缺陷的出现。

1.1.1.5 高低温性能

1. 高温蠕变

蠕变是指材料在长时间的恒温、恒应力作用下，发生缓慢塑性变形的现象。蠕变的一般规律是温度越高，工作应力越大，蠕变的发展速度越快，产生断裂的时间越短。金属材料在高温下，承受的应力即使小于屈服强度，也会发生蠕变现象。因此在高温下使用的金属材料需具有足够的抗蠕变能力，例如，对于飞机发动机的燃烧室、排气管等结构，在选材时必须考虑金属材料高温蠕变现象。

蠕变的另一种表现形式是应力松弛，是承受弹性变形的零件在工作过程中变形量保持不变，但随时间的延长工作应力自行逐渐衰减的现象。如高温紧固件，若出现应力松弛，将会造成紧固失效。

2. 低温脆断

随着温度的下降，多数材料会出现脆性增加的现象，严重时甚至会发生断裂。可通过材料的冲击功与温度的变化关系来确定材料的韧脆状态转化。当温度降到某一数值时，冲击吸收能量会急剧减少，使材料呈脆性状态。材料由韧性状态转变为脆性状态的温度称为韧脆转变温度 T_K。T_K 值越低，材料的低温韧度越好。

1.1.2 材料的物理、化学及工艺性能

1.1.2.1 物理性能

金属材料的物理性能一般包括颜色、密度、熔点、导电性、导热性、热膨胀性和磁性等。机器零件的用途不同，对其物理性能的要求也不相同。

1. 颜色

金属材料都具有一定的颜色，可根据材料的颜色，将金属材料分为钢铁金属和非铁金属两大类。铁、锰、铬是钢铁金属，其他金属是非铁金属。

2. 密度

材料的密度是指单位体积中材料的质量，用 ρ 表示。根据密度可将金属分为轻金属和重金属两大类。一般密度小于 5 g/cm^3 的金属称为轻金属，密度大于 5 g/cm^3 的金属称为重金属。在航空工业中，飞机结构大部分都是选用轻金属来制造的。

抗拉强度 R_m 与密度 ρ 之比称为比强度；弹性模量 E 与密度 ρ 之比称为比弹性模量。这两者也是考量材料性能的重要指标。选用密度大的材料将增加零件的质量，降低零件单位质量的强度。

3. 熔点

金属加热时由固态转变为液态时的温度称为熔点。金属材料都有固定的熔点，根据金属熔点的高低，可将金属分为难熔金属和易熔金属。熔点低于 700 ℃的金属属于易熔金属，熔点高于 700 ℃的金属属于难熔金属。

金属材料的熔点取决于它的化学成分，是金属冶炼、铸造、焊接等热加工的重要工艺参数。熔点高的金属可以用来制造高温零件，在燃气涡轮发动机结构中大量应用。熔点低的金属可以制造熔丝、防火安全阀等。

4. 热膨胀性

金属在温度升高时体积胀大的性质称为热膨胀性。金属的热膨胀性通常用线膨胀系数

(α_l)来表示。金属的线膨胀系数越大，热膨胀性越大。飞机结构铝合金的线膨胀系数大约是合金钢的两倍，这会造成飞机软操纵系统钢索张力随温度变化。对于精密仪器和零件，线膨胀系数是非常重要的指标。

5. 导热性

金属材料传导热量的能力称为导热性，常用热导率（导热系数）λ 来表示。材料的热导率越大，导热性越好。一般情况下，金属的导热性要比非金属好得多，同时，纯金属的导热性比合金要好。金属的导热性与导电性有密切的关系，导电性好的金属导热性也好。

导热性好的金属散热性也好，在材料热加工过程中要考虑导热性对加工结果的影响。例如，导热性差的材料如合金钢，在锻造或热处理时，加热和冷却的速度过快会引起零件表面和内部大的温差，产生不同的膨胀，形成过大的应力，易引起材料发生变形或开裂。

6. 导电性

金属传导电流的能力称为金属的导电性。金属的导电性一般用电阻率 ρ 来表示。ρ 越大，金属的导电性越差。金属是电的良导体，但各金属的导电性并不相同，银的导电性最好，铜和铝次之。导电性与导热性类似，是随合金成分的复杂化而降低的，因而纯金属的导电性比合金要好。

7. 磁性

金属被磁场磁化或吸引的能力称为磁性，金属材料磁性最强的是铁、钴、镍。磁性材料可分为铁磁性、顺磁性、抗磁性材料。铁磁性材料在外磁场中能强烈地被磁化，如铁、钴，可用于制造变压器、电动机、测量仪表等。顺磁性材料在外磁场中只能微弱地被磁化，如锰、铬。抗磁性材料能抗拒并削弱外磁场对材料本身的磁化作用，如铜、锌，可制造避免电磁场干扰的零件和结构材料，如航海罗盘等。

一些金属的物理性能及力学性能见表 1-2。

表 1-2　常见金属的物理性能和力学性能

金属	铝	铜	镁	镍	铁	钛	铅	锡	锑
元素符号	Al	Cu	Mg	Ni	Fe	Ti	Pb	Sn	Sb
密度/(g/cm^3)	2.70	8.94	1.74	8.9	7.86	4.51	11.34	7.3	6.69
熔点/℃	660	1083	650	1455	1539	1660	327	232	631
线膨胀系数/[(1/℃)×10^{-6}]	23.1	16.6	25.7	13.5	11.7	9.0	29	23	11.4
相对电导率/(%)	60	95	34	23	16	3	7	14	4
热导率/(W/m·K)	2.09	3.85	1.46	0.59	0.84	0.17	—	—	—
磁化率 χ_m	21	抗磁	12	铁磁	铁磁	182	抗磁	2	—
弹性模量 E/MPa	72400	130000	43600	210000	200000	112500	—	—	—
抗拉强度 R_m/MPa	80～110	200～240	200	400～500	250～330	250～300	18	20	4～10
断后伸长率 A/(%)	32～40	45～50	11.5	35～40	25～55	50～70	45	40	0
断面收缩率 Z/(%)	70～90	65～75	12.5	60～70	70～85	76～88	90	90	0
硬度/HBW	20	40	36	80	65	100	4	5	30
色泽	银白	玫瑰红	银白	白	灰白	暗灰	灰	银白	银白

1.1.2.2　化学性能

金属材料的化学性能是指材料在室温或高温时抵抗各种化学介质侵蚀的能力，如耐酸性、耐碱性、抗氧化性等。金属材料的化学稳定性主要影响到零件结构的耐蚀能力。腐蚀是金属材料和周围介质发生化学或电化学反应而遭到破坏的现象，金属材料的腐蚀大多数是由电化学腐蚀引起的。化学稳定性高的金属耐蚀性能强，如金、银、镍、铬等，而镁、铁等化学稳定性低的金属耐蚀性能就差。

1.1.2.3　工艺性能

工艺性能是金属材料物理、化学性能和力学性能在加工过程中的综合反映，是材料在冷热成形加工时的难易程度。材料工艺性能的好坏，直接影响制造零件的工艺方法及其制造成本。根据加工方法不同，工艺性能可分为铸造性能、锻造性能、焊接性能、热处理性能和切削加工性能等。

1.2　铁碳合金

钢和铸铁是现代机械制造工业中应用最广泛的金属材料，是以铁碳为基本组元的复杂合金，其中，铁的含量*大于95%。为了更好地分析铁碳合金的本质问题，先从纯铁开始，再研究铁和碳的相互作用，以便掌握铁碳合金的成分、组织和性能的相互关系，建立钢铁金属的内部组织及其变化规律的概念。

1.2.1　纯铁的晶体结构及其同素异晶转变

1.2.1.1　金属的晶体结构

制成金相试样的金属，在显微镜下呈现出许多外形不规则的小颗粒，这些小颗粒统称为晶粒，而晶粒之间的交界处称为晶界，如图1-10所示。

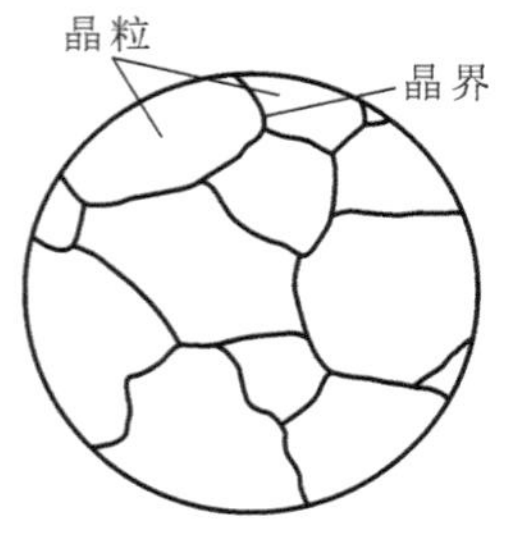

图1-10　晶粒与晶界

通过X射线对纯铁晶粒内部结构进行分析，发现晶粒内部的原子是按一定的规律排列的，这种内部原子作规则排列的物质称为晶体。

晶体中原子的排列情况如图1-11(a)所示。为了更清楚地描述其内部排列规律，可用假想的直线将原子的中心连接起来，就构成了空间格子，简称晶格(见图1-11(b))。由于晶体中原子排列具有周期性规律，因此，可从晶格中取出一个最基本的几何单元，这个单元称为晶胞，如图1-11(c)所示。

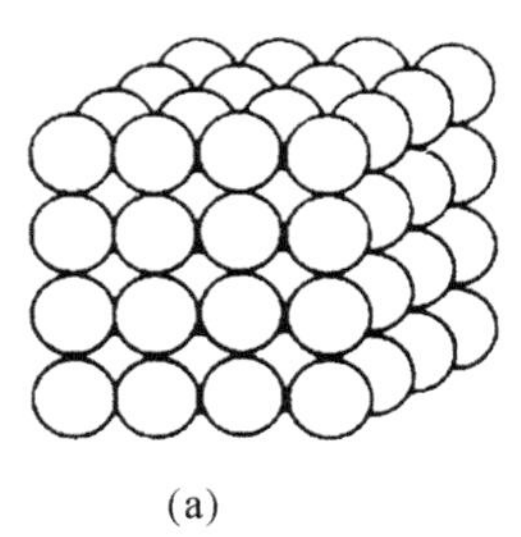

(a)

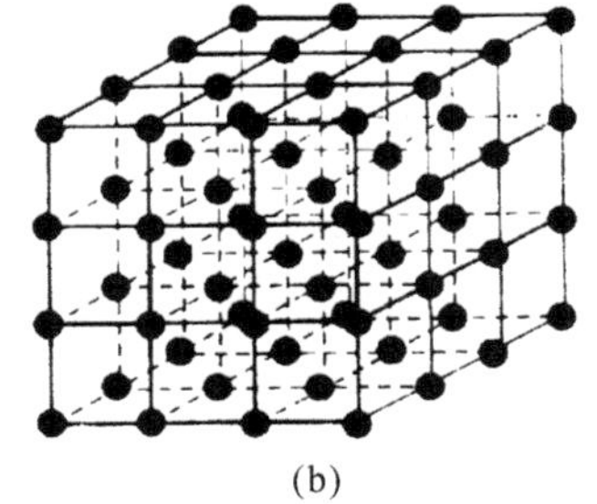

(b)

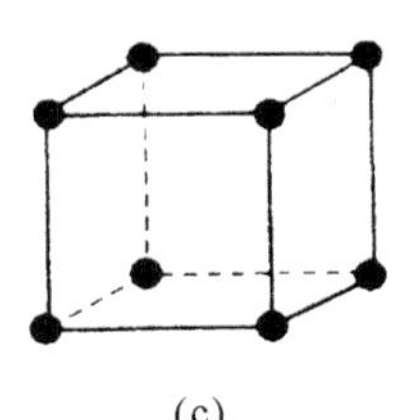

(c)

图1-11　晶格与晶胞

(a) 晶体中的原子排列　(b) 晶格　(c) 晶胞

*若无特别说明，本书中的含量均指质量分数。

常见的金属晶胞按结构分有体心立方晶胞、面心立方晶胞和密排六方晶胞，如图 1-12 所示。纯铁的晶胞有体心立方和面心立方两种。

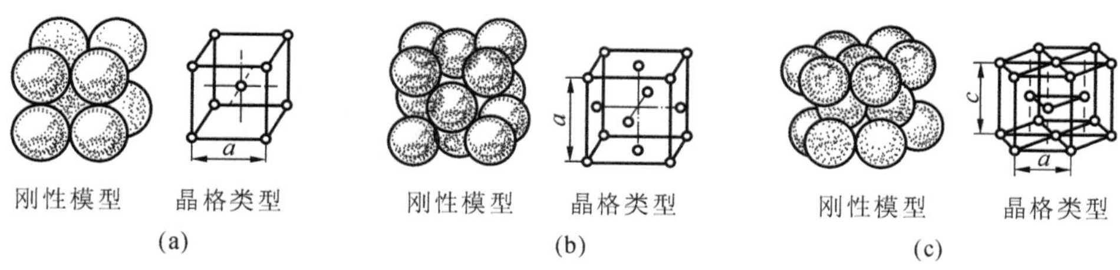

图 1-12　常见金属晶胞结构

(a) 体心立方晶胞　(b) 面心立方晶胞　(c) 密排六方晶胞

1.2.1.2　纯铁的结晶过程和同素异晶转变

物质由液态转变为固态晶体的过程称为结晶。结晶的实质，就是原子从不规则排列过渡到规则排列的过程。

1. 纯金属的结晶过程

1）纯金属的冷却曲线和冷却现象

纯金属由液态缓慢向固态的转变过程，可用冷却过程中所测得的温度与时间的关系曲线——冷却曲线（见图 1-13）来表示，这种方法称为热分析法。

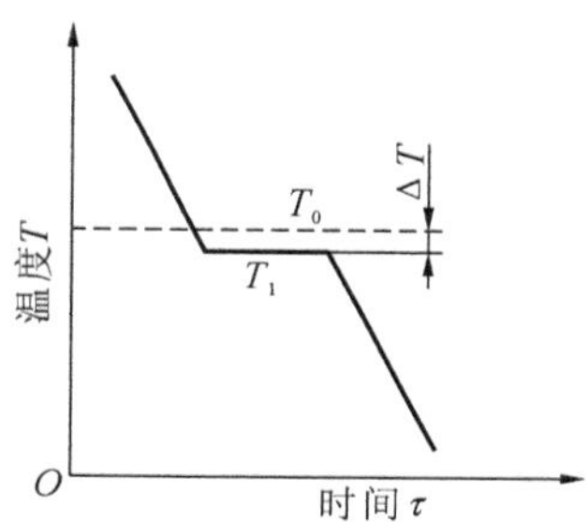

图 1-13　纯金属的冷却曲线

由图 1-13 可见，液态纯铁冷却至 T_0（理论结晶温度）时并不结晶，只有冷却到 T_1（实际结晶温度）时才开始结晶。这是因为，在实际生产中，纯金属自液态冷却时，是有一定冷却速度的，有时冷却速度甚至很大，在这种情况下，纯金属的结晶过程是在 T_1 温度进行的。T_1 低于 T_0，这种现象称为“过冷”。

理论结晶温度 T_0 与实际结晶温度 T_1 之差 $\Delta T(T_0-T_1)$ 称为“过冷度”。过冷度并不是一个恒定值，液体金属的冷却速度越快，实际结晶温度 T_1 就越低，即过冷度 ΔT 就越大。

实际生产中，金属总是在过冷的情况下进行结晶，所以过冷是金属结晶的一个必要条件。

2）金属的结晶过程

液态纯金属的结晶过程是：在冷却到结晶温度时，液态中首先出现一些极小的晶体，即晶核，这些晶核成为原子聚集的中心，且会不断长大，并继续产生新的晶核，直到全部液体转变成固体为止，最后形成由外形不规则的许多小晶体所组成的多晶体，如图 1-14 所示。

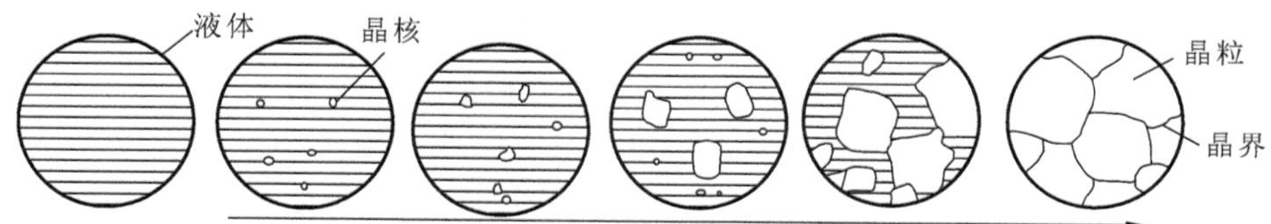

图 1-14　金属的结晶过程示意图

在晶核开始长大的初期，因其内部原子规则排列，其外形也是比较规则的。随着晶核长大和晶体棱角的形成，晶体沿着各个方向生长的速度并不均匀，棱角处散热条件优于其他部位，因此优先长大，如图 1-15 所示。其生长方式像树枝生长一样，先长出枝干，然后再长出分枝，最后把晶间填满，得到的晶体称为树枝状晶体，简称为枝晶。

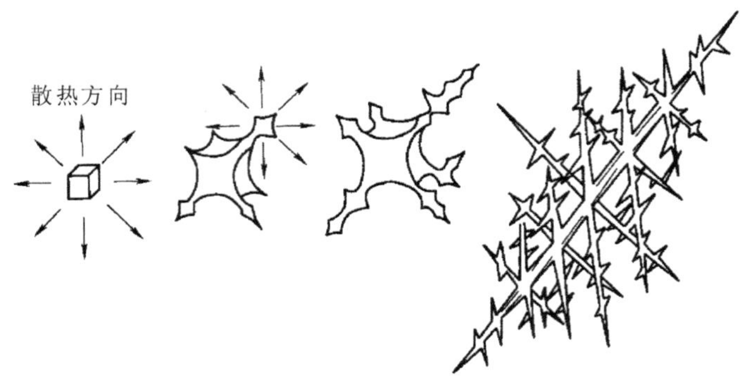

图 1-15　晶核长大示意图

3）晶粒大小与金属力学性能的关系

一般来说，同一种金属在常温下的细晶粒比粗晶粒具有更高的强度、硬度和韧度，以及更好的塑性。晶粒越细小，晶界越多，其阻碍位错运动的阻力越大，故强度、硬度提高。晶粒越细，变形时同样的变形量可分散到更多的晶粒中发生，可产生比较均匀的变形，变形协调性提高，有可能在断裂之前承受较大的变形量，使断后伸长率、断面收缩率提高，故体现出较好的塑性。晶粒越细，裂纹越不容易萌生（应力集中程度较轻），越不容易扩展（晶界多并且曲折），因而在断裂过程中可吸收更多能量，表现出较高的韧度。生产中，细化晶粒的方法如下。

(1) 增加过冷度　一般是通过提高金属凝固的冷却速度来实现。例如，实际生产中对于中小型铸件，常常是采用降低铸型温度和采用导热系数较大的金属铸型来提高冷却速度。

(2) 变质处理　变质处理是在浇注前向液态金属中加入一些细小的难熔的物质（变质剂），在液相中起附加晶核的作用，使形核率（单位时间、单位体积液体中形成的晶核数量）增加，晶粒显著细化。例如往钢液中加入钛、锆、铝等。

(3) 附加振动　金属结晶时，利用机械振动、超声波振动、电磁振动等方法，可使正在生长的枝晶破碎而细化，又可使破碎的枝晶尖端起晶核作用，以增大形核率。

此外，还可采用热处理或塑性加工方法，使固态金属晶粒细化。

2. 纯铁的同素异晶转变

有些金属，如铁、锰、锡、钛等，在凝固以后的不同的温度下，有着不同的晶格结构。金属在固态下由于温度改变而发生晶格改变的现象称为同素异晶转变。

图 1-16 为纯铁的冷却曲线，由曲线可知：从液体凝固后得到的是体心立方晶格的铁，称 δ-Fe；在 1394 ℃ 时发生同素异晶转变，δ-Fe 转变成面心立方晶格的 γ-Fe；当温度降至 912 ℃时，面心立方晶格的 γ-Fe 又转变成体心立方晶格的 α-Fe。图中 770 ℃的温度停顿并非同素异晶转变，而是磁性转变，铁在 770 ℃以下具有磁性，770 ℃以上则无磁性。

同素异晶转变时，由于晶格结构的转变，原子排列的密度也随之改变。如面心立方晶格 γ-Fe 中铁原子的排列比 α-Fe 紧密，故由 γ-Fe 转变为 α-Fe 时，金属的体积将发生膨胀。反之，由 α-Fe 转变为 γ-Fe 时，金属的体积要收缩。这种体积变化使金属内部产生的内应力称为组织应力。纯铁的同素异晶特性具有十分重要的现实意义。之所以能通过热处理方法来达到改善钢铁材料性能的目的，就是因为这一特性。

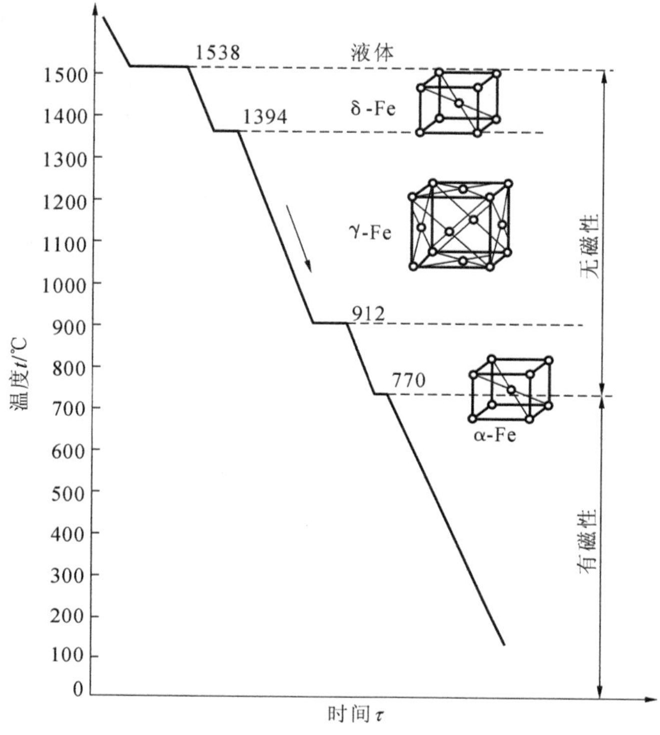

图 1-16　纯铁的冷却曲线

1.2.2　铁碳合金的基本组织

一种合金的力学性能不仅取决于它的化学成分，更取决于它的显微组织。铁碳合金的组织结构相当复杂，并随其成分、温度和冷却速度而变化。按照铁和碳相互作用形式的不同，铁碳合金的组织可分为固溶体、金属化合物和机械混合物三种类型。

1.2.2.1　固溶体

合金在固态下，组元间仍能互相溶解而形成均匀相，这种均匀相称为固溶体。形成固溶体时，晶格保持不变的组元称溶剂，晶格消失的组元称溶质。固溶体的晶格类型与溶剂组元相同。固溶体是均匀的固态物质，所溶入的溶质即使在显微镜下也不能区别出来，因此固溶体属于单相组织。

根据溶质原子在溶剂晶格中所占据位置的不同，可将固溶体分为置换固溶体和间隙固溶体两种。

溶质原子代替溶剂原子占据溶剂晶格中的某些结点位置而形成的固溶体，称为置换固溶体，如图 1-17(a)所示。溶质原子分布于溶剂的晶格间隙中所形成的固溶体称为间隙固溶体，如图 1-17(b)所示。由于晶格间隙通常都很小，所以都是由原子半径较小的非金属元素(如碳、氮、氢、硼、氧等)溶入过渡族金属中，形成间隙固溶体。间隙固溶体中溶解的溶质都是有限的，所以都是有限固溶体。铁碳合金的固溶体都是碳溶入铁的晶格中所形成的间隙固溶体，如铁素体和奥氏体。碳在铁中的溶解度主要取决于铁的晶格类型，并随温度的升高而增大。

由于溶质原子的溶入，固溶体发生晶格畸变(见图 1-18)，变形抗力增大，使金属的强度、硬度升高的现象称为固溶强化。它是强化金属材料的重要途径之一。

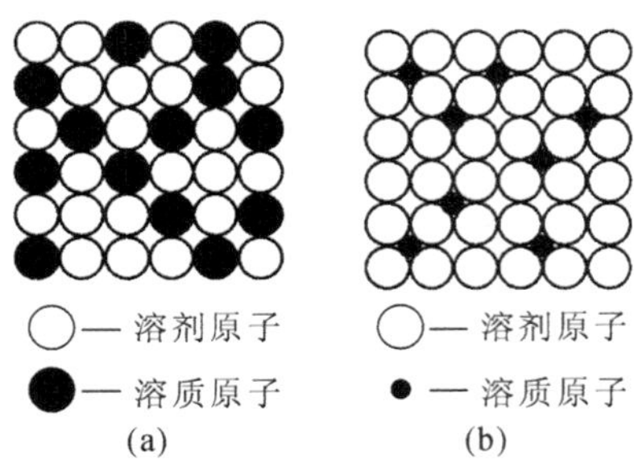

图 1-17 固溶体的两种类型

(a) 置换固溶体 (b) 间隙固溶体

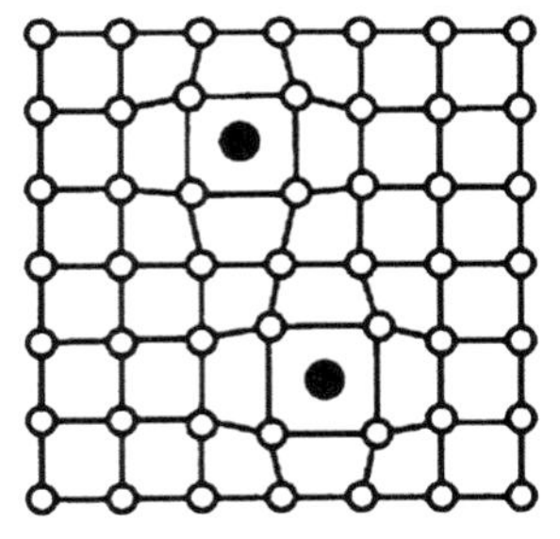

图 1-18 间隙固溶体的晶格畸变

碳既可溶入 α-Fe、γ-Fe，也可溶入 δ-Fe，形成不同的固溶体。

1. 铁素体(用 F 或者 α 表示)

铁素体是碳溶于 α-Fe 中形成的体心立方晶格的间隙固溶体，它在金相显微镜下为多边形晶粒(见图 1-19)。铁素体保留了 α-Fe 的体心立方晶格，碳的溶解度很小，随温度升高而略有增加，在室温时小于 0.0008%，在 727 ℃时只有 0.0218%。铁素体的性能接近纯铁，强度、硬度低，塑性好，韧度高，所以具有铁素体组织多的低碳钢，能够进行冷变形、轧制、锻造和焊接。铁素体在 770 ℃以下具有磁性。

2. 奥氏体(用 A 或者 γ 表示)

奥氏体是碳溶于 γ-Fe 中形成的面心立方晶格的间隙固溶体，它在金相显微镜下为相对规则的多边形晶粒，如图 1-20 所示。奥氏体中的碳的溶解度较大，在 727 ℃时溶解度有 0.77%，在 1148 ℃时溶解度最大，达到 2.11%。奥氏体的力学性能与其溶碳量有关。由于奥氏体是高温组织，强度、硬度不高，塑性非常好，因此在锻造或轧钢时，常把钢材加热到奥氏体状态进行。

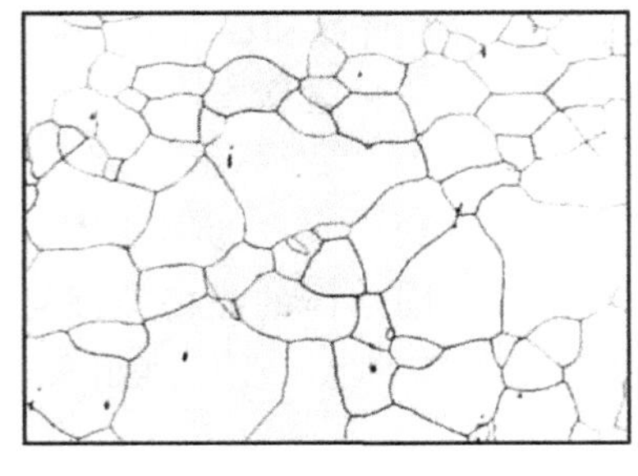

图 1-19 铁素体

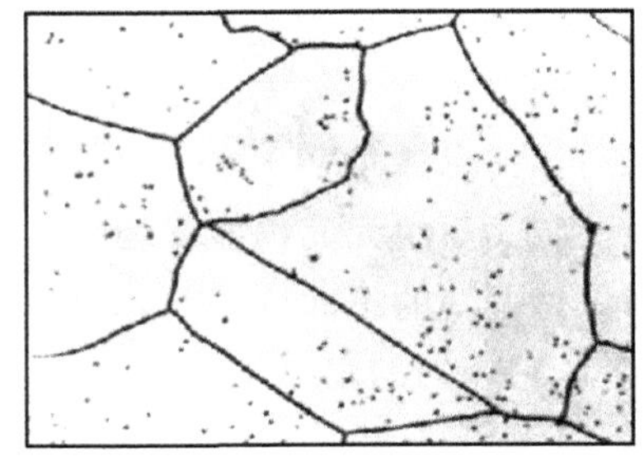

图 1-20 奥氏体

1.2.2.2 金属化合物

金属化合物是各组元按一定整数比结合而成，具有金属性质的均匀物质，属于单相组织。金属化合物与金属中存在的某些非金属化合物有着本质的不同，如钢铁中的 FeS、MnS 不具有金属性质，属于非金属夹杂物。

金属化合物一般具有复杂的晶格，且与构成化合物的各组元晶格皆不相同，其性能特征是硬而脆。

铁碳合金中的渗碳体(Fe_3C)属于金属化合物。它的硬度极高，可以刻划玻璃，而塑性极差，韧度极低，断后伸长率和冲击韧度接近于零，故不能单独使用，而常与铁素体等组成机械混合物。

渗碳体是钢铁中的强化相，其组织可呈片状、球状、网状等不同形状。渗碳体的数量、形状和分布对钢的性能有很大的影响。

渗碳体在一定条件下可发生分解，形成石墨。其反应式为

$$Fe_3C \longrightarrow 3Fe + C(\text{石墨})$$

这个反应对铸铁有着重要意义。

1.2.2.3　机械混合物

机械混合物是通过结晶过程所形成的两相以上的混合组织。它可以是纯金属、固溶体（或化合物）的混合，也可以是它们之间的混合。机械混合物各相均保持其原有的晶格，因此机械混合物的性能介于各组成相之间，它不仅取决于各相的性能和比例，还与各相的形状、大小和分布有关。

铁碳合金中的机械混合物有珠光体和莱氏体。

1. 珠光体（用 P 或者 $F+Fe_3C$ 表示）

铁素体和渗碳体组成的机械混合物称为珠光体，含碳量为 0.77%。珠光体的性能取决于铁素体和渗碳体各自的性能和相对数量，并与它们的形状、大小、分布有关。例如中碳钢比低碳钢中 Fe_3C 含量多，所以强度、硬度稍高，塑性稍差，韧度稍低，在显微镜下呈层片状，如图 1-21 所示。其中白色基体为铁素体，黑色片层为渗碳体。

2. 莱氏体

莱氏体分为高温莱氏体和低温莱氏体两种。奥氏体和渗碳体组成的机械混合物称高温莱氏体，用符号 Ld 或（$A+Fe_3C$）表示。由于其中的奥氏体属高温组织，因此，高温莱氏体仅存于 727 ℃以上。高温莱氏体冷却到 727 ℃以下时，将转变为珠光体和渗碳体的机械混合物（$P+Fe_3C$），称低温莱氏体，用符号 Ld′表示。

莱氏体的含碳量为 4.3%。由于莱氏体中含有的渗碳体较多，故其性能与渗碳体相近，极为硬脆。图 1-22 所示为莱氏体的金相显微组织，珠光体呈椭圆状分布在渗碳体的基体上。

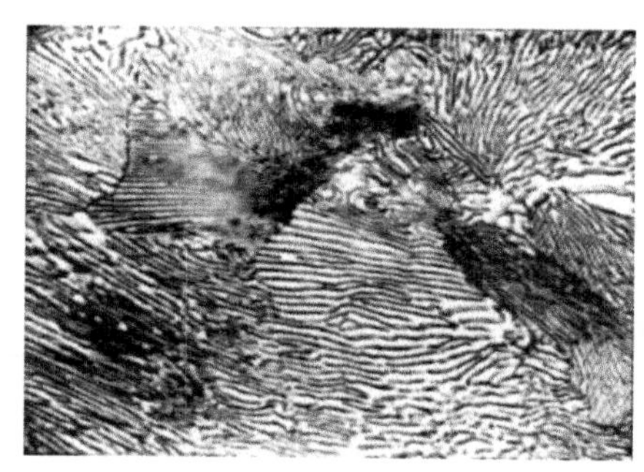

图 1-21　珠光体

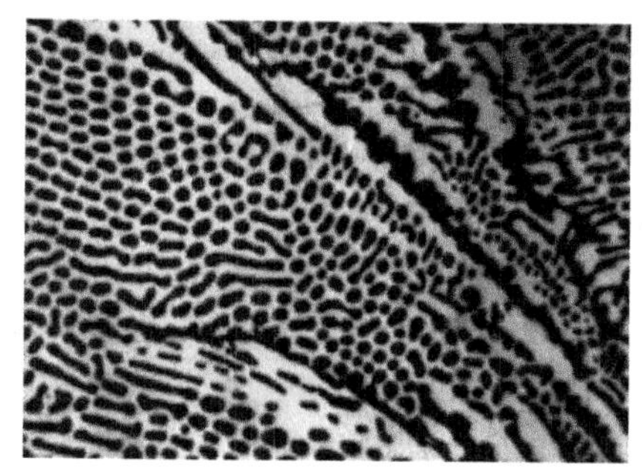

图 1-22　莱氏体

1.2.3　铁碳合金状态图

铁碳合金的结晶过程比纯铁复杂得多。不同含碳量的铁碳合金的结晶过程差别很大，其结晶过程是用铁碳合金状态图来表示的，它是以温度为纵坐标、合金成分（含碳量）为横坐标的图形。铁碳合金状态图是人们经过长期生产实践，并经大量科学实验总结出来的。为了建立状态图，首先要配制多种成分合金，分别加热熔化后缓慢冷却。当合金状态或组织发生变化时，由于热效应而使冷却曲线发生转折，形成临界点。而后，将性质相同的临界点连接起来，便可构成状态图。由于含碳量超过 5%的铁碳合金脆性极大，没有使用价值，且

Fe_3C 中的含碳量为 6.69%，是个稳定的金属化合物，可以作为一个组元，因此，左侧组元为 Fe，右侧组元取 Fe_3C 已经足够，所以铁碳合金状态图实际上是 Fe-Fe_3C 相图，如图 1-23 所示。它不仅可以表示不同成分的铁碳合金在平衡条件下的成分、温度与组织之间的关系，而且可由此推断铁碳合金的性能与成分、温度的关系，因此铁碳合金状态图是研究钢铁成分、组织和性能之间的理论基础，也是制定各种热加工工艺的依据。

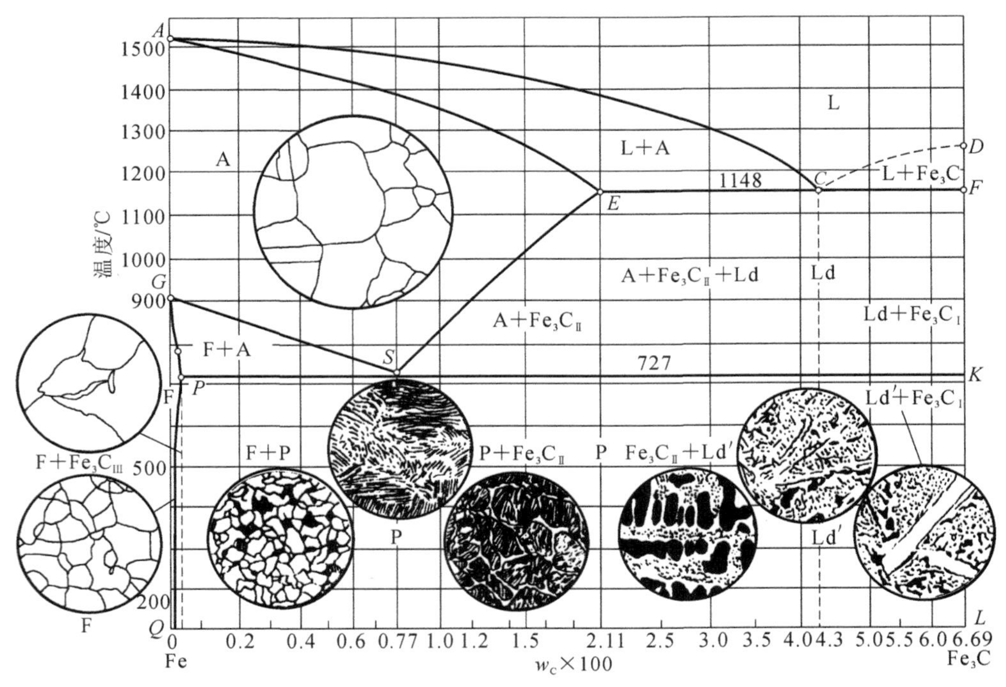

图 1-23 铁碳合金状态图

铁碳合金状态图相当复杂，为方便初学者，将图 1-23 的左上角部分进行了简化，但这并不影响其在工程上的实际应用。

1.2.3.1 铁碳合金状态图的分析

在铁碳合金状态图中，用字母标出的点都有其特定意义，称为特性点，现将主要特性点的温度、含碳量和含义列于表 1-3 中。

表 1-3 铁碳合金状态图中的各特性点

符号	温度/℃	含碳量 w_C/(%)	说明
A	1538	0	纯铁的熔点
C	1148	4.3	共晶点
D	1227	6.69	渗碳体熔点
E	1148	2.11	碳在 γ-Fe 中的最大溶解度
F	1148	6.69	渗碳体的成分
G	912	0	α-Fe、γ-Fe 同素异晶转变点
K	727	6.69	渗碳体的成分
P	727	0.0218	碳在 α-Fe 中的最大溶解度
S	727	0.77	共析点
Q	室温	0.0008	碳在 α-Fe 中的最大溶解度

铁碳合金状态图中 ACD 线为液相线，$AECF$ 线为固相线。相图中有四个单相区，即 ACD 线以上——液相区(L)、$AESGA$——奥氏体相区(A)、$GPQG$——铁素体相区(F)、$DFKL$——渗碳体相区(Fe_3C)。相图中有五个两相区，存在于相邻两个单相区之间，分别为 L+A、L+Fe_3C、A+F、A+Fe_3C 及 F+Fe_3C。

相图中两条重要的水平线，即 ECF 线和 PSK 线，其意义如下：

ECF 水平线为共晶转变线，在 1148 ℃时，含碳量 2.11%～6.69%的所有合金(即铸铁)经过此线都要发生共晶反应，除 C 点成分合金全部结晶成莱氏体外，其他成分合金都将形成一定量的莱氏体，这是铸铁结晶的共同特征。液态合金只有在 C 点，通过共晶反应将同时结晶出奥氏体和渗碳体的机械混合物——莱氏体。其反应式为

$$L_C \xrightarrow{1148\ ℃} A_2 + Fe_3C$$

PSK 水平线称为共析转变线，当 S 点成分的奥氏体冷却到 PSK 线温度时，将同时析出铁素体和渗碳体的机械混合物——珠光体。该反应称为共析反应，其反应式为

$$A_S \xrightarrow{727℃} Fe + Fe_3C$$

各种成分的铁碳合金冷却至 PSK 线温度时都要发生共析反应。除 S 点成分合金全部转变成珠光体外，其他成分的合金都将形成一定量的珠光体，这对莱氏体中的奥氏体也不例外，故在 727 ℃以下的低温莱氏体为珠光体和渗碳体的机械混合物。共析转变线 PSK 常用 A_1 表示。

此外，相图中还有三条重要的特性曲线，即 ES 线、PQ 线和 GS 线。

GS 线——奥氏体在冷却过程中析出铁素体的开始线，或加热时铁素体溶入奥氏体的终止线。奥氏体之所以转变成铁素体，是 γ-Fe→α-Fe 同素异晶转变的结果。GS 线常以符号 A_3 表示。

ES 线——碳在奥氏体中的溶解度曲线。由图可见，温度越低，奥氏体的溶碳能力越小，过饱和的碳将以渗碳体形式析出。因此，ES 线也是冷却时从奥氏体中析出渗碳体的开始线。从奥氏体中析出的渗碳体称为二次渗碳体。ES 线常以符号 A_{cm} 表示。

PQ 线——碳在铁素体中的溶解度曲线。铁素体冷却到此线，将以 Fe_3C 形式析出过饱和的碳，这种由铁素体析出的渗碳体称为三次渗碳体($Fe_3C_{Ⅲ}$)。由于三次渗碳体数量极少，对钢铁性能的影响一般可忽略不计。为了初学者方便，可将铁碳合金状态图的左下角予以简化，但铁素体这个相不应忽略，并应与纯铁加以区分。

根据含碳量的不同，可将铁碳合金分为钢和铸铁两大类。

钢是指含碳量小于 2.11%的铁碳合金。依照室温组织的不同，可将钢分为如下三类：

(1) 亚共析钢——含碳量<0.77%；

(2) 共析钢——含碳量=0.77%；

(3) 过共析钢——含碳量>0.77%。

铸铁是指含碳量为 2.11%～6.69%的铁碳合金。依照室温组织的不同，可将铸铁分为如下三类：

(1) 亚共晶白口铸铁——含碳量<4.3%；

(2) 共晶白口铸铁——含碳量=4.3%；

(3) 过共晶白口铸铁——含碳量>4.3%。

1.2.3.2 钢在结晶过程中的组织转变

在铁碳合金状态图的实际应用中，常需分析具体成分合金在加热或冷却过程中的组织

转变。下面以图 1-24 所示典型成分的碳钢和铸铁为例，分析它们在缓慢冷却过程中的组织转变规律。

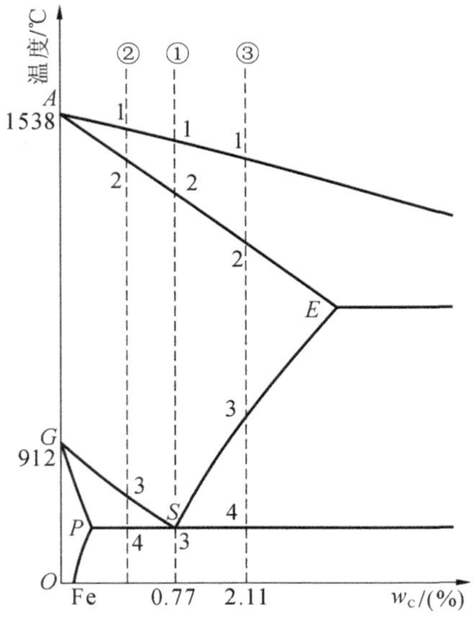

图 1-24　铁碳合金状态图的典型合金

1. 共析钢(w_C＝0.77%)

图 1-24 中的合金①，是指 S 点成分合金。1 点温度以上为液相 L，在 1～2 点温度之间从液相 L 中不断结晶出奥氏体 A，缓冷至 2 点以下全部为奥氏体 A，在 2～3 点之间奥氏体 A 冷却，缓冷至 3 点时奥氏体 A 发生共析转变($A_S \rightarrow P$)，生成珠光体 P。该合金的室温组织为珠光体 P，其冷却曲线和平衡结晶过程如图 1-25 所示，显微组织如图 1-26 所示。

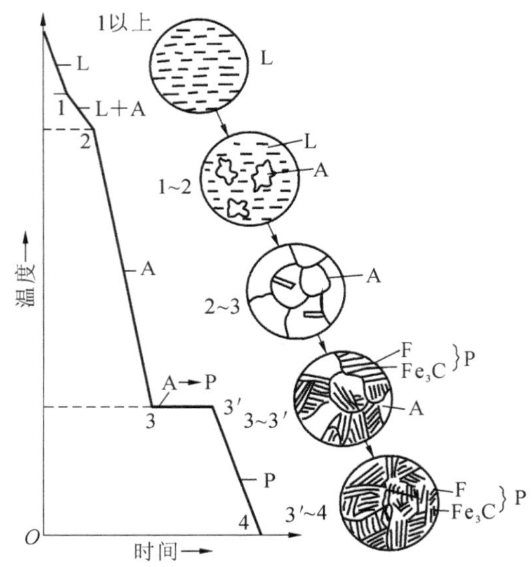

图 1-25　共析钢的结晶过程分析示意图

图 1-26　共析钢的显微组织

2. 亚共析钢(0.0218%＜w_C＜0.77%)

图 1-24 中合金②，是指 S 点以左成分合金。1 点温度以上为液相 L，在 1～2 点之间从液相 L 中不断结晶出奥氏体 A，冷至 2 点以下全部为奥氏体 A，在 2～3 点之间奥氏体 A 冷

却，在 3～4 点之间奥氏体 A 中会不断析出铁素体 F，缓冷至 4 点时，剩余的奥氏体 A 的含碳量为 $w_C=0.77\%$，发生共析反应（$A_S \rightarrow P$），生成珠光体 P。该合金的室温平衡组织为 F+P，其冷却曲线和平衡结晶过程如图 1-27 所示，显微组织如图 1-28 所示。

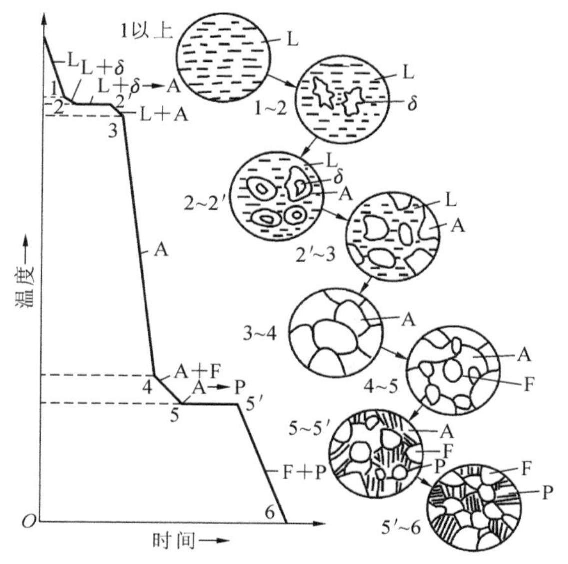

图 1-27　亚共析钢的结晶过程分析示意图

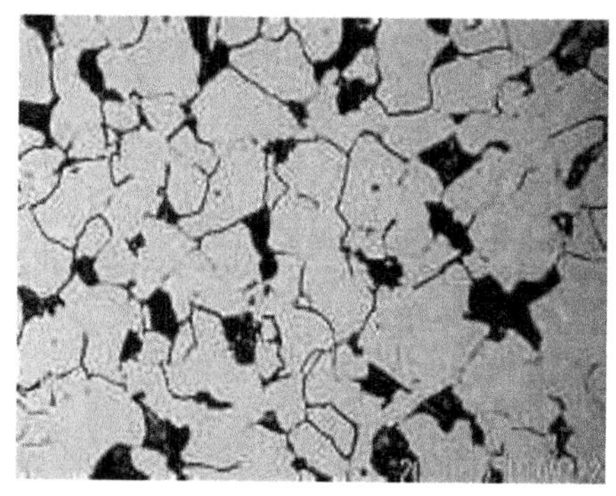

图 1-28　亚共析钢的显微组织

3. 过共析钢（$0.77\%<w_C<2.11\%$）

图 1-24 中合金③，它是指含碳量超过 S 点的钢。1 点温度以上为液相 L，在 1～2 点温度间从液相 L 中不断结晶出奥氏体 A，在 2～3 点奥氏体 A 冷却，在 3～4 点间从奥氏体 A 中不断析出沿奥氏体 A 晶界分布的、呈网状的 Fe_3C_{II}，缓冷至 4 时，剩余的奥氏体 A 的含碳量为 $w_C=0.77\%$，发生共析转变（$A_S \rightarrow P$）生成珠光体 P。该合金室温平衡组织为 P+Fe_3C_{II}，其冷却曲线及平衡结晶过程如图 1-29 所示，显微组织如图 1-30 所示。

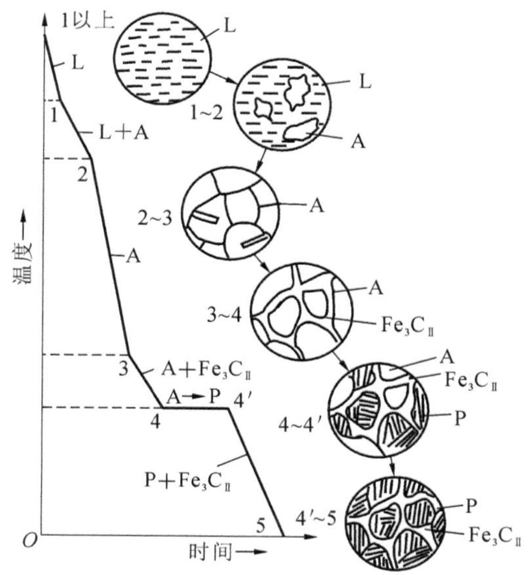

图 1-29　过共析钢的结晶过程分析示意图

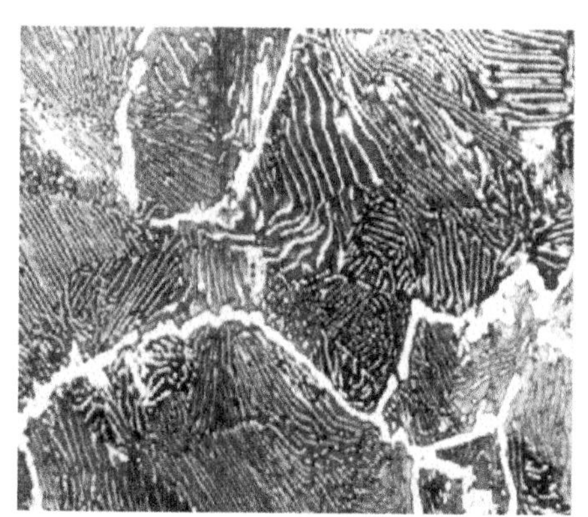

图 1-30　过共析钢的显微组织

1.2.3.3　含碳量与铁碳合金组织及性能的关系

1. 含碳量对平衡组织的影响

钢和白口铸铁中的相组成物、组织组成物的相对量，可根据 $Fe\text{-}Fe_3C$ 相图运用杠杆定律进行计算，计算结果用图 1-31 所示的形式表示。可以看到，当含碳量增加时，渗碳体的数量将增加，渗碳体存在的形式也在变化，由分散在铁素体的基体内变成分布在珠光体的周围，最后当莱氏体形成时，渗碳体又作为基体出现。

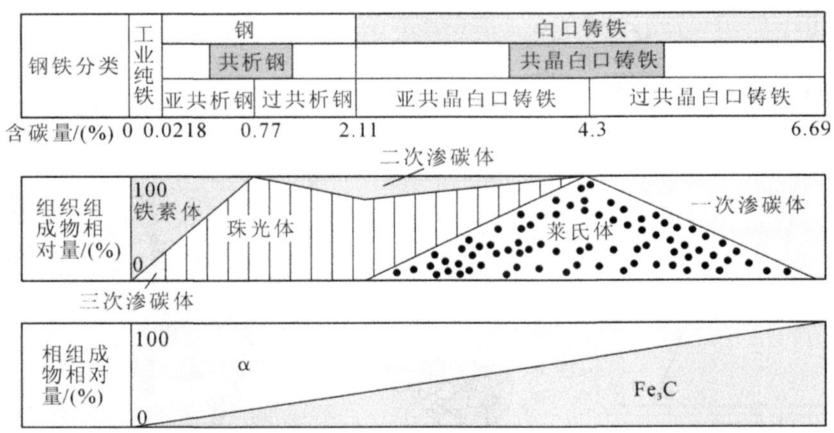

图 1-31　铁碳合金的相组成物、组织组成物的相对量与含碳量

2. 含碳量对力学性能的影响

渗碳体是强化相，如果合金的基体是铁素体，则渗碳体的量越多，分布越均匀，材料强度越高；当渗碳体分布在晶界上，特别是作为基体时，材料的塑性将变差，韧度将降低。含碳量对钢的平衡组织性能的影响如图 1-32 所示。

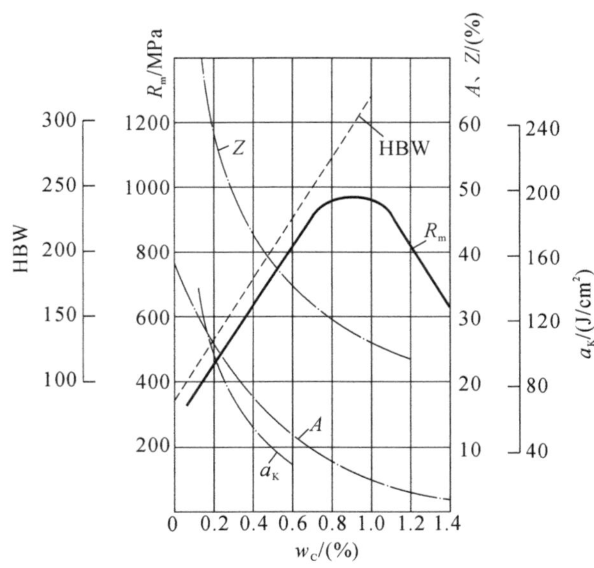

图 1-32　铁碳合金力学性能与含碳量的关系

亚共析钢随着含碳量的增加，组织中珠光体的数量也相应地增加，钢的硬度、强度呈直线上升，而塑性相应变差。

过共析钢缓冷后由珠光体与二次渗碳体所组成，随着含碳量的增加，二次渗碳体发展成连续网状，当含碳量超过 1.0%时，钢变得硬而脆，强度下降。

白口铸铁由于出现了以渗碳体为基体的莱氏体，硬度高、脆性大，难以切削加工，故很少应用。

3. 含碳量对工艺性能的影响

1）切削加工性能

一般认为，中碳钢的塑性比较适中，硬度在 200 HBW 左右，切削加工性能很好。含碳量过高或过低，都会使切削加工性能变差。

2）锻造性能

低碳钢锻造性能比高碳钢好。由于刚加热到单相奥氏体时，塑性好、强度低，便于塑性变形，所以一般锻造都是在单相奥氏体状态下进行的。

3）铸造性能

铸铁的流动性比钢好，易于铸造，特别是靠近共晶成分的铸铁，其结晶温度低，流动性好，具有良好的铸造性能。从相图的角度看，凝固温度区间越大，越容易形成分散缩孔和偏析，使铸造工艺性能变差。

4）焊接性能

含碳量越低，钢的焊接性能越好，所以低碳钢比高碳钢更容易焊接。

1.3　常用金属材料

工业上把金属和其合金分为两大部分：一类为钢铁金属材料，即铁和铁基合金；另一类为非铁金属材料或称非铁材料，即钢铁金属以外的所有金属及其合金。

其中，应用最广的是钢铁金属，铁基合金材料占整个结构材料和工具材料的 90%以上。

制造业中，一些零件有特殊要求，如飞机蒙皮、桁条等结构是受力较大的结构零件，同时要求其质量尽可能轻，制造这些产品采用钢铁金属一般无法满足要求。非铁金属及合金具备许多优良性能，如密度低、强度高、耐蚀性好，并具备特殊的电、磁、热等物理性能，在现代工业中得到了广泛应用。非铁金属铝、镁、钛、铜等矿藏丰富，在航空航天、电子信息、能源等行业占有重要地位。

1.3.1　工业用钢

钢是由生铁冶炼而成的，是机械制造中应用最广的金属材料。

1.3.1.1　钢的分类

钢的分类方法很多，根据钢材的化学成分、质量、冶炼方法、用途，可将钢进行如下分类。

1. 按化学成分分类

根据国家标准 GB/T 13304.1—2008《钢分类　第 1 部分：按化学成分分类》，钢按化学成分不同可分为非合金钢、低合金钢和合金钢三大类。非合金钢是指含碳量 w_C 小于2.11%的铁碳合金。低合金钢是一类可焊接的低碳低合金结构用钢。合金钢是为了提高钢的性能，在非合金钢的基础上有意加入一定量的合金元素所获得的合金。

2. 按质量分类

按照钢中有害杂质 P、S 元素的含量，钢可分为普通质量钢、优质钢、特殊质量钢。

3. 按冶炼方法分类

按脱氧程度不同可分为以下几种。

1) 沸腾钢:脱氧不充分,浇注时 C 与 O 反应发生沸腾,这种钢成材率高,但不够致密。

2) 镇静钢:脱氧充分,组织致密,成材率低。

3) 半镇静钢:介于前两者之间。

4) 特殊镇静钢:比镇静钢脱氧更充分、彻底,一般用过量的脱铝氧,质量最优。

1.3.1.2 非合金钢

非合金钢是一种含碳量小于 2.11%,并含有少量硅、锰、硫、磷等杂质元素的铁碳合金。

1. 化学成分对非合金钢性能的影响

碳对非合金钢的组织和性能影响很大。亚共析钢随含碳量的增加,珠光体增多,铁素体减少,钢的强度、硬度上升,而塑性、韧性下降。含碳量超过共析成分时,因出现网状二次渗碳体,随含碳量的增加,尽管硬度直线上升,但由于脆性加大,强度反而下降(见图 1-32)。

由于冶炼方法等因素的影响,非合金钢中不可避免地存在其他元素。这些杂质元素对钢的性能也有一定影响。

1) P 和 S

P、S 使钢脆性加大,是有害的元素。P 可使钢的塑性、韧性下降,特别是在低温时脆性急剧增加,这种现象称为冷脆性。S 在钢的晶界处形成低熔点的共晶体,致使钢在高温下进行热加工时容易开裂,这种现象称为热脆性。因此,必须严格限制钢中的 P、S 含量,并以 P、S 含量的高低作为衡量钢质量的重要依据。

2) Mn 和 Si

Mn 和 Si 是有益元素,是炼钢后期作为脱氧剂加入钢液中残留的。Mn 和 Si 可提高钢的强度和硬度,Mn 还能与 S 形成 MnS,从而抵消 S 的部分有害作用。

2. 非合金钢分类

非合金钢按主要质量等级可分为普通质量、优质和特殊质量非合金钢。

(1) 普通质量非合金钢　普通质量非合金钢是指对生产过程中质量无特殊规定的一般用途的非合金钢。应用时应满足以下条件:钢为非合金化的,不规定热处理要求,P 和 S 的质量分数都小于 0.045%,未规定其他质量要求。

(2) 优质非合金钢　优质非合金钢在生产过程中需要特别控制质量,以达到比普通质量非合金钢特殊的质量要求。

(3) 特殊质量非合金钢　特殊质量非合金钢是指在生产过程中需要特别严格地控制质量和性能的合金钢。

新的国家标准已用“非合金钢”一词取代“碳素钢”。钢产品在过去的标准和实际生产中,常使用“低碳钢”、“中碳钢”、“高碳钢”等术语。

3. 普通质量非合金钢

普通质量非合金钢碳的质量分数较低,塑性、韧性好,价格低廉,是制造工程结构和要求不高的机器零件的重要材料。普通质量非合金钢的牌号以“Q”字母,其表示“屈”字的汉语拼音首字母,后面的数字为屈服点(MPa);F、b、Z、TZ 分别是沸腾钢、半镇静钢、镇静钢和特级镇静钢的汉语拼音首字母。质量等级分为 A、B、C、D 四级,从左至右质量依次提高。如 Q235AF 表示屈服强度为 235 MPa、质量为 A 级的沸腾钢。

这类钢可轧制成各种规格,主要用来制作各种型钢、薄板、冲压件、工程结构件以及受力不大的机械零件，如螺栓、螺母、小轴、键等。常用的普通质量非合金钢有 Q195、Q215、Q235 钢等，其中 Q195、Q215 钢塑性好、强度较低，可用于薄板、钢管、型材，可制作铆钉、螺钉、冲压件等；Q235 钢强度较高，塑性也较好，用于型钢、钢管、钢筋，可制作轴、螺钉、螺母等。

4. 优质非合金钢

优质非合金钢的牌号用两位数字表示钢的平均含碳量，以万分之一为单位，如 45 钢表示平均含碳量为 0.45%。优质非合金钢中 Mn 的质量分数较高时，在其牌号后面标出元素符号 Mn，如 40Mn 表示平均含碳量为 0.40%的含锰量较高的优质非合金钢。

这类钢的硫、磷含量较低，材质比普通碳钢好，广泛用来制造机器零件。其中，08F、10D 含碳量低、塑性好，可用于制造各种冷变形成形件，如拉杆、垫片等；含碳量较低的 15、20、25 钢可用于制造各种标准件、轴套、容器等。30、35、40、45、50 钢具有良好的综合力学性能，可用于制造轴、螺母、螺栓、齿轮、连杆等；较高含碳量的 55、60 钢多用于制造小直径的弹簧、弹簧垫片等。

5. 特殊质量非合金钢

特殊质量非合金钢中的工具钢牌号以“T”开头，T 是“碳”的汉语拼音首字母，其后的数字表示平均碳的质量分数，单位为千分之一。例如 T8 表示平均含碳量为 0.8%。这类钢的含碳量高达 0.7%～1.3%，淬火、回火后有高的硬度和耐磨性，常用于制造锻工、钳工工具和小型磨具。由于特殊质量非合金钢热硬性、淬透性差，一般只用于制造小尺寸的手工工具和低速刃具。

常用特殊质量非合金钢有 T8、T10、T12 等，T8 可用于承受冲击的工具，如錾子、锤子、木工工具等；T10 一般用于低速刀具，如锯条、剪刀、板牙、铰刀等，也可用于形状简单的量具；T12 用于不受冲击的工具，如锉刀、刮刀、量规等。

1.3.1.3　低合金钢

低合金钢是指合金总含量较低(小于 5%)、含碳量也较低的合金钢，是一类可焊接的低碳低合金的结构用钢。这类钢通常在退火或正火状态下使用，成形后不再进行淬火、调质等热处理。与含碳量相同的非合金钢相比，具有较好的强度、塑性、韧性和耐蚀性，且具有良好的焊接性能，可用于制造桥梁、汽车、铁道、船舶、钢筋等。

1. 低合金钢的分类

1) 按主要质量等级分类

低合金钢按主要质量等级可分为普通质量、优质和特殊质量低合金钢。

(1) 普通质量低合金钢。普通质量低合金钢指不规定生产过程中需要特别控制质量要求的、仅作一般用途的低合金钢。

(2) 优质低合金钢。优质低合金钢是指除普通质量低合金钢和特殊质量低合金钢以外的低合金钢，在生产过程中需要特别控制质量，以达到比普通质量低合金钢特殊的质量要求。

(3) 特殊质量低合金钢。特殊质量低合金钢是指在生产过程中需要特别严格控制质量和性能的低合金钢。

2) 按主要性能或使用特性分类

低合金钢按主要性能或使用特性可分为可焊接的低合金高强度结构钢、低合金耐候钢、低合金钢筋钢、铁道用低合金钢、矿用低合金钢和其他低合金钢。

2. 低合金高强度钢

低合金结构钢以低合金高强度结构钢应用最为广泛。它的含碳量低于 0.2%，并以 Mn 为主要合金元素，有时还加入少量 Ti、V、Nb、Cr、Ni、Re 等元素，通过固溶强化和细晶强化等作用，使钢的强度、韧度提高，还能保持优良的焊接性能。目前在航空工业中使用最广泛的钢材就是低合金超高强度结构钢，其中 30CrMnSiNi2A 用于制造受力最大的飞机结构件，如起落架、机翼大梁、重要连接件、螺栓等。

低合金高强度结构钢以“Q＋最低屈服强度数值＋质量等级符号”来表示，该类钢都是镇静钢和特殊镇静钢，其牌号没有表示脱氧方式的符号，如 Q345C。根据需要，低合金高强度钢也可以用两位阿拉伯数字和化学元素符号表示，前两位数字表示平均含碳量的万分含量，如 16Mn。

3. 低合金耐候钢

耐候钢是耐大气腐蚀钢，是介于普通钢和不锈钢之间的低合金钢，耐候钢是在低碳非合金钢基础上添加少量铜、镍等耐蚀元素而形成的，具有优质钢的强韧、塑延、成形、焊割、耐磨、耐高温、抗疲劳等特性；同时，它具有好的耐蚀性，能使构件耐蚀延寿、减薄降耗。耐候钢主要用于铁道、车辆、桥梁、塔架等长期暴露在大气中使用的钢结构，还可用于制造集装箱、铁道车辆、石油井架、海港建筑、采油平台及化工石油设备中含硫化氢腐蚀介质的容器等结构件。

1.3.1.4 合金钢

合金钢是为了改善钢的某些性能，在碳钢的基础上加入某些合金元素（如锰、硅、铬、镍等）所炼成的钢。

1. 合金钢的分类、牌号

1）按主要质量等级分类

合金钢按主要质量等级可分为优质合金钢和特殊质量合金钢。

（1）优质合金钢。优质合金钢是指在生产过程中需要特别控制质量和性能，但其生产控制和质量要求不如特殊质量合金钢严格的合金钢。

（2）特殊质量合金钢。特殊质量合金钢是指在生产过程中需要特别严格控制质量和性能的合金钢。除了优质合金钢外的所有其他合金钢都是特殊质量合金钢。

2）按主要性能或使用特性分类

合金钢按主要性能或使用特性可分为工程结构用合金钢、机械结构用合金钢、不锈钢、耐热钢、轴承钢、特殊物理性能钢等。

3）合金钢的牌号

合金钢的牌号以“数字＋化学元素符号＋数值”的形式来编制。前面的数字表示钢的平均含碳量，其中对于结构钢，数字表示平均含碳量的万分之几；对于工具钢，数字则表示平均含碳量的千分之几。当工具钢中平均含碳量大于或等于 1.0％时，牌号前不标数字，避免与合金结构钢混淆。后面的数字表示合金元素的含量，以平均含量的百分之几表示。当钢中某合金元素的含量少于 1.5％时，一般不标明含量。例如，合金结构钢 60Si2Mn，其平均含碳量为 0.60％，含硅量为 2％，含锰量小于 1.5％；又如合金工具钢 CrWMn，其平均含碳量大于 1.0％，含钨量和含锰量都小于 1.5％。

2. 工程结构钢

工程结构钢用来制造各种大型金属结构件如桥梁、船舶和压力容器等。对工程结构钢的性能要求分为使用性能和工艺性能两类。对于使用性能的要求包括：工程结构钢有足够的抗塑性变形和抗断裂能力，即要有较高的屈服强度、断后伸长率、断面收缩率和较小的冷脆倾向等。对于工艺性能的要求包括：工程结构钢具有良好的冷变形性和焊接性。

3. 机械结构合金钢

1）表面硬化钢

这类钢制造的零件除了要求有较高的强度、韧度和良好的塑性外，还要求表面硬度高、耐磨性好。

（1）合金渗碳钢

这类钢的含碳量低（0.15%～0.25%），以保证工件心部获得低碳马氏体，有较高的强度和韧度。而表层经渗碳处理后，表面具有较高的硬度和耐磨性。航空工业中常用的渗碳钢有 12Cr2Ni4A、18Cr2Ni4WA，前者多用来制造齿轮、小的传动轴等，后者多用于制造大截面、高负荷、高耐磨性、有良好韧度要求的重要零件，如发动机曲轴、齿轮等。

（2）合金渗氮钢

这类钢的含碳量中等（0.3%～0.5%），工件心部为回火索氏体，具有良好的强度和韧度。渗氮后，表层为硬且耐磨、耐蚀的氮化层，心部组织和性能仍保持氮化前的状态。常用的钢种有 38CrMoAl 等。

2）合金调质钢

合金调质钢零件要求有较高的强度、韧度和良好的塑性。含碳量在 0.3%～0.6%的钢经淬火、高温回火后得到回火索氏体组织，可较好地满足性能要求。调质钢是合金结构钢中应用最广泛的一类钢材，航空工业中常用的调质钢有 40CrNiMoA、30CrMnSiA，前者用于制造高负荷、大尺寸的轴零件，如发动机的涡轮轴、螺旋桨轴等，后者可用于制造飞机连接件、发动机架、大梁等。

3）合金弹簧钢

合金弹簧钢要求有较高的弹性极限和高的疲劳强度，含碳量为 0.5%～0.85%。常用钢种有 65Mn 和 50CrV 等，用于制造弹簧、弹性元件及类似性能的零件。

4. 工具钢

合金工具钢是制造刀具、量具和模具的重要材料，经过适当的热处理以后，能获得相当高的硬度和很好的耐磨性。工具钢的最终热处理多采用淬火与低温回火，以保证硬度和耐磨性。此外，其材质要求很严，合金工具钢都是高级优质钢。由于工作条件不同，合金工具钢可分为刃具钢、模具钢和量具钢。

1）低合金工具钢

低合金工具钢是在碳素工具钢的基础上加入少量合金元素制成的，热处理方式和组织与碳素工具钢类似。这类钢的含碳量为 0.9%～1.5%。由于合金元素的加入，这类钢比碳素工具钢有更高的耐磨性和热硬性（达 250～300 ℃）。低合金工具钢的另一个优点是可以用油作淬火剂，热处理开裂和变形的倾向较小，所以适合用来制造形状较复杂的刀具。低合金工具钢主要用来制造切削速度不高、形状较复杂的刀具（如丝锥、板牙、钻头、铰刀等），也可用来制造量具和冷作模具。常用的钢有 9SiCr、9Mn2V、CrWMn 等。

2）高速工具钢

高速工具钢中加入了较多合金元素，钢的淬透性、热硬性大大提高。高速工具钢是热硬性、耐磨性很好的高合金工具钢，热硬性可达 600 ℃左右，能长期保持刃口锋利，可在比低合金工具钢更高的切削速度下工作。最常用的高速工具钢有 W18Cr4V（钨系高速钢）和 W6Mo5Cr4V2（钨钼系高速钢）。高速工具钢目前广泛用来制造多种形状复杂的刀具，如成形铣刀、拉刀等。

5. 特殊性能的钢

1）不锈钢

在腐蚀介质中具有耐蚀性能的钢称为不锈钢。在钢中加入一定量的 Cr、Ni 等合金元素，可以提高钢的耐蚀性能，制成不锈钢。航空工业中常使用的不锈钢有马氏体不锈钢（Cr13）和奥氏体不锈钢。

2）耐热钢

在高温下具有较高的抗氧化性和强度的钢称为耐热钢。在钢中加入适量的 Cr、Si、Al 等元素后，能使钢免受高温气体的继续氧化腐蚀；加入 W、Mo、V、Cr、Ni 等元素，可使钢具有良好的组织稳定性，在高温下具有较高的强度。

3）耐磨钢

耐磨钢一般是指在冲击载荷作用下发生冲击硬化的高锰钢。它的含碳量为 1.0%～1.3%，含锰量为 11%～14%。高锰钢广泛应用于制造承受较大冲击或压力的零部件。例如，挖掘机的铲斗、坦克履带等。常见的耐磨钢有 ZGMn13、ZGMn13Cr2 等。

1.3.2 非铁金属及其合金

铝、镁、钛、铜、锡、铅、锌等金属及其合金都属于非铁金属。非铁金属的产量和用量不如钢铁金属多，但由于其具有钢铁材料所不具备的特殊性能，成为现代工业中不可缺少的金属材料。

1.3.2.1 铝及铝合金

1. 铝的性能特点

纯铝具有银白色金属光泽，熔点 660 ℃，密度为 2.7 g/cm^3，耐大气腐蚀性能好，具有良好的导电、导热性。纯铝塑性好，但强度不高，易于加工成形。纯铝具有面心立方晶格，无同素异晶转变。纯铝强度和硬度较低，不宜用来制造承重结构件，主要用来制造电线、电缆、强度要求不高的产品。

2. 常用铝合金

1）变形铝合金

变形铝合金又称为压力加工铝合金，通常经不同的变形加工方式生产成各种半成品，如板、棒、管、线、型材（即锻件）等。根据合金特性，可分为防锈铝合金、硬铝合金、超硬铝合金、锻铝合金四类。

（1）防锈铝合金　防锈铝合金主要是 Al-Mg 和 Al-Mn 合金。这类铝合金在锻造退火后呈单相固溶体，故耐蚀性很好，塑性好。

防锈铝合金不能通过热处理来强化，只能以冷塑性变形产生加工硬化来提高其强度、硬度。

常用的 Al-Mn 系防锈铝合金耐蚀性和强度均高于纯铝，用于制造油罐、油箱、管道、铆钉等需要弯曲、冲压加工的零件。常用的 Al-Mg 合金密度比纯铝的小，强度比 Al-Mn 的合金高，在航空工业中应用广泛，如用于制造管道、容器、铆钉等零件。

（2）硬铝合金　硬铝合金主要是 Al-Cu-Mg 合金，可进行热处理强化，也可以进行冷变形强化，故其具有较好的力学性能，但它的耐蚀性比纯铝和防锈铝合金的低。硬铝合金在航空制造中得到了广泛应用，可用来制造中等强度、形状复杂的结构件，如蒙皮、桁条、操纵拉杆和铆钉等。

(3) 超硬铝合金　超硬铝合金主要是 Al-Cu-Mg-Zn 合金，并含有少量的 Cr 和 Mn。它是强度最高的铝合金。与硬铝合金相比，超硬铝合金的抗拉强度和屈服强度都比较高，但它的断裂韧度较低，抗疲劳性能较差。所以，在应用于飞机结构制造时，主要以承载拉应力为主。

超硬铝合金可用于制造飞机上的重要受力构件，比如机翼大梁、机身桁条、隔框、翼肋、接头等。

(4) 锻铝合金　锻铝合金主要有 Al-Cu-Mg-Si 和 Al-Cu-Mg-Fe-Ni 两类合金。可通过热处理进行强化。其主要特点是：加热时有良好的塑性，便于进行锻造成形。它的硬度与硬铝相近，具有良好的耐蚀性。锻造铝合金在飞机上多用于制造对塑性和耐蚀性要求较高的锻件，如发动机零件、直升机桨叶、摇臂、框架、接头等。

2) 铸造铝合金

铸造铝合金按成分不同可分为 Al-Si 合金、Al-Cu 合金、Al-Mg 合金、Al-Zn 合金四大类。

铸造铝合金的铸造性能好，可进行各种成形铸造。它的优点是密度小，比强度较高，有良好的耐蚀性和耐热性。不足之处是容易吸收气体形成气孔，组织较粗大，塑性和韧度不如变形铝合金。这种合金主要用来制造形状复杂、受力较小的零件，如油泵等附件壳体和仪表零件、发动机机匣和附件壳体等。

1.3.2.2　钛及钛合金

1. 钛的性能特点

Ti 在地球中的蕴藏量仅次于 Al、Fe、Mg，而居金属元素中的第四位，尤其在我国，Ti 的资源十分丰富。

纯钛的熔点高，为 1667 ℃，密度低，为 4.5 g/cm^3，室温下为密排六方结构。钛具有同素异晶转变，其晶格在低于 882.5 ℃时为密排六方晶格，称为 α-Ti，高于 882.5 ℃时为体心立方晶格，称为 β-Ti。

工业纯钛的力学性能与低碳钢类似，并且钛的密度小，因此，工业纯钛具有高的比强度、低温韧度和较好的塑性、耐蚀性。钛及钛合金主要有以下几方面的优点。

1) 比强度高

工业纯铁的强度为 350～700 MPa，钛合金的强度可达 1200 MPa，和调质结构钢相近。由于钛合金的密度比钢的低很多，钛合金的比强度比其他金属的都高，因此钛及钛合金适用于航空航天材料。

2) 热强度高

钛的熔点高，再结晶温度也高，目前钛合金的使用温度可达 500 ℃，并向 600 ℃发展。

3) 耐蚀性好

钛的表面能形成一层致密、牢固的由氧化物和氮化物组成的保护膜，因此具有好的耐蚀性。钛及钛合金在潮湿空气、海水、氧化性酸和大多数有机酸中，其耐蚀性与不锈钢的相当，甚至超过不锈钢。

但钛及钛合金也有缺点，钛合金因导热系数小，摩擦因数大，故切削加工性能差；弹性模量小，变形时回弹大，冷、热压力加工性能差；硬度低、耐磨性差，不能用于制作耐磨结构件。

2. 常用钛合金

钛合金按其退火组织可分为 α 型(TA)、β 型(TB)、α+β 型(TC)三种。

1）α型钛合金（TA）

α型钛合金的主加元素为Al，此外还有Sn、B等，α型钛合金的常用牌号有TA5、TA7等，主要用于制造在500 ℃以下环境工作的零件，如飞机压气机叶片、导弹的燃料罐等。

2）β型钛合金（TB）

β型钛合金加入的合金元素有Mo、Cr、V、Al等，常用的β型钛合金有TB2、TB3、TB4三个牌号，主要用在350 ℃以下环境工作的结构件和紧固件，如飞机压气机叶片、轴、弹簧、轮盘等。

3）α+β型钛合金（TC）

α+β型钛合金加入的合金元素有Al、Mo、Cr、V等，既有较高的室温强度，又有较高的高温强度，而且塑性、耐蚀性好、低温韧度高，因此这类合金应用最广泛。α+β型钛合金共有九个牌号，其中以TC4应用最广、用量最大。主要用于制造在400 ℃以下温度工作的部件，如飞机的压气机盘、叶片及飞机结构零件等。

1.3.2.3 铜及铜合金

1. 铜的性能特点

纯铜呈紫红色，因此也被称为紫铜。纯铜的密度为8.94 g/cm^3，熔点为1083 ℃，具有面心立方晶格，无同素异晶转变，不能通过热处理强化，一般通过加工硬化来强化。纯铜的优点是无磁性，导热、导电性能好，有较好的塑性和耐蚀性。纯铜强度不高，硬度较低，但塑性好，有良好的加工成形性和焊接性。

2. 常用铜合金

1）黄铜

以Zn为唯一或主要合金元素的铜合金称为黄铜。因含Zn而呈金黄色，故称为黄铜。按其化学成分不同，分为普通黄铜和特殊黄铜两类。

普通黄铜是铜锌两元合金，又称简单黄铜。Zn的加入对铜的组织和力学性能有显著的影响。Zn元素的加入，不但能使铜强度增高，也能使其塑性增强。一般含锌量不超过47%，当含锌量超过47%时，黄铜强度和塑性会急剧下降。其主要用于涂层、弹壳、垫片等的制造。

特殊黄铜是在铜锌合金中再加入其他合金元素而形成的常加入的其他合金元素有Pb、Al、Mn、Sn等，这些元素的加入都能提高黄铜的强度，部分元素还能增强黄铜的耐蚀性和耐磨性。可用于海轮制造业、轴承衬套等。

2）青铜

除了以Zn或Ni为主加元素的铜合金外，其余铜合金统称为青铜。锡青铜是使用最早的铜锡合金。近代工业中广泛应用了含Al、Be、Si、Pb等的铜基合金，分别称为铝青铜、铍青铜、硅青铜、铅青铜等。

锡青铜以Sn为主加元素，工业用锡青铜含锡量为3%～14%，另外还有少量的Zn、Pb、P等元素，外观呈青黑色。锡青铜具有良好的减磨性、抗磁性及较高的低温韧度，但其耐蚀性较差。可用于制造弹簧、轴承、垫圈等。

3）白铜

以镍为主要合金元素的铜合金称为白铜。

普通白铜具有较好的耐蚀性和优良的冷热加工性能。常用牌号有B5、B19等，主要用于制造在蒸汽和海水环境下工作的精密机械、仪表中的零件及冷凝器、蒸馏器、热交换器等。

特殊白铜常用牌号有BMn40-1.5（康铜）、BMn43-0.5（考铜），用于制造精密机械、仪表零件及医疗器械等。

引申知识点

一、材料研究新热点

1）工程塑料

工程塑料主要指综合工程性能良好的各种塑料，主要有聚甲醛、聚酰胺、聚碳酸酯和ABS共四种。它们是制造工程结构、机械零部件、工业容器和设备的一类新型结构材料。

和通用塑料相比，工程塑料在力学性能、耐久性、耐蚀性、耐热性等方面能达到更高的要求，加工更方便，并可替代金属材料。工程塑料被广泛应用于电子、电气、汽车、建筑、办公设备、机械、航空航天等行业，以塑代钢、以塑代木已成为趋势。工程塑料已成为当今世界塑料工业中增长速度最快的领域。

2）形状记忆合金

在研究 Ti-Ni 合金时发现，原来弯曲的合金丝被拉直后，当温度升高一定值时，它又会恢复到原来弯曲的状态，人们把这种现象称为形状记忆效应。具有形状记忆效应的金属简称为形状记忆合金。大部分形状记忆合金的形状记忆机理是热弹性马氏体相变。马氏体相变具有可逆性，即把马氏体（低温相）以足够快的速度加热，它可以不经分解直接转变为高温相（母相）。

已发现的形状记忆合金种类很多，可以分为镍-钛合金、铜合金、铁合金三大类。另外，近年发现的一些聚合物和陶瓷材料也具有形状记忆功能，但其形状记忆原理与合金不同。目前，已实用化的形状记忆材料只有镍-钛合金和铜合金。

形状记忆合金在工程上的应用很多，如紧固件、连接件、密封垫等。另外，可以用于一些控制元件。医学上使用的形状记忆合金主要是镍-钛合金，这种材料可以埋入人体作为移植材料，如固定折断骨骼的销、接骨板。

3）生物医学材料

生物医用材料（biomedical materials）是用来对生物体进行诊断、治疗、修复或替换其病损组织、器官或增进其功能的材料。它是研究人工器官和医疗器械的基础，已成为当代材料学科的重要分支，尤其是随着生物技术的蓬勃发展和重大突破，生物医用材料已成为各国科学家竞相研究和开发的热点。

4）纳米材料

凡是一维方向上在 1～100 nm 之间的单元和由这种纳米单元作结构单元的材料均称为纳米材料。纳米材料包括纳米膜、纳米线和纳米微粒。纳米微粒由于尺寸小、表面大和表面活性高而具有小尺寸效应、表面效应和量子尺寸效应。

根据纳米材料的性能和成分将其分为纳米磁性材料、纳米高强度材料、纳米吸氢材料、纳米金属材料、纳米陶瓷材料和纳米复合材料等。

5）超导材料

材料的电阻随温度下降而减小并最终出现零电阻的现象称为超导电现象。超导体的主要特性是在临界温度 T_C 以下，电阻为零，完全导电；同时完全排斥磁场，即磁力线不能进入其内部。

目前,已发现常压下具有超导电性的元素大约有 20 多种。超导合金是超导材料中强度最高、磁场强度最低的超导体,广泛应用的有 Nb-Zr 合金和 Ti-Nb 合金。

超导材料的最高超导转变温度只有 23K,因此超导材料只能存储在昂贵、复杂的液氦或者液氢介质中。超低温制冷技术及成本问题极大限制了超导技术的应用。目前,超导材料已广泛应用于加速器、医学诊断设备、热核反应堆等方面。

二、组元、相和组织三个概念的区别

合金是由两种或两种以上的金属元素或金属与非金属组成的具有金属特性的物质。例如碳钢是由铁和碳组成的合金。

组成合金的最基本的、独立的物质称为组元,简称为元。一般来说,组元就是组成合金的元素。例如铜和锌就是黄铜的组元。有时稳定的化合物也可以看作组元,例如铁碳合金中的 Fe_3C 就可以看作组元。通常,由两个组元组成的合金称为二元合金,由三个组元组成的合金称为三元合金。

相是指合金中的成分、结构均相同的组成部分,相与相之间具有明显的界面。通常把合金中相的晶体结构称为相结构,而把在金相显微镜下观察到的具有某种形态或形貌特征的组成部分总称为组织。所以合金中的各种相是组成合金的基本单元,而合金组织则是合金中各种相的综和体。

三、铸铁的种类

工业当中常用的铸铁,含碳量一般比较接近于共晶成分,且含硅量较高,碳大部分不再以碳化物(Fe_3C)的形式存在,而是以游离石墨状态存在。根据铸铁在结晶过程中石墨化程度的不同(即碳的存在形式不同),铸铁可分为三类:

(1) 灰口铸铁,碳以石墨形式存在。灰口铸铁力学性能较差,但由于石墨本身有润滑作用,并可以吸收振动能量,故灰口铸铁的耐磨性、减振性很好。灰口铸铁根据石墨形状的不同,又可分为灰口铸铁、可锻铸铁、球墨铸铁和蠕墨铸铁。

(2) 白口铸铁,碳以化合物形式(Fe_3C)存在。这类铸铁组织中的碳全部呈化合态,形成渗碳体,并具有莱氏体组织,其断口白亮,性能硬脆,在工业上很少应用,主要用作耐磨材料和炼钢原料。

(3) 麻口铸铁,碳以石墨和化合物(Fe_3C)两种形式并存。麻口铸铁的组织介于白口铸铁和灰口铸铁之间,含有不同程度的莱氏体,具有较强的硬脆性,工业上也很少应用。

复习思考题

1. 什么是金属的力学性能?金属的力学性能包括哪些?

2. 画出低碳钢应力-应变曲线(R-e 曲线),并解释低碳钢应力-应变曲线上的几个变形阶段。

3. 强度指标 R_{eL}、R_m、$R_{p0.2}$ 都是机械零件设计和选材的依据,分别应用于什么情况?

4. 什么是硬度?常用的硬度试验法是哪几种?各用什么符号表示?

5. 什么是金属的工艺性能?主要包括哪些内容?

6. 试分析下列几种说法是否正确?为什么?

(1) 材料的 E 值越大,塑性越差。

(2) 脆性材料拉伸时不产生缩颈现象。

(3) 布氏硬度适合于测试成品材料的硬度,维氏硬度可用于测试整体材料的硬度。

(4) 弹塑性材料零件可用屈服强度作为设计指标,脆性材料应用抗拉强度作为设计指标。

7. 什么是过冷现象?什么是过冷度?过冷度和冷却速度有何关系?

8. 金属的晶粒大小对材料的力学性能有什么影响?

9. 含碳量对钢的组织和性能有什么影响?

10. 分析在缓慢冷却的条件下,亚共析钢和过共析钢的结晶过程和室温组织。

11. 什么是同素异晶转变?试分析同素异晶转变与液态金属结晶有何不同?

12. 什么是共析反应?什么是共晶反应?其转变产物分别是什么?对铁碳合金力学性能分别有何影响?

13. 非合金钢中有哪些杂质?它对钢的力学性能影响如何?

14. 指出下列各钢号的钢种,并说明牌号中数字和符号的含义。

Q235、45、08F、T10A、Q215A、40Cr、CrWMn、60Si2Mn

15. 如果错把Q235A钢当作45钢制造齿轮,把30钢当作T13钢制造锉刀,在使用过程中会出现哪些问题?

16. 比较非合金工具钢和合金工具钢,它们的适用场合有何不同?

17. 高速工具钢含有哪些合金元素?其热硬性如何?

18. 任何材料都有力学性能,陶瓷材料的强度是如何标定的?

第 2 章　钢的热处理及表面工程技术

为使金属零件具有所需要的力学性能、物理性能和化学性能，除了合理选用材料和各种成形工艺外，热处理工艺往往是必不可少的。与其他加工方法不同，热处理只改变金属材料的组织和性能，而不改变形状和尺寸。通过不同的热处理工艺，可以获得差异很大的组织结构，进而性能不同，从而极大地扩展金属的使用范围。

表面工程技术是为了满足特定的工程需求，使材料表面或零部件表面具有特殊的成分、结构和性能（或功能）的物理、化学方法与工艺。表面工程技术的应用十分广泛，可用于零件表面的耐磨，耐蚀，修复，强化，装饰，还可赋予材料光、电、声、热、磁、吸附等功能性表面层。

本章将重点介绍钢的热处理工艺，并在表面热处理的基础上，进一步介绍常用的表面工程技术。

2.1　钢的热处理

钢的热处理是将钢在固态下，通过适当的方式进行加热、保温和冷却，以改变其内部组织结构，从而获得所需性能的一种工艺方法。热处理的工艺过程用以温度和时间为坐标的热处理工艺曲线来表示，如图 2-1 所示。

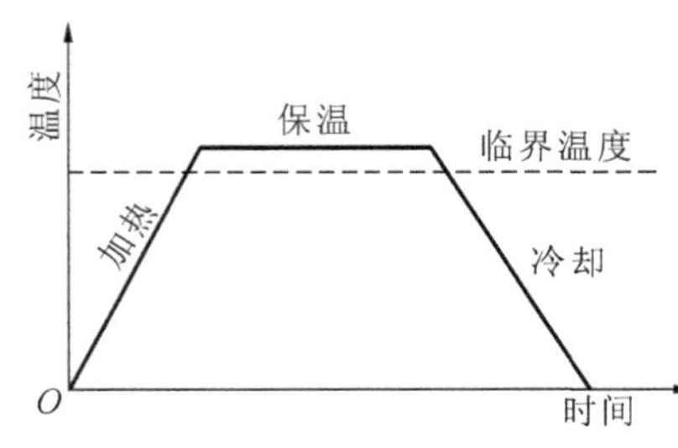

图 2-1　热处理工艺曲线示意图

热处理的目的主要有两个：一是改善金属材料的加工工艺性能，为后续工序作好组织和性能上的准备；二是显著提高金属材料的力学性能，充分发挥材料内在的性能潜力，延长零件使用寿命。因此，热处理在工业中得到了广泛的应用。据统计，在机床制造中，60%～70%的零件需要热处理；在汽车、拖拉机制造中需进行热处理的零件占70%～80%；在刀具、模具和滚动轴承制造中，几乎所有的零件都需要进行热处理。

热处理的工艺方法很多，大致可分为如下三大类：

(1) 整体热处理：包括退火、正火、淬火、回火等；

(2) 表面热处理：包括表面淬火、气相沉积和离子注入等；

(3) 化学热处理：包括渗碳、渗氮、碳氮共渗、渗金属等。

2.1.1　钢在加热和冷却时的组织转变

根据铁碳合金状态图，组织转变的临界温度是 A_1、A_3、A_{cm}，由于它们是在极其缓慢的加热或冷却条件下测定出来的，而实际生产中工件的加热和冷却速度较快，故存在一定的滞后现象，也就是说，组织转变是在一定的过热或过冷情况下进行的，而且过热度和过冷度随着加热温度和冷却温度的升高而增大。通常将加热时的实际转变温度标以字母"c"，用 Ac_1、Ac_3、Ac_{cm} 表示；将冷却时的实际转变温度标以字母"r"，用 Ar_1、Ar_3、Ar_{cm} 表示，如图 2-2 所示。

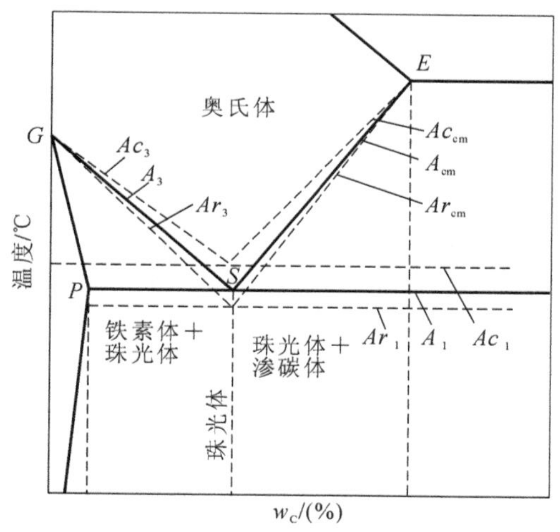

图 2-2　钢在加热或冷却时的临界温度

2.1.1.1　钢在加热时的组织转变

加热是热处理工艺的首要步骤。把钢加热获得奥氏体的过程，称为钢的奥氏体化。下面以共析钢为例，说明钢在加热时的组织转变。

需要说明的是，奥氏体的转变过程也遵循结晶基本规律，即形核和晶核长大。图 2-3 说明了奥氏体形成的整个过程。

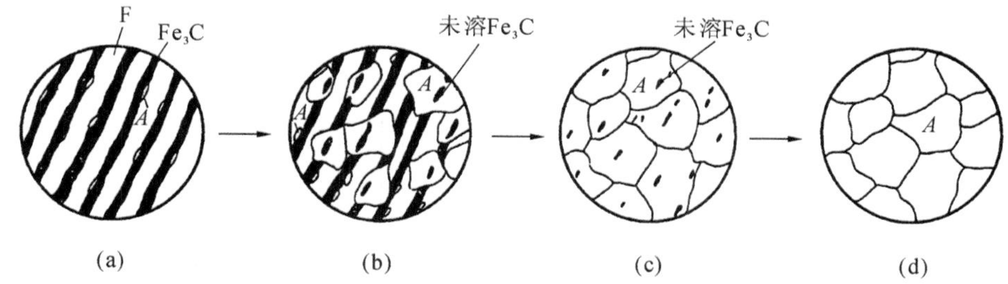

图 2-3　奥氏体形成过程示意图

(a) A 形核　(b) A 长大　(c) 残留 Fe_3C 溶解　(d) A 均匀化

1. 奥氏体晶核形成

共析钢的常温组织为片状珠光体，当温度升高到 Ac_1 时，奥氏体优先在铁素体和渗碳体的片层界面上形成晶核。这是因为相界面在成分和结构上处于有利于转变的条件。其一，奥氏体的含碳量介于铁素体和渗碳体之间；其二，相界面是两种不同晶体结构的过渡处，原子排列不规则，缺陷较多，为晶核的形成提供了能量条件。

2. 奥氏体晶核长大

奥氏体晶核形成后，依靠原子的扩散，邻近的体心立方晶格铁素体改组为面心立方晶格的奥氏体，而邻近的渗碳体也不断溶入奥氏体。这样，奥氏体晶核向相邻铁素体和渗碳体两个方向不断长大。同时，新的奥氏体晶核不断形成并长大，一直进行到铁素体全部转变为奥氏体为止。

3. 残留渗碳体溶解

由于渗碳体的晶体结构和含碳量都与奥氏体的差别很大，故铁素体向奥氏体的转变速度要比渗碳体向奥氏体的溶解快得多。当铁素体全部转变为奥氏体后，仍有部分渗碳体尚未溶解。这些残留的渗碳体将随着奥氏体化时间的延长，逐渐溶于奥氏体中。

4. 奥氏体成分均匀化

残留渗碳体完全溶解后，奥氏体中碳浓度的分布仍是不均匀的，原来是渗碳体的地方碳浓度较高，原先是铁素体的地方碳浓度较低，因此必须继续保温，通过碳的扩散获得成分均匀的奥氏体。

奥氏体的形成过程可以看成是由奥氏体形核、晶核的长大、残留渗碳体的溶解和奥氏体的均匀化四个阶段组成的。亚共析钢和过共析钢的完全奥氏体化过程与共析钢基本相似。

显然，欲使共析钢完全转变成奥氏体，必须将其加热到 Ac_1 以上；对于亚共析钢，则必须加热到 Ac_3 以上，否则难以达到应有的热处理效果；同样，过共析钢只有加热到 Ac_{cm} 以上时才能得到均匀的单相奥氏体组织。值得注意的是，实际热处理生产中，并非都要求完全奥氏体化，而是根据热处理工艺的具体要求，控制奥氏体的形成阶段，以便冷却后获得不同的组织和性能。

钢的奥氏体晶粒的大小直接影响到冷却后所得的组织和性能。奥氏体的晶粒越细，冷却后的组织就越细，其强度、塑性和韧性也越好。初始形成的奥氏体晶粒非常细小，如果加热温度过高或保温时间过长，将会引起奥氏体晶粒急剧长大，使金属材料性能恶化。图 2-4 为奥氏体晶粒大小对转变组织晶粒大小的影响示意图。因此，应合理选定钢的加热温度和保温时间，以形成晶粒细小、成分均匀的奥氏体。

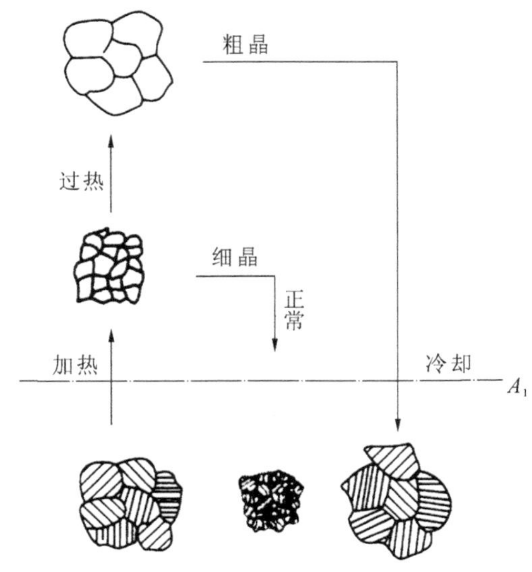

图 2-4　奥氏体晶粒大小对转变组织晶粒大小的影响示意图

2.1.1.2　钢在冷却时的组织转变

钢冷却条件不同，转变产生的组织结构也不同，性能就会有显著的差异。所以，冷却是热处理的关键环节。

钢的热处理有两种冷却方式：一种是等温冷却，另外一种是连续冷却。如图 2-5 所示。

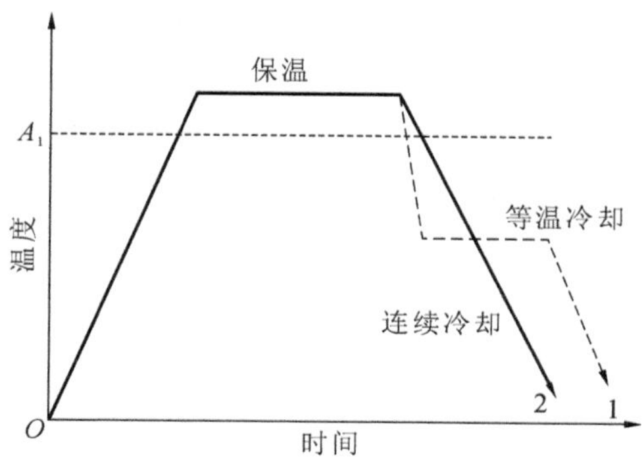

图 2-5　热处理冷却方式

1. 等温冷却

将奥氏体化的钢迅速冷却到 A_1 以下某个温度，这时的奥氏体尚未转变，成为过冷奥氏体，然后进行保温，使过冷奥氏体在等温状态下发生组织转变，待转变完成后再冷却到室温，这种冷却方式称为等温冷却，如等温退火、等温淬火等。

等温冷却方式对研究过冷奥氏体冷却过程中的组织转变较为方便。下面以共析钢为例进行等温转变分析。

1）过冷奥氏体等温转变曲线图（TTT 图）

过冷奥氏体等温转变曲线通常采用金相法配合测量硬度的方法建立。将一系列共析碳钢薄片试样加热到奥氏体化后，分别进行不同过冷度的等温冷却实验，测定出过冷奥氏体在恒温下的转变开始和转变终了时间，标注在温度与时间的坐标系中，再将意义相同的点连接起来即可得 TTT 图。因曲线形状如字母“C”，故又称为 C 曲线。图 2-6 所示为共析钢的 C 曲线，图中标出了过冷奥氏体在各温度范围等温状态下所得组织及硬度范围。

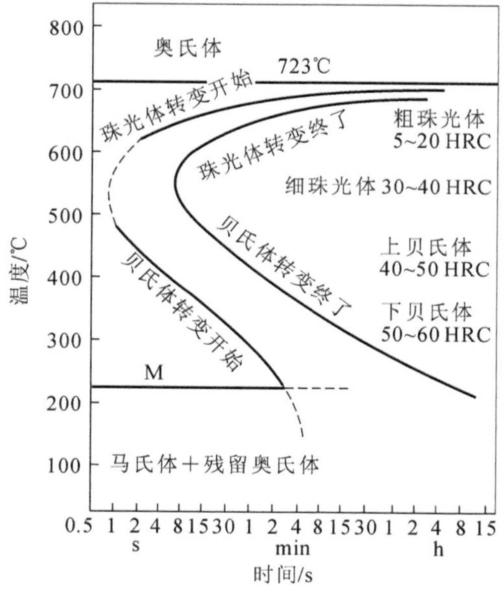

图 2-6　共析钢的等温转变曲线图

2）过冷奥氏体等温转变产物

根据转变温度的高低，过冷奥氏体等温转变产物可分为三种类型。

（1）高温转变产物（珠光体）　共析钢过冷奥氏体冷却到 Ar_1～550 ℃之间的任一温度，等温转变产物为珠光体型组织，它是铁素体和渗碳体组成的片层状机械混合物。因为转变温度较高，奥氏体向珠光体的转变是一种扩散型相变，它是通过铁、碳原子的扩散和晶格的改组来实现的。过冷度越大，珠光体片层越薄，硬度越高。

依照形成温度的高低及片层间距的大小，珠光体型组织可细分为三种：

① 珠光体（Ar_1～650 ℃形成）：属于粗片层珠光体，用符号 P 表示；

② 索氏体（650～600 ℃形成）：属于细片层珠光体，用符号 S 表示；

③ 托氏体（600～550 ℃形成）：属于极细片状珠光体，用符号 T 表示。

（2）中温转变产物（贝氏体）　共析钢过冷奥氏体冷却到 550～M_s（230 ℃）之间等温转变，产物为贝氏体型组织，用符号 B 表示。奥氏体向贝氏体的转变属于半扩散型转变，铁原子基本不扩散而碳原子尚有一定的扩散能力。贝氏体是铁素体及弥散分布的碳化物所形成的亚稳组织，其硬度比珠光体的更高。根据转变温度的高低，贝氏体有两种组织形态，如图 2-7 所示。

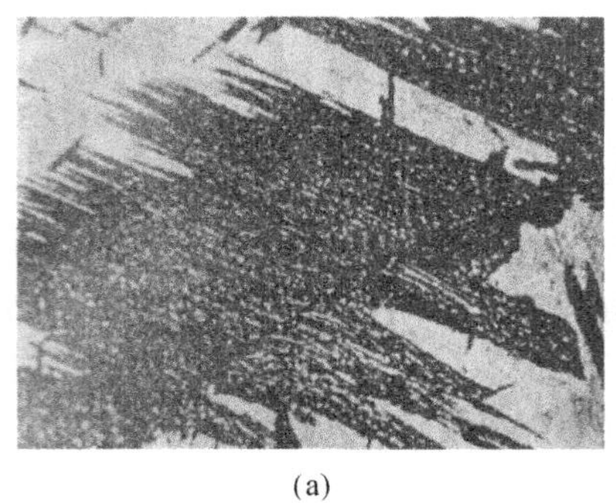

(a)

(b)

图 2-7　贝氏体显微组织形貌

(a) 上贝氏体　(b) 下贝氏体

① 上贝氏体 $B_上$（550～350 ℃形成）　呈羽毛状，粒状或短棒状渗碳体分布在铁素体条间，强度、韧度低，塑性差，生产上很少使用。

② 下贝氏体 $B_下$（350～M_s 形成）　呈针片状，碳化物弥散分布在铁素体片内，具有良好的综合力学性能。在生产上常用等温淬火的方式得到下贝氏体，是钢材强韧化的重要途径之一。

（3）低温转变产物（马氏体）　共析钢过冷奥氏体在 M_s～M_f（230～－50 ℃）之间的等温转变产物为马氏体型组织，用符号 M 表示。M_s、M_f 分别为马氏体转变的开始点和终了点温度。由于转变温度很低，碳原子来不及扩散，全部保留在 α-Fe 中，形成碳在 α-Fe 中过饱和的固溶体，即马氏体。此转变属于非扩散型转变。马氏体是一种不稳定的组织，溶入的含碳量越高，其硬度越大，塑性和韧性则越差。

如果仅冷却到室温，有一部分奥氏体未转变而被保留下来，叫做残留奥氏体，以符号 A′ 表示。奥氏体中的含碳量越高，M_s、M_f 点越低，转变后的残留奥氏体量也就越大。因此马氏体的转变量主要取决于 M_f。

马氏体的微观组织形态主要有两种（见图 2-8），主要由钢的含碳量决定。

(a)

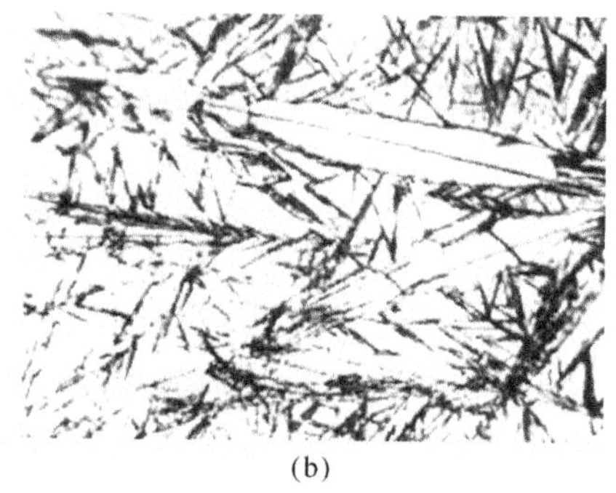
(b)

图 2-8 马氏体显微组织形貌
(a) 板条马氏体 (b) 片状马氏体

① 板条马氏体 又称低碳马氏体，呈板条状，具有较高的强度和韧度，综合力学性能好。

② 片状马氏体 又称高碳马氏体，呈片状或针叶状，具有很高的强度和硬度，但脆性大，必须经过回火处理后才能使用。

2. 连续冷却

将奥氏体化的钢以一定的速度冷至室温，使奥氏体在温度连续下降的过程中发生组织转变，这种冷却方式称为连续冷却。实际热处理生产中多采用此种冷却方式，如水冷、油冷、空冷、炉冷等。同样，以共析钢为例，分析其连续冷却转变过程。

1) 过冷奥氏体连续转变曲线图(CCT 图)

图 2-9 是共析钢的连续转变曲线图(其中虚线为 C 曲线)。由图可见 CCT 曲线(图中粗实线)包括三部分，分别是过冷奥氏体向珠光体转变的开始线、结束线以及过冷奥氏体向珠光体转变的中止线。当连续冷却曲线碰到 CCT 曲线的转变中止线时，过冷奥氏体就不再继续发生珠光体转变，而是一直保持在 M_s 以下，转变为马氏体。

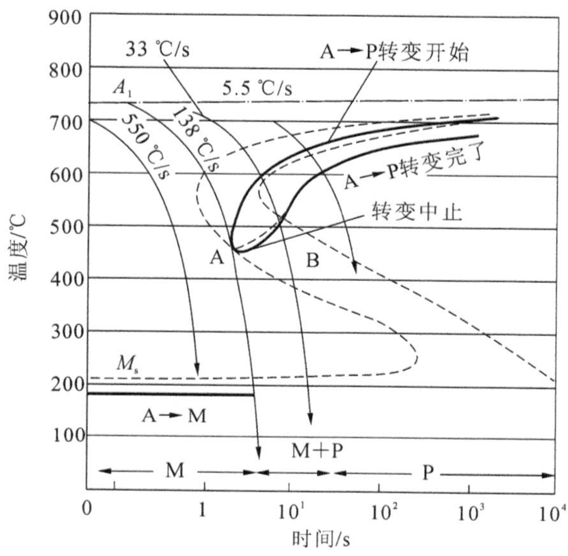

图 2-9 共析钢的连续转变曲线图

从图 2-9 还可以发现，CCT 曲线位于 C 曲线的右下方，而且只有上半部分。这就是说，在连续冷却转变过程中，珠光体转变所需的孕育期要比等温转变略长，而且共析碳钢和过共析碳钢连续冷却时只发生珠光体转变和马氏体转变，一般不会得到贝氏体组织。

2）马氏体临界冷却速度

连续冷却转变时，过冷奥氏体的转变产物取决于冷却速度。与 CCT 曲线相切的冷却曲线，是保证过冷奥氏体全部发生马氏体转变所需的最小冷却速度曲线，该最小冷却速度叫做马氏体临界冷却速度，用 v_k 表示（对于共析钢，v_k 为 138 ℃/s）。当冷却速度大于 v_k（如图中 550 ℃/s）时，过冷奥氏体全部转变成马氏体和少量残留奥氏体；当最小冷却速度曲线碰到珠光体转变中止线时（如图中 33 ℃/s），过冷奥氏体转变成马氏体和珠光体类型的混合物；当最小冷却速度曲线碰到珠光体转变终了线时（如图中 5.5 ℃/s），过冷奥氏体全部转变成珠光体组织。

马氏体临界冷却速度对热处理工艺具有重要意义，v_k 值越小，钢在淬火时越容易获得马氏体组织。

3）C 曲线在连续冷却中的应用

由于 CCT 图的测定比较困难，当只有 C 曲线时，可以将连续冷却曲线重叠在 C 曲线上，来定性地分析连续冷却的转变过程。图 2-10 是共析钢等温转变曲线在连续冷却中的应用。

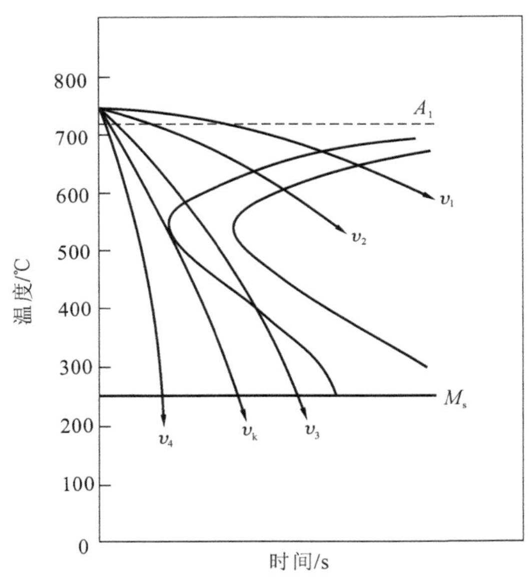

图 2-10　共析钢 C 曲线在连续冷却中的应用

根据冷却曲线与 C 曲线相交的位置，可得：

v_1 表示在缓慢冷却（相当于退火，随炉冷却的速度）时，可获得珠光体组织。

v_2 表示在较缓慢冷却（相当于正火，在空气中冷却的速度）时，可获得索氏体组织。

v_3 表示在较快速冷却（相当于在油中淬火）时，可获得托氏体＋马氏体＋残留奥氏体的混合组织。

v_4 表示在快速冷却（相当于在水中淬火）时，它不与 C 曲线相交，因此可获得马氏体＋少量残留奥氏体。

冷却速度 v_k 曲线与 C 曲线鼻尖相切，可认为是该钢的临界冷却速度。

2.1.2　钢的退火和正火

退火和正火是生产中应用广泛的预备热处理工艺，一般安排在铸、锻、焊之后，切削粗加工之前，用来消除各种热成形缺陷，改善其加工性能，为后续工序做准备。对于一些受力不大、性能要求不高的机器零件，也可作为最终热处理。

2.1.2.1　退火

退火是将钢加热至适当温度，保温一定时间，然后缓慢冷却的热处理工艺。缓冷是退火的主要特征，一般要求工件随炉冷至 550 ℃，然后再出炉空冷。

根据目的和要求的不同，工业上常用的退火工艺有完全退火、等温退火、球化退火、去应力退火、再结晶退火和均匀化退火等。

1. 完全退火

完全退火是将亚共析钢加热至 Ac_3 以上 30～50 ℃，经保温后随炉冷却(或埋在砂中、石灰中冷却)至 500 ℃以下，然后在空气中冷却，以获得接近平衡组织的热处理工艺。

完全退火通过重结晶，可使铸造、锻造或焊接所造成的粗大晶粒细化，并可使产生的不均匀组织得到改善；因为可获得接近平衡状态的铁素体＋珠光体组织，可降低钢的硬度，改善切削加工性；由于退火冷却速度缓慢，还可以消除残余内应力。

完全退火主要用于亚共析成分碳钢与合金钢的铸件、锻件、热轧型材及焊件等。

2. 等温退火

等温退火是将钢加热至 Ac_3 以上 30～50 ℃，保温后较快地冷却到 Ar_1 以下某一温度等温，使奥氏体在恒温下转变成铁素体和珠光体，然后出炉空冷的热处理工艺。

等温退火的目的与完全退火相同，由于转变在恒温下进行，所以组织均匀，而且可大大缩短退火时间。

等温退火主要用于某些奥氏体比较稳定的合金钢铸、锻件。

3. 球化退火

球化退火是不完全退火中的一种，是将过共析钢加热至 Ac_1 以上 20～30 ℃，经较长时间保温后缓慢冷却，使铁素体基体上均匀分布着球粒状渗碳体组织的热处理工艺。

球化退火的目的是降低硬度，改善切削加工性能，并且优化组织，为后续淬火做组织上的准备。

过共析钢经热轧、锻造后，组织为片状珠光体和网状二次渗碳体，致使钢的硬度高、脆性大，不仅切削性能差，而且淬火时易产生变形和开裂。球化退火时，因为加热温度在 Ac_1 以上 20～30 ℃，此时尚有少量未完全溶解的渗碳体，在随后的冷却过程中，奥氏体经共析反应析出的渗碳体便以未溶渗碳体为核心，呈球状析出，分布在铁素体基体之上，这种组织称为“球化体”(见图 2-11)。球化体的硬度低，塑性好，便于切削加工，同时为淬火做好组织准备。

球化退火主要应用于共析、过共析碳钢和合金工具钢。对于含碳量高、网状渗碳体严重的过共析钢，在球化退火前应先进行正火，以打碎渗碳体网。

4. 去应力退火

去应力退火是将工件加热至 Ac_1 以下某一温度(一般为 500～650 ℃)，保温后缓冷的热处理工艺。由于加热温度低于临界温度，因而钢未发生组织转变，又称低温退火。

去应力退火的目的是通过原子扩散及塑性变形，消除构件中的残余内应力，以稳定工件尺寸，防止变形和开裂。

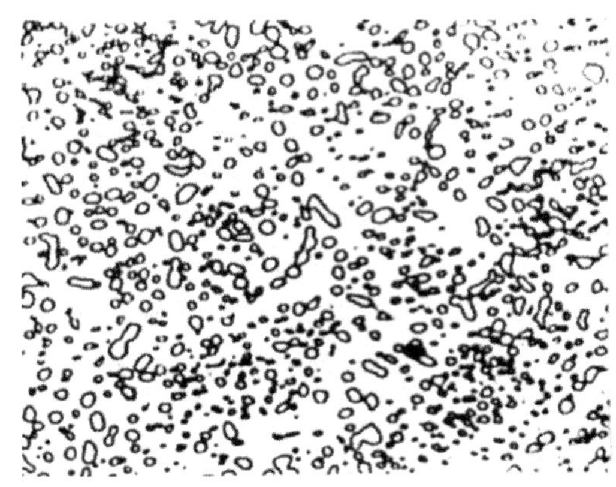

图 2-11　T12 钢的球化退火组织

去应力退火主要用于铸件、锻件、焊接件及冷加工件。

5. 再结晶退火

再结晶退火是将工件加热到再结晶温度($T_{再}$)以上 100～250 ℃,保温后空冷的热处理工艺,也属于低温退火。

通过再结晶退火可以消除加工硬化现象,使钢材的塑性恢复到冷变形以前的状态,有利于进一步变形加工。

再结晶退火主要用于冷轧、冷拉、冷挤等冷变形塑性加工件。

6. 均匀化退火

均匀化退火是将工件加热到 Ac_3 以上 150～200 ℃,长时间保温后缓慢冷却的热处理工艺,又称为扩散退火。

均匀化退火的目的是消除铸锭或铸件在凝固过程中产生的晶内偏析,使化学成分和组织均匀化。

由于加热温度很高,均匀化退火后钢的晶粒粗大,因此一般还要进行完全退火或正火来细化晶粒,消除过热缺陷。主要用于钢锭、铸钢件或具有成分偏析的锻件。

2.1.2.2　正火

正火是将工件加热至 Ac_3(亚共析钢)或 Ac_{cm}(过共析钢)以上 30～50 ℃,保温后在空气中冷却的热处理工艺。

正火和完全退火的作用相似,都是为了细化组织,调整硬度,改善切削加工性能。不同的是,正火的冷却速度比退火稍快,便于形成组织更细小的索氏体。索氏体比珠光体的强度、硬度稍高,但韧度并未下降。而且正火生产周期短,因此在生产中,对于中、低碳钢常常采用正火来取代退火。

正火主要应用于以下几个方面。

① 对于力学性能要求不高的普通结构钢件或某些大型碳钢件,正火可作为最终热处理方式;

② 对于低碳钢,正火后可获得合适的硬度,改善切削加工性能;

③ 对于过共析钢,正火可减少或消除二次渗碳体呈网状析出的现象,为球化退火和后续淬火做组织准备。

图 2-12 是退火和正火的工艺规范。

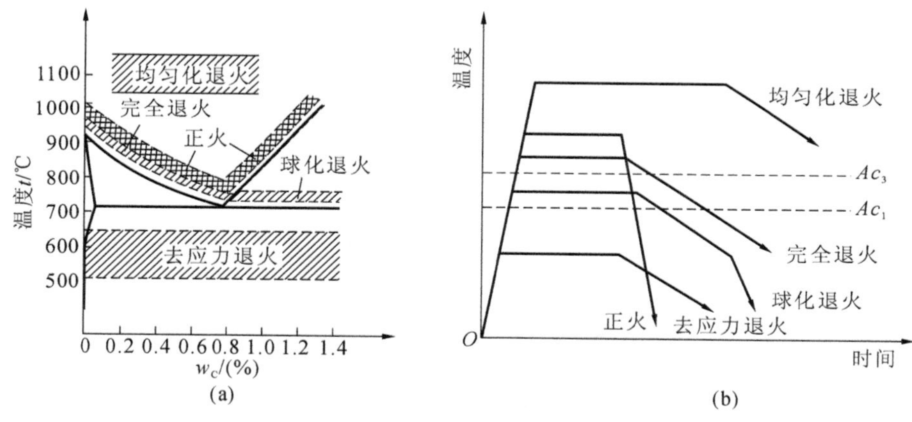

图 2-12　退火和正火的工艺规范

(a) 加热温度范围　(b) 工艺曲线

2.1.2.3　退火和正火工艺的选择

退火与正火同属于预备热处理，目的基本相同。在实际生产时，某些情况下二者可以互相替代。具体选择退火还是正火工艺，主要从以下几个方面来考虑。

1. 切削加工性能

金属的硬度是影响其切削加工性能的主要因素之一。材料的硬度在 170～230 HBW 范围内切削加工性能最好。低碳钢退火后硬度较低，因此低碳钢和低碳合金钢宜采用正火提高硬度；中碳钢既可采用退火，也可采用正火；高碳钢及中碳钢以上的合金钢，必须进行退火，以降低硬度，方便切削。

2. 热处理工艺性能

对于一些形状复杂、尺寸较大的零件，为避免正火可能产生的变形和开裂，应采用退火工艺；对于力学性能要求不高的一般零件或有淬火开裂倾向的大型重要零件，可采用正火工艺作为最终热处理工艺。返修件在最终热处理前要进行退火处理。

3. 经济性

正火生产周期比退火短，节约能量，且操作简便。故在保证质量的前提下，生产中常优先采用正火工艺，以降低生产成本。

2.1.3　钢的淬火和回火

淬火和回火是强化钢材最重要的热处理工艺。作为最终热处理工艺，通常安排在切削加工之后。通过淬火，再配以不同温度的回火，可使钢获得所需的力学性能。重要的机器零件，特别是在复杂应力下工作的零件，以及各种工、模、量具都要进行淬火和回火处理。

2.1.3.1　淬火

淬火是将钢加热到 Ac_3 或 Ac_1 以上 30～50 ℃，保温后在冷却介质中快速冷却，以获得马氏体或下贝氏体组织的热处理工艺。

淬火的目的主要是得到马氏体组织，以提高钢的硬度和耐磨性。但是马氏体在形成过程中伴随着体积膨胀，会造成淬火内应力，而且马氏体组织通常脆性又比较大，这些都使钢件淬火时容易产生裂纹或变形。为了防止淬火缺陷的产生，必须严格控制淬火工艺。

1. 淬火工艺

1）淬火加热温度

碳钢的淬火温度根据 $Fe-Fe_3C$ 相图来确定，如图 2-13 所示。

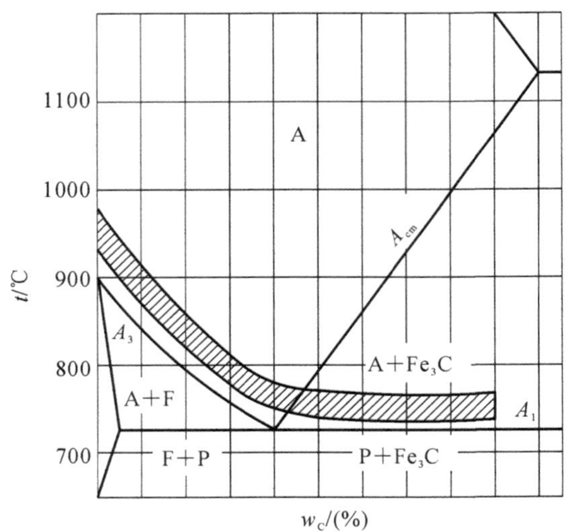

图 2-13　碳钢的淬火温度范围

对于亚共析碳钢，适宜的淬火温度一般为 Ac_3 以上 30～50 ℃，这样可获得均匀细小的马氏体组织。如果淬火温度过高，因奥氏体晶粒长大，淬火后将获得粗大的马氏体组织，钢的强度下降，脆性增加，易引起工件的变形和开裂。如果淬火温度过低，不能完全形成奥氏体，在淬火组织中除马氏体外，将出现少量铁素体，致使钢的硬度不足，强度不高。值得一提的是，近年来出现了一种加热温度略低于 Ac_3 的亚温淬火工艺，有意地保留了部分韧度高的铁素体相，以降低钢的冷脆转变温度，减小回火脆性及氢脆敏感性。

对于过共析碳钢，适宜的淬火温度为 Ac_1 以上 30～50 ℃，这样得到的是不完全奥氏体，淬火后可获得均匀细小的马氏体和粒状渗碳体的混合组织。这种组织不但强度、硬度高，耐磨性好，而且韧度也好。如果淬火温度高于 Ac_{cm}，因渗碳体完全溶解，提高了奥氏体的含碳量，使 M_s 点下降，淬火后残留奥氏体含量增加，使硬度反而降低；同时因加热温度过高，奥氏体晶粒粗大，淬火后得到粗片状马氏体组织，易引起较大的内应力，增加工件变形、开裂倾向。如果淬火温度过低，则可能得到非马氏体组织，钢的硬度达不到要求。

对于合金钢，大多数合金元素（锰、磷除外）会阻碍奥氏体晶粒长大，所以淬火温度允许比碳钢稍微提高一些，以使合金元素充分溶解和均匀化，取得较好的淬火效果。

2）淬火介质

冷却是淬火的关键。为了得到马氏体组织，冷却速度必须大于淬火临界冷却速度。但快冷又不可避免地会造成很大的内应力，引起工件变形与开裂。因此，理想的淬火冷却介质应具有图 2-14 所示的冷却曲线。在 C 曲线“鼻尖”以上，由于过冷奥氏体稳定性较好，所以冷却速度可稍微慢一些，以便减小工件内外温差造成的热应力；在 C 曲线“鼻尖”附近要快速冷却，避免发生珠光体型转变；而在 M_s 点附近，进入马氏体转变区域，要以较慢的速度冷却，以减少组织应力。

但是到目前为止，实际生产中并没有这样一种理想的冷却介质。常用的淬火介质有水、盐（碱）水、油等。

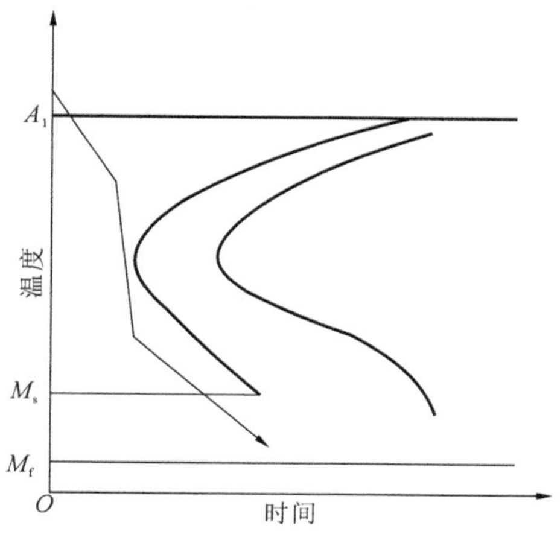

图 2-14　理想的淬火冷却曲线

水　具有较强的冷却能力，且廉价易得，是使用最广泛的淬火介质。但是用水作为冷却介质，在 C 曲线的"鼻子"区（650～550 ℃），冷却速度不够快；而在马氏体转变温度区域（300～200 ℃），冷却速度太快，易使马氏体转变速度过快而产生很大的内应力，致使工件变形甚至开裂。因此水适用于截面尺寸不大、形状简单的碳素钢工件的淬火冷却。

盐（碱）水　是在水中加入 5%～10%（质量分数）的盐或碱形成的水溶液，比水的冷却能力更强。其特点是在高温区域的冷却速度非常快，可快速躲开"鼻尖"部位，但在马氏体转变温度范围，其冷却能力仍很强。因而它主要用于形状简单、尺寸较大的碳钢零件。

油　淬火油几乎都是矿物油，黏度大，流动性差，冷却能力低，有利于 300～200 ℃时的马氏体转变，可有效减小变形和开裂；缺点是在 650～550 ℃范围冷却能力差，容易造成过冷奥氏体分解而淬不硬，所以不宜用于碳钢，通常只用作过冷奥氏体比较稳定的合金钢的淬火介质。

在实际生产中，为减小工、模具淬火时的变形，工业上常用熔融盐浴或碱浴作为冷却介质来进分级淬火或等温淬火。此外，还研制了各种新型淬火冷却介质，如聚乙烯醇水溶液、三硝水溶液等。

3）淬火方法

为了弥补淬火介质冷却特性的不足，实际生产中采用了不同的淬火方式来保证淬火时既能得到马氏体组织，又能减小变形、开裂。常用的淬火方法主要有以下几种，如图 2-15 所示。

（1）单介质淬火法　将奥氏体化的钢件放入一种淬火介质中连续冷却至室温的淬火方法，称为单介质淬火。例如，碳钢在水中淬火，合金钢在油中淬火等。这种淬火方法操作简单，成本低，容易实现机械化、自动化。但水淬容易产生变形和裂纹，油淬容易产生硬度不足或硬度不均匀等缺陷。单介质淬火法适用于形状简单、尺寸较小的工件淬火。

（2）双介质淬火法　将奥氏体化的钢件先浸入冷却能力较强的淬火介质中，冷却至 M_s 附近，然后立即取出浸入另一种冷却能力较弱的介质中冷却的淬火方法，称为双介质淬火。例如，先水冷后油冷，先水冷后空冷等。这样既可以淬硬，又可避免在低温范围内马氏体相变时产生裂纹。对于这种淬火方法，关键是要掌握好两种介质的转换时间。双介质淬火法适用于中等尺寸、形状复杂的高碳钢和尺寸较大的合金钢工件。

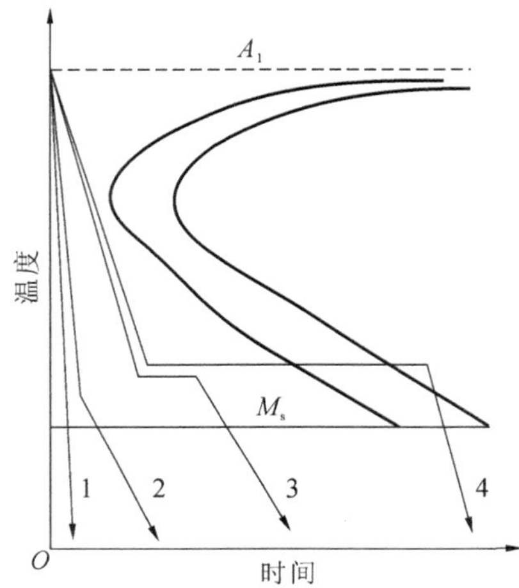

图 2-15　各种淬火方法示意图

1—单介质淬火；2—双介质淬火；3—分级淬火；4—等温淬火

(3) 分级淬火法　将奥氏体化的钢件放入温度略高于 M_s 点的恒温盐浴或碱浴容器中，保温适当时间，待钢件表面与心部温度均匀一致后取出空冷，以得到马氏体的淬火工艺，称为分级淬火。这种淬火方法使工件内外温度一致，而且马氏体转变是在空气中缓慢进行的，能有效地减小变形和开裂倾向。但由于盐浴或碱浴的冷却能力较弱，故只适用于尺寸较小、形状复杂的工件。

(4) 等温淬火法　将奥氏体化的钢件迅速放入温度稍高于 M_s 点的盐浴或碱浴容器中，保温足够时间，使奥氏体转变成下贝氏体后取出空冷的淬火方法，称为等温淬火。等温淬火可大大降低钢件的内应力和变形，而且下贝氏体具有较高的强度、硬度，塑性、韧性和综合力学性能优于马氏体。等温淬火后一般不必回火。等温淬火法适用于尺寸较小、形状复杂，要求变形小、韧度高的工件，如弹簧、刀具、冷热冲模等。

(5) 局部淬火法　有些工件，如果只是局部要求高硬度，为了避免工件其他部分产生变形和裂纹，则可进行局部加热，然后对该部分进行淬火冷却。

(6) 冷处理　为了获得最大数量的马氏体，可把钢件淬火冷至室温后，放到 0 ℃以下的介质(如－70～－80 ℃的干冰或－196 ℃的液氮)中保持一段时间，使残留奥氏体在继续冷却过程中转变为马氏体，这种方法称为冷处理。冷处理可提高钢的硬度和耐磨性，并稳定钢件的尺寸。用于要求硬度高、耐磨性好，以及对精度要求高的零件、模具、量具的处理。

2. 淬透性和淬硬性

1) 淬透性

淬透性是指钢淬火时获得马氏体的能力。它是钢的固有属性，其大小可用钢在规定条件下淬火所获得的淬硬层深度来表示。

钢件淬火时，表面冷却速度最大，而心部最小。在零件截面上，冷却速度大于临界冷却速度的地方能得到全部的马氏体组织，而低于临界冷却速度的地方将会产生非马氏体组织，如图 2-16 所示。因此，钢件淬火后，从表面到心部，马氏体含量越来越少，硬度逐渐降低。

一般规定，钢的表面至内部半马氏体(马氏体组织占 50%)处的距离称为淬硬层深度。淬硬层越深，钢的淬透性就越好。如果淬硬层深度达到工件心部，则表明该工件已全部淬透。

钢的淬透性主要取决于钢的临界冷却速度。临界冷却速度越小，过冷奥氏体越稳定，钢

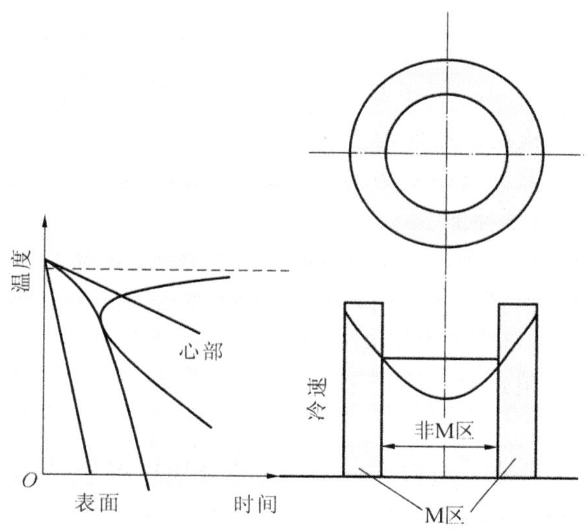

图 2-16　零件淬硬层与冷却速度的关系

的淬透性也就越好。化学成分是影响淬透性的主要因素。当含碳量小于0.77％时，随着奥氏体含碳量的增加，临界冷却速度显著降低，C曲线右移，钢的淬透性增大；当含碳量大于0.77％时，随着含碳量的增加，钢的临界冷却速度反而升高，C曲线左移，淬透性下降。除钴、铝外，大多数合金元素溶入奥氏体都会使C曲线右移，降低临界冷却速度，因而使钢的淬透性显著提高。此外，奥氏体化条件、原始组织也会影响钢的淬透性。

在实际生产中，工件淬火后的淬硬层深度除取决于淬透性外，还与零件尺寸和冷却介质有关。例如，工件尺寸大，冷却介质冷却能力低，即使用淬透性好的钢也不容易获得较大的淬硬层深度。

2）淬硬性

钢在理想条件下进行淬火所能达到的最高硬度的能力称为淬硬性。

淬硬性主要取决于马氏体的含碳量，马氏体含碳量越高，其硬度越大。合金元素对淬硬性影响不大。

值得注意的是，淬硬性和淬透性不是一个概念。淬透性好的钢淬硬性不一定好；反之淬硬性好的钢，淬透性也并不一定好。例如，低合金钢淬透性很好，但其淬硬性并不好；高碳钢淬硬性好，但其淬透性却很差。

3）淬透性的应用

钢的淬透性是机械设计制造过程中合理选材和正确制订热处理工艺的重要依据。如果工件淬透了，则表、里性能均匀一致，能充分发挥钢材的性能潜力；如果未淬透，则表、里性能不同，尤其是回火后，心部的强韧性比表面要低很多。对于大多数零件，都希望在淬透的情况下使用。但不是任何情况下都要求淬透性越高越好，应根据具体情况选择具有适当淬透性的钢材。

对于在重载、动载下工作及承受拉、压的重要零件，如连杆螺栓、锻模、锤杆等，要求表、里性能均匀一致，应选用淬透性好的钢。

对于应力主要集中在表面、心部应力不大的零件，如冷冲模具，要求表面硬而耐磨，若淬透冲压时反而易脆裂，故应选用淬透性较差的钢。

对于焊接构件，若选用淬透性好的钢，容易在焊缝及热影响区形成淬火组织，增大焊接变形和开裂倾向，因此应选用淬透性差的钢。

2.1.3.2　回火

将淬火的钢重新加热到 Ac_1 以下某一温度，保温后冷却到室温的热处理工艺，称为回火。一般淬火钢件必须回火后才能使用。

回火的主要目的是消除淬火内应力，降低钢的脆性，防止产生裂纹；同时通过不同温度的回火，使钢获得所需的力学性能。

淬火所形成的组织是马氏体和一定量的残留奥氏体，二者都是不稳定组织，因而具有重新转变成稳定组织的自发趋势。回火时，由于被重新加热，原子活动能力加强，随着温度的升高，淬火钢的组织和性能将发生以下几个阶段的变化。

1. 淬火钢在回火时的组织和性能变化

1）马氏体的分解

在 100～200 ℃回火时，马氏体开始分解。马氏体中过饱和的碳将以 ε 碳化物（$Fe_{2.4}C$）的形式析出，使过饱和程度略有减小，这种组织称为回火马氏体（$M_{回}$）。因碳化物极细小，且与母体保持共格，故硬度略有下降。

2）残留奥氏体的转变

在 200～300 ℃回火时，因为处于贝氏体转变温度范围，残留奥氏体将转变为下贝氏体，同时马氏体继续分解。此阶段的组织仍然主要是回火马氏体，硬度有所下降。

3）渗碳体的形成

在 300～400 ℃回火时，马氏体分解结束，过饱和固溶体转变为铁素体；同时亚稳态的 ε 碳化物也逐渐转变为极细的稳定渗碳体，并与母相失去共格关系。α 固溶体与渗碳体形成各自的界面，导致了内应力的大量消除。这种铁素体基体上弥散分布着细颗粒状渗碳体的混合物，称为回火托氏体（$T_{回}$）。由于固溶强化作用大部分消除，此阶段硬度明显下降。

4）渗碳体的聚集长大

回火温度在 400 ℃以上时，随着温度升高，铁素体发生回复和再结晶，由针状变成等轴晶。同时，渗碳体逐渐聚集长大，弥散强化进一步减弱，形成大的粒状渗碳体，这种铁素体和粒状渗碳体的混合组织称为回火索氏体（$S_{回}$）。此阶段硬度继续下降。

总的趋势是回火温度越高、析出的碳化物越多，钢的强度、硬度下降，而塑性、韧性升高。

2. 回火种类及应用

根据回火温度的不同，可将钢的回火分为如下三种。

1）低温回火（150～250 ℃）

低温回火得到的组织为回火马氏体，其形态仍保留淬火马氏体的板条或针片状。其目的是降低淬火钢的内应力和脆性，但基本保持淬火所获得的高硬度（55～64 HRC）和高耐磨性。适用于有耐磨性要求的零件，如各种刀具、量具、模具、滚动轴承和渗碳件等。

2）中温回火（350～500 ℃）

中温回火得到的组织为回火托氏体，硬度一般为 35～45 HRC，具有较高的弹性极限、屈服强度和一定的韧度。主要用于有较高弹性、韧度要求的零件，如各种弹簧、发条、锻模等。

3）高温回火（500～650 ℃）

高温回火后的组织为回火索氏体，硬度一般为 20～35 HRC。这种组织既有较高的强度、硬度，又具有一定的塑性、韧度，其综合力学性能优良。

淬火加高温回火的复合热处理工艺称为调质处理。它广泛应用于承受循环应力的中碳钢重要零件，如连杆、曲轴、主轴、齿轮、重要螺钉等。

需要指出的是，回火组织与过冷奥氏体直接分解的组织相比，具有较优的性能。例如，钢在正火和调质处理后硬度接近，但调质得到的回火索氏体比正火得到的索氏体具有更高的强度、塑性和韧性。原因是回火组织中的渗碳体是颗粒状的，而过冷奥氏体直接分解产生的渗碳体是片状的。片状渗碳体脆性大，容易产生应力集中，形成裂纹。因此承受交变载荷和冲击载荷的重要零件都要采用调质处理，以获得较高的力学性能。

3. 回火脆性

淬火钢在回火时，随着回火温度的升高，硬度降低，韧度升高。但是在许多钢的回火温度与冲击韧度的关系曲线中出现了两个低谷，一个在 250～400 ℃之间，另一个在 400～550 ℃之间。这种随着回火温度的升高，冲击韧度下降的现象，称为钢的回火脆性。

1）第一类回火脆性

第一类回火脆性发生在 250～400 ℃之间，又称为不可逆回火脆性。

其产生的主要原因是，在马氏体晶界上析出了 ε 碳化物薄片，破坏了马氏体的连续性，使钢的冲击韧度下降。几乎所有的钢都会产生第一类回火脆性，现在还没有消除此类回火脆性的有效方法。因此应避免在这个温度范围内回火（弹簧钢除外）。也可以通过加入合金元素 Si，调整温度范围，把脆化温度推向高温。

2）第二类回火脆性

第二类回火脆性发生的温度为 400～550 ℃，又称可逆回火脆性。

含 Mn、Cr、Ni 等的合金钢易产生第二类回火脆性，主要是由于杂质和合金元素向原奥氏体晶界偏聚造成的。这些合金元素不仅可促进杂质元素在晶界的偏聚，而且本身也会发生偏聚，从而可降低晶界的断裂强度。生产中出现脆化后可采用高于脆化温度的再次回火并快冷的方式来消除脆化；或加入合金元素 Mo、W 等来抑制杂质元素向晶界的偏聚，减小回火脆性。脆化消除后，若再次在脆化温度区间回火或用更高温度回火后缓冷，则重新脆化。

2.1.4　钢的表面热处理和化学热处理

对于承受交变载荷、冲击载荷并在摩擦条件下工作的零件，如齿轮、主轴、曲轴、凸轮轴、活塞销等，既要求工件表层具有高的强度、硬度、耐磨性，又要求心部有足够的塑性和韧性。这时候仅从选材和普通热处理工艺（即整体热处理）方面是不能满足这一要求的，因此发展了表面热处理和化学热处理工艺。

2.1.4.1　表面热处理

表面热处理，是为了改变钢件表面的组织和性能，而对其表面进行热处理的工艺。最常见的如表面淬火。

表面淬火是指把工件表面迅速加热到淬火温度进行淬火的工艺。它是一种不改变表层化学成分，只改变表层组织的局部热处理方法。

通过对工件表面快速加热，使钢的表层很快达到淬火温度，在热量来不及传到钢件心部时就立即冷却淬火，可使表层获得马氏体组织，而心部仍保持原始的珠光体型组织（退火、正火或调质状态），达到“外硬内韧”的效果。表面淬火特别适用于中碳调质钢和中碳低合金调质钢，如 45、40Cr、40MnB 等。含碳量过低，表面淬硬层的硬度和耐磨性不足；含碳量过高，会增加表面淬硬层脆性，易开裂，而心部塑性、韧性较差。表面淬火后，应进行低温回火，减小淬火应力，降低脆性。

表面淬火零件的工艺流程一般为：锻造→正火(退火)→粗加工→调质→半精加工→表面淬火→低温回火→精磨。

根据加热方法的不同，常用的表面淬火方法有感应加热表面淬火、火焰加热表面淬火、激光加热表面淬火和电子束表面淬火等。

1. 感应加热表面淬火

感应加热表面淬火是利用感应电流通过工件时所产生的热量，使工件表层快速加热，并随后快速冷却的热处理工艺。

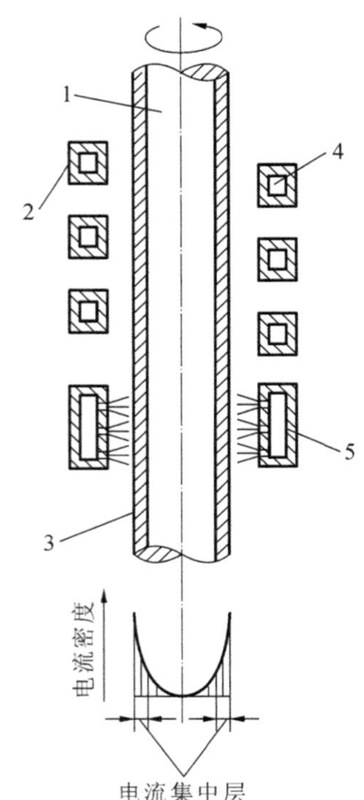

图 2-17　感应加热表面淬火示意图
1—工件；2—感应线圈；3—加热淬火层；4—冷却水；5—淬火喷水套

1) 感应加热表面淬火原理

如图 2-17 所示，将工件放在空心铜管绕成的感应器内，通以一定频率的交流电，由于电磁感应，感应器周围便产生同频率交变磁场，处于其中的工件则产生同频率、反方向的感应电流(涡流)。由于集肤效应，工件表层的高密度涡流产生的电阻热会迅速把工件表层加热到淬火温度，而心部仍处于相变点以下，随后立即喷水冷却，工件表层即被淬硬。

2) 感应加热表面淬火种类及应用

感应加热时，工件淬硬层深度 δ(mm)与电流频率 f(Hz)有关。电流频率越高，集肤效应越强烈，感应电流集中的表层就越薄，淬硬层深度也就越薄。对于中碳钢和中碳合金钢，$\delta=(500\sim600)/f^{1/2}$。因此，可通过调节电流频率来获得不同的淬硬层深度。

根据电流频率的不同，感应加热可以分为三种。

(1) 高频感应加热　其应用最广，常用电流频率为 200～250 kHz，淬硬层深度为 0.5～2 mm，主要用于要求淬硬层较浅的中、小模数齿轮和小轴类零件的表面淬火。

(2) 中频感应加热　常用电流频率为 2500～8000 Hz，淬硬层深度为 2～10 mm，主要用于要求淬硬层较深的大模数齿轮和较大尺寸的轴、曲轴、凸轮轴等零件的表面淬火。

(3) 工频感应加热　电流频率为 50 Hz，不需要变频设备。淬硬层深度为 10～15 mm，主要用于大尺寸零件，如轧辊和大型工模具的表面淬火。

3) 感应加热表面淬火特点

与普通淬火相比，感应加热速度快，加热时间短，几秒、几十秒就可使工件表层达到淬火温度；淬火层可得到极细马氏体或隐针马氏体，硬度高、脆性低；工件表面不易氧化和脱碳，变形小；表面淬火得到马氏体后，由于体积膨胀，工件表层存在残余压应力，可提高疲劳强度；淬硬层深度容易控制，生产率高，质量稳定，适合大量生产。但是感应加热设备较贵，维修、调整困难，而且形状复杂零件的感应器不易制造，因此不适用于单件生产。

2. 火焰加热表面淬火

火焰加热表面淬火是利用氧乙炔焰或其他可燃气体燃烧时形成的高温火焰使工件表层加热到相变温度以上，然后快速喷水冷却的淬火方法。

火焰加热表面淬硬层深度一般为 2～6 mm，可通过调整喷嘴到工件的距离以及喷嘴移动速度来控制。通常用于大型零件的单件、小批生产或局部修复加工，例如大型齿轮、轴、轧辊等的表面淬火。

火焰加热表面淬火设备简单，成本低，操作方便，但缺点是生产率低，加热温度不易控制，表面易过热，质量不稳定。

3. 激光加热表面淬火

激光加热表面淬火是利用高能量激光束扫描工件表面，使工件表面迅速加热到相变温度以上，当激光束离开工件表面时，由于工件基体的热传导而使工件表面急速冷却，实现自冷淬火的热处理工艺，不需要冷却介质。

激光淬火前要对金属表面施加吸光涂层(黑化处理)以增加吸收率。常用的黑化方法主要有磷化、氧化等，或在金属表面涂覆一层可吸收激光的涂料(如碳素墨汁、胶体石墨等)。通过控制激光入射功率密度、照射时间及照射方式，可使工件获得不同的淬硬层深度和硬度。

激光加热表面淬火的加热速度极快，可获得极细的马氏体组织。淬硬层深度一般为 0.3～0.5 mm，硬化层硬度一致，耐磨性比常规热处理要高。而且零件变形小，表面质量高，特别适合于其他表面淬火方法难以实现的拐角、沟槽、盲孔底部、深孔内壁的硬化处理。

4. 电子束表面淬火

电子束表面淬火是利用电子枪发射的高能电子束轰击工件表面，使表面迅速升温，而后自冷淬火的热处理工艺。

电子束加热效率大大高于激光热处理，但是电子束热处理需要在真空下进行，可控性较差。

激光热处理和电子束热处理都不受钢材种类限制，而且淬火质量高，基体性能不变，有很大的发展前景。

2.1.4.2　化学热处理

化学热处理是将钢件置于含有活性原子的化学介质中加热和保温，使介质中的活性原子渗入钢件表层，从而改变钢件表层的化学成分和组织，获得所需性能的热处理工艺。与表面淬火不同，化学热处理是通过改变表层的化学成分，来改变工件表层的组织和性能。它与表面淬火相比，可获得更高的硬度、耐磨性、疲劳强度，以及耐蚀性和高温抗氧化性。

化学热处理的种类很多，依照渗入元素的不同，有渗碳、渗氮、碳氮共渗、渗金属等，其中以渗碳应用最广。但是不论哪种化学热处理，都是由以下三个基本过程组成的。

(1) 化学介质的分解

化学介质在一定温度下分解，产生能够渗入工件表面的活性原子。

(2) 活性原子的吸收

活性原子被工件表面吸收。吸收有两种方式，一是活性原子溶入铁的晶格形成固溶体，二是与钢中某种元素形成化合物。

(3) 活性原子的扩散

渗入工件的活性原子由表层向心部扩散，形成一定厚度的扩散层。原子的扩散速度与温度有关，温度越高，扩散速度越快；扩散层的厚度与时间有关，保温时间越长，渗层越厚。

1. 渗碳

渗碳是将钢件置于渗碳介质中加热、保温，使分解出来的活性碳原子渗入钢件表层的化学热处理工艺。

渗碳的目的是增加钢件表层的含碳量，形成一定的碳浓度梯度，可提高工件表面的硬度和耐磨性。渗碳件通常采用 15 钢、20 钢、20CrMnTi，渗碳后渗层厚度一般为 0.5～2 mm，表层含碳量将增至 0.85%～1.05%。渗碳后的工件表面为过共析钢组织，必须经过淬火和低温回火处理。之后表层硬度可达到 58～64 HRC，因而耐磨；而心部碳含量不高，仍能保持其良好的塑性和较高的韧度。渗碳主要用于既承受强烈摩擦，又承受冲击或循环应力的钢件，如汽车变速箱齿轮、凸轮、活塞销等零件。

渗碳零件的工艺流程一般为：锻造→正火→粗加工→渗碳→淬火＋低温回火→精加工。

根据渗碳剂的不同，渗碳方法可分为三种：气体渗碳、固体渗碳和液体渗碳。

1）气体渗碳

气体渗碳指工件在气体渗碳剂中进行渗碳的工艺。如图 2-18 所示，将工件放入密闭的渗碳炉中，向炉内通以渗碳气体（如煤气、天然气）或滴入易分解的液体介质（如煤油、丙酮等），加热到 900～950 ℃，经较长时间的保温，使分解的活性碳原子渗入工件表面并向内部扩散形成渗碳层，达到渗碳的目的。

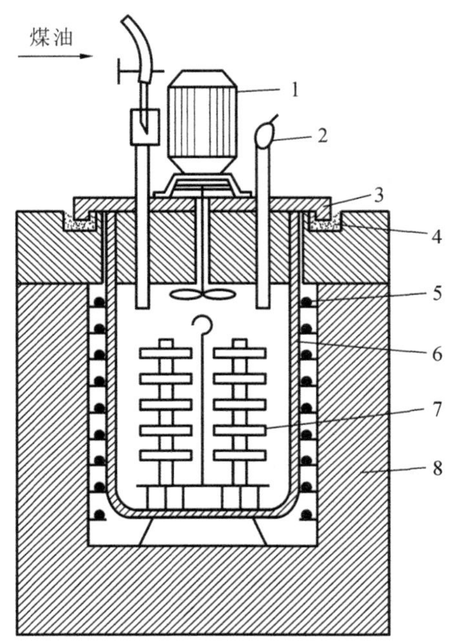

图 2-18　气体渗碳示意图

1—风扇电动机；2—废气火焰；3—炉盖；4—砂封；5—电阻丝；6—耐热罐；7—工件；8—炉体

活性碳原子的生成反应：

$$CH_4 \longrightarrow 2H_2 + [C], \quad 2CO \longrightarrow CO_2 + [C], \quad CO + H_2 \longrightarrow H_2O + [C]$$

工件表层的含碳量取决于渗碳剂，而渗碳层深度则取决于渗碳时间，一般按每小时增加 0.2～0.3 mm 估算。

气体渗碳因生产率高，质量好，渗碳过程容易控制，在生产中应用最广。但是设备成本高，维护、调试要求高，不适合于单件、小批生产。

2）固体渗碳

固体渗碳是将工件埋入装满粒状渗碳剂的密封箱中，加热到 900～950 ℃，经适当时间的保温完成渗碳的工艺。

固体渗碳剂主要是由木炭粒和碳酸盐($BaCO_3$ 或 Na_2CO_3 等)组成。木炭粒是主渗剂，碳酸盐是催渗剂。渗碳加热时，发生如下反应：

$$2C+O_2 \longrightarrow 2CO,\quad BaCO_3+C(\text{木炭}) \longrightarrow BaO+2CO$$

一氧化碳与钢件表面接触，便分解得到活性碳原子：

$$2CO \longrightarrow CO_2+[C]$$

活性碳原子被钢件表面吸收，并向内部扩散。

固体渗碳的方法生产率低，劳动条件差，质量不易控制，但它的优点是设备简单，特别适合小批生产，因此中、小工厂仍普遍采用。

3) 液体渗碳

液体渗碳是将工件浸于盐浴中进行渗碳的方法。液体渗碳剂以氰化钠(NaCN)为主，由于在渗碳过程中有氮的参与，又称液体碳氮共渗。

液体渗碳设备简单，操作方便，渗碳速度快，渗层均匀，工件变形小，特别适用于中小型零件及有不通孔的零件。但是盐浴中剧毒的氰化物对环境和操作者存在危害。因此近年来大力发展了无毒渗剂，如 603 无毒液体渗碳剂、NaCl 无毒液体渗碳剂等，不仅给保管、使用、运输带来了许多方便，而且质量更加稳定可靠。

2. 渗氮

渗氮是在一定温度下(一般 Ac_1 以下)，使活性氮原子渗入工件表面的化学热处理工艺，又称氮化。

渗氮可使工件获得很高的表面硬度、耐磨性、疲劳强度及耐蚀性。渗氮用钢多是含有 Cr、Al、Mo、Ti 等元素的合金钢，渗氮后可在工件表面形成超硬氮化物。典型的氮化钢如 38CrMoAl，氮化后硬度可达 1200 HV，耐磨性好，而且具有很好的热硬性。此外，氮化物组织致密，耐蚀性好；因氮化物体积膨胀造成的压应力，表面疲劳强度将提高；渗氮温度低，工件变形小。因此渗氮后无须再进行淬火处理。但是渗氮层薄且脆，所以渗氮前要进行调质处理，以提高心部力学性能，保证渗氮层质量。

渗氮可用于精度要求高，又有耐磨、耐蚀性要求的零件，如高精度镗床镗杆和主轴、磨床主轴、气缸套筒等。但由于渗氮层较薄，不适于承受重载的耐磨零件。

渗氮零件的工艺流程一般为：锻造→正火(退火)→粗加工→调质→精加工→去应力→粗磨→渗氮→精磨→装配。

常用的渗氮工艺是气体渗氮和离子渗氮。

1) 气体渗氮

气体渗氮是将钢件置于氮化炉内，加热到 550～570 ℃，通入氨气，使氨气分解出活性氮原子，$2NH_3 \longrightarrow 3H_2+2[N]$，渗入钢件表层，形成氮化物(如 AlN、CrN、MoN 等)，从而使钢件表层具有高硬度、高耐磨性、高抗疲劳性和高耐蚀性。因为加热温度较低，渗氮速度慢，要得到深度为 0.3～0.5 mm 的渗氮层需 20～50 h。

2) 离子渗氮

离子渗氮是在低于一个大气压的渗氮气氛中，利用工件(阴极)和阳极之间产生的辉光放电进行渗氮的工艺。又称辉光渗氮。

其渗氮过程是，把金属工件作为阴极放入离子氮化炉内，抽真空后通入氨气，然后在阴、阳极间施加高压直流电，使炉内气体放电，形成等离子区。在等离子区强电场作用下，电离出来的氮、氢离子以高速轰击工件表面，使工件表面产生原子溅射而得到净化，同时由于吸附和扩散作用，氮渗入工件表面，形成渗氮层。

离子渗氮表面形成的氮化层硬度高、耐磨性好，并有较高的疲劳强度和韧度，使工件寿命成倍提高。与一般的气体渗氮相比，离子渗氮最大的特点是渗氮周期短（仅为普通气体渗氮时间的 1/3～1/5），而且渗层质量好。

离子渗氮发展迅速，已用于精密机床丝杠、齿轮、模具等工件的渗氮处理。

3. 碳氮共渗

碳氮共渗是在一定温度下将碳原子和氮原子同时渗入工件表层的一种化学热处理工艺。它在一定程度上克服了渗氮层硬度高但渗层较浅，而渗碳层虽然硬化深度大，但表面硬度较低的缺点。

碳氮共渗法有液体碳氮共渗和气体碳氮共渗两种，目前主要使用的是气体碳氮共渗。

中温气体碳氮共渗以渗碳为主，主要目的是为了提高钢的硬度、耐磨性和疲劳强度。工艺与渗碳基本相似，常用渗剂为煤油＋氨气，加热温度为 820～860 ℃。与渗碳相比，碳氮共渗加热温度低，工件变形小，生产率高，共渗层比渗碳层硬度高，耐磨性、耐蚀性和疲劳强度更好，常用于机床、汽车上的齿轮、轴类等零件。

低温气体碳氮共渗以渗氮为主，又称氮碳共渗或软氮化。主要目的是为了提高钢的耐磨性和抗咬合性。常用共渗剂为尿素、甲酰胺等，加热温度为 560～580 ℃，时间仅 1～4 h。与一般渗氮相比，处理时间大大缩短，工件变形小，而且渗层硬度低、脆性小，不易剥落。氮碳共渗广泛应用于自行车、缝纫机、仪表零件，以及模具、量具和刃具的表面处理。

2.1.5　其他热处理技术

随着工业技术的发展，对零件的性能提出了更高的要求，因此出现了许多新的热处理工艺，如形变热处理、真空热处理、可控气氛热处理、高能束热处理等。

2.1.5.1　形变热处理

形变热处理是将塑性变形与热处理有效地结合起来，获得形变强化与相变强化综合效果的一种复合热处理工艺。根据形变温度的不同，主要分为高温形变热处理和低温形变热处理。

1. 高温形变热处理

它是将钢加热到 Ac_3 以上的奥氏体区，在该状态下进行塑性变形，然后立即淬火并回火的综合热处理工艺。例如锻热淬火和轧热淬火。

此工艺可获得明显的强韧化效果。与普通淬火相比，强度可提高 10%～30%，塑性可提高 40%～50%，还可降低脆性转化温度和缺口敏感性。适用于非合金钢、低合金钢结构件和机械加工量不大的锻件、轧材。

2. 低温形变热处理

它是将钢加热到奥氏体区后，快速冷却到 Ar_1 以下某一温度，进行大量的塑性变形，随后淬火并回火的热处理工艺。

与普通淬火相比，此工艺在保持塑性、韧性不降低的情况下，可大幅提高钢的强度和耐磨性，适用于高强度弹簧钢丝或高合金钢刃具、模具、飞机起落架等要求高强耐磨的零件。

形变热处理除了能获得优异的综合力学性能外，由于省去了热处理重新加热的步骤，可节省大量能源，也简化了钢件生产流程。因此，形变热处理具有优异的强韧化效果与巨大的经济效益。

2.1.5.2　可控气氛热处理

普通热处理是在空气环境中进行加热的，高温下空气中的 O_2、CO_2 和水蒸气等氧化性气氛会与钢件表层的 Fe、C 发生化学反应，引起表面氧化与脱碳，从而降低工件表层性能。为了避免氧化、脱碳的产生，生产上发展了可控气氛热处理。

可控气氛热处理是在炉气成分可以控制的热处理炉中进行的热处理工艺。炉内常用气氛有吸热式气氛、放热式气氛、氮基气氛、滴注式气氛、氨分解气氛、氢气氛等；按炉气成分可分为渗碳性、还原性、中性气氛等。

可控气氛热处理可实现钢件无氧化、无脱碳的光亮热处理或渗碳、脱碳等特殊热处理。例如在渗碳、碳氮共渗等化学热处理中，可以通过控制炉气成分来有效控制工件表面的碳浓度，实现增碳的目的。

2.1.5.3　真空热处理

真空热处理是在低于一个大气压的环境中进行加热、保温的热处理工艺。它几乎可以实现所有的常规热处理所能涉及的热处理工艺，如真空退火、真空淬火、真空化学热处理等。

真空热处理实际上也属于可控气氛热处理。与常规热处理相比，真空热处理可以防止金属氧化及脱碳，并有脱气、脱脂、净化表面的作用，而且加热速度较慢，因此工件变形小，质量好，寿命长，表面光洁。

真空热处理工艺操作灵活，无污染，不仅适用于某些特殊合金（如钛、钴、镍合金等），而且在一般工程用钢的热处理中也获得了广泛应用，特别适用于各种工、模具和精密零件等。

2.1.6　热处理常见缺陷及预防

在热处理生产中，由于工艺或操作不当，会使工件产生各种缺陷，从而影响工件质量，甚至报废。下面介绍几种常见的热处理缺陷及其预防措施。

2.1.6.1　过热或过烧

工件加热温度过高或保温时间过长，引起晶粒粗大，使其力学性能下降的现象，称为过热。工件过热可通过重新退火或正火细化晶粒来消除。

加热温度过高引起晶界氧化或熔化的现象，称为过烧。工件发生过烧后性能会严重恶化，无法补救，只能报废。

预防过热和过烧的主要措施是正确选择和控制加热温度和保温时间。

2.1.6.2　氧化与脱碳

工件加热时，空气介质中的氧、二氧化碳、水蒸气等与钢材表面的铁原子发生氧化反应，生成氧化物膜的过程，称为氧化。空气介质与钢材表面的碳发生作用，使表层含碳量下降的现象，称为脱碳。

工件发生氧化、脱碳后，不仅表面质量会下降，而且易出现淬火软点或表面硬度不足，疲劳强度、耐磨性显著降低的现象。

防止氧化与脱碳的主要措施有：在工件表面涂防氧化涂料，采用保护气氛或真空加热等。

2.1.6.3　硬度不足与软点

工件淬火后硬度偏低的现象称为硬度不足，未淬硬的局部小区域称为软点。发生硬度不足现象或出现软点的主要原因是奥氏体化温度不充分，冷却速度不够，表面脱碳，或水淬造成了表面蒸汽膜等。可针对缺陷产生的具体原因采取适当的补救措施，如重新淬火等。

2.1.6.4 变形与开裂

工件淬火后出现的尺寸和形状的改变称为淬火变形。工件淬火后甚至会出现裂纹，称为淬火裂纹。

淬火变形和开裂是由内应力引起的。内应力包括热应力和组织应力。

工件在加热或冷却时，由于不同部位的温度差而导致热胀或冷缩不一致所引起的应力称为热应力。

热处理过程中，由于工件表面与心部的温差，各部位组织转变不同步而产生的应力称为相变应力或组织应力。

如果冷却速度极快，造成的内应力超过钢的屈服强度，工件就可能发生变形；如果内应力大于钢材的抗拉强度，工件将发生开裂。

减少淬火变形、开裂的措施主要有：① 合理选材及设计。对于形状复杂的零件，应选用淬透性好的合金钢，几何形状应尽量做到厚薄均匀、对称。② 严格控制淬火加热温度和冷却速度。③ 淬火后及时回火等。

2.2 表面工程技术

表面工程是表面经过预处理后，通过表面涂覆、表面改性或多种表面工程技术复合处理，改变固体金属表面或非金属表面的形态、化学成分、组织结构和应力状况，以获得表面所需性能的系统工程。表面工程技术，又称表面技术，是改善材料表面性能的具体工艺和方法，是表面工程的重要技术基础。

2.2.1 表面工程技术概述

与表面热处理相比，表面工程技术所涉及的内容更宽，应用也更广泛。它是一种利用各种机械的、物理的、化学的、物理化学的、电化学的、冶金的方法和技术，使材料表面获得所期望的成分、组织结构和性能或绚丽的外观，涉及多学科的，节能、节材的新型工程技术。

2.2.1.1 表面工程技术的应用

表面工程技术的主要作用是提高材料的耐磨、耐蚀性以及获得各种功能性表层。

表面工程技术无须改变整体材质，就能获得原有材料所不具备的某些特殊性能，充分发挥了材料的性能潜力，大大拓展了材料的应用领域。其作用主要包括：① 可大幅提高现有零件的寿命；② 可修复因磨损、腐蚀而失效的零件；③ 有助于新型功能材料的开发；④ 改善和美化人类生活。表面工程技术对提高产品的性能、降低成本、节约资源具有十分重要的意义，在再制造业的作用日益增长，并在航空航天、电子、汽车、能源、石油化工、矿山等工业部门得到了越来越广泛的应用。

2.2.1.2 表面工程技术的分类

表面工程技术有着十分广泛的内容，通常按照学科特点和工艺特点来分类。

1. 按照学科特点分类

按照学科特点，表面工程技术可分为三大类：表面改性技术、表面涂镀技术和薄膜技术。

1）表面改性技术

表面改性是利用机械处理、热处理、离子处理和化学处理等方法，改变材料表面性能的技术。包括：① 表面形变强化，如喷丸、辊压、孔挤压等；② 表面相变强化，如表面淬火；③ 离子注入，包括非金属（如硼、氮）离子、金属（如铬、钽、银）离子和复合离子注入等；④ 表面合金化（化学热处理），如渗碳、渗氮、碳氮共渗、渗金属等；⑤ 化学转化膜，包括化学氧化、铬酸盐钝化、磷酸盐处理、草酸盐处理等；⑥ 电化学转化，如铝及铝合金的阳极氧化等。

2）表面涂镀技术

表面涂镀是将液态涂料涂覆在材料表面或将镀料原子沉积在材料表面，形成结构、成分、性能不同于基体材料的涂层或镀层的技术，包括热喷涂、有机涂装、电化学沉积（如电镀、电刷镀）、化学镀、热浸镀、气相沉积、堆焊等。

3）薄膜技术

薄膜技术是利用各种方法在工件表面上沉积厚度为 100 nm 至数微米，具有光、电、磁、热等功能薄膜的技术，主要包括溶胶-凝胶法、真空物理沉积和化学气相沉积等。

2. 按照工艺特点分类

按照工艺特点，常用的表面工程技术可分为：

(1) 电化学方法　包括电镀、阳极氧化等。

(2) 化学方法　包括化学镀、化学转化膜处理等。

(3) 热加工方法　包括热浸镀、热喷涂、堆焊、化学热处理等。

(4) 真空法　包括气相沉积、离子注入等。

(5) 其他方法　包括涂装、电泳及静电喷涂、激光表面处理、超硬膜技术等。

2.2.2 常用表面工程技术

常用的表面工程技术有电镀、电刷镀、化学镀、转化膜处理、热喷涂、堆焊、气相沉积、涂装、热浸镀等，下面主要介绍前几种。

2.2.2.1 电镀与电刷镀

1. 电镀

电镀是用电化学方法在镀件表面上沉积所需形态金属镀层的一种表面加工方法，又称槽镀。

1）电镀原理

电镀过程是镀液中的金属离子在外电场的作用下，经电极反应还原成金属原子并在阴极上进行金属沉积的过程。图 2-19 是电镀装置示意图，金属阳极与被镀的工件（阴极）分别与直流电源的正、负极相连，阳极与工件（阴极）均浸入镀液中。电镀时，在阴阳两极间施加一定的电位，则阳极界面上发生金属 M 的溶解，释放 n 个电子生成金属离子 M^{n+} 进入溶液；而运动到阴极表面的金属离子 M^{n+} 获得 n 个电子，还原成金属 M，沉积在阴极表面形成镀层。

2）电镀工艺过程

电镀过程一般包括电镀前处理、电镀和电镀后处理。基本工艺流程如下：

工件→机械抛光→上挂→脱脂除油→水洗→电解抛光或化学抛光→酸洗活化→预镀→电镀→水洗→后处理→水洗→干燥→下挂→检验包装。

施镀前的所有工序称为前处理，其目的是修整工件表面，除掉工件表面的油脂、锈皮和氧化膜等，为后续镀层的沉积提供所需的电镀表面。进行良好的前处理，有助于得到表面状况很好的镀层和极大地降低不良率。

在工件表面得到所需镀层，是整个电镀工艺过程的核心工序。影响镀层性能的因素很

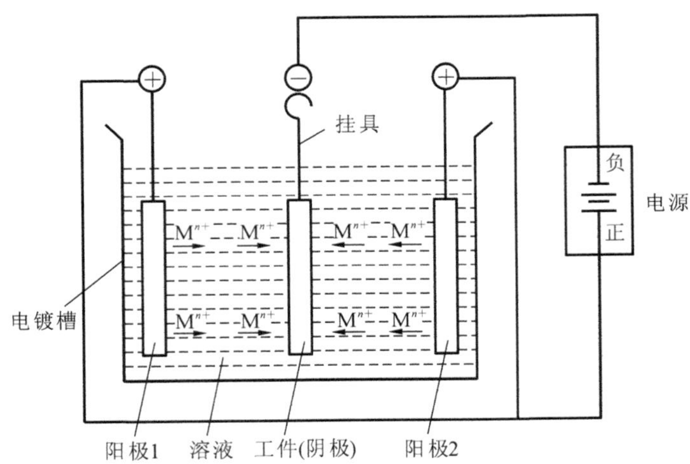

图 2-19　电镀装置示意图

多，包括阳极材料的质量、镀液成分(主盐、添加剂)、电流密度、温度、电镀时间、搅拌强度等，其中镀液成分对镀层质量尤为重要。

镀后处理指电镀后对镀层进行的各种处理，如钝化处理、除氢处理、提高焊接性能处理等，以增强镀层的各种性能。

3）电镀特点及应用

电镀的基体材料除铸铁、钢和不锈钢外，还有非铁金属和塑料(如 ABS 塑料、酚醛等)。但在电镀塑料前，必须经过特殊的活化和敏化处理。镀层大多是单一金属或合金，如镍、锌、铬、金或铜锡合金、锡镍合金等；也可以是复合层，如镍-碳化硅、镍-金刚石等。镀层厚度从几微米到几十微米不等，能赋予基体材料表面特殊的耐蚀性、耐磨性、装饰性以及电、磁、光、热等物理化学性能。

电镀设备要求低，投资少，成本较低；对工件大小、形状、批量没有限制，但对环境要求高，工艺较复杂。由于电镀可以在各种材料上进行，镀层种类多，适用范围广，在煤矿、机械、航空、航海、汽车、电子、家电、化工、医疗设备等领域得到了广泛应用，是材料表面处理的重要方法。

2. 电刷镀

电刷镀是电镀技术的新发展，又称快速电镀。它是用电化学方法，快速在零件局部表面镀上一层金属的加工方法。

1）电刷镀工艺原理

电刷镀基本原理与电镀相似，但不需要镀槽，而是使用专用的直流电源、带有不溶性阳极的镀笔以及专门研制的刷镀液。图 2-20 为电刷镀示意图。将直流电源的正极接镀笔(阳极)，负极接工件(阴极)。镀笔采用不溶性高纯细石墨作为阳极，前端包裹棉花和耐磨的涤棉套。刷镀时，用镀笔浸渍特种镀液，贴合在工件的被镀部位并做相对运动。在电场力的作用下，镀液中的金属离子不断沉积在工件表层而形成镀层。随着刷镀时间的延长，镀层增厚，直至要求的厚度为止。

电刷镀基本原理：　$M^{n+} + ne \longrightarrow M$

2）电刷镀的特点及应用

① 设备简单，操作简便，工件尺寸形状不受限制。凡镀笔可以触及的表面均可镀覆，

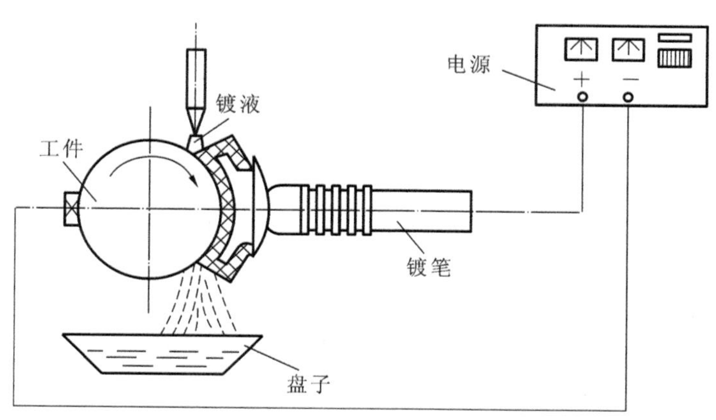

图 2-20　电刷镀示意图

非常适合野外作业或大设备的不解体现场维修。② 镀笔与工件有相对运动。散热好，形成的镀层晶格缺陷较多，因此刷镀层比一般的电镀层具有更高的强度、硬度。③ 镀层沉积速度快。刷镀的阴极与阳极之间的距离很近，而且刷镀液中的金属离子浓度高，加上可以采用大电流密度，使其沉积速度比槽镀快 5～50 倍。④ 工件加热温度低。通常小于 70 ℃，不会引起变形和金相组织变化。⑤ 镀层厚度可精确控制。镀后一般不需要进行机械加工，可直接使用。⑥ 镀液毒性低，腐蚀性小。对操作者的危害小，环境污染小，便于运输和储存。

电刷镀工艺灵活，适于工件的局部施镀，在飞机制造、造纸、电子、焊接、采矿、铁路、雕塑、塑料、橡胶和玻璃模具等诸多领域有广泛应用，常用于维修、强化以及装饰等方面。

2.2.2.2　化学镀

化学镀是在没有外电流通过时，利用化学方法借助还原剂在同一溶液中发生氧化还原作用，从而使金属离子还原沉积在自催化表面的一种镀覆方法。

1. 化学镀原理

工件浸入镀液中，化学还原剂在溶液中提供电子使金属离子还原沉积在工件表面。

$$R^{n+} \longrightarrow R^{(n+z)} + ze \quad \text{（还原剂氧化）}$$

$$M^{z+} + ze \longrightarrow M \quad \text{（金属离子还原）}$$

化学镀是一个催化的还原过程，还原反应仅仅发生在催化表面上。被镀金属具有催化活性，施镀过程中的沉积层具有自催化能力，反应才能连续不断地进行下去，从而沉积出具有一定厚度的金属涂层。具有自催化作用的金属有镍、钴、铑、钯等。对于不具有自催化表面的塑料、陶瓷等非金属制品，需经过特殊的预处理，才可以进行化学镀。

化学镀常用的还原剂有次磷酸钠、硼氢化钠、二甲基氨硼烷、肼、甲醛等。

用还原剂在自催化活性表面实现金属沉积的化学镀方法是唯一能用来代替电镀法的湿法沉积过程。

2. 化学镀的特点及应用

化学镀与电镀的区别在于不需要外加直流电源，无外电流通过，故又称为无电解镀或“自催化镀”。化学镀具有如下特点：① 化学镀必须在自催化活性的表面施镀，其结合力优于电镀层。镀层致密，孔隙少，镀层往往具有特殊的物理化学性能。② 镀层厚度均匀、均镀能力好。化学镀溶液的分散能力优异，无明显的边缘效应，几乎不受工件复杂形状的限制；

镀层厚度均匀,容易控制,表面光洁平整,一般不需镀后加工,特别适合于复杂零件、管件内壁、盲孔件的镀覆。③ 化学镀具有自催化能力,可获得任意厚度的镀层,类似于电铸。④ 可以在金属、半导体和非导体等各种材料上镀覆金属。化学镀是非导体材料电镀前制作导电底层的常用方法。⑤ 化学镀工艺设备简单,不需电源、输电系统及辅助电极,操作简便。⑥ 化学镀液稳定性差,寿命短,成本高。

化学镀相对电镀来说,镀层种类较少,目前技术成熟且应用广泛的是镀镍和镀铜,主要应用于航天、军事、机械、电子等工业。

2.2.2.3 转化膜处理

将工件浸入某些溶液中,通过化学或电化学反应,使其表面生成一层致密保护膜的工艺,称为转化膜处理。转化膜是金属基体直接参与成膜反应而形成的,因此膜与基体的结合力比电镀层、化学镀层这些外加镀层大得多。

转化膜种类很多,根据成膜过程中是否有外加电流,分为化学转化膜和电化学转化膜(阳极氧化膜)。按照膜的主要组成物类型,分为氧化物膜、磷酸盐膜和铬酸盐膜等。

转化膜几乎在所有的金属表面都能生成,目前工业上应用较多的是铁、铝、锌及其合金的转化膜处理。如钢铁的氧化处理、磷化处理,铝和铝合金的氧化处理等。

1.钢的氧化处理(发蓝)

钢的氧化处理是将钢件在空气-水蒸气或化学药物中加热到适当温度,使其表面形成一层蓝色或黑色氧化膜的工艺,也称发蓝或发黑。氧化膜的成分为磁性氧化铁,厚度仅 0.5~1.5 μm,对工件的尺寸和精度影响不大。单独的氧化膜的防锈能力较差,需经过皂化处理或重铬酸钾填充处理,或浸油处理,以提高其耐蚀性和润滑性。

氧化工艺流程如下:

化学去油→热水洗→流动冷水洗→酸洗→流动冷水洗→氧化→冷水洗→热水洗→补充处理→流动冷水洗→流动热水洗→干燥→检验→浸油。

氧化处理方法有碱性氧化法、无碱氧化法和酸性氧化法等。其中,碱性氧化法最为常用,发黑液的主要成分是氢氧化钠和亚硝酸钠,配方见表 2-1。

表 2-1 钢铁碱性氧化配方及工艺条件

成分及条件	配方 1	配方 2
氢氧化钠(NaOH)/(g/L)	550~650	600~700
亚硝酸钠($NaNO_2$)/(g/L)	150~200	200~250
重铬酸钾($K_2Cr_2O_7$)/(g/L)	—	25~35
温度/℃	135~145	130~137
时间/min	15~20	15

影响氧化膜厚度的主要因素是氧化剂的浓度和温度。氧化剂含量越高,成膜速度越快,而且氧化膜牢固。溶液中碱的浓度适当增大,获得氧化膜的厚度将增大;含碱量过低,氧化膜薄而脆弱。溶液的温度适当升高,氧化速度加快,可以提高氧化膜厚度及致密度。

氧化处理时间主要根据钢件的含碳量和工件氧化要求来调整。

氧化处理工艺不影响零件的精度，常用于精密仪器、仪表、工具、枪械及某些机械零件的表面，以达到耐磨、耐蚀以及防护与装饰的目的。

2. 钢的磷化处理

将钢铁件浸入含有锰、铁、锌的磷酸盐溶液中，经化学处理表面生成一层难溶于水的磷酸盐保护膜的过程，称为磷化处理。

磷化膜厚度一般为 5～20 μm，与钢铁氧化处理相比，其耐蚀性高出 2～10 倍。在大气、矿物油、植物油、苯、甲苯中均有很好的耐蚀性，但在碱、酸、海水、水蒸气中的耐蚀性较差。在 200～300 ℃时仍具有一定的耐蚀性，当温度达到 450 ℃时膜层的耐蚀性显著下降。磷化后经重铬酸盐填充，浸油或涂漆处理，能进一步提高其耐蚀性。

磷化工艺流程一般为：脱脂→水洗→除锈→表调→磷化→水洗→烘干。

根据磷化的温度分类，有高温磷化（80 ℃以上）、中温磷化（50～70 ℃）和低温磷化（40 ℃以下）。钢铁磷化工艺规范见表 2-2。

表 2-2　钢铁磷化处理配方及工艺条件

配方及工艺条件	高温磷化	中温磷化	低温磷化
磷酸二氢锰铁盐/(g/L)	30～40	—	40～60
磷酸二氢锌/(g/L)	—	30～40	—
硝酸锰/(g/L)	15～25	—	—
硝酸锌/(g/L)	—	80～100	50～100
氧化锌/(g/L)	—	—	4～8
氟化钠/(g/L)	—	—	3～4.5
温度/℃	94～98	60～70	20～30
时间/min	15～20	10～15	30～45

磷化膜为微孔结构，与基体结合牢固，具有良好的吸附性、润滑性、耐蚀性及较高的电绝缘性等，因此广泛用作涂料底层、零件冷加工时的润滑层、金属表面防护层、电动机硅钢片的电绝缘层，以及用于压铸模具防黏处理等。

磷化处理操作方便，设备简单，生产效率高，成本低，不仅可用于钢铁件，还可用于铝、镁、锌等非铁金属件，在航空、汽车、船舶、机械制造业都得到广泛的应用。

3. 铝及铝合金的氧化处理

铝及铝合金在大气中能自然形成一层氧化膜，但膜薄（0.01～0.02 μm）且疏松多孔，对酸、碱耐蚀性差。因此工业上常采用化学氧化或阳极氧化的方法，在铝及铝合金制品表面生成一层致密的氧化膜，以达到防护和装饰的目的。

1）化学氧化法

化学氧化法是把铝和铝合金零件放入化学溶液中进行氧化处理而获得氧化膜的方法，膜厚度一般为 0.3～4 μm。按照化学溶液的性质，可分为酸性氧化和碱性氧化。按照膜层性质，可分为氧化物膜、磷酸盐膜、铬酸盐膜、铬酸酐-磷酸盐膜，其中以铬酸盐法最为常用。表 2-3 为铝合金碱性化学氧化溶液配方及工艺条件。

表 2-3 铝合金碱性化学氧化工艺条件

溶液组成及工艺条件	配方 1	配方 2
碳酸钠/(g/L)	40～60	50～60
铬酸钠/(g/L)	10～20	15～20
氢氧化钠/(g/L)	2～5	—
磷酸三钠/(g/L)	—	1.5～2.0
温度/℃	80～100	95～100
时间/min	5～10	8～10

配方 1、2 适用于纯铝、铝镁、铝锰和铝硅合金，膜层颜色为金黄色。氧化处理后，在 20 g/L 的 Cr_2O_3 溶液中室温钝化处理 5～15 s，然后烘干，可提高耐蚀性。

铝合金化学氧化处理操作方便，生产效率高，成本低，适用范围广，但膜层较软，耐磨、耐蚀性不如阳极氧化膜，适用于一些不适合阳极氧化的场合。

2）阳极氧化法

阳极氧化是将铝合金置于适当的电解液中，以铝合金为阳极，在外加电流作用下，使其表面生成氧化膜的工艺方法。铝合金阳极氧化的方法很多，常用的有硫酸阳极氧化、铬酸阳极氧化、草酸阳极氧化、硬质阳极氧化和瓷质阳极氧化等，其中以硫酸阳极氧化最为普遍。通过选用不同类型、不同浓度的电解液，以及控制氧化时的工艺条件，可以获得具有不同性质、厚度为几十至几百微米的阳极氧化膜，其耐蚀性、耐磨性和装饰性等都有明显改善和提高。

阳极氧化膜厚度为 5～20 μm（硬质阳极氧化膜厚度可达 60～200 μm），有较高的硬度，良好的耐热和绝缘性，耐蚀能力高于化学氧化膜。阳极氧化膜为多孔结构，具有较强的吸附性能，极易着色染成各种美丽的色泽。但表面也容易被污染，因此铝合金氧化后无论是否着色，都要及时进行封闭处理，以进一步提高铝制品的防护、绝缘、耐磨和装饰性能。常用的封闭方法有热水封闭、重铬酸盐封闭、水解封闭、填充封闭等。

2.2.2.4 热喷涂

热喷涂技术是利用热源将喷涂材料加热至熔化或半熔化状态，并用热源自身动力或外加高速气流雾化，使熔滴以一定的速度喷射沉积到经过预处理的基体表面形成涂层的方法。热喷涂技术是表面工程技术的重要组成部分，其应用比重约占表面工程技术的三分之一。

1. 热喷涂原理

如图 2-21 所示，一般认为，热喷涂过程需经历 4 个阶段。首先喷涂材料被高温热源加热到熔化或半熔化状态；其次通过高速气流使其雾化；然后气流或热源射流推动雾化的熔滴向前喷射飞行；最后熔滴以一定的动能冲击基体表面，产生强烈碰撞，铺展成扁平状涂层并瞬间凝固。

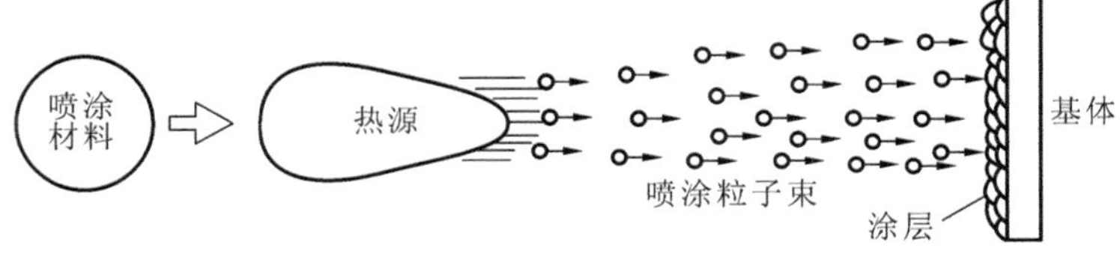

图 2-21 热喷涂原理示意图

喷涂层是由无数变形粒子互相交错堆叠组成的层状结构，如图 2-22 所示，颗粒之间不可避免地存在一部分孔隙（4%～20%），同时伴有氧化物夹杂和未熔化的颗粒，因此涂层的性能具有方向性，垂直和平行方向上的涂层性能不一致。

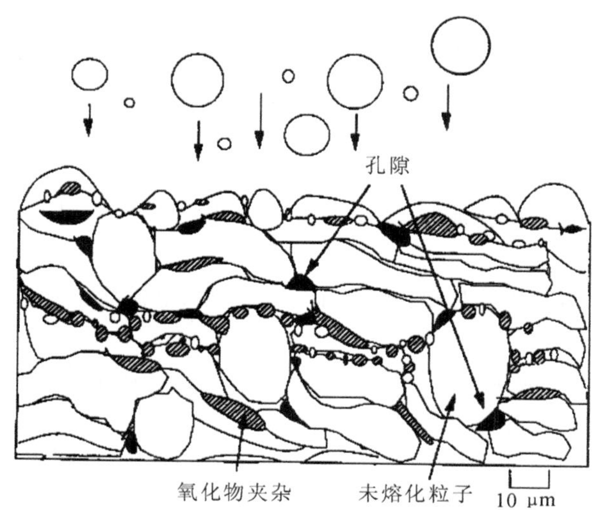

图 2-22　喷涂层结构示意图

通常认为涂层的结合有机械结合、冶金-化学结合和物理结合三种方式。一般来说，喷涂层与基体的结合以机械结合为主，即撞成扁平状的颗粒与凹凸不平的基体表面互相嵌合（抛锚效应）而结合在一起，因此结合强度较差（小于 70 MPa）；如果喷涂后经加热重熔处理，可消除涂层缺陷，并使基体与涂层产生扩散或互熔，形成冶金结合，从而显著提高结合强度。前者称为喷涂，后者则称为喷熔。

2. 热喷涂特点

热喷涂技术可以在普通材料的表面上，制造一个特殊的工作表面，使其达到防腐、耐磨、减摩、抗高温、抗氧化、隔热、绝缘、导电、防微波辐射等多种功能。热喷涂与其他表面技术相比，具有诸多优点：

① 涂层材料种类广泛，如金属及其合金、陶瓷、塑料以及它们的复合材料等。

② 涂层的基体材料不受限制，几乎所有的固体材料都可以作为基体，如金属材料、无机材料（玻璃、陶瓷）、有机材料（包括木材、布、纸类）等。

③ 基材性能不变化，除火焰喷熔工艺外，喷涂过程中基材受热温度低，不发生组织性能变化，变形小。

④ 工艺灵活，施工对象的尺寸和形状不受限制，可小至塞规、大至桥梁；可整体喷涂，也可局部喷涂；可室内施工，也可野外现场施工。

⑤ 喷涂厚度可在较大范围内变化，从几十微米到几毫米，且表面光滑，加工量少。

⑥ 生产率高，每小时可喷涂几千克甚至几十千克喷涂材料。

热喷涂的缺点是热效率低，材料利用率低，涂层结合强度较差，操作环境恶劣，难以对涂层进行非破坏性检查等。目前，热喷涂已广泛应用于宇航、国防、机械、冶金、石油、化工、电力、建筑等行业。

3. 热喷涂材料

热喷涂材料的形态通常有线材（丝材）、棒材和粉末等。线材和棒材主要用于电弧喷涂和气体火焰喷涂；粉末主要用于等离子喷涂、爆炸喷涂和气体火焰喷涂。按材料种类，有金属及特殊金属材料、有机聚合物材料、陶瓷材料、生物材料等；按涂层结构，有纳米涂层材料、合金涂层材料、非晶态涂层材料以及复合涂层材料等。

4. 热喷涂工艺

热喷涂工艺的一般流程为：基材表面预处理→热喷涂→后处理→精加工等。

表面预处理包括清洗、粗化、粘接底层等。涂层结合质量与基材表面预处理密切相关。粗化处理常采用喷砂、电火花拉毛等方法来提高基体表面粗糙度，以增强抛锚效应，提高涂层结合强度。

后处理包括封孔、密实化处理等，喷涂后需尽快进行后处理，以改善涂层质量。

5. 热喷涂方法

根据所用热源不同，常用的热喷涂方法有火焰喷涂、电弧喷涂与等离子喷涂等。

1）火焰喷涂

火焰喷涂是最早得到应用的一种喷涂方法。它以氧乙炔焰作为热源，将喷涂材料以一定的传送方式送入火焰，并加热到熔融或软化状态，然后依靠气体或火焰加速喷射到基体上。火焰喷涂根据喷涂材料的不同，分为粉末火焰喷涂、丝材火焰喷涂等，如图 2-23 所示。

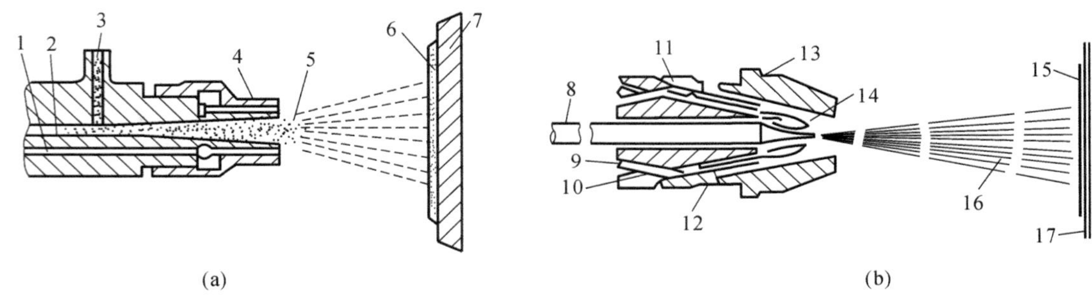

图 2-23 火焰喷涂示意图

(a) 粉末火焰喷涂 (b) 丝材火焰喷涂

1—氧乙炔气体；2—粉末输送气体；3—粉末；4—喷嘴；5—火焰；6—涂层；7—基体；8—丝材或棒材；9—氧气；10—燃料气体；11—气体喷嘴；12—空气通道；13—空气罩；14—火焰；15—涂层；16—喷涂射流；17—基体

火焰喷涂具有设备简单、操作容易、工艺成熟、成本低、孔隙率高等特点。可以喷涂各种金属、陶瓷、塑料、金属和陶瓷复合粉末等，适用于机械零件的局部修复和强化，广泛应用于机械零件、化工容器、辊筒表面耐蚀、耐磨涂层。

2）电弧喷涂

电弧喷涂是将两根被喷涂的金属丝作为自耗性电极，分别接通电源的正负极，在喷枪喷嘴处，利用两金属丝短接瞬间产生的电弧为热源熔化自身，借助压缩空气雾化金属熔滴并使之加速，喷射到基体材料表面形成涂层，如图 2-24 所示。

电弧喷涂热效率高，对工件的热影响小，可获得比火焰喷涂优异的涂层性能，并能制备假合金涂层；此外生产率高，经济性好，是目前热喷涂技术中最受重视的技术之一。电弧喷涂已在机械维修和机械制造业中得到广泛应用，用于修复已磨损或尺寸超差的部件，或制备装饰涂层、功能涂层等。

3）等离子喷涂

等离子喷涂是利用等离子焰流为热源（温度可达 20000 K），将喷涂粉末加热到熔融或

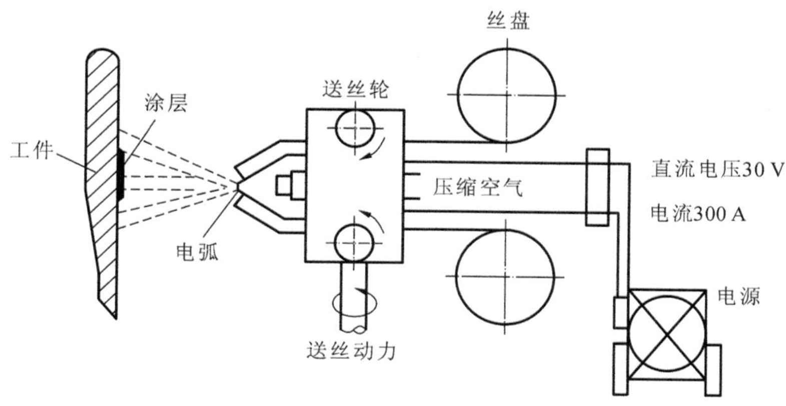

图 2-24　电弧喷涂示意图

高塑性状态，并在高速等离子焰流（工作气体为氮气或氩气）载引下，高速撞击到工件表面形成涂层。图 2-25 为等离子喷涂示意图。

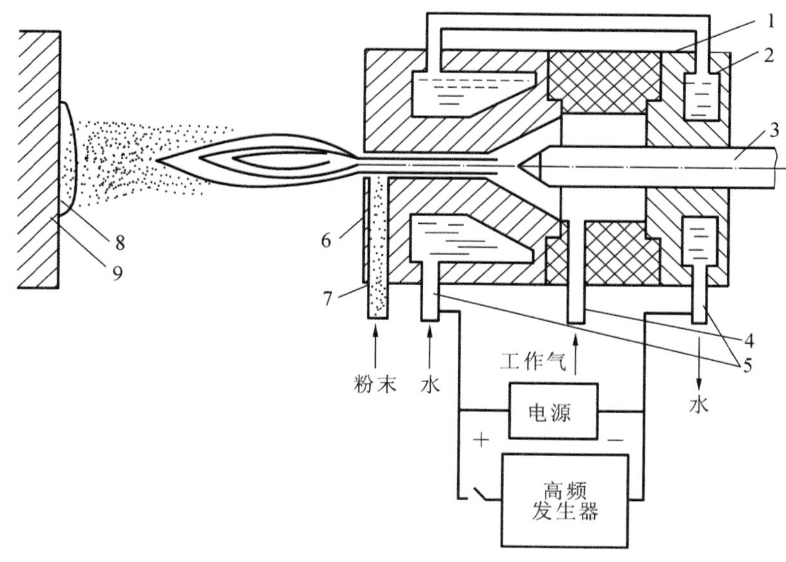

图 2-25　等离子喷涂示意图

1—绝缘套；2—后枪体；3—钨极；4—进气管；5—水电接头；6—前枪体；7—送粉管；8—涂层；9—工件

等离子喷涂的喷涂材料范围广，基体无变形，涂层组织细密，氧化物夹杂和气孔率都较低，涂层结合强度较高，可达 60 MPa 以上。该喷涂技术主要用于制备质量要求高的耐蚀、耐磨、隔热、绝缘、抗高温和特殊功能涂层，已在航空航天、石油化工、机械制造、钢铁冶金、轻纺、电子和高新技术等领域里得到广泛应用。

此外，热喷涂技术还有爆炸喷涂、超声速火焰喷涂等。爆炸喷涂是将一定量的喷涂粉末注入喷枪，同时引入一定比例的氧乙炔气体，通过火花塞瞬时引爆，以突然爆炸的热能加热熔化喷涂材料，并利用爆炸冲击波产生的高压把喷涂粉末高速喷射到工件基体表面形成涂层。

超声速火焰喷涂是将燃气（丙烷、丙烯或氢气）和氧气输入并引燃于燃烧室，借助于气体燃烧时产生的高温和高压形成的高速气流，加热熔化喷涂粉末并形成一束高速喷涂射流，在工件上形成喷涂层。

各种热喷涂方法工艺特性见表 2-4。

表 2-4　各种热喷涂工艺比较

喷涂方法	火焰喷涂	电弧喷涂	等离子喷涂	爆炸喷涂	超声速火焰喷涂
焰流温度/℃	2500	4000	18000	未知	2500～3000
热效率/(%)	60～80	90	35～55	未知	50～70
沉积效率/(%)	50～80	70～90	50～80	未知	70～90
结合强度/MPa	>7	>10	>35	>85	>70
孔隙率/(%)	<12	<10	<2	<0.1	<0.1
涂层厚度/mm	0.2～1.0	0.1～3	0.05～0.5	0.05～0.1	0.1～1.2
喷涂成本	低	低	高	高	较高
设备特点	简单,可现场施工	简单,可现场施工	复杂,适合于高熔点材料	较复杂,效率低,应用面窄	一般,可现场施工

2.2.2.5　堆焊

堆焊是以焊接方式,将具有一定性能的合金材料熔敷堆集于工件表面而形成焊层的工艺方法。

堆焊的显著特点是堆焊层与基体具有典型的冶金结合,因此堆焊层在服役过程中的剥落倾向小,而且可以根据服役性能选择或设计堆焊合金,使零件表面具有良好的耐磨、耐蚀、耐高温、抗氧化、耐辐射等性能。堆焊层厚度一般为 2～30 mm,尤其适合于磨损严重的工况。

堆焊的方法很多,常用的熔焊技术均可用于堆焊,如焊条电弧堆焊、埋弧堆焊、等离子弧堆焊、气体保护堆焊和电渣堆焊等。

堆焊主要用于材料强化和修复,此外还可以制造双金属零件,对于延长零件的使用寿命、节约贵重金属、降低制造成本具有重大意义。堆焊的应用非常广泛,几乎遍及所有的制造业,如矿山机械、航空航天、汽车维修、船舶电力、工具模具、机械制造、铸造等领域。

2.2.2.6　气相沉积

气相沉积是指在高真空状态下,令材料汽化或离子化沉积于工件表面而形成一层或多层镀膜的过程。气相沉积几乎可以在任何基体上沉积任何物质的薄膜。

按照成膜机理,可分为物理气相沉积和化学气相沉积两大类。

1. 物理气相沉积(PVD)

在真空条件下,采用物理方法,将镀膜材料汽化成原子或分子,或者使其离子化成离子,并通过低压气体(或等离子体)过程,直接沉积到工件表面形成涂层的过程,称为物理气相沉积。

物理气相沉积技术不仅可用于沉积金属膜、合金膜、还可以用于沉积化合物、陶瓷、半导体、聚合物膜等,广泛应用于航空航天、机械、电子、光学、建筑、轻工、冶金、材料等领域,可制备具有耐磨、耐蚀、装饰、导电、绝缘、光导、压电、磁性、润滑、超导等特性的膜层。

物理气相沉积的主要方法有真空蒸镀、溅射镀、离子镀等。

1) 真空蒸镀

真空蒸镀是在真空条件下,把镀膜材料加热蒸发成原子,然后沉积在基体表面形成镀层的过程。常用的蒸发方式有电阻加热蒸发、电子束加热蒸发和高频感应加热蒸发等。

真空蒸镀是 PVD 法中使用最早的技术，设备简单，工艺方便，可进行大规模生产。多数物质均可采用真空蒸发镀膜，但镀层与基体的结合力差，高熔点物质和低蒸气压物质的镀膜很难制作，如铂、铝等金属。

2）真空溅射

真空溅射是在真空室中，用高能粒子轰击靶材表面，使其原子获得足够的能量而溅射出来，然后沉积在工件表面的过程。

与真空蒸镀相比，溅射镀膜结合力较高，厚度均匀，膜的组成容易控制，再现性好，几乎可制造一切材料的薄膜。缺点是沉积效率低，价格较高。适于大规模集成电路、磁盘、光盘或高质量镀膜玻璃等高新技术产品的连续生产。

3）离子镀

离子镀借助于惰性气体辉光放电，使镀料汽化、蒸发和离子化，离子经电场加速，以较高能量轰击工件表面，沉积下来便可获得覆盖层，如图 2-26 所示。

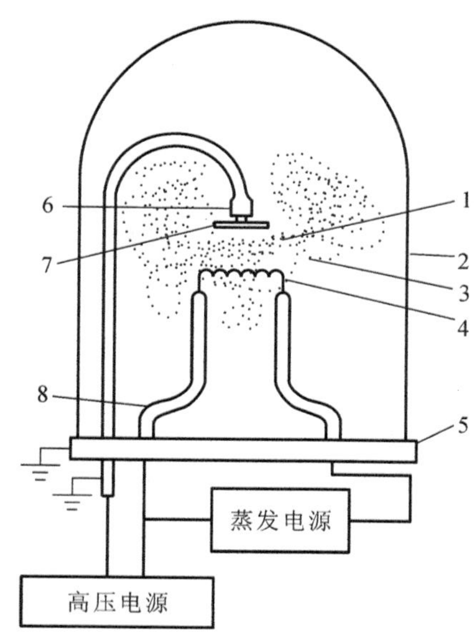

图 2-26　离子镀原理示意图

1—阴极暗区；2—钟罩；3—辉光放电区；4—蒸发源（阳极）；5—底座；6—高压引线；7—基体架（阴极）；8—绝缘引线

离子镀是在真空蒸镀和溅射技术基础上发展起来的一种新的镀膜技术，其工艺过程包括镀膜材料的受热、蒸发、离子化和电场加速沉积等过程。

离子镀的重要特点是沉积温度低，且覆盖层附着力强，膜层均匀、致密，绕镀性好，无污染，沉积速度快，适用于多种基体材料，应用十分广泛。

2. 化学气相沉积（CVD）

把气态反应剂或液态反应剂的蒸气及反应所需其他气体引入反应室，使其在基体表面发生化学反应生成薄膜的过程，称为化学气相沉积。

例如要在工、模具表面涂覆耐磨 TiC 层，首先将工件置于反应室中，抽真空并加热至 900～1100 ℃；然后将挥发性氯化物（如 $TiCl_4$）与气体碳氢化合物（如 CH_4）一起通入反应室内，以氢作载体和稀释剂，这时就会在工件表面发生化学反应：

$$TiCl_4 + CH_4 + H_2 \longrightarrow TiC\downarrow + 4HCl\uparrow + H_2$$

生成的 TiC 沉积在工件表面，形成 6～8 μm 厚的覆盖层。工件经气相沉积后，再进行淬火和回火处理，表面硬度可达到 2000～4000 HV。

用作 CVD 涂层的材料主要是碳化物、氮化物、硼化物、氧化物、金属及非金属等，一般具有较高的硬度、较低的摩擦因数、优异的耐磨性和良好的抗黏着能力。CVD 技术设备简单、工艺灵活、成膜速度快，薄膜成分易控、膜厚均匀、绕镀性好，可涂覆带有槽、沟、孔，甚至盲孔的工件。CVD 涂层广泛应用于刀具、工模具、耐磨机件等。在超大规模集成电路中很多薄膜也都是采用 CVD 方法制备的。

引申知识点

除了钢的热处理外，其他金属材料也可以通过热处理来改善性能，如铝合金的固溶、时效处理。

热处理工艺不但可以用于金属材料领域以提高和改善金属材料的性能，而且在非金属材料领域也得到了应用，例如玻璃的退火和淬火处理、陶瓷材料的退火和化学热处理等。

复合表面工程技术又称第二代表面工程技术。它能够利用两种或两种以上的表面工程技术以获得任何单一表面工程技术不能实现的、具有良好综合性能的复合表面层。例如电镀与薄膜复合技术、激光电镀技术等。

纳米表面工程技术是将纳米材料、纳米技术与表面工程技术交叉、综合，在基材表面制备出纳米涂层，以赋予表面新的使役性能，并为表面工程技术的复合开辟了新的途径。

复习思考题

1. 何谓钢的热处理？试说明在机械制造过程中，热处理同其他工艺的关系及其作用。

2. 简述加热时共析钢的奥氏体化过程。

3. 试述共析钢过冷奥氏体等温转变产物特点及性能。

4. 简述普通热处理四火（退火、正火、淬火、回火）的特点、目的及应用。

5. 为什么淬火钢必须回火？

6. 正火与退火，正火与调质处理的组织及性能有何区别？

7. 表面淬火与化学热处理有何区别？采用 20 钢和 40 钢制造齿轮各一个，为提高齿面硬度及耐磨性，宜采用何种热处理工艺？

8. 用 T10 钢制造的手工工具与用 45 钢制造的机床主轴，其预备热处理与最终热处理有何不同？

9. 表面工程技术的目的和作用是什么？常用的表面工程技术有哪些？

10. 什么是电镀、电刷镀、化学镀，它们各有何特点？

11. 什么是转化膜处理？钢铁材料常用的转化膜处理有哪些？

12. 什么是热喷涂？其种类有哪些？各有何特点？

13. 简述气相沉积的种类和应用。

第3章 液态成形技术

液态成形技术是指将熔融金属在重力场或其他外力场作用下注入铸型型腔，待其冷却凝固后获得与型腔形状相似的铸件的一种成形方法。广义地讲，涉及金属从熔炼到凝固这一过程的工艺方法都可称为液态成形技术。工业上通常将这种成形方法称为铸造。

与其他金属的成形方法（如锻造、切削加工等）相比，铸造具有独特的优点：所用设备投资少，原材料来源广，几乎各种金属材料都能用于铸造工艺；可生产外形、内腔很复杂的零件；铸件的尺寸与重量的范围比较大，尺寸可在几毫米至几十米，质量可在几克至数百吨范围内变化，并且批量生产不受限制。由于上述优点，铸造在机械制造工业中占有重要地位，是现代机械制造业中获得成形毛坯应用最广泛的方法。据统计，在一般的机械设备中，铸件占机器总质量的45%～90%，而铸件成本仅占机器总成本的20%～25%。

铸造也存在一些缺点：整个铸造生产过程比较复杂，影响因素多，形成的铸件晶粒较粗大，容易产生气孔、缩孔和裂纹等缺陷，使得铸件的力学性能、可靠性较同种材料的锻压件差。因此，铸件多用于受力不太大的场合。并且铸造生产存在工序多、铸件质量不稳定、废品率往往比其他加工方法高、污染环境、工作条件差、工人劳动强度较高等问题。

铸造方法通常分为砂型铸造、特种铸造两大类。

随着生产技术的不断发展，铸件的性能和质量正在逐步提高，工人的劳动条件也已得到改善。当前在加强铸造基础理论研究的同时，也在不断发展新的铸造工艺，研制新的铸造设备，在稳定提高铸件质量的前提下发展专业化生产，积极实现铸造生产过程的机械化、自动化，减少污染，节约能源，降低成本，使铸造技术进一步成为可与其他成形工艺相竞争的少余量、无余量成形工艺。

3.1 合金的铸造性能

铸件质量与合金的铸造性能密切相关。所谓合金的铸造性能是指在铸造生产过程中，合金铸造成形的难易程度。容易获得完整的铸件，其铸造性能就好。因此，在铸造生产中，通常选择铸造性能好的合金或通过改变外界条件提高合金铸造性能，以获得优质铸件。合金的铸造性能是一个复杂的综合性能，通常用充型能力、收缩性、偏析性、吸气性等来衡量。

3.1.1 合金的充型能力

液态合金填充铸型的过程，简称充型。合金在充型过程中所体现的能力称为合金的充型能力。

3.1.1.1 影响合金充型能力的主要因素

1. 合金的流动性

液态合金本身的流动能力称为合金的流动性。流动性好的合金，充型能力强。反之，充型能力就差。

铸造合金流动性的好坏，通常以螺旋形流动性试样的长度来衡量。不同种类合金的流动性差别较大，铸铁和硅黄铜的流动性最好，铝硅合金次之，铸钢最差；铸铁的流动性又随碳、硅含量的增加而提高。

影响合金流动性的因素很多，以化学成分和凝固方式的影响最为显著。

1）合金的凝固方式

合金的凝固方式分为逐层凝固、糊状凝固和中间凝固三种，如图 3-1 所示。随着温度的下降，固体层不断加厚、液体层不断变薄，直达铸件的中心，这种凝固方式称为逐层凝固（图 3-1(b)）。如果合金的结晶温度范围很宽，且铸件的温度分布较为平坦，则在凝固的某段时间内，铸件表面并不存在固体层，液固并存的凝固区贯穿整个断面（见图 3-1(c)），这种凝固方式称为糊状凝固。大多数合金的凝固介于逐层凝固和糊状凝固之间，称为中间凝固。

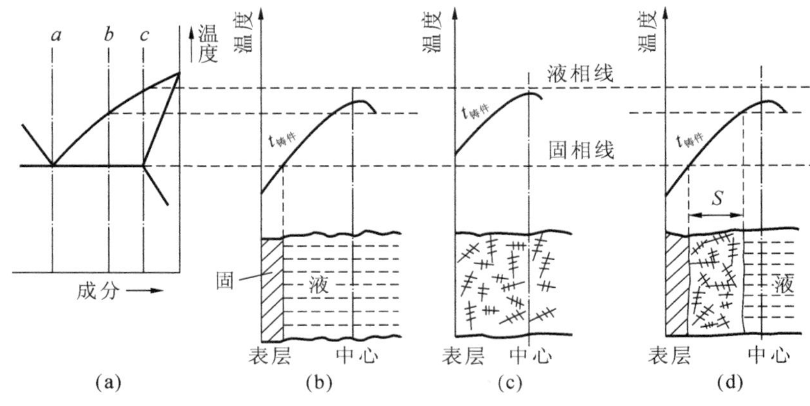

图 3-1 铸件的凝固方式

(a) 合金相图 (b) 逐层凝固 (c) 糊状凝固 (d) 中间凝固

逐层凝固金属的流动阻力最小，充型能力最强。糊状凝固方式犹如水泥凝固，金属先呈糊状而后固化，金属流动的阻力大，充型能力最差。中间凝固金属的充型能力介于逐层凝固和糊状凝固之间。在常用合金中，灰口铸铁、铝硅合金等倾向于逐层凝固，球墨铸铁、锡青铜、铝铜合金等倾向于糊状凝固。

2）钢铁材料流动性的比较

铁碳合金的流动性与含碳量的关系如图 3-2 所示。共晶成分的合金流动性最好。对于铸铁，其流动性随 C、Si 含量的增加而增加。因为亚共晶成分合金相对结晶温度区间大，其结晶形式随含碳量降低，逐渐以糊状凝固方式结晶。在凝固层内含有树枝状初晶，致使剩余液态合金的流动阻力较大，合金成分距共晶成分越远，两相区越大，结晶温度区间越大，合金的流动性越差。而铸钢的流动性比铸铁差的原因是钢的熔点高，不宜过热，且在铸型中散热快，维持液态的流动时间较短，迅速结晶出一定数量的树枝晶，会使钢液更快地失去流动能力。

2. 外界条件

1）浇注条件

浇注条件主要包括浇注温度、充型压力和浇注速度。

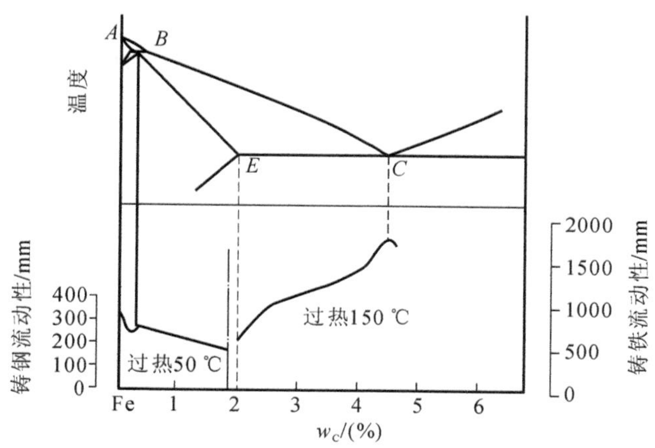

图 3-2　Fe-C 合金流动性与含碳量关系

(1) 浇注温度　浇注温度升高，合金的过热度将增大，黏度下降，合金在铸型中保持流动的时间就变长，使充型能力增强。但浇注温度过高，铸件容易产生缩孔、缩松、黏砂、气孔、粗晶等缺陷，因此在保证充型能力足够的前提下，浇注温度不宜太高。

(2) 充型压力　液态合金所受压力越大，充型能力越强。但压力过大，不易控制，铸型也易损坏。

(3) 浇注速度　提高浇注速度可使充型能力增加，如快速浇注、缩短浇注时间或提高液态合金在铸型的上升速度等。

此外，浇注系统结构越复杂，流动阻力越大，充型能力越差。

2) 铸型条件

铸型条件主要包括铸型材料、铸型温度和铸型中的气体。

(1) 铸型材料　铸型材料的导热系数和比热容越大，导热速度越大，蓄热能力越差，液态合金激冷能力越强，流动阻力越大，合金的充型能力越差。例如，液态合金在金属型中的充型能力比在砂型中要差。

(2) 铸型温度　烘干(砂型)或预热(金属型)，可降低冷却速度，延长金属在铸型中的流动时间，提高其充型能力。

(3) 铸型中的气体　型砂中水分过多，排气不好，浇注时产生大量气体，会增加充型的阻力，使液态合金的充型能力变差。因此，在造型过程中要开设透气孔，增加铸型的透气性。

3) 铸件结构

铸件壁厚过小，壁厚急剧变化，结构复杂或有大的水平面等结构，都会增加液态合金的流动阻力，充型能力降低。因此，在铸件设计时，应力求结构简单、壁厚均匀。

3.1.1.2　合金的充型能力对铸件的影响

充型能力强，易获得形状完整、轮廓清晰的铸件；充型能力差，在型腔被填满之前，形成的晶粒将充型的通道堵塞，金属被迫停止流动，铸件将产生浇不足或冷隔等缺陷。

因此，为了保证合金的充型能力，首选流动性好的合金材料。在材料选定的基础上，通过改变外界因素，影响金属与铸型之间的热交换条件，延长金属液的流动时间，或加快金属液的流动速度来改善合金的充型能力。

3.1.2 合金的收缩性

在冷却过程中，铸件的体积和尺寸缩小的现象称为收缩。收缩是合金的物理本性，它给铸造工艺带来了许多困难，是多种铸造缺陷产生的根源。为使铸件的形状、尺寸符合技术要求，组织致密，必须研究合金收缩的规律性。

1. 合金的收缩过程及其影响因素

1）合金的收缩过程

合金的收缩过程要经历三个阶段：液态收缩、凝固收缩和固态收缩。其中液态收缩和凝固收缩表现为合金体积的收缩，使铸型型腔内金属液面下降，是铸件产生缩孔或缩松的主要原因。固态收缩表现为铸件尺寸的缩小，是产生铸造应力、铸件变形甚至裂纹的主要原因。

2）影响合金收缩的因素

合金的收缩主要与合金本身的化学成分、浇注温度、铸型条件和铸件结构等因素有关。

（1）化学成分。

不同成分合金的收缩率不同。在常用铸造合金中，铸钢的收缩率最大，非铁金属次之，灰口铸铁的收缩率最小。

（2）浇注温度。

浇注温度主要影响液态收缩。浇注温度提高，液态收缩率增加，总收缩量也相应增大。

（3）铸件结构与铸型条件。

铸件的收缩并非自由收缩，而是受阻收缩。其阻力主要来源于两个方面：一是由于铸件壁厚不均匀，各部分（薄壁、厚壁）冷速不同，收缩先后不一致，相互制约而产生阻力；二是铸型和型芯对铸件收缩的机械阻力。铸件收缩受阻越大，实际收缩率越小。同时，铸型（砂型、金属型）材料不同时，铸件收缩也不尽相同。在设计和制造模样时，应根据合金种类和铸件的受阻情况，采用合适的收缩率，并将收缩率标注在铸件工艺图的右上方。

2. 合金收缩对铸件的影响

铸件的一些缺陷均跟合金的收缩有关。

1）缩孔和缩松

合金的液态收缩和凝固收缩值远大于固态收缩值，且得不到合金液体的补充时，在铸件最后凝固区域易形成孔洞，产生缩孔和缩松缺陷。其中：以逐层凝固方式进行凝固的合金，易形成缩孔；倾向于糊状凝固或中间凝固方式的合金，易形成缩松。

不论是缩孔还是缩松，都会使铸件的力学性能、气密性和物理化学性能大大降低，以致成为废品。为了防止铸件产生缩孔、缩松，可采用以下两种方法：一是在铸件结构设计时应避免局部金属积聚；二是针对合金的凝固特点，采取工艺措施来实现“顺序凝固”（指铸件按规定方向从一部分到另一部分逐渐凝固的过程）。具体措施如下。

（1）合理安放冒口和冷铁。如图 3-3 所示，通常是在铸件可能出现缩孔或最后凝固的部位（多数在铸件厚壁或顶部）设置“冒口”，实现“顺序凝固”。生产中，也常将“冒口”与“冷铁”配合使用，用来调节铸件的凝固顺序，扩大冒口的有效补缩距离，如图 3-4 所示。顺序凝固适合收缩大的合金铸件，如铸钢件、可锻铸铁件、铸造黄铜件等，以及壁厚悬殊或对气密性要求高的铸件。

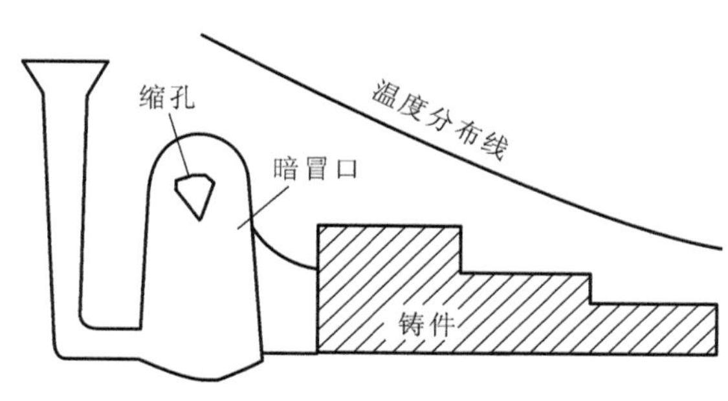

图 3-3　铸件的顺序凝固示意图

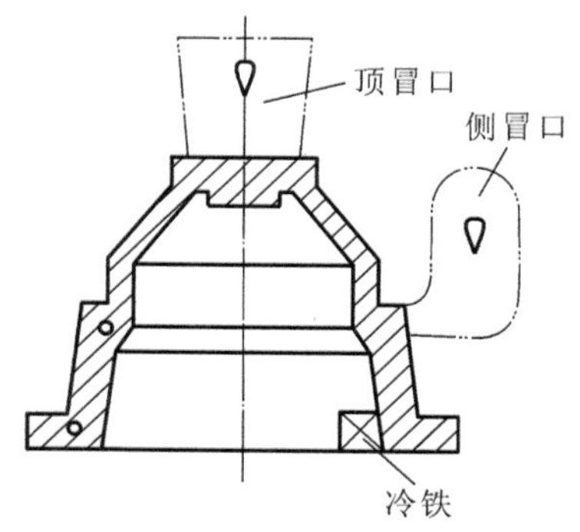

图 3-4　冒口与冷铁

(2) 合理确定铸件的浇注位置、内浇道位置及浇注工艺。浇注位置的选择应服从顺序凝固原则；内浇道应开设在铸件的厚壁处或靠近冒口；在不增加其他缺陷的前提下，尽量降低浇注温度和浇注速度。

2) 铸造应力

铸件在凝固后的继续冷却过程中，其固态收缩受到阻碍而在铸件内部产生的内应力，称为铸造应力。根据产生的原因不同，铸造应力分热应力、固态相变应力和机械应力(或称收缩应力)三种。

为减小和防止铸造应力的产生，通常从以下几方面考虑。

(1) 铸件结构。合理设计铸件结构，使其形状简单、壁厚尽量均匀、各部分都能自由收缩等，均可减小铸造应力。

(2) 铸型。改善铸型和型芯的退让性(指型砂不阻碍铸件收缩的性能)，提高铸型温度，合理设置浇冒口等。

(3) 工艺方面。在铸造工艺上，通常采用“同时凝固”原则(指加快某些部位的冷却速度，使铸件温差尽量变小，基本实现铸件各部分在同一时间凝固的原则)。图 3-5 所示为铸件的同时凝固示意图。同时凝固仅适于收缩小的合金铸件生产，如含碳、硅量较高的普通灰口铸铁件和锡青铜铸件。

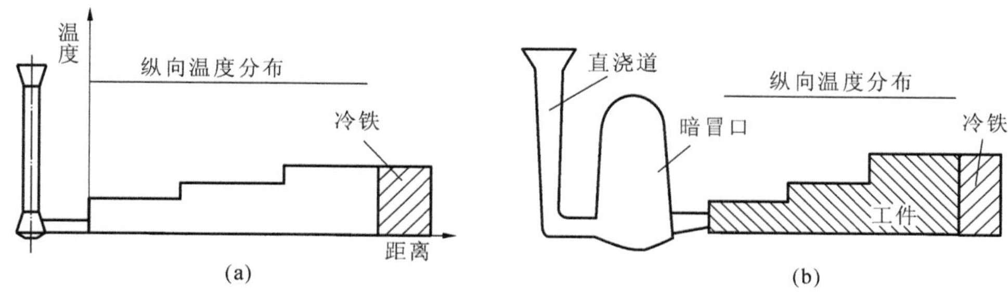

图 3-5　铸件的同时凝固示意图

(a) 不加冒口　(b) 加冒口

(4) 对于铸件中的残余铸造应力，采用去应力退火的方法消除。

3) 变形和裂纹

(1) 变形。

当铸造应力值大于铸件材料的屈服强度值时，铸件将产生变形。对于厚薄不均匀、截面不对称、具有细长特点的杆类、板类和轮类铸件等，当残余铸造应力超过铸件材料的屈服强度时，其往往会产生翘曲变形。图 3-6 为 T 形梁铸钢件的铸造变形示意图。

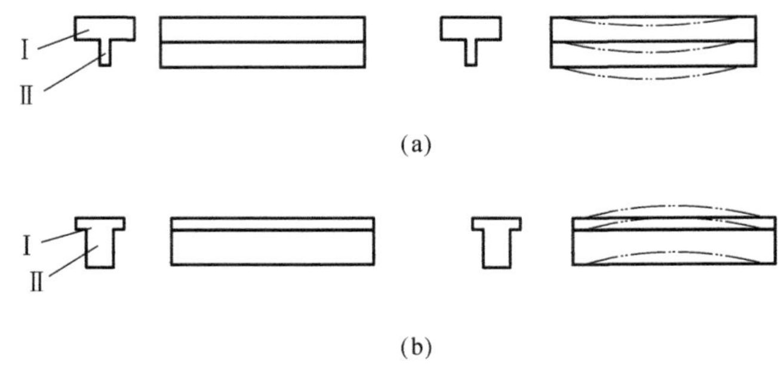

图 3-6　T 形梁铸钢件变形示意图

(a) 板Ⅰ厚，板Ⅱ薄　(b) 板Ⅰ薄，板Ⅱ厚

铸件产生变形以后，常因加工余量不够或铸件放不进夹具无法加工而报废，因此应采取措施以防止铸件变形。其中防止铸造应力的方法也是防止铸件变形的基本方法。对于外形规则、可预知变形方向的铸件，生产中常采用反变形法，即在模样上做出与变形量相等，但方向相反的预变形量，来抵消铸造应力引起的变形。目前 98%以上的铸件是用砂型铸造方法生产的。

(2) 裂纹。

当铸造应力值大于铸件材料的抗拉强度值时，铸件将产生裂纹。

在铸件中，任何形式裂纹的存在都会大大降低其力学性能，使用时会因裂纹扩展使铸件断裂，造成事故。为有效防止铸件裂纹的产生，应采取措施减小铸造应力；同时，在合金熔炼过程中，应严格控制有可能扩大合金结晶温度区间元素的加入量，以及铸钢和铸铁件中的含硫、磷量。

综上所述，根据合金的铸造性能，铸铁广泛应用在铸造生产中。铸钢主要用于制造一些形状复杂、难以用锻压方法成形，综合力学性能要求较高(用铸铁不能满足性能要求)的零件。对于一些要求耐磨及耐蚀或形状复杂的薄壁件、气密性要求较高的铸件常用铸造非铁合金。

3.2　砂型铸造

砂型铸造是以砂为主要造型材料制备铸型的一种铸造方法。由于砂型铸造适应性强，适用于各种形状、大小、批量及各种合金铸件的生产，生产成本低，是应用最广、最基本的铸造方法。目前，90%以上的铸件是用砂型铸造方法生产的。

3.2.1　砂型铸造的基本工艺

砂型铸造的基本工艺过程如图 3-7 所示，主要工序有制造模样和芯盒，制备型砂和芯砂，造型，造芯，合型，浇注，落砂、清理，检验等。

3.2.1.1　造型及造芯

造型和造芯是为零件毛坯铸造成形准备合格的铸型的工艺过程。

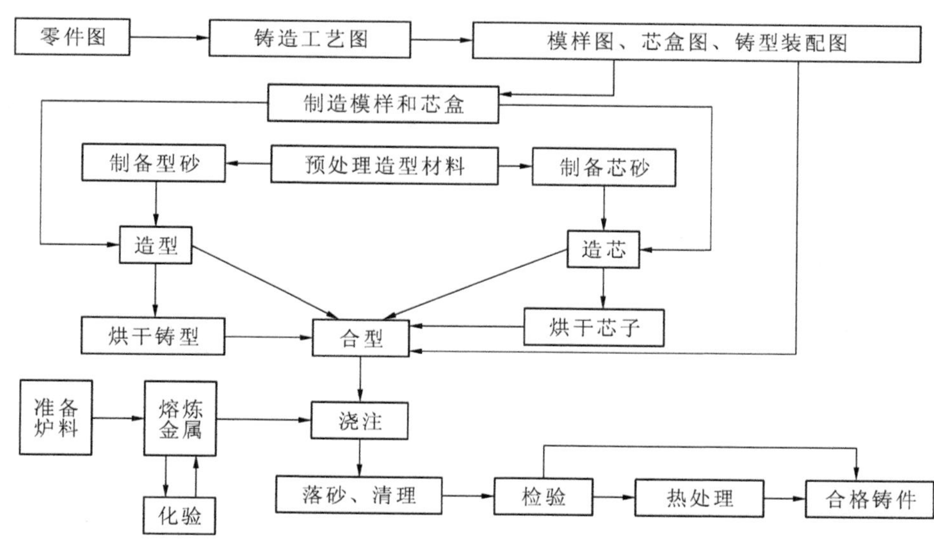

图 3-7　砂型铸造基本工艺过程

1. 造型材料

制造铸型用的材料称为造型材料。生产中，常采用砂子、黏土（常用膨润土）和水等经混制而成的黏土砂作为造型材料。用于制作铸型的黏土砂称为型砂。为满足透气性，型砂中还可加入锯末、煤粉等。用于制作型芯的黏土砂称为芯砂，一般芯砂的性能要求比型砂高些。

模样与芯盒是制造铸型和型芯必需的工具。模样形成铸件的外部形状；型芯形成铸件的内腔形状。砂型铸造多用木材制造模样和芯盒，特种铸造常用金属模、蜡模等模样。

2. 造型

用造型材料及模样等工具制造铸型的过程称为造型。造型是砂型铸造的最基本工序，通常分为手工造型和机器造型两大类。

1）手工造型

手工造型方法操作灵活，可生产各种尺寸和形状的铸件，但技术水平要求高，劳动强度大，易产生缺陷，生产率低，主要用于单件小批生产。

手工造型按模样特征分，主要有分模造型、整模造型、挖砂造型、活块造型、刮板造型、假箱造型；按砂箱特征分，主要有脱箱造型、两箱造型、三箱造型、地坑造型、组芯造型等，如图 3-8 所示。

2）机器造型

机器造型是指用机器全部完成或至少完成紧砂操作的造型工序。机器造型与手工造型相比，铸件尺寸精确、表面质量好、加工余量小，生产率高，劳动条件好，但不能用于干砂型铸造，不易生产大型铸件，不能用于三箱造型和活块造型。机器造型需要专用设备，投资较大，适合中小铸件的大量生产。

机器造型属于模板两箱造型。其中，模板是将模样和浇注系统与模底板组成一个组合体的专用模具。造型时，模底板形成分型面，模样形成型腔。模板分单面模板、双面模板。

单面模板是模底板一面有模样的模板。上下半模分装在两块模底板上，分别称为上模板和下模板，如图 3-9 所示。用上、下模板分别在两台造型机上造上型和下型，再合型。单面模板结构简单，应用较多。

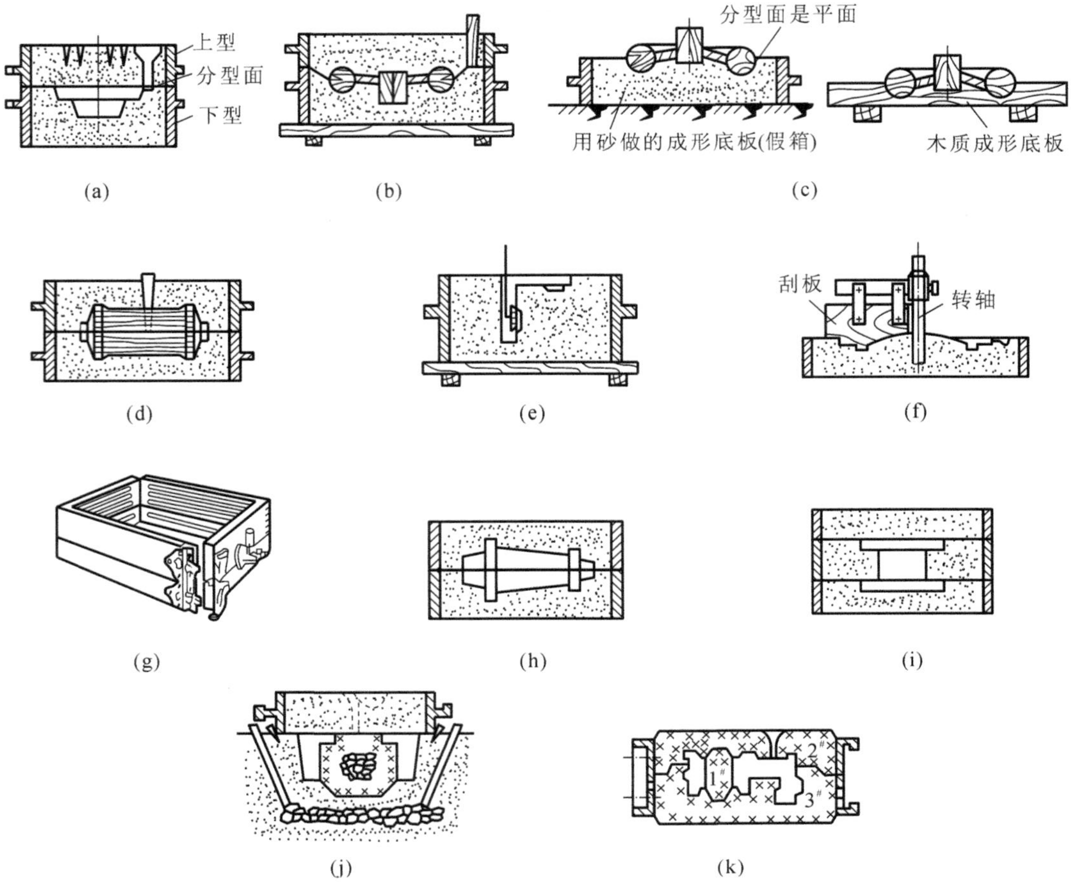

图 3-8　砂型铸造手工造型方法

(a) 整模造型　(b) 挖砂造型　(c) 假箱造型　(d) 分模造型　(e) 活块造型　(f) 刮板造型

(g) 脱箱造型　(h) 两箱造型　(i) 三箱造型　(j) 地坑造型　(k) 组芯造型

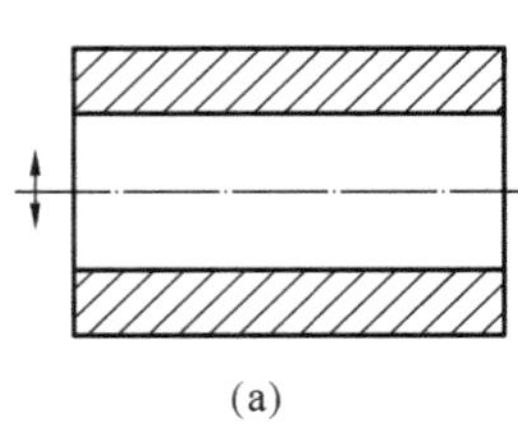

(a)

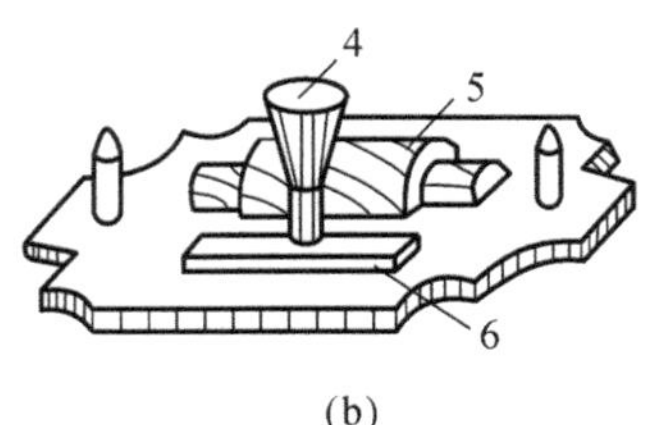

(b)

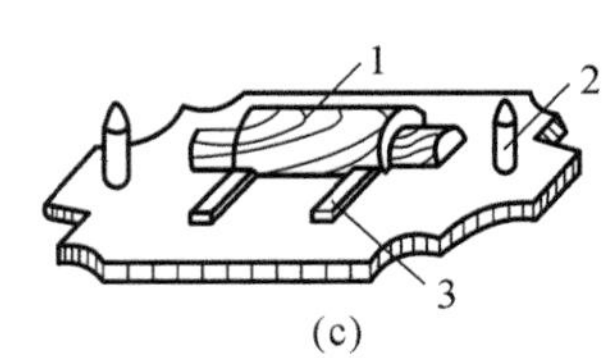

(c)

图 3-9　单面模板造型

(a) 铸件　(b) 上模板　(c)下模板

1—下模样；2—定位销；3—内浇道；4—浇口杯；5—上模样；6—横浇道

双面模板可将上半个模样和浇注系统固定在模底板一侧，下半个模样固定在该模底板另一侧对应位置，用一块双面模板在同一台造型机上造出上、下型，然后合型，如图 3-10 所示。

机器造型的基本过程为填砂、紧砂、辅助压实、起模、合型。在紧砂过程中，又分压实紧实（包括高压紧实）、震击紧实、抛砂紧实和射砂紧实（包括射压紧实）四种基本方式。目前，在铸造车间中、小型铸件的批量生产中，用得较多的方法是震压造型，其工作原理如图 3-11 所示。

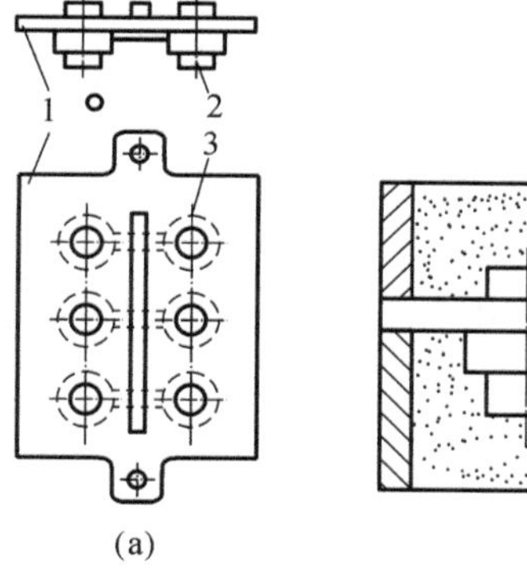

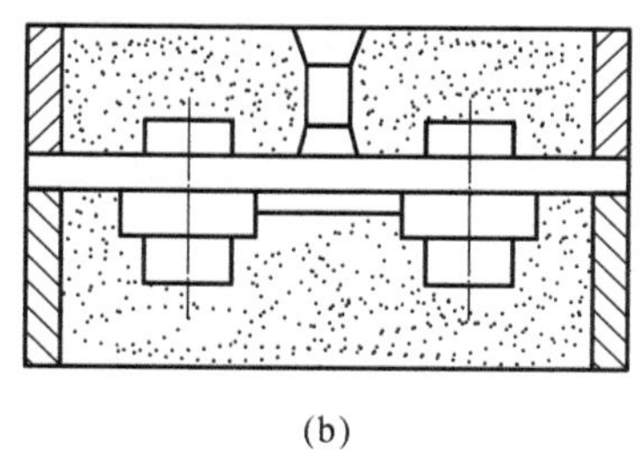

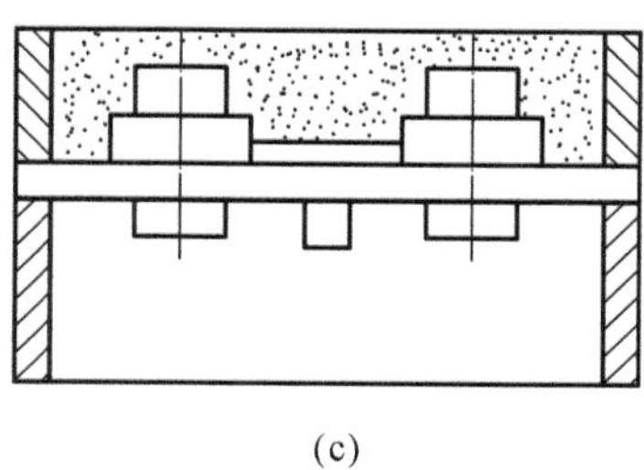

图 3-10　双面模板造型

(a) 双面模板　(b) 造上型　(c)造下型

1—模底板；2—下模样；3—上模样

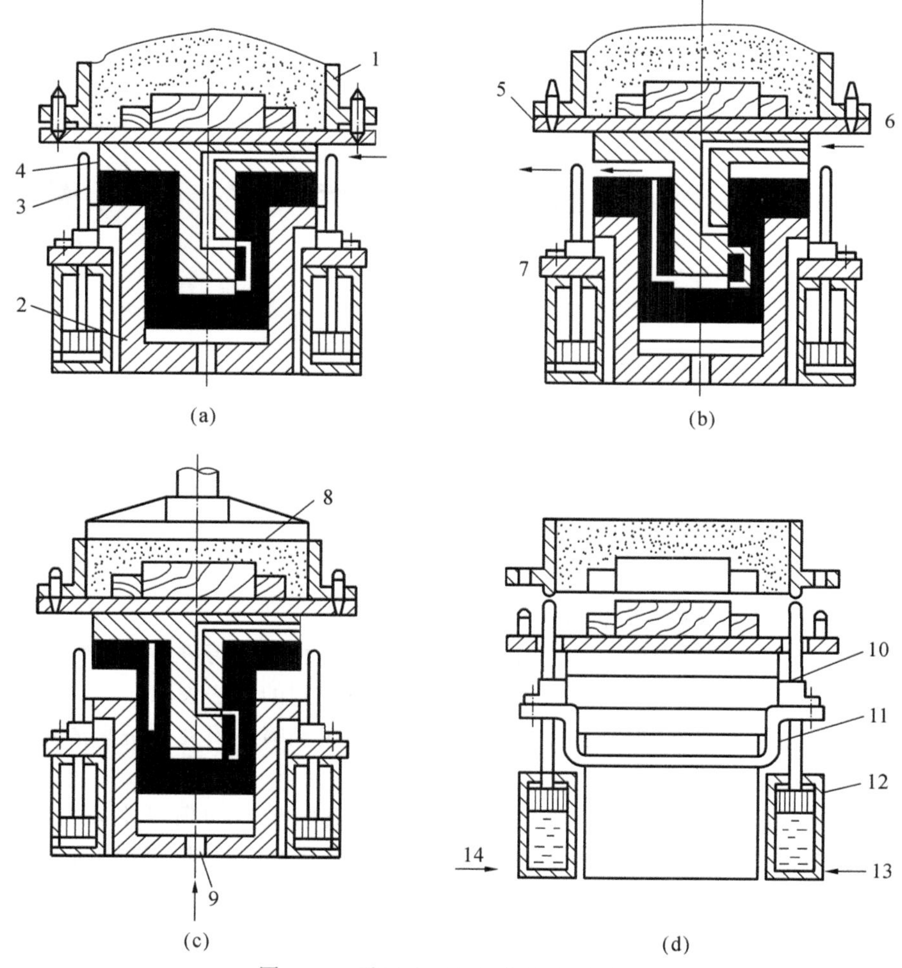

图 3-11　震压造型机工作原理示意图

(a) 填砂　(b) 紧砂　(c)压实顶部型砂　(d)起模

1—砂箱；2—压实气缸；3—压实活塞；4—振击活塞；5—模底板；6—进气口；7—排气口；8—压板；9—进气口；10—起模顶杆；11—同步连杆；12—起模液压缸；13、14—压力油

3. 造芯

型芯的作用一是形成铸件的内腔，二是简化模型的外形，以制出铸件上的凸台或槽等。生产中，造芯方法有手工造芯和机器造芯两大类。手工造芯工艺设备简单，应用较为普遍。机器造芯需用专门设备，生产率高，型芯紧实度均匀、质量好，一般用于大批量生产。

3.2.1.2　合型

铸型的装配工序简称合型。合型前，在铸型中放好型芯、扣上上箱、放置浇口杯。合型后，两箱要卡紧，防止错箱和抬箱。

3.2.1.3　合金的熔炼及浇注

铸件合金的材料不同，需要的熔炼设备和熔炼工艺也不同。

将熔融金属从浇包注入铸型型腔的过程称为浇注。针对不同合金材料，采取适宜的浇注温度和浇注速度，有利于保证铸件质量。

在浇注过程中，用来盛放、输送和浇注金属液的容器称为浇包。常用浇包如图 3-12 所示，手提浇包容量为 15～20 kg，抬包容量为 25～100 kg，由 2～6 人抬着进行浇注。容量更大的浇包需用吊车吊运，称为吊包。

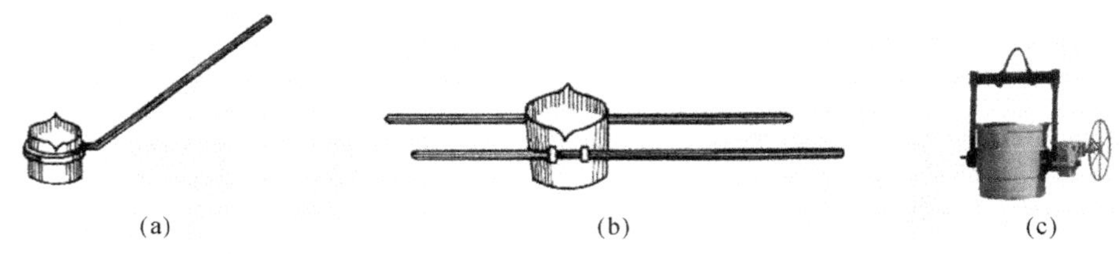

(a)　(b)　(c)

图 3-12　浇包

(a) 手提浇包　(b) 抬包　(c) 吊包

3.2.1.4　落砂、清理和检验

1. 落砂

将浇注成形后的铸件从型砂和砂箱中分离出来的工序称为落砂，分为出箱和清砂两个过程。出箱的温度一般不高于 500 ℃，以免铸件表面硬化或产生变形、开裂。清砂是清除型砂和芯砂的过程，常用振动落砂机落砂和水爆清砂。

2. 清理

清理主要是去除浇冒口、飞边、毛刺和表面黏砂。

对于脆性材料，可用锤击法去除浇冒口、飞边等，为防止损伤铸件，可在浇冒口根部先锯槽然后击断；对于韧性材料，可用锯割、氧气切割和电弧切割的方法去除。

表面黏砂可用手工清除，但现代化生产主要用震动机和喷砂喷丸设备来清除。

3. 检验

铸件清理后应进行质量检验。根据产品要求的不同，检验的项目主要有外观、尺寸、金相组织、力学性能、化学成分和内部缺陷等。其中，最基本的是外观和内部缺陷的检验。铸件常见缺陷有气孔、缩孔、缩松、冷隔、浇不足、裂纹、夹砂、黏砂、夹渣、砂眼、错型、变形等。

3.2.2　砂型铸造工艺设计

砂型铸造生产必须根据铸件结构的特点、技术要求、生产批量和生产条件等进行铸造工艺设计，并绘制铸造工艺图，以实现优质、高产、低成本、少污染。砂型铸造的工艺设计主要包括五个方面：浇注位置的选择，铸型分型面的选择，铸造工艺参数的选择，浇注系统的设计和冒口、冷铁的设置，铸造工艺图的绘制。

3.2.2.1　浇注位置的选择

浇注时，铸件在铸型中所处的位置，称为铸件的浇注位置。确定浇注位置时，应遵循以下原则。

（1）铸件的重要加工面、主要工作面、大平面、基准面应朝下（或侧面）。

气孔、夹渣等缺陷往往出现在铸件上表面，而铸件的底部或侧面组织致密，缺陷少，质量好。对于个别加工表面必须朝上时，可采用增大加工余量的方法来保证质量要求。

图 3-13 为吊车卷筒的浇注位置的确定。吊车卷筒的外圆面质量要求高，应采用立浇方案，保证铸件质量。

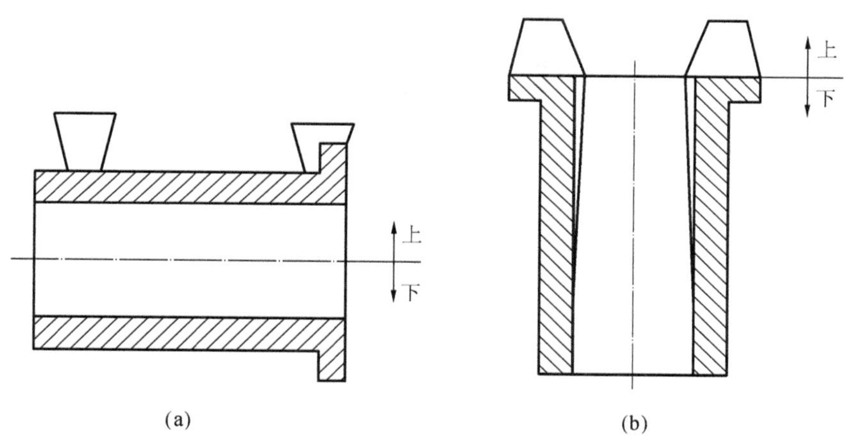

图 3-13　吊车卷筒的浇注位置

(a) 不合理　(b) 合理

图 3-14 为平板类铸件，应使其大平面朝下，既可避免气孔、夹渣，又可防止型腔上表面受强烈烘烤而产生夹砂结疤等缺陷。

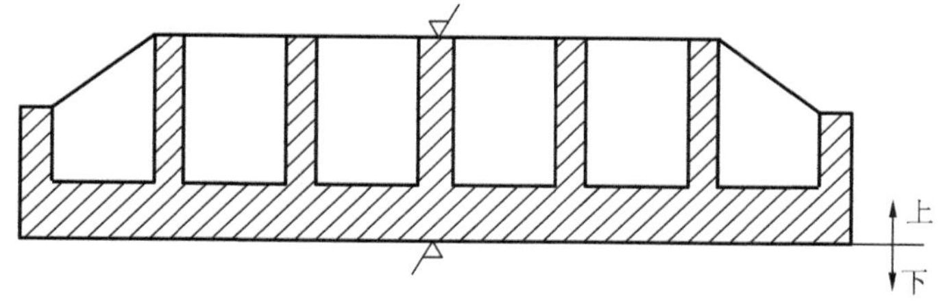

图 3-14　大平面铸件正确的浇注位置

（2）铸件面积较大的薄壁部分应朝下或倾斜放置，以防产生浇不足、冷隔等缺陷。

图 3-15 所示为箱盖浇注位置的确定。箱盖的薄壁部分朝下放置比较合理，如图 3-15(a)所示，可保证铸件的充型，防止产生浇不足和冷隔。这对于流动性差的合金尤为重要。

（3）铸件的厚大部分朝上，便于设置明冒口补缩。

对于体积收缩大的合金和壁厚差较大的铸件，应按顺序凝固的原则，将壁厚较大的部位和铸件的热节部位置于上部或侧部，以便设置冒口进行补缩，防止缩孔产生，如图 3-16 所示。

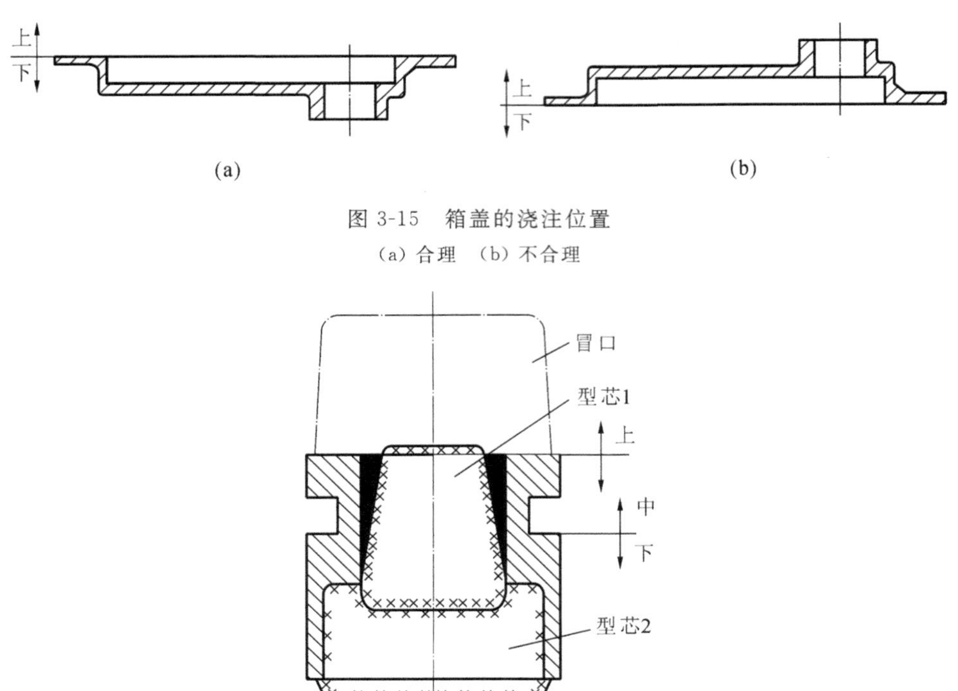

图 3-15　箱盖的浇注位置

(a) 合理　(b) 不合理

图 3-16　壁厚差较大铸件冒口补缩

(4) 浇注位置应利于减少型芯，便于安装型芯。

采用型芯会使造型工艺复杂，增加成本，因此所选择的浇注位置应有利于减少型芯数目，如图 3-17(a)所示，铸件水平放置只需一个型芯，且安放稳固，更为合理。

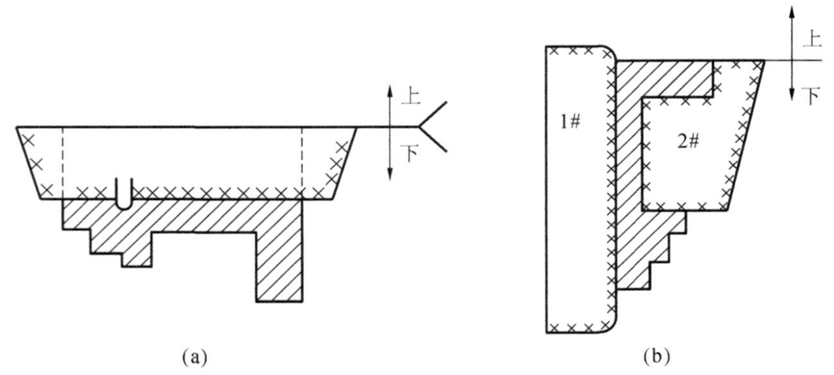

图 3-17　浇注位置对型芯数目的影响

(a) 一个型芯　(b) 两个型芯

3.2.2.2　铸型分型面的选择

铸造时，砂箱与砂箱之间的结合面称为分型面。同一铸件可以有几种不同的分型方案，应从中选出一种最佳方案，使得起模方便，造型工艺简化。具体选择原则如下：

(1) 分型面数量越少越好，以简化工艺，减少误差。

分型面数量少，既能保证铸件精度，又能简化造型操作。图 3-18 为三通铸件的分型面选择，采用图 3-18(b)所示分型方案，有三个分型面，需采用四箱造型；图 3-18(c)所示分型方案有两个分型面，需采用三箱造型；若按图 3-18(d)所示分型方案，则只有一个分型面，采用两箱造型即可。可见，采用图 3-18(d)所示分型方案最为合理。

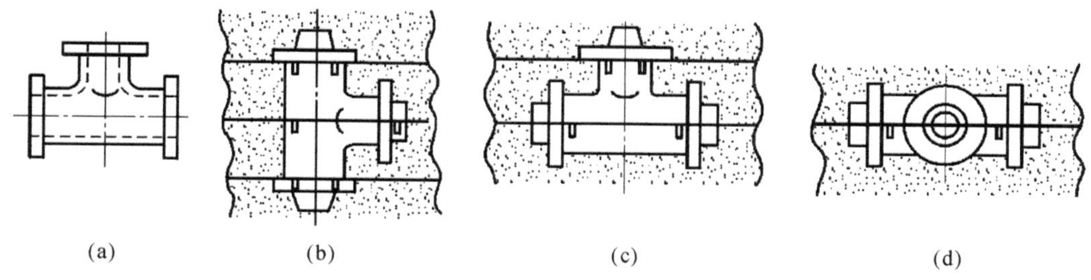

图 3-18　三通铸件的分型面选择

(a) 铸件零件图　(b)三个分型面　(c) 两个分型面　(d) 一个分型面

机器造型时，一般只允许有一个分型面，凡阻碍起模的部位均采用型芯，以减少分型面，从而提高生产效率。图 3-19 为绳轮铸件的分型面确定。若大量生产，采用机器造型时，图 3-19(b)所示分型方案合理，只有一个分型面；但对于单件生产的手工造型，则采用图 3-19(a)分型方案更适宜，有两个分型面，但可省去一个芯盒，简化操作，且有利于保证铸件质量。

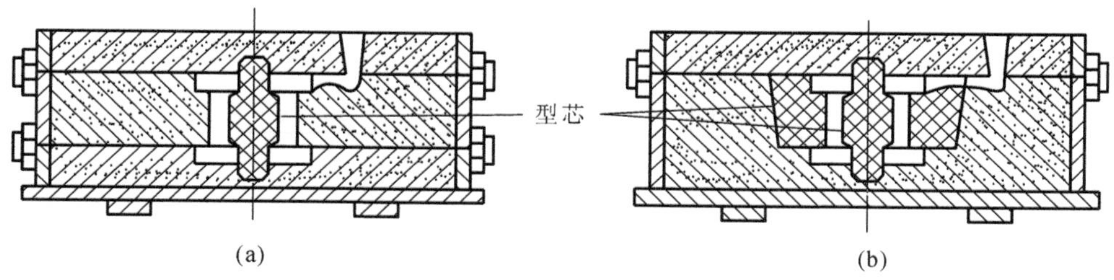

图 3-19　绳轮铸件分型面的确定

(a) 一个型芯两个分型面　(b) 两个型芯一个分型面

(2) 尽量使用平直分型面，以简化制模及造型工艺。

使用平直的分型面，并尽量选在最大截面上，可简化造型工艺和模板制造，容易保证铸件精度，这对于机器造型尤为重要。如图 3-20 所示起重臂分型面的确定，其中图 3-20(b) 所示分型面的选择较为合理。

(3) 尽量使铸件位于同一铸型内，以保证位置精度。

铸件全部或大部放在同一砂箱内，使铸件的加工面和加工基准面处于同一砂箱中，重要面置于下箱，避免合型不准产生错型，从而保证铸件尺寸公差等级。如图 3-21 所示管子堵头，需以顶部方头为基准加工管螺纹，采用图 3-21(b)分型方案易产生错型，无法保证外螺纹的同轴度和垂直度，因此采用图 3-21(a)所示分型方案合理。

(4) 尽量使型腔和主要型芯位于下砂箱，以便于造型、放芯、检查铸件厚度。

图 3-22 所示为机床支柱铸件分型面的确定，按方式 1 造型，一方面不便于下芯，另一方面合型时还容易碰坏型芯，而采用方式 2 造型则更有利于造型、下芯、合型。

浇注位置与分型面的选择密切相关，通常分型面取决于浇注位置，选择时既要保证质量又要简化造型工艺。对具体铸件来讲，浇注位置、分型面的选择多难以全面满足要求，有时甚至互相矛盾和制约。因此，需要根据铸件特点和生产条件综合分析，以确定最佳方案。没有特殊质量要求的一般铸件，则以简化工艺、提高经济效益为主要依据，不必过多考虑铸件的浇注位置。质量要求很高的铸件，应在满足浇注位置的前提下考虑铸型工艺的简化，可考

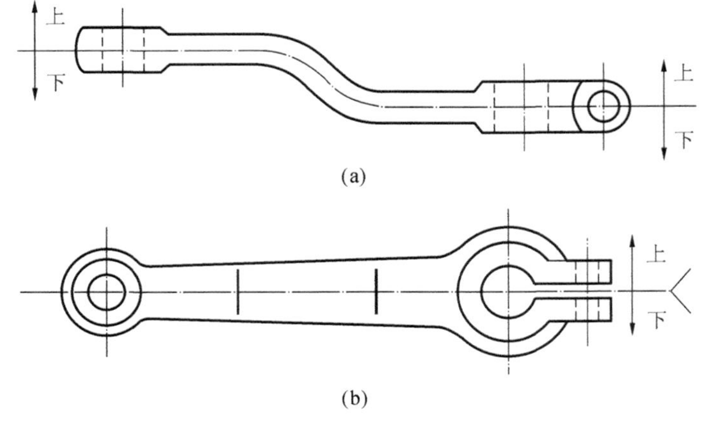

图 3-20 起重臂分型面的确定
(a) 不合理 (b) 合理

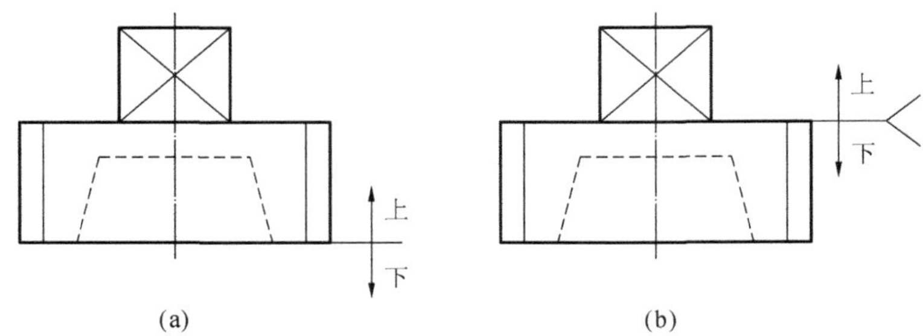

图 3-21 管子堵头分型面的确定
(a) 合理 (b) 不合理

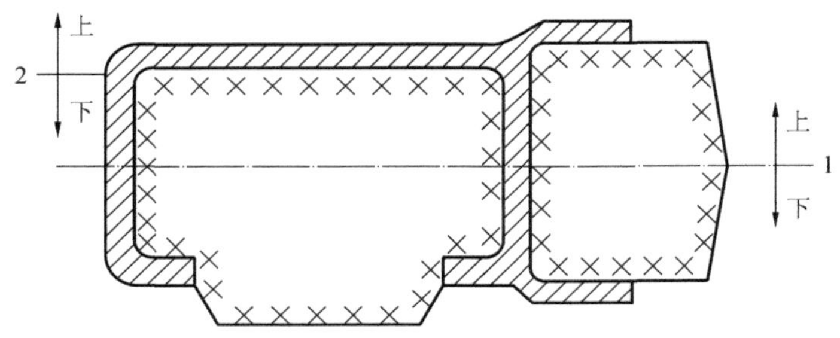

图 3-22 机床支柱铸件分型面的确定

虑“平作立浇”。

3.2.2.3 铸造工艺参数的选择

铸造工艺参数是指在铸造工艺设计时，需要确定的某些数据，主要包括机械加工余量、起模斜度、收缩率、芯头尺寸、铸造圆角等。这些工艺参数不仅与浇注位置及模样有关，还与造芯、下芯及合型的工艺过程有关。

1. 机械加工余量和最小铸孔

在铸造过程中，为了便于制作模样和简化造型操作，一般在确定工艺参数前，要根据零件的形状特征简化铸件结构。例如，零件上的小凸台、小凹槽、小孔等可以不铸出，留待以后切削加工。至于铸件上待加工的孔、槽是否铸出，需根据孔、槽尺寸的大小，铸造合金的种类及生产批量等因素而定。一般单件小批生产条件下，采用手工造型时，铸铁件的孔径小于 ϕ25 mm、铸钢件的孔径小于 ϕ35 mm、凸台高度和凹槽深度小于 10 mm 时，可以不铸出。大批生产，采用机器造型时，不铸出孔的直径一般为 ϕ15～30 mm。

在铸件工艺设计时，预先增加而在机加工中再切除的金属层厚度，称为机械加工余量。零件尺寸加上机械加工余量就得到铸件尺寸。但加工余量不能随意确定，加工余量过大，会浪费金属材料和加工工时；加工余量过小，则会使铸件因残留黑皮而报废。

机械加工余量的选择与铸造合金种类、铸件大小、生产方法及加工表面在浇注时所处位置有关。通常，铸钢件比铸铁件加工余量大，非铁金属件加工余量比钢铁件小；铸件越大加工余量越大；大批生产比单件、小批铸件加工余量小；浇注位置朝上的铸件表面的加工余量比侧面和下表面大；零件上的非加工表面，其铸件相应部位可不留加工余量。具体数值可查相关设计手册，以供参考。

铸造工艺图中，机械加工余量在加工部位用红实线画出轮廓线，并标明数值；不铸出的孔和槽应打红叉，若在剖面上，可画红色剖面线或全部涂红色。

2. 起模斜度

为了使模样便于从砂型中取出，在制造模样时，在垂直于分型面的立壁留出一定的倾斜度，称为起模斜度。起模斜度的取法有三种形式，如图 3-23 所示。

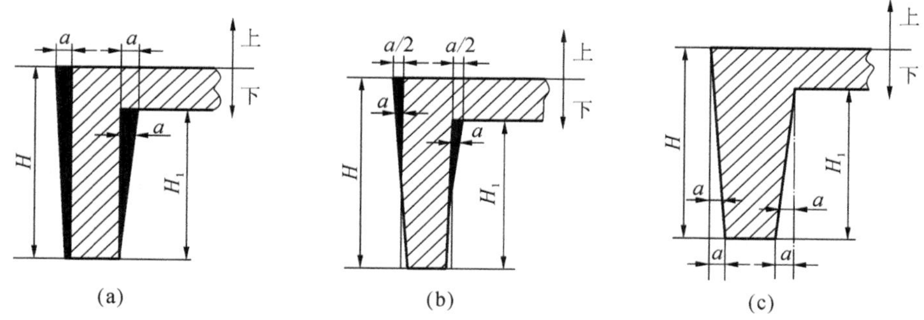

图 3-23　铸件起模斜度的三种形式

(a) 增加铸件壁厚　(b) 加减铸件壁厚　(c)减小铸件壁厚

起模斜度的大小取决于模样的起模高度、造型方法、模样材料等因素，原则上不应超过铸件的壁厚公差。金属模比木模斜度小；立壁越高，斜度越小；机器造型比手工造型斜度小；铸孔内壁的起模斜度应比外壁大。通常，外壁的起模斜度为 15°～3°，内壁的起模斜度为 3°～10°。砂型铸造的起模斜度取值大小同样查相关设计手册。

3. 收缩率

因铸件收缩的影响，冷却后铸件的尺寸要比模样的尺寸小，为了保证铸件要求的尺寸，模样尺寸必须比铸件尺寸加大一个收缩量。铸件尺寸收缩的大小一般用铸件线收缩率 ε 表示，可用下式计算：

$$\varepsilon = \frac{L_{模样} - L_{铸件}}{L_{铸件}} \times 100\% \tag{3-1}$$

式中：　ε——铸件线收缩率；

$L_{模样}$、$L_{铸件}$——模样和铸件的尺寸。

通常，灰口铸铁收缩率为 0.7%～1.0%，铸钢为 1.3%～2.0%，铝硅合金为 0.8%～

1.2%。

4.芯头尺寸

在制造中空铸件或有妨碍起模的凸台铸件时，往往要使用型芯。型芯在铸型中的位置一般是用芯头来固定。在铸型中，芯头起定位、支撑型芯及排气的作用，主要有垂直芯头和水平芯头两种，如图3-24所示。由于芯头的形状和尺寸对型芯在合型时的工艺性和稳定性有很大影响，对其进行合理的设计可避免型芯在安装和浇注时偏斜或移动。芯头的设计主要是确定型芯头长度、斜度和间隙。

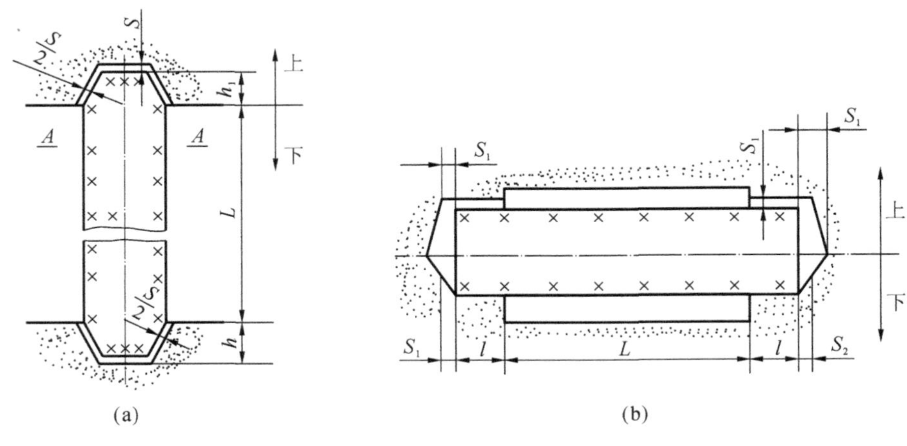

图3-24 芯头

(a) 垂直芯头 (b) 水平芯头

对于一些只靠芯头不能保证定位稳定的型芯，可采用型芯撑加以固定，如图3-25(a)所示。型芯撑由金属材料制成，浇注后与金属液熔焊在一起而留在铸件壁内，由于型芯撑所在处致密性较差，凡要求承压或密封性好的铸件均不宜采用。常见型芯撑形状如图3-25(b)所示。

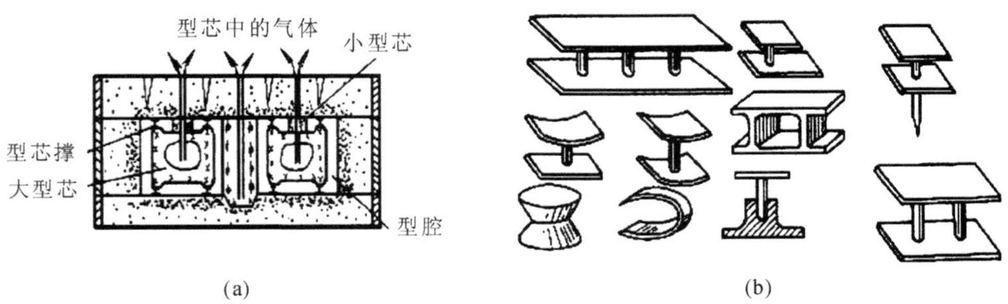

图3-25 型芯撑的应用及形状

(a) 合型时需用型芯撑支撑型芯 (b) 型芯撑形状

在铸造工艺图中，沿边界打“×”表示型芯。芯头边界用蓝色实线表示，并标明尺寸。多个型芯时，按下芯顺序编号，用“1♯”、“2♯”等标注。

5.铸造圆角

制造模样时，壁的连接和转角处要做成圆弧，即形成铸造圆角。它既可使转角处不产生脆弱面，又可减少应力集中现象，还可避免产生冲砂、缩孔和裂纹。一般小型铸件，外圆角半径取2～8 mm，内圆角半径取4～16 mm。

3.2.2.4　浇注系统的设计和冒口、冷铁的设置

1. 浇注系统

浇注系统是引导液态金属进入铸型的通道，它由外浇道、直浇道、横浇道和内浇道四部分组成，如图 3-26 所示。外浇道的作用是缓和液态金属的冲击力，使其平稳地流入直浇道。盆形外浇道称为浇口盆，用于大型铸件；漏斗形外浇道称为浇口杯，用于小型铸件。直浇道是一段上大下小的圆锥形通道，位于外浇道下方。直浇道具有一定高度，使液态金属产生一定的静压力并以一定的流速和压力充填型腔。横浇道是位于内浇道上方呈上小下大的梯形通道。横浇道比内浇道高，液态金属中渣子、砂粒浮于横浇道顶面，可防止铸件产生夹渣、夹砂等缺陷，同时还可起到向内浇道分配液态金属的作用。内浇道的截面多为扁梯形，也有三角形、月牙形等，与型腔相连，可起到控制液态金属流速和流向的作用。

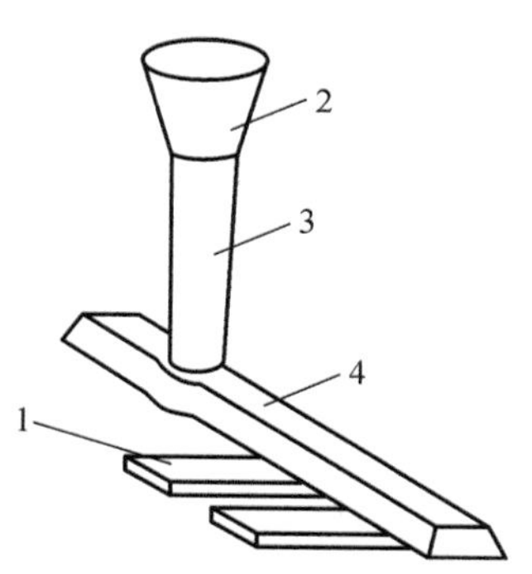

图 3-26　浇注系统

1—内浇道；2—浇口杯；3—直浇道；4—横浇道

良好的浇注系统应使金属液均匀、平稳地充满型腔，能防止熔渣和气体卷入。浇注系统的设计主要包括选择浇注系统的类型、确定内浇道开设位置及各组元截面积、形状和尺寸等。

2. 冒口

冒口主要在铸件凝固期间进行补缩，调节铸件各部分的冷却速度，除此之外还有排渣、出气等作用。常用冒口有明冒口、暗冒口、大气压冒口和发热冒口。生产中根据铸件结构、合金种类等具体条件，选择合适的冒口形式。

冒口的位置首先应根据产生缩孔的位置来选定。但是，在确定冒口位置时应注意，不要将冒口设置在铸件重要或受力较大的部位，以防止组织粗大，降低该处力学性能。冒口的数量可根据铸件结构和尺寸来确定。

3. 冷铁

冷铁由钢或铸铁制成，其作用是减少冒口数量和尺寸，提高金属利用率；在铸件难以设置冒口的厚实部位设置冷铁，同样可防止缩孔和缩松；可控制铸件的凝固顺序，增大冒口的有效补缩距离；可消除局部热应力，防止裂纹的产生。常用冷铁有外冷铁和内冷铁两种形式，其选择可根据具体铸件结构和尺寸来确定。

冷铁一般安置在铸件壁厚较大的热节部位。内冷铁在铸型中固定要可靠，使用前表面应除锈和油污，外冷铁还需上涂料。对于受高温、高压和质量要求高的铸件，不宜采用内冷铁。冷铁的尺寸和数量与铸件结构、壁厚、形状尺寸、热节圆的直径和合金种类等因素有关。

3.2.2.5　铸造工艺图的绘制

铸造工艺图是根据零件图，利用各种铸造工艺符号，把各种工艺参数、模样和铸型表达出来的图样，图中应表示出铸件的浇注位置、分型面，型芯的形状、数量、尺寸及其固定方式，工艺参数，浇注系统等。铸造工艺图决定了铸件的形状、尺寸、生产方法和工艺过程，是制造模样、芯盒、造型、造芯和检验铸件的依据。

下面以联轴器零件为例，说明铸造工艺设计步骤，并绘制铸造工艺图。

图 3-27 为联轴器的零件图，材料为 HT200，小批生产，采用砂型手工造型。

工艺分析：该零件为一般连接件，ϕ60 mm 孔和两端面质量要求较高，不允许有铸造缺陷。ϕ60 mm 孔较大，用型芯铸出；4 个 ϕ12 mm 小孔不予铸出。

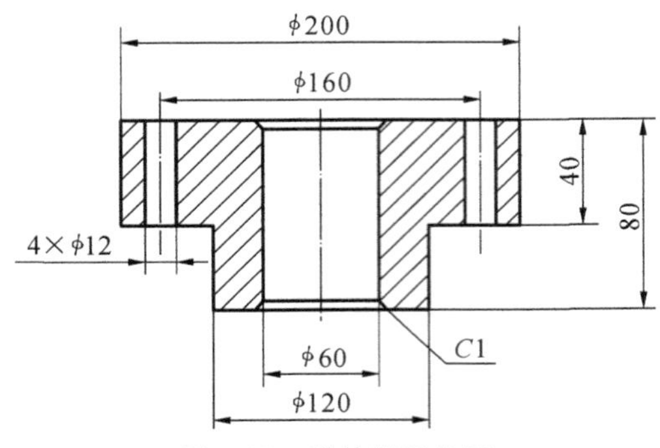

图 3-27 联轴器零件图

1. 浇注位置和分型面的选择

该铸件可有两个浇注位置：一是零件轴线呈垂直的位置方案Ⅰ；二是零件轴线呈水平的位置方案Ⅱ，如图 3-28 所示。若采用后者，需分模造型，容易错型，而且质量要求高的φ60 mm孔和两端面质量无法保证；浇注采用垂直位置，并沿大端面分型，采用整模造型，造型操作方便，避免错型，质量要求高的端面和孔处于下面或侧面，铸件质量好。直立型芯的高度不大，稳定性尚可。经综合分析，选择方案Ⅰ。

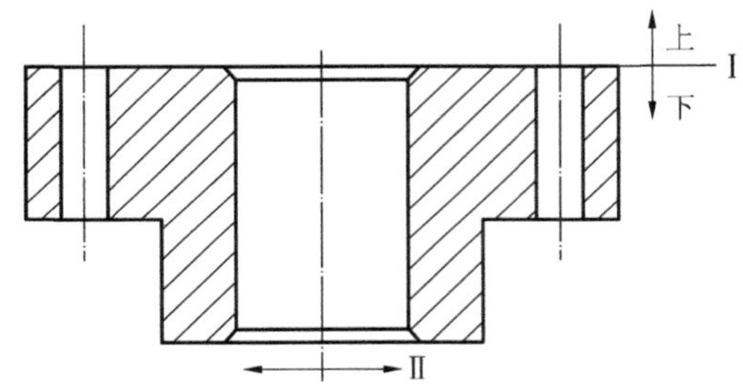

图 3-28 联轴器浇注位置和分型面选择

2. 确定机械加工余量

该铸件为回转体，基本尺寸取 φ200 mm，φ200 mm 大端面是顶面，查表可知此面加工余量为8.5 mm。φ200 mm 与 φ120 mm 之间的台阶面可视为底面，查表可知此面加工余量为7 mm。φ200 mm 外圆是侧面，查表可知此面加工余量为 7 mm。φ120 mm 端面是底面，查表可知此面加工余量为 5.5 mm，同法查得 φ120 mm 外圆加工余量为 5.5 mm。φ60 mm 孔径小于高度80 mm，故基本尺寸取 80 mm，查表可得加工余量为 5.5 mm。

3. 确定起模斜度

因铸件全部加工，两处侧壁高度均为 40 mm，查相关表可知木模的起模斜度上的增加值 a 为 1。在图 3-29 中用“8/7”和“6.5/5.5”表示侧壁分别增加 8 mm 和 6.5 mm，上端比下端大 1 mm，构成起模斜度。

4. 确定收缩率

对于灰口铸铁件、小型铸件，查表可知线收缩率应取 1%。

5. 芯头尺寸

垂直芯头查手册得到芯头尺寸如图 3-29 所示。

6. 铸造圆角

对于小型铸件，外圆角半径取 2 mm，内圆角半径取 4 mm。

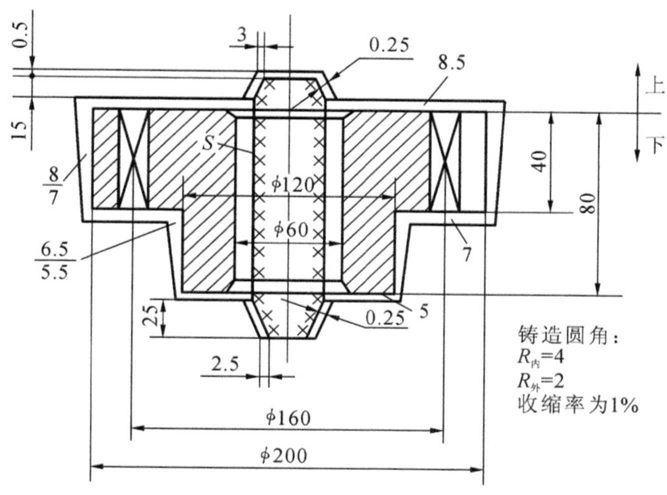

图 3-29　联轴器铸造工艺图

7. 绘制铸造工艺图

按上述铸造工艺设计步骤，绘制出铸造工艺图（见图 3-29）。

3.2.3　砂型铸件的结构设计

在铸件设计时，不仅要保证力学性能和满足工作条件要求，还必须考虑铸造工艺和合金铸造性能对铸件结构的要求。铸件结构的合理性对铸件质量、生产率及其成本有很大的影响。因此，在铸件结构设计时，应遵循相关原则，以保证铸件结构的合理。铸件结构设计的内容包括外形设计、内腔设计和壁的设计。

3.2.3.1　铸件外形设计

生产中，对于难以整体铸造的大型和形状复杂的铸件，可将其分成几部分结构分别铸造，经切削加工后，再用焊接方法或螺栓连接，制作成一整体的组合铸件。

对于一般结构铸件，外形设计的总体要求是：尽可能使制模、造型、造芯过程简化，以保证铸件质量，并为铸造生产实现机械化创造条件。

1. 铸件外形简单，造型方便

(1) 应避免采用不必要的内凹或凸起，使分型面为平面，便于制模、造型。

图 3-30(a)所示为托架的结构设计，因在分型面上添加圆角，形成曲面，只能采用挖砂造型，使生产效率降低。若采用图 3-30(b) 所示外形设计，分型面为平面，采用整模造型，既简单又方便。

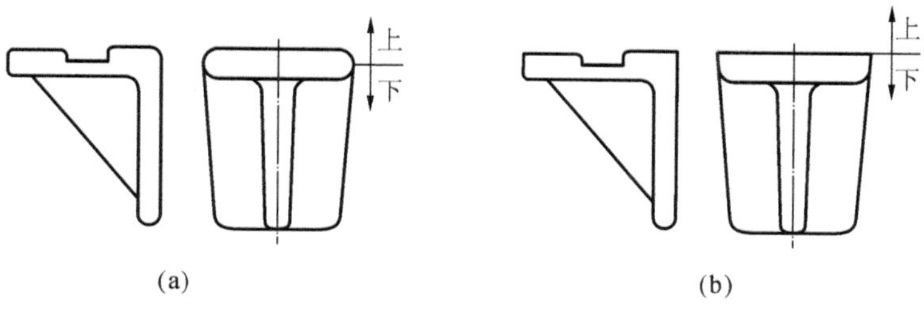

图 3-30　托架结构设计
(a) 不合理　(b) 合理

(2) 尽量避免铸件起模方向存有外部侧凹，以便于起模。

图 3-31(a)所示端盖铸件存有上下法兰，造成外部侧凹，需采用三箱造型。而图 3-31(b)所示端盖去掉上部法兰结构后，简化造型，采用两箱造型就可以。

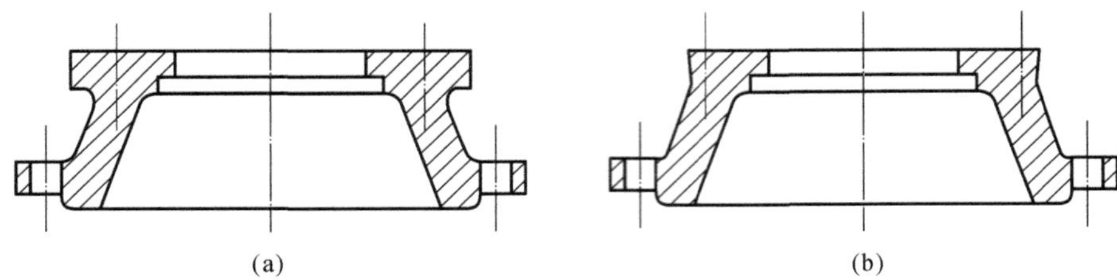

图 3-31　端盖铸件的结构设计

(a) 不合理　(b) 合理

(3) 对于凸台、肋板和法兰的设计，应避免不必要的型芯和活块。

图 3-32(a)所示凸台铸件，一般需采用活块造型才能起模，改为将凸台延长至分型面(见图 3-32(b))，即可避免在造型时出现活块，方便起模，提高生产效率。

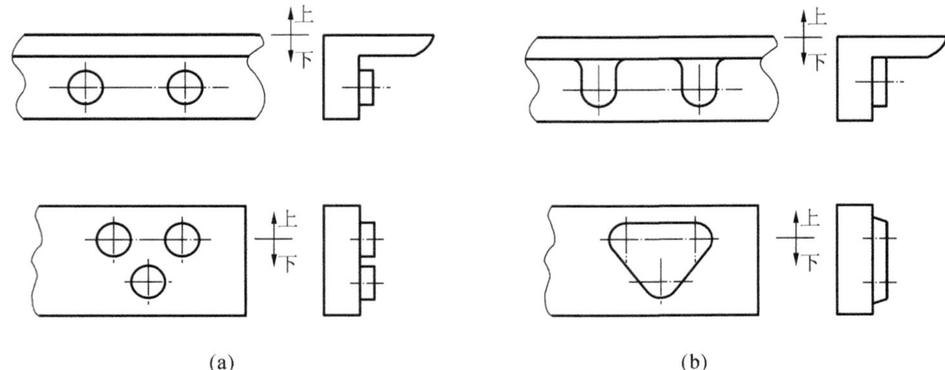

图 3-32　带凸台铸件的结构设计

(a) 不合理　(b) 合理

图 3-33(a)所示肋板的结构只能用活块造型。在不影响零件工作要求的条件下，适当改变肋板的形状和位置，采用图 3-33(b)所示设计，用两箱造型，即可省去活块又便于起模和造型。

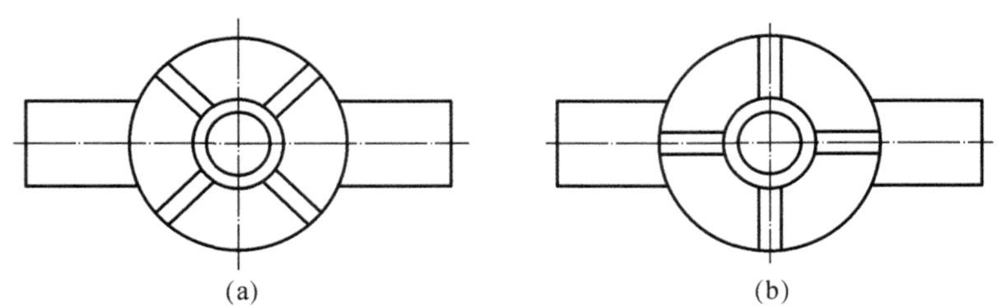

图 3-33　带肋板铸件结构设计

(a) 不合理　(b) 合理

对于法兰外形设计，若采用图 3-34(a)所示结构，则需增加型芯才能起模，改为图 3-34(b)所示结构，则既可省去型芯，又便于起模和造型，同样可满足使用要求。

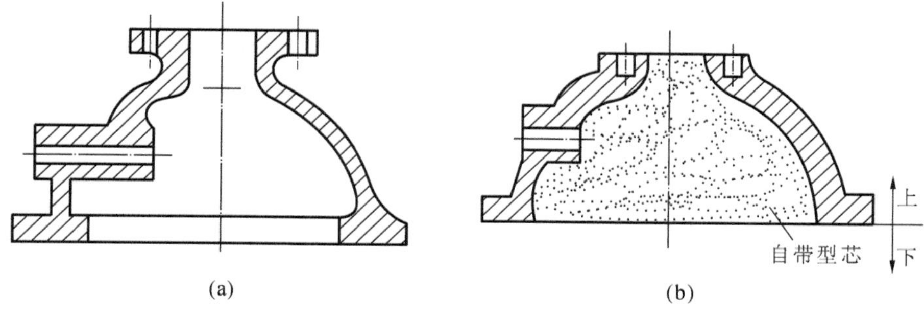

图 3-34　法兰结构设计
(a) 不合理　(b) 合理

2. 减少分型面

对于绳轮铸件，采用图 3-35(a)的结构设计，就必须用三箱造型或采用外加型芯的两箱造型，如前所述。若将外形改为图 3-35(b)所示结构，则只需两箱造型，如图 3-35(c)所示。

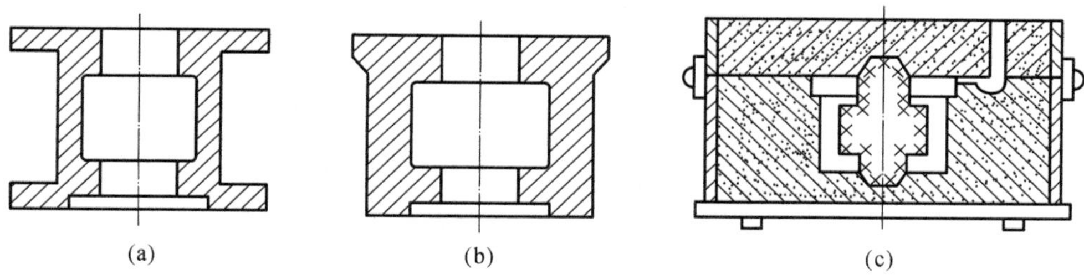

图 3-35　绳轮铸件的结构设计
(a) 带侧凹法兰结构　(b) 不带侧凹法兰结构　(c) 不带侧凹法兰结构造型

3. 考虑结构斜度

垂直于分型面的非加工面应设计结构斜度，以便于起模。图 3-36(a)所示为没有结构斜度的设计，图 3-36(b)所示为具有结构斜度的更为合理的设计。铸件的结构斜度随垂直壁高度的增加而减少，内侧面的结构斜度应大于外侧面。一般结构斜度：木模外侧斜度取 1°～3°；金属模外侧斜度取 1°～2°；机器造型时，外侧斜度取 0.5°～1°。若铸件不允许有斜度，设计时可不考虑结构斜度，但为了方便起模，模样上应有起模斜度。

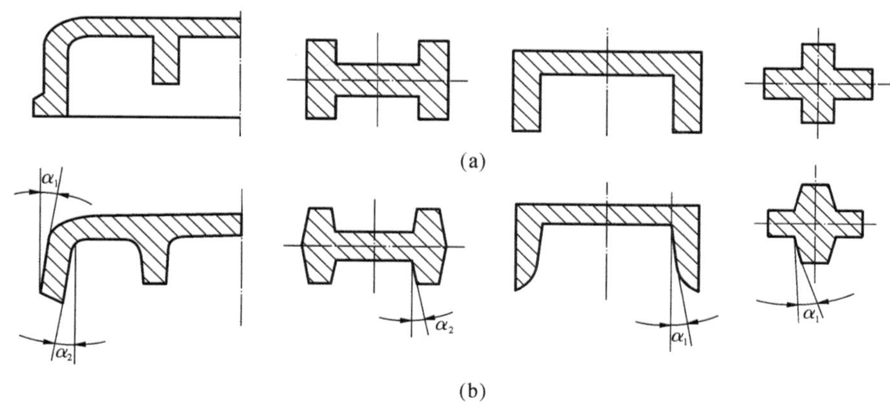

图 3-36　结构斜度设计
(a) 不带结构斜度的设计　(b) 带结构斜度的设计

4. 铸件应避免有过大的平面

铸件的大水平面，不利于液态金属的流动，易产生浇不足、夹渣和气孔等缺陷。图 3-37(a)所示罩壳的设计为水平面，不合理，改为图 3-37(b)所示的斜面设计，即可避免上述铸造缺陷。若结构不允许时，在浇注时将砂箱倾斜，也可获得同样效果。

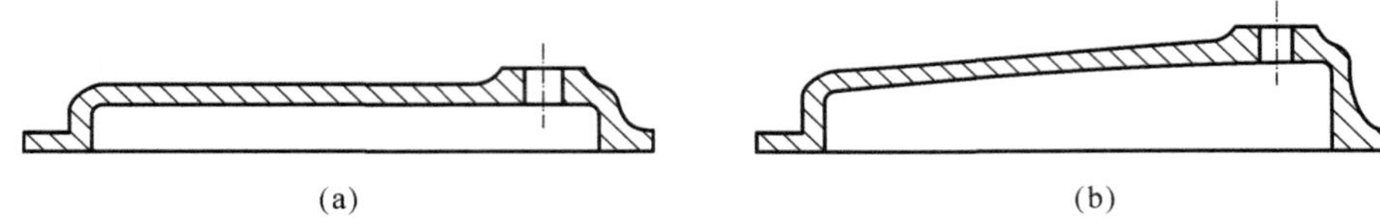

图 3-37　铸件大平面的设计

(a) 不合理　(b) 合理

5. 避免铸件收缩受阻

当铸件收缩受阻时，会导致铸造内应力超过抗拉强度，进而产生裂纹。图 3-38(a)所示轮辐为偶数对称设计，会造成铸件不能自由收缩，有可能产生裂纹，因此设计不合理；改为图 3-38(b)或图 3-38(c)所示结构，采用奇数轮辐或弯曲轮辐，设计更为合理。

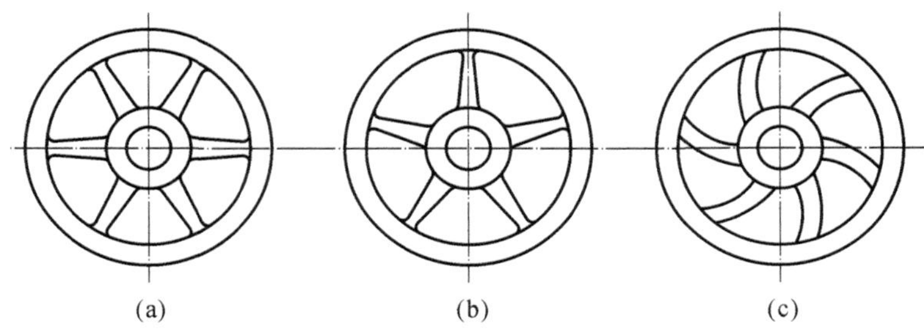

图 3-38　轮辐的结构设计

(a) 偶数轮辐　(b) 奇数轮辐　(c) 弯曲轮辐

6. 考虑对称或加肋结构

对于细长件或大而薄的平板件，由于冷却收缩时的内应力易产生翘曲变形，可采用对称结构或采用加强肋，以防止弯曲变形。图 3-39(a)所示结构设计不合理，图 3-39(b)所示结构设计合理。

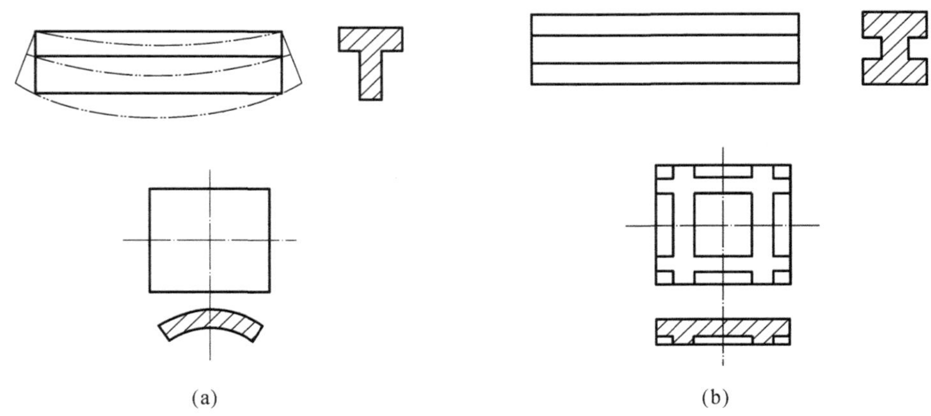

图 3-39　细长板和平板的结构设计

(a) 不合理　(b) 合理

3.2.3.2 铸件内腔设计

铸件内腔设计总体要求:减少型芯数量;需要型芯时考虑型芯撑或采用工艺孔。

1. 尽量不用或少用型芯

图3-40所示为支柱的两种截面形状设计。图3-40(a)所示为方形空心截面,必须用型芯形成内腔,改为图3-40(b)所示工字形截面设计,可省去型芯。

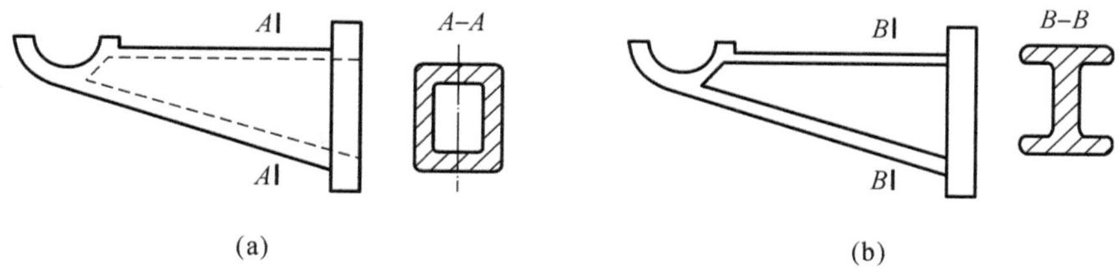

图3-40 支柱的两种截面形状设计

(a) 带型芯 (b) 不带型芯

对于图3-41所示铸件内腔,需要下型芯,经改进后如图3-41(b)所示,在造型过程中形成自带型芯,可省去型芯。

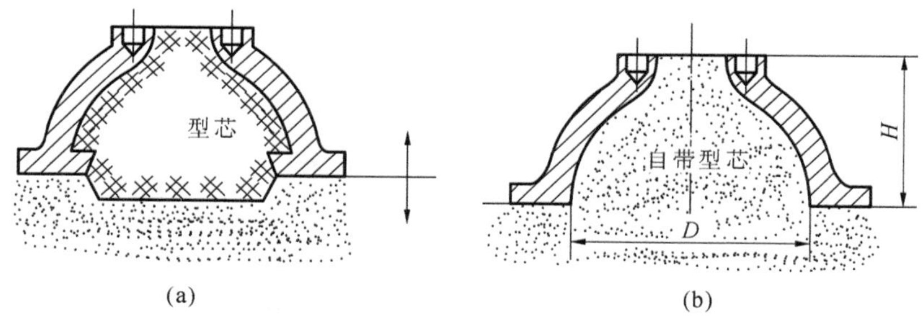

图3-41 铸件内腔设计

(a) 下型芯 (b) 自带型芯

2. 需要型芯时应考虑型芯撑或采用工艺孔

需要型芯时应考虑支撑、排气、清砂要求。图3-42(a)所示轴承架铸件内腔由两个型芯构成,其中大的是悬臂芯,装配时必须用型芯撑辅助支撑,而改进设计后如图3-42(b)所示,成为一个整体型芯,下芯方便,稳定并易于排气。

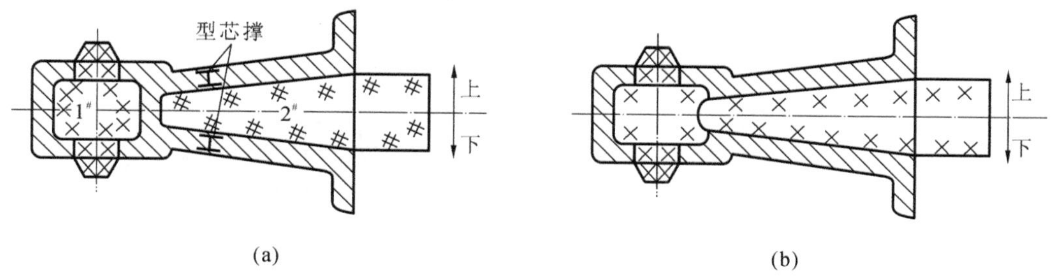

图3-42 轴承架铸件内腔结构设计

(a) 不合理 (b) 合理

对薄壁和耐压零件尽量不用型芯撑,在不影响零件工作要求的前提下,可采用工艺孔设计,以增强型芯的稳定性,如图3-43所示。

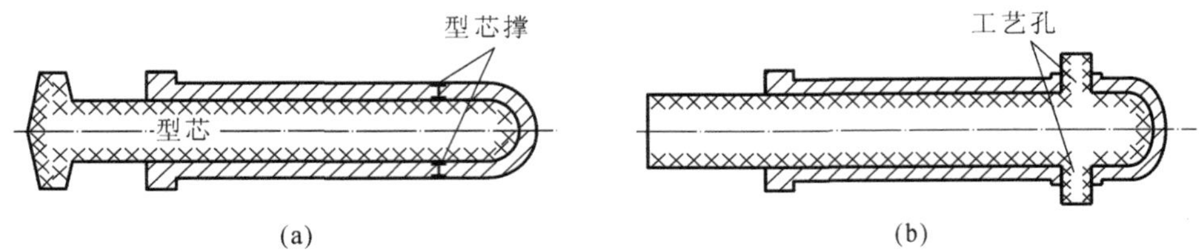

图 3-43 薄壁和耐压件结构设计
(a) 不合理 (b) 合理

3.2.3.3 铸件壁的设计

铸件壁的设计总体要求：壁厚适当且均匀，壁的连接要有过渡或圆角。

1. 铸件壁厚要适当、合理

铸件壁厚太薄，容易产生浇不足、冷隔等缺陷；太厚，容易产生缩孔、缩松、晶粒粗大等缺陷。因此，铸件壁厚要适当、合理。一般原则为：肋的厚度＜内壁厚度＜外壁厚度。

此外，壁厚不能小于铸件的最小壁厚（指在各种工艺条件下，铸造合金能充满型腔的最小厚度。最小壁厚主要依据合金的种类和尺寸大小决定，可查相关手册）。对于厚大截面，各种铸造合金都存在一个临界壁厚（一般取最小壁厚的三倍），超过此厚度，强度会明显降低，不能满足力学性能要求，此时，常采用带加强肋结构，避免单纯以增加厚度的方法来提高强度，并避免脆弱部位的产生，如图 3-44 所示。

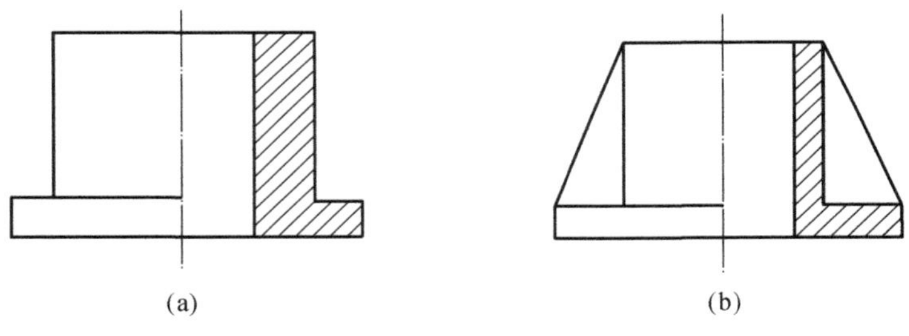

图 3-44 采用加强肋减小铸件壁厚的设计
(a) 不合理 (b) 合理

2. 铸件壁厚均匀

为避免金属局部积聚和截面厚大，并防止壁厚的突变，应尽量使铸件的壁厚均匀，如图 3-45 所示。在保证铸件强度和刚度的同时，应根据载荷性质和大小，选择合理的截面形状，如工字形、槽形、空心或箱形结构，如图 3-46 所示。

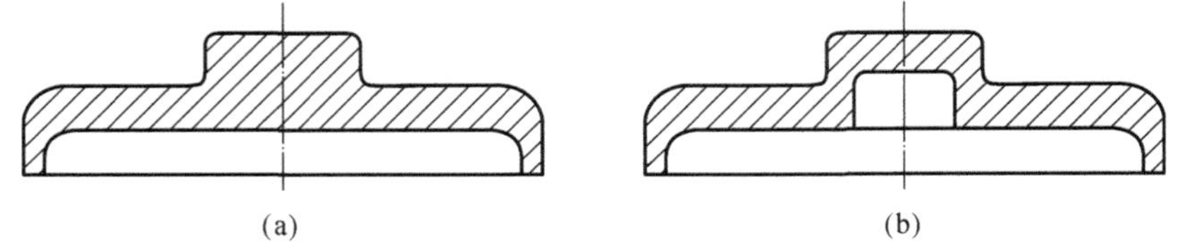

图 3-45 铸件壁厚均匀的设计
(a) 不合理 (b) 合理

3. 铸件壁的连接应平缓、圆滑

为减少热节及应力，防止缩孔和裂纹，除铸件结构要有圆角以外，壁间应避免锐角连接。为了减少应力集中现象，防止壁厚的突变，可采用过渡形式，如图 3-47 所示。

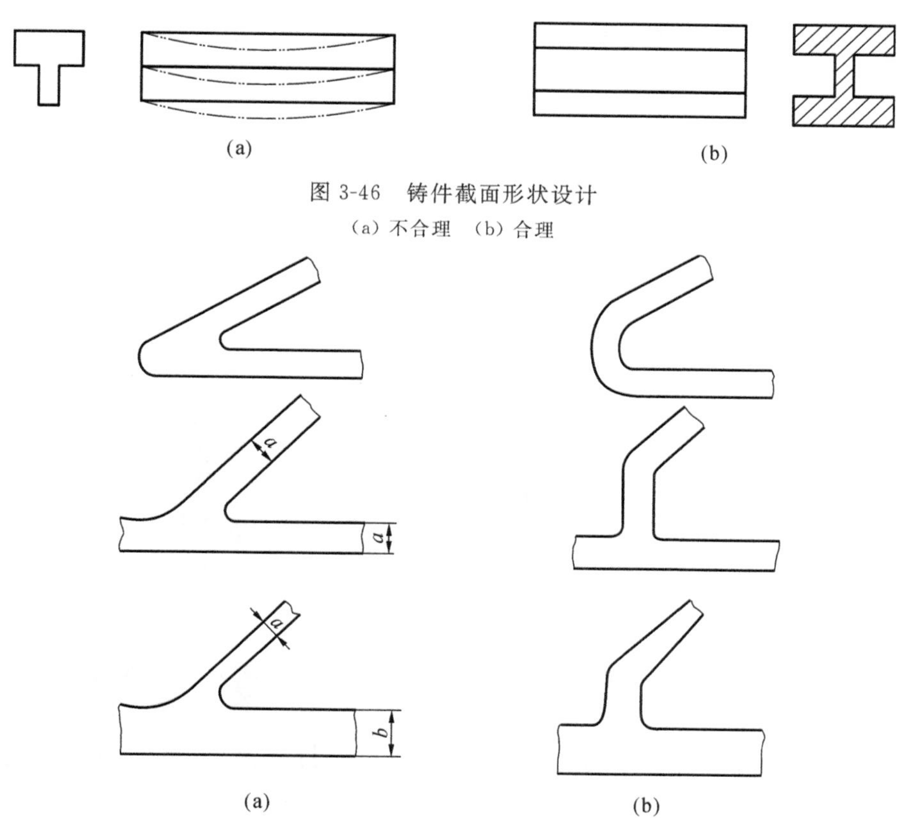

图 3-46 铸件截面形状设计

(a) 不合理 (b) 合理

图 3-47 壁连接形式

(a) 不合理 (b) 合理

铸件肋或壁之间应避免交叉(见图 3-48(a)),防止缩孔和缩松。中小件用交错接头(见图 3-48(b)),大件用环形接头(见图 3-48(c))。

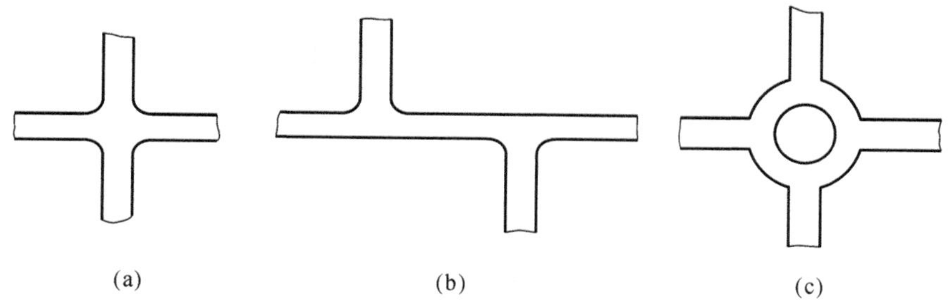

图 3-48 铸件肋或壁避免交叉设计

(a) 交叉接头 (b) 交错接头 (c) 环状接头

3.3 特种铸造

特种铸造是指砂型铸造以外的其他铸造方法。与砂型铸造相比,特种铸造具有铸件精度高、力学性能好、生产率高、工人劳动条件好等特点。但各种特种铸造方法均有其突出的特点和一定的局限性。

常用的特种铸造方法有熔模铸造、金属型铸造、压力铸造、低压铸造、离心铸造和消失模铸造等。

3.3.1　熔模铸造

熔模铸造是将蜡料制成模样，在上面涂以若干层耐火涂料制成型壳，然后加热型壳，使模样融化、流出，并焙烧成有一定强度的型壳，再经浇注，去壳而得到铸件的一种铸造方法。熔模铸造又称蜡模铸造或失蜡铸造。

3.3.1.1　熔模铸造的基本工艺过程

熔模铸造的基本工艺过程，如图 3-49 所示。

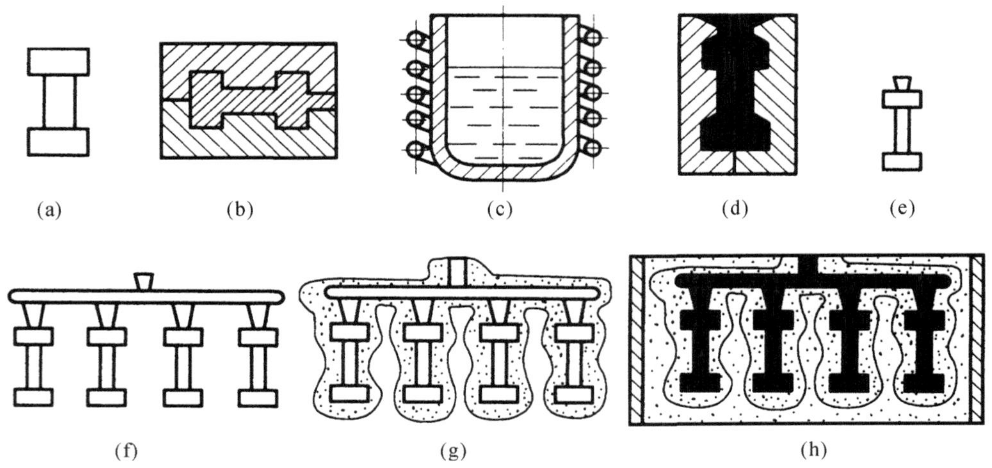

图 3-49　熔模铸造基本工艺过程

(a) 母模　(b) 压型　(c) 蜡料　(d) 制造蜡模　(e) 蜡模　(f) 蜡模组　(g) 结壳、熔去蜡模　(h) 造型、浇注

1. 蜡模制造

首先根据铸件的形状尺寸制作母模，母模是采用钢、铜或铝切削加工制成精密的压型，也可采用低熔点合金、塑料或石膏制作；再将由石蜡、硬脂酸、松香等混制成的蜡料加热至糊状后，压入压型，制成蜡模。蜡模一般较小，为提高生产率，降低生产成本，通常将若干个蜡模焊在预先制成的直浇道棒上构成蜡模组。

2. 型壳制造

在蜡模组上涂挂涂料（多用石英粉、水玻璃、硅酸乙酯等配制）后，放入硬化剂（通常为氯化铵溶液）中固化；反复涂挂 3～7 次至结成 5～12 mm 的硬壳为止；再将硬壳浸泡在 85 ℃～95 ℃热水中，使蜡模融化脱出，制成型壳。

3. 焙烧和浇注

将型壳送入加热炉（800 ℃～1000 ℃）进行焙烧，以去除型壳中的水分、残余蜡料和其他杂质，使型壳硬度增加；焙烧出炉后，趁热（600 ℃～700 ℃）进行浇注，以提高合金的充型能力，并防止浇不足、冷隔等缺陷的产生。

4. 落砂、清理

待铸件冷却后，将型壳破坏掉，取出铸件，并切除浇冒口。

3.3.1.2　熔模铸造的特点及应用

熔模铸造属于一次成形，又无分型面，是少切屑或无切屑加工中最重要的工艺方法。铸件精度高，表面质量好；可制造形状复杂的铸件，最小壁厚可达 0.7 mm，最小孔径可达 1.5 mm；适合于各种铸造合金，尤其适合于生产高熔点和难以加工的合金铸件。但铸造工序复杂，生产周期长，铸件成本较高，难以实现全部机械化、自动化生产；铸件尺寸和质量受到限制，一般铸件质量不超过 25 kg。

熔模铸造最适合高熔点合金精密铸件的成批、大量生产，主要用于形状复杂、难以切削加工的零件，如汽轮机叶片、切削刀具（高速钢刀具等）、仪表元件、汽车及拖拉机、机床等零件的大批生产。

3.3.2　金属型铸造

将液体金属浇入用金属制成的铸型内，获得铸件的方法称为金属型铸造。由于金属铸型可重复使用多次，又称为永久型铸造或硬模铸造。

3.3.2.1　金属型的结构

制作金属型的材料需具备：高的耐热性和导热性，反复受热不变形，不破坏；一定的强度、韧度及耐磨性；良好的切削加工性能。通常，选用碳素钢或低合金钢制作金属型。

按分型面的位置，金属型可分为垂直分型式、水平分型式和复合分型式，如图 3-50 所示。其中，垂直分型式便于开设浇冒口和安放型芯，排气条件较好，易取出铸件，便于实现机械化生产，应用最为广泛。

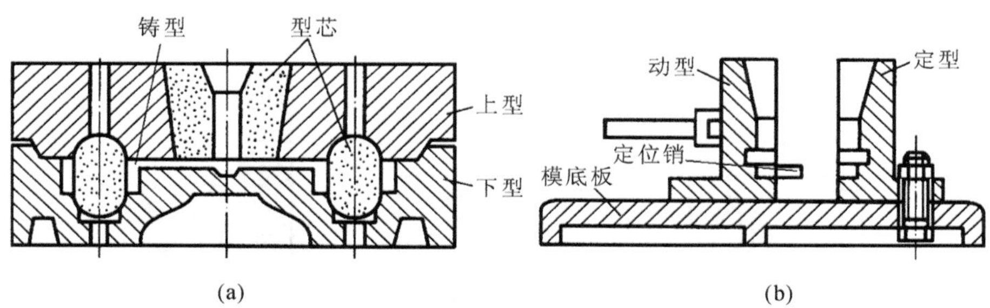

图 3-50　金属型的结构示意图

(a) 水平分型式　(b) 垂直分型式

3.3.2.2　金属型铸造工艺

为了获得优质铸件和延长金属型使用寿命，金属型铸造时需采取以下工艺措施：

(1) 结构设计　在分型面上做通气槽、出气孔等；铸件壁厚不宜过薄，一般大于 15 mm。

(2) 预热铸型　预热铸型以减缓铸型对金属的激冷作用，降低冷却速度，减少冷隔、浇不足、气孔等缺陷。一般，铸铁件的预热温度为 250 ℃～350 ℃，有色金属件的预热温度为 100 ℃～250 ℃。

(3) 喷刷耐火涂料　在型腔内喷刷耐火涂料可以保护金属铸型，使其免受直接冲蚀和热击，同时，可调节铸件冷却速度、增加润滑作用、改善铸件表面质量。不同铸造合金采用的涂料不同，铝合金常用含氧化锌粉、滑石粉和水玻璃的涂料；灰口铸铁用涂料的主要成分是石墨、滑石粉、耐火黏土、桃胶和水。

(4) 浇注条件　浇注铁水中 C、Si 的总含量要高于 6%。一般浇注温度比砂型高 20 ℃～30 ℃，铸铝为 680 ℃～740 ℃，灰口铸铁为 1300 ℃～1370 ℃。

(5) 开型时间　掌握好开型时间，以利于取件和防止铸件产生白口组织。否则，时间越长，收缩量越大，出型和抽芯越困难。通常，出型时间为 10～60 s。

3.3.2.3 金属型铸造的特点及应用

与砂型铸造相比，金属型铸造实现了“一型多铸”，有利于机械化和自动化，工序简单，生产率高，劳动条件好；铸件冷却速度快，组织致密，力学性能好；铸件精度和表面质量较高；浇冒口尺寸较小，液体金属消耗量较少；但金属型导热快，无退让性和透气性，铸件易产生白口组织，产生浇不足、冷隔、裂纹、气孔等缺陷；金属型的制造成本高，周期长，铸造工艺规程要求严格。因此，金属型铸造不宜生产大型、形状复杂的铸件，主要用于大批生产形状简单的非铁合金铸件，如铝活塞、汽缸、缸盖、泵体、轴瓦、轴套等。

3.3.3 压力铸造

压力铸造是将熔融的金属在高压下快速压入金属铸型的型腔中，并在压力下凝固以获得铸件的方法，简称压铸。

3.3.3.1 压力铸造的工艺过程

压力铸造的常用设备为压铸机。压铸机分为热压室和冷压室两大类。压室与坩埚相连的为热压室，适用于低熔点合金；压室与熔化设备分开的为冷压室，广泛用于压铸铝、镁、铜等合金铸件。

图 3-51 为立式冷压室式压铸机的压铸过程示意图。合型后，把液态金属浇入压室，如图 3-51(a)所示，压射活塞向下推进并将液态金属压入型腔(见图 3-51(b))，保压冷凝后，压射活塞退回，下活塞上移顶出余料，动型移开，利用顶杆顶出铸件，如图 3-51(c)所示。

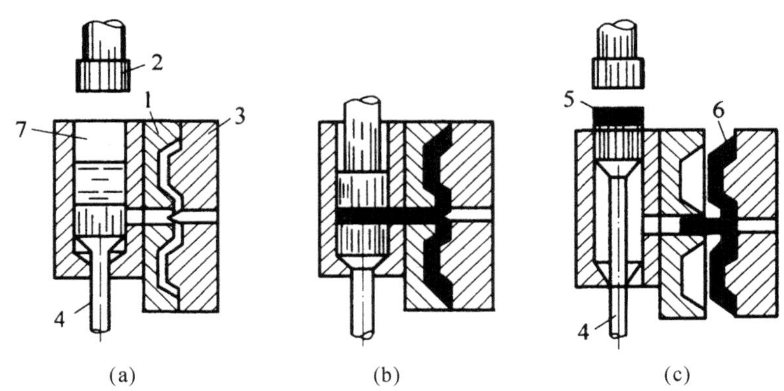

图 3-51 立式冷压室式压铸机的压铸过程示意图

(a) 浇入压室 (b) 压入型腔 (c) 顶出铸件

1—定型；2—压射活塞；3—动型；4—下活塞；5—余料；6—压铸件；7—压室

3.3.3.2 压力铸造的特点及应用

压力铸造是在快速高压(压力为 5～150 MPa、充填速度为 0.5～50 m/s、时间为 0.01～0.2 s)下成形，与砂型铸造相比，铸件组织细密，强度和硬度提高，尺寸公差等级和表面质量较好，一般不需机加工即可直接使用；可压铸形状复杂、轮廓清晰的薄壁铸件，对于小孔、螺纹、齿轮等可直接铸出，如铝合金压铸件的最小壁厚可达 0.5 mm，最小孔径为 ϕ0.7 mm；特别是可在压铸件中嵌铸其他材料，节省贵重材料和机加工工时；生产效率高。但是，由于压铸速度快，型腔内的气体难以排出，压铸件表面层易存在气孔，不能进行大余量切削加工和热处理；在压铸钢、铸铁等高熔点合金时，铸型的寿命较低；设备投资大，铸型的制造成本高，生产准备周期长。

压力铸造主要用于大量生产低熔点合金的中小型铸件，如铝、锌、镁及铜等非铁合金铸件，在汽车、拖拉机、航空、仪表、电器等行业得到广泛应用，如汽车喇叭、发动机缸体、缸盖、箱体、支架等。

3.3.4 低压铸造

用较低的压力将金属液由铸型底部注入型腔，并在一定压力下凝固而获得铸件的方法，称为低压铸造。

3.3.4.1 低压铸造基本原理

图 3-52 为低压铸造的基本原理示意图。首先，将准备好的合金液倒入保温坩埚中，装上密封盖，升液管和铸型；然后，缓慢地向密封的坩埚内通入干燥的压缩空气（或惰性气体），作用在保持一定浇注温度的合金液面上，造成密闭的容器内与铸型型腔的压力差，使合金液在较低的充型压力（一般 0.01～0.05 MPa）作用下沿升液管内孔平稳上升注入铸型；待合金液充满型腔后，增加压力，使型腔内的合金液在较高的压力下结晶，获得致密组织；最后，卸除合金液面的气体压力，让升液管、浇道内尚未凝固的合金液依靠自身的重力流回坩埚中，再打开铸型取出铸件。

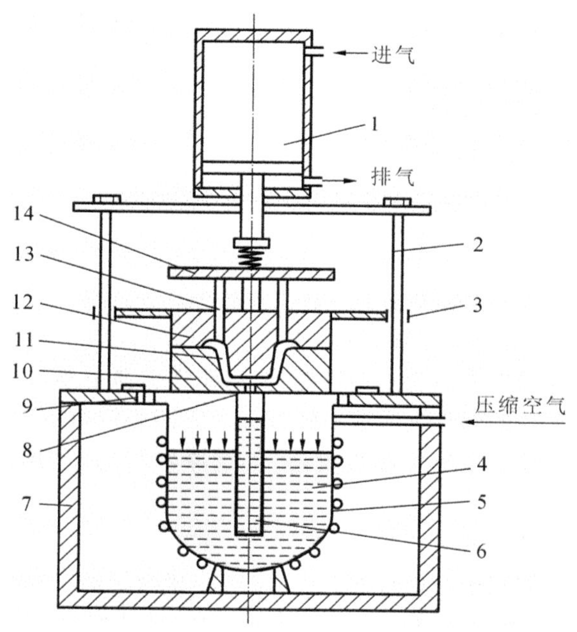

图 3-52　低压铸造基本原理示意图

1—气垫；2—导柱子；3—滑套；4—液态金属；5—坩埚；6—升液管；7—保温炉；8—浇注系统；9—密封垫；10—下型；11—型腔；12—上型；13—顶杆；14—顶板

3.3.4.2 低压铸造的特点及应用

与压力铸造相比，低压铸造充型压力低，金属液上升速度和结晶压力可调整，充型速度便于控制。铸件自上而下凝固，并在整个凝固过程中，始终有液态金属补缩，减少冲击、飞溅现象，不易产生夹渣、砂眼、气孔、缩孔和缩松等缺陷，提高成品率；铸件组织较砂型铸造致密。低压铸造适用于各种铸型、各种合金和各种大小的铸件；浇注系统简单，金属利用率高达 90%～98%；与重力铸造（砂型、金属型）相比，铸件的轮廓清晰，表面光洁，力学性能较高，劳动条件改善，易于机械化和自动化生产。

低压铸造主要用于质量要求高的铝、镁合金铸件，如汽车的汽缸体、刹车鼓、离合器罩、轮毂、汽缸盖、铝活塞等。

3.3.5 离心铸造

将熔融的金属浇入高速旋转的铸型中，使金属液在离心力的作用下凝固成形，以获得铸件的方法，称为离心铸造。

3.3.5.1 离心铸造的工艺过程

离心铸造是在离心铸造机上进行的，铸型多采用金属型。根据铸型旋转轴空间位置的不同，离心铸造机可分为立式和卧式两大类型，如图 3-53 所示。

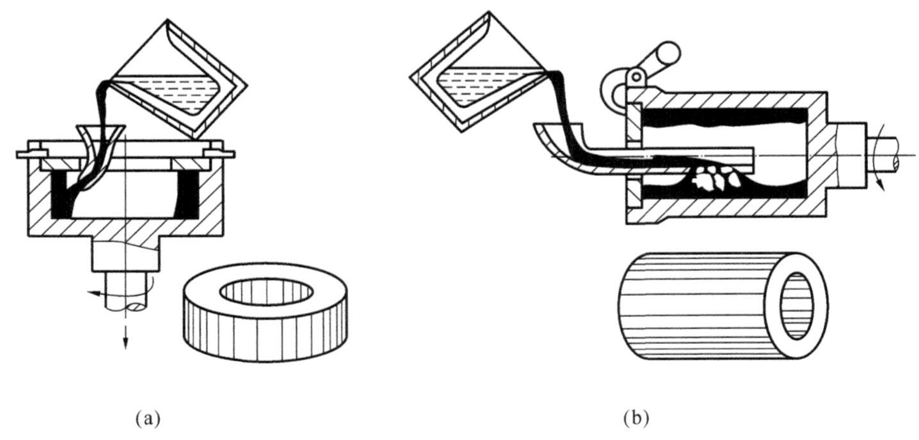

图 3-53 离心铸造示意图

(a) 铸型绕垂直轴旋转 (b) 铸型绕水平轴旋转

立式离心铸造机的铸型绕垂直轴旋转，如图 3-53(a)所示，在离心力和液态金属自身重力的共同作用下，使铸件的内表面为一回转抛物面，铸件上薄下厚，而且铸件越高，厚度差越大，主要用于高度小于直径的圆环类或成形铸件。卧式离心铸造机的铸型绕水平轴旋转，如图 3-53(b)所示，铸件各部分冷却条件相近，铸件壁厚较均匀，适用于长度较大的管、套类零件。

3.3.5.2 离心铸造的特点及应用

利用离心铸造方法，铸造中空铸件时，可不用型芯和浇注系统，省工、省料，降低成本；铸件组织致密，极少有缩孔、缩松、气孔、夹渣等缺陷，力学性能好；便于铸造"双金属"铸件，如钢套挂衬滑动轴承；由于离心力的作用，合金液的充型能力得到提高，可浇注流动性较差的合金铸件和薄壁铸件，如蜗轮、叶轮等。但是离心铸造铸件内孔表面粗糙，尺寸不易控制，需增加内孔表面的加工余量才能保证质量，而且易产生偏析，不适合铸造比重偏析大的合金及轻合金铸件，如铅青铜、镁合金等。

离心铸造主要用于生产管、套类等空心回转体铸件、双金属铸件，如铸铁管、铜套、汽缸套、双金属轧辊等。

3.3.6 消失模铸造

消失模铸造指采用泡沫塑料模样代替普通模样，造好型后不取出模样浇入金属液，泡沫塑料模汽化,金属液取代原来泡沫塑料模所占据的空间位置,冷却凝固后即可获得所需要铸件的方法。

3.3.6.1 消失模铸造的工艺过程

消失模铸造的主要工艺过程,如图 3-54 所示。

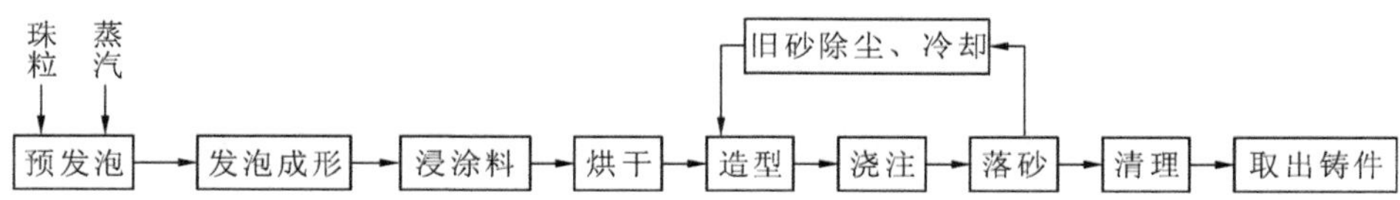

图 3-54 消失模铸造的主要工艺过程

图 3-55 所示为消失模铸件泡沫模样及所得铸件。

图 3-55 消失模泡沫模样及铸件

3.3.6.2 消失模铸造的发展

消失模实型铸造法、干砂负压铸造法分别代表了消失模铸造发展的两个阶段,也是当前世界各地广泛使用、已相互独立的两种铸造方法。

1. 实型铸造法

实型铸造法(简称 FM 法) 用泡沫聚苯乙烯模代替铸模,主要用化学自硬砂造型,模样不取出呈实体铸型,浇入金属液,模样汽化,而得到理想铸件的一种铸造方法。

该法的工艺过程是将泡沫塑料制成的模样,置入砂箱内填入造型材料后夯实,模样不取出构成一个没有型腔的实体铸型,当金属液浇入铸型时,泡沫塑料模在高温金属液的作用下迅速汽化、燃烧而消失,金属液取代了原来泡沫塑料模样所占据的位置,冷却凝固成与模样形状相同的实型铸件。目前用化学自硬砂作为填充材料的实型法适用于生产单件中大型铸件。

2. 干砂负压铸造法

干砂负压铸造法(EPC 法) 将真空密封造型法与实型铸造进行工艺嫁接而形成的一种新的铸造方法,它保留了真空密封造型法和实型铸造的主要优点,克服了各自的缺点和局限性。即在干砂填充成型法的基础上,采用负压浇注,不仅利用砂箱内外压差使干砂紧实,还保证了泡塑模在真空下汽化,这样所产生的气体量大大减少,产生的气体也能及时和有效地排放。由于金属液被浇注进入真空状态下的型腔,因此铸件表面精度很高,同时简化了造型操作,无须混砂工序,铸件容易落砂清理,极少粉尘污染,减少了气孔以及根除了由黏结剂等添加物引起的铸造缺陷。该方法已成为消失模铸造的最重要方法。

以上两种铸造方法虽然造型方法或造型材料不同,但其本质特征是相同的。

3.3.6.3 消失模铸造的特点

消失模铸造主要有以下几方面特点。

(1) 消失模铸造是一种近无余量、精确成形的新工艺

由于采用泡沫塑料制作模样，无须起模，无分型面，无型芯，因而铸件无飞边毛刺，减少了尺寸误差，铸件的尺寸公差等级和表面粗糙度接近熔模铸造。

(2) 为铸件结构设计提供了充分的自由度

各种形状复杂的铸件模样均可采用消失模材料粘合，形成一个整体，改变了砂型铸造结构工艺性的理念。

(3) 简化工序

消失模铸造的工序比砂型铸造及熔模铸造大大简化，降低劳动强度，改善了劳动条件。

(4) 提高冒口的金属利用率

冒口模样也是由泡沫聚苯乙烯塑料制成，可安放在铸件上的任何位置，制成所需的各种形状，可显著地提高冒口的金属利用率。

(5) 减少材料消耗，降低铸件成本

可节省大量木材，所用泡沫塑料模的成本，一般只为木模的三分之一左右。如果采用无黏结剂干砂实型铸造，可节省大量的型砂黏结剂，砂子可回收使用。型砂处理简单，所需的设备少，节省投资 60%～80%。总体来说，消失模铸件的制造费用一般比普通砂型铸件低。

3.3.6.4 消失模铸造的应用

消失模铸造是一种近无余量、精确成形的铸造方法，被铸造界的权威人士称为“21 世纪的铸造工艺革命”和“最值得推广的绿色铸造工程”。消失模铸造在我国有了一定规模，已经成为铸造工业的重要组成部分，广泛生产用普通砂型难以铸造的复杂铸件及大批铸件，例如套筒类、管道配件、螺旋桨、水泵叶轮、壳体、发动机缸体、缸盖、进气歧管等。

引申知识点

现代工艺发展至今，机械产品的原材料已由单一的金属材料向多元化发展，如燃气用埋地管道、汽车保险杠等被塑料代替；油箱、储油罐、输油管道等被橡胶材料替代；拉线轮、油泵、刀具等被陶瓷材料及复合材料所代替。而非金属材料的成形和传统工艺方法是密切相关甚至是相近的。

在不加压或稍加压的情况下，将液态单体、树脂或其混合物注入模内并使其成为固态制品的方法，称为铸塑。浇铸法分为静态浇铸、嵌铸、离心浇铸、搪塑、旋转铸塑、滚塑和流延铸塑等，产品有塑料尼龙、塑料桌椅、搪塑玩具（如 Hello Kitty 系列）等。而陶瓷的注浆成形实质就是铸造成形过程。

运用金属铸造中的压力铸造原理，加热塑料使其熔化，在螺杆或柱塞的压力推动下，熔融塑料通过喷嘴，使其快速射出而充满模腔，这就是塑料成形中的注塑成形，如图 3-56 所示；将胶料加热成熔融状态并施以高压注入模具，加热硫化后取出，就是橡胶的注射成形；在热压铸机上用压缩空气将热的陶瓷浆料注入金属模中凝固成形，这就是陶瓷的热压铸成形。

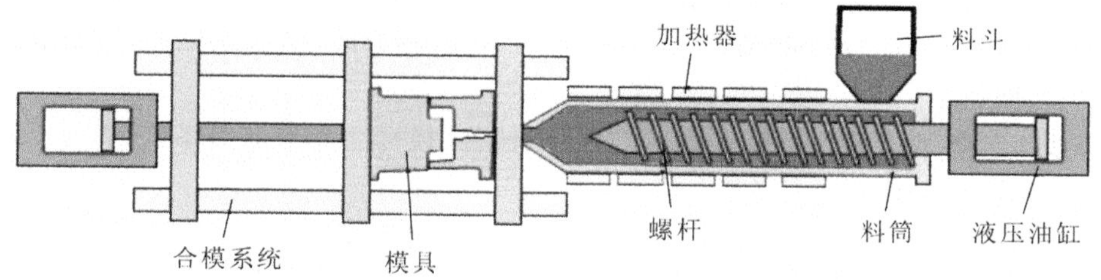

图 3-56　注塑成形原理示意图

复习思考题

1. 何谓铸造？铸造工艺有何特点？
2. 合金的铸造性能可用哪些指标衡量？铸造性能不好会引起哪些缺陷？
3. 简述砂型铸造的工艺过程。
4. 分析整模造型、分模造型、挖砂造型、活块造型的各自特点及适用范围。
5. 如图 3-57、图 3-58 所示零件，采用砂型铸造，请确定其造型方法及合理的分型面。

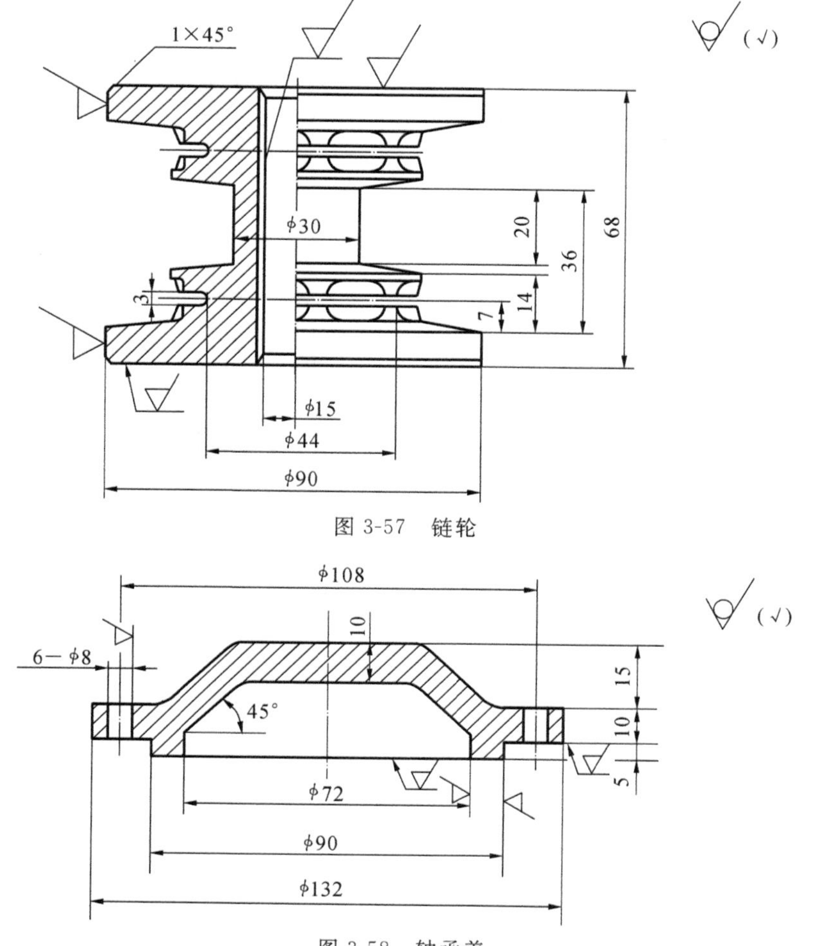

图 3-57　链轮

图 3-58　轴承盖

6. 下列铸件宜选择何种铸铁制造：

机床床身，汽车、拖拉机曲轴，1000～1100 ℃加热炉炉体，硝酸盛储器，球磨机衬板，汽车、拖拉机转向壳

7. 铸造工艺参数主要包括哪些内容？零件、铸件、模样之间有何关系？

8. 冒口和冷铁的作用是什么？

9. 简述熔模铸造、压力铸造的工艺过程、特点和应用范围。

10. 下列铸件在大批生产时，采用什么铸造方法为宜？

汽轮机叶片、汽缸套、铝活塞、大模数齿轮滚刀、铸铁污水管、摩托车汽缸体、车床床身、铸铁暖气片

11. 如图 3-59 至图 3-61 所示铸件结构，哪一种更合理？为什么？

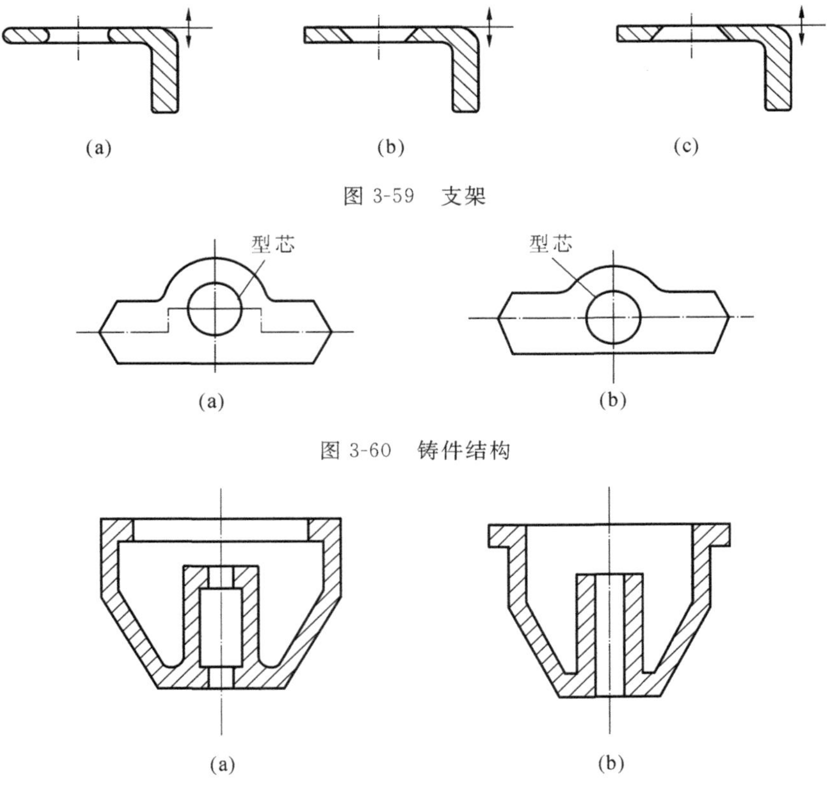

图 3-59　支架

图 3-60　铸件结构

图 3-61　铸件结构

第4章 压力加工

压力加工又称塑性成形，是指在外力作用下，使金属材料产生的塑性变形，以获得所需形状、尺寸和力学性能的毛坯或零件的加工方法，属于固态成形。

与其他成形方法相比，压力加工的材料利用率高、产品质量高、生产效率高，但成形件的形状和大小受到一定限制，难以加工外形和内腔复杂的毛坯或零件。且不能加工脆性材料，模具、设备费用高，能耗大。

压力加工的基本方法有锻压（指锻造和板料冲压的总称）、挤压、拉拔和轧制等。生产中，钢板、型材通常采用轧制工艺；各种细线材，薄壁管、特殊几何形状的型材常采用挤压或拉拔的加工方法；力学性能要求高，结构简单的零件，以锻压生产最为常用。

4.1 金属塑性变形基础知识

金属固态成形的基本条件：一是金属必须具有良好的塑性；二是受外力的作用。在此条件下，随着金属的变形，内部组织和性能发生变化，进而达到生产目的。

4.1.1 塑性变形的实质及对组织和性能的影响

4.1.1.1 金属塑性变形的实质

对单晶体而言，其塑性变形常见的有两种方式：滑移和孪生。滑移是指晶体内的一部分相对另一部分，沿原子排列紧密的晶面作相对滑动。晶体在晶面上的滑移，是通过位错的不断运动来实现的，如图4-1所示；孪生是指晶体在外力作用下，晶体内一部分原子晶格相对于另一部分原子晶格发生转动，如图4-2所示。

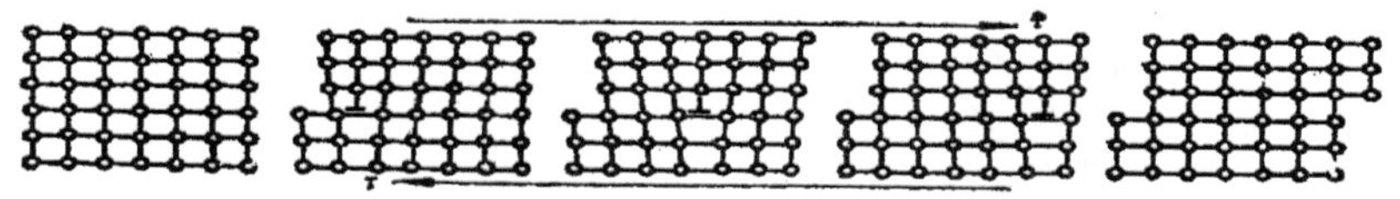

图4-1 位错运动形成滑移的示意图

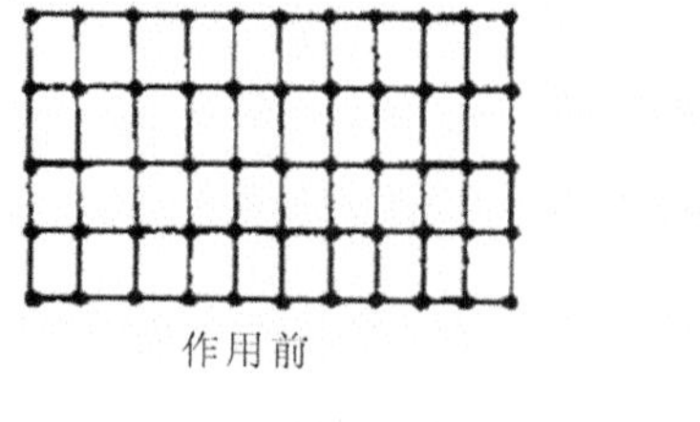

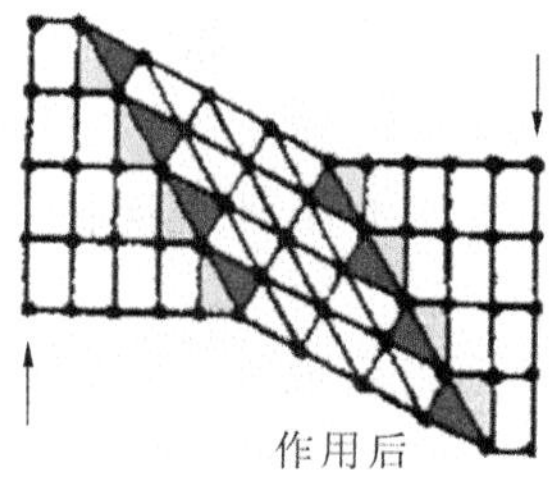

图4-2 单晶体内部的孪生

实际金属属于多晶体，它的塑性变形很复杂，分为晶内变形和晶间变形。晶粒内部的塑性变形称为晶内变形。多晶体的晶内变形形式和单晶体一样，但各个晶粒所处的塑性变形条件不同，即晶粒内晶格排列的方向性决定了其变形的难易程度，与外力成45°的滑移面最易变形；晶粒之间相互移动或转动称为晶间变形。金属在外力作用下，变形首先发生在有利于滑移的晶粒内，处于不利滑移的晶粒逐渐向有利方向转动，互相协调，由少量晶粒的变形扩大到大量晶粒的变形，从而实现宏观塑性变形，如图 4-3 所示。

图 4-3　多晶体塑性变形示意图

4.1.1.2　塑性变形对金属组织和性能的影响

金属材料经过塑性变形以后，其内部组织和力学性能会发生很大变化。内部组织发生的变化有：① 晶粒沿最大变形的方向伸长；② 晶格与晶粒均发生扭曲，产生内应力；③ 晶粒间产生碎晶。

1. 加工硬化

冷变形的金属随着变形程度的增加，强度和硬度提高，而塑性和韧性降低的现象，称为加工硬化，又称变形强化。产生加工硬化的原因是由于晶粒破碎，晶格扭曲，位错密度增加，产生位错缠结，位错移动阻力增大，产生内应力，增大了变形抗力。图 4-4 为低碳钢冷变形程度与力学性能的关系。实践证明：金属的变形量愈大，其强度，硬度越高，塑性、韧性越差。

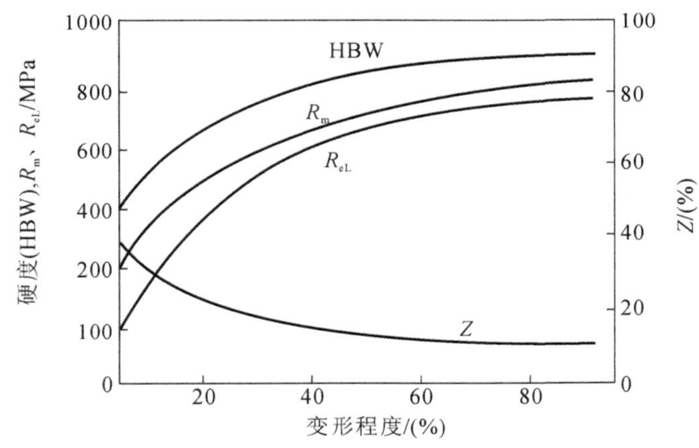

图 4-4　低碳钢冷变形程度与力学性能的关系

2. 回复和再结晶

加工硬化是一种不稳定现象。随着加热温度提高，冷塑性变形金属组织和力学性能变化如图 4-5 所示。

加热温度不高时，冷变形金属的晶粒内部原子排列变得比较规则，内应力大为降低，但晶粒的外形及材料的强度和塑性变化不大，这种现象称为回复。

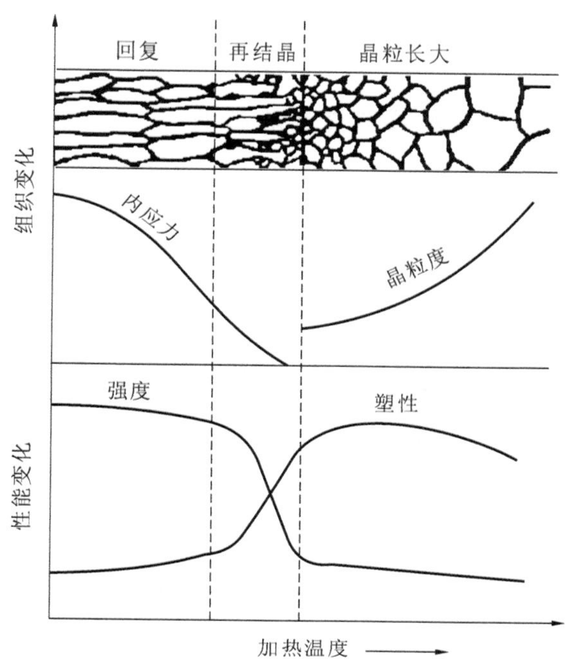

图 4-5 冷变形金属加热后组织和性能变化

随加热温度的升高，金属原子因获得更大的扩散能力，使被拉长的晶粒变成完整的等轴晶粒，这个过程称为再结晶。再结晶后的金属晶格类型不变，只是晶粒大小和形状改变。再结晶不是一个恒温过程，是自某一温度开始，在一定温度范围内连续进行的过程，冷变形金属发生再结晶的最低温度称为再结晶温度。金属经过再结晶以后，其强度、硬度下降，塑性、韧度显著提高。各种金属的再结晶温度与其熔点之间的关系用下式表示：

$$T_{再} = 0.4T_{熔} \tag{4-1}$$

式中： $T_{再}$ 和 $T_{熔}$——以热力学温度表示的金属再结晶温度和熔点温度(K)。

在金属冷轧、冷拔、深冲压过程中，为消除加工硬化，以便进一步变形加工，需再结晶退火，其退火温度的确定可依据再结晶温度 $T_{再}$。

随着加热温度继续升高和保温时间延长，由于再结晶后的等轴晶粒不断长大，金属的力学性能将显著降低。

4.1.2 冷变形和热变形

由于金属在不同温度下变形后的组织和力学性能不同，因此在塑性加工中，有冷变形与热变形之分，其界限是以金属的再结晶温度来划分的。在再结晶温度以下进行的变形称为冷变形，反之是热变形。

4.1.2.1 冷变形

冷变形的特征是变形后存在加工硬化现象。因此，加工硬化也是生产中强化金属的重要手段之一。例如，对于不能采用热处理强化的金属材料(如纯铜、防锈铝、低碳钢和奥氏体不锈钢等)，常用冷轧、冷挤压、冷拔等变形方式来提高其强度和硬度。

4.1.2.2 热变形

热变形的特征是加工硬化和再结晶过程同时存在，变形后无加工硬化现象。金属的热变形可以用较小的能量实现较大的变形量，并使金属的组织和性能得到很大的改善，因此锻造通常以热变形方式来进行。

4.1.3 纤维组织的形成及其对性能的影响

铸锭内部存在不溶于基体金属的非金属化合物，称为夹杂物。这些夹杂物在轧制或锻造过程中，将随着晶粒的变形方向而被拉长，呈纤维分布。当再结晶时，金属晶粒恢复为等轴晶，而夹杂物依然沿被拉长的方向保留下来，称为纤维组织，其宏观痕迹即流线如图 4-6 所示。

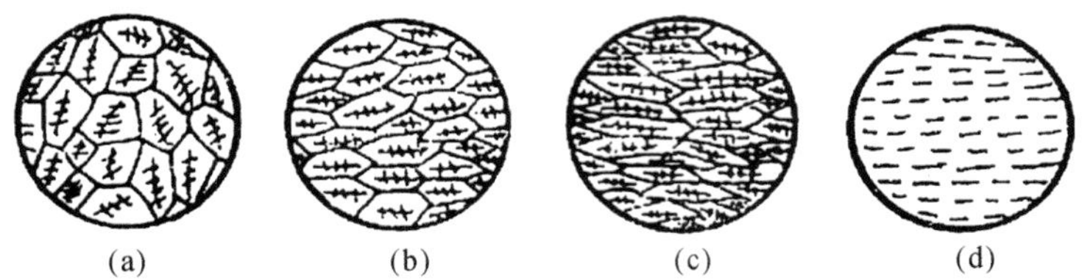

图 4-6 钢锭锻造过程形成纤维组织示意图

(a) 树枝状晶 (b) 纤维组织形成 (c) 纤维组织拉长 (d) 宏观流线

纤维组织的形成，使金属的力学性能具有方向性。在平行于纤维组织方向(纵向)，塑性好、韧度高；在垂直于纤维组织方向(横向)，塑性较差、韧度较低。变形程度越大，纤维组织越明显，性能差别越大，但达到一定变形程度时，金属的性能差别不大。

纤维组织是稳定的非金属化合物，用热处理不能改变其形态和分布，只有经过锻造等压力加工的方法才能改变纤维组织的方向。

为了使零件获得最佳力学性能，在设计和拟订工艺方案时，必须形成“全纤维分布”，即非金属夹杂物的流线和变形晶粒都完整地按零件的轮廓形状分布。图 4-7 所示为用四种不同的加工工艺生产齿轮时的纤维组织分布情况。形成“全纤维分布”的零件寿命最长，这也是许多重要零件采用精密模锻或挤压生产的主要原因。

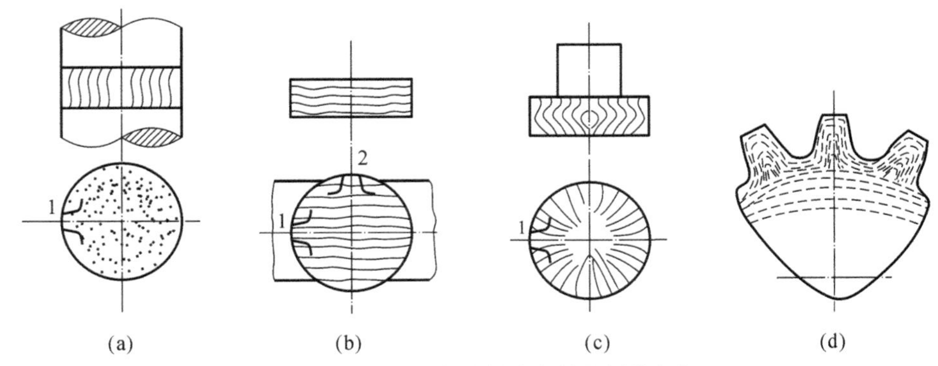

图 4-7 不同加工方法制成齿轮的纤维组织

(a) 轧制圆钢经切削加工成形 (b) 厚钢板切削加工成形 (c)圆钢镦粗再切削加工成形 (d)精锻成形

4.1.4 金属的可锻性及其影响因素

金属的可锻性是指金属在进行锻压成形时，获得优质锻件的难易程度。其好坏直接影响加工质量。

4.1.4.1 可锻性衡量指标

金属的可锻性常用金属的塑性和变形抗力来衡量。金属的塑性好，变形抗力小，则金属的可锻性好；反之，可锻性差。低碳钢可锻性好，合金钢可锻性较差。大多数非铁金属及其合金都可以进行塑性成形；而铸铁不能进行塑性成形。

4.1.4.2 金属可锻性的影响因素

影响金属可锻性的因素主要有材料本身的化学成分、金相组织、变形温度、变形速度和应力状态等。因此，采用不同的生产工艺可以获得不同的可锻性。

1. 化学成分和金相组织

不同成分的合金，其可锻性不同。例如，钢中含碳量越少，其可锻性越好。反之，可锻性差；此外，钢中的杂质，如硫、磷的存在也会使钢的可锻性变差。

合金的化学成分相同，但金相组织不同，其塑性也有很大差别。纯金属及单相固溶体（如奥氏体）的可锻性好；碳化物（如渗碳体）的可锻性差。铸态柱状组织和粗晶粒结构不如晶粒细小而又均匀的组织的可锻性好。

2. 变形温度

提高金属的变形温度是改善其可锻性的有效措施。随着变形温度的提高，金属材料的塑性提高，变形抗力减小，使其可锻性得到改善。但钢的加热温度不能过高，否则将产生氧化、脱碳、过热、过烧等加热缺陷。

为避免上述加热缺陷的产生，金属的变形必须严格控制在一定的温度范围内。金属加热后，开始锻造的温度称为始锻温度；锻造中允许的最低变形温度称为终锻温度。图 4-8 所示为碳钢的锻造温度范围。

3. 变形速度

变形速度是指单位时间内变形程度的变化量。变形速度对于金属可锻性的影响有两个方面：一是加工硬化被再结晶消除程度的影响；二是变形过程中热效应的影响。其影响是矛盾的。变形速度对可锻性的影响如图 4-9 所示。一方面，由于变形速度的增大，回复和再结晶不能及时克服加工硬化现象，使金属塑性下降，变形抗力增大，可锻性变坏；另一方面，金属在变形过程中，消耗于塑性变形的能量有一部分转化为热能，使温度升高（即产生热效应现象），使塑性增大，变形抗力降低，使可锻性变好，但热效应现象除高速锤锻造外，一般压力加工的变形过程不明显。故采用较小的变形速度为宜。

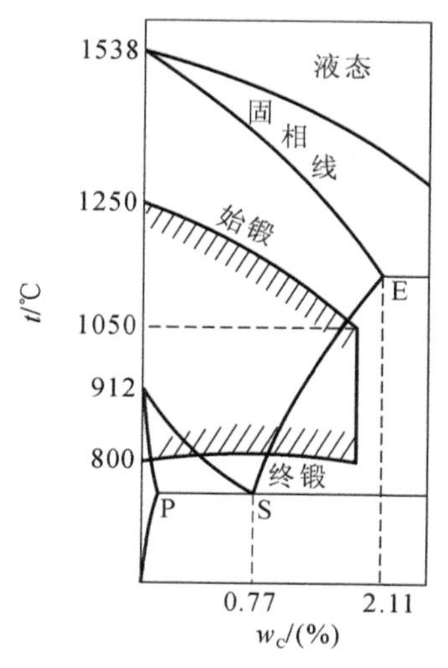

图 4-8 碳钢的锻造温度范围

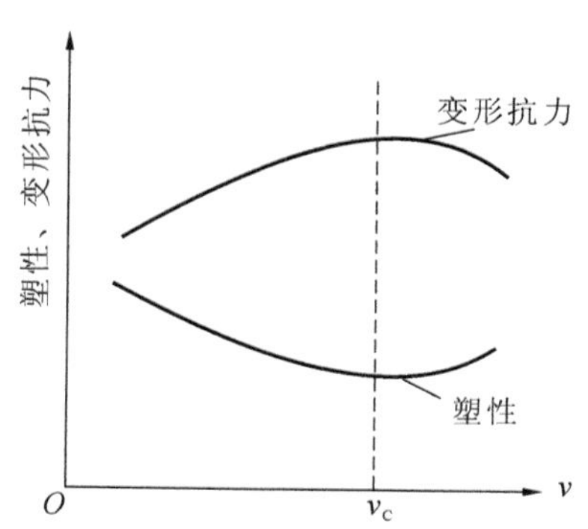

图 4-9 变形速度与塑性和变形抗力的关系

4.应力状态

在压力加工中，由于变形方式和变形工具的不同，其变形区的应力状态不同，因此金属的塑性和变形抗力也不一样。主要有两种情况：一是变形区内的金属三向均受压应力，且压应力数值不等，例如挤压时(见图 4-10)，金属的变形抗力虽较大，但金属的塑性得到改善，因此挤压适合于塑性较差材料的变形；二是变形区内的金属同时受有拉应力和压应力，例如拉拔时(见图 4-11)，其应力状态是一向受拉，两向受压，变形抗力小，但塑性不能得到改善，因此拉拔仅适合于塑性好的材料的变形。

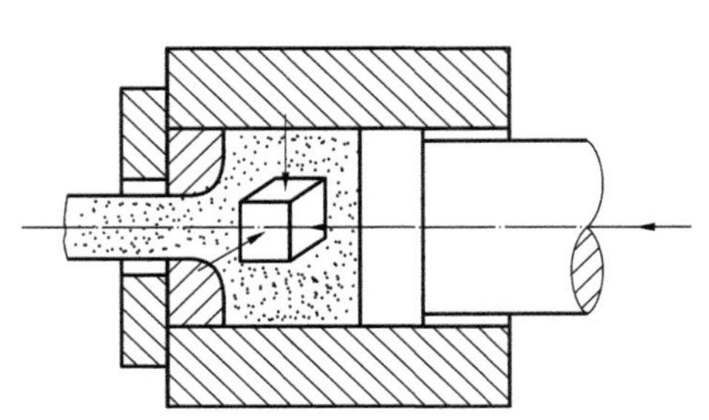

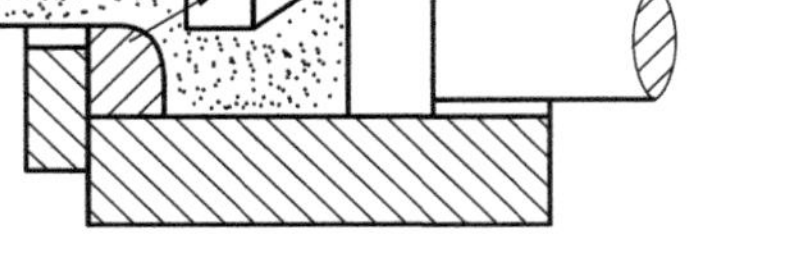

图 4-10　挤压成形时的应力状态　　图 4-11　拉拔成形时的应力状态

由此可见，对于塑性不同和要求不同的材料应采用与之相适应的生产方式(或工具)，以获得较好的可锻性。对于塑性差的材料，主要应通过提高金属塑性的途径来改善可锻性，如高合金钢，若采用平砧拔长，如图 4-12(a)所示，锻件中心的应力状态为一拉、一压(忽略轴向应力)，内部容易产生裂纹，因此多采用 V 型砧拔长，如图 4-12(b)所示，使中心受两向压应力，以防止产生内裂纹；对于塑性较好的材料，主要应通过减少变形抗力的途径改善可锻性，如一般钢料采用平砧拔长，以获得一拉、一压的应力状态，使变形容易进行。

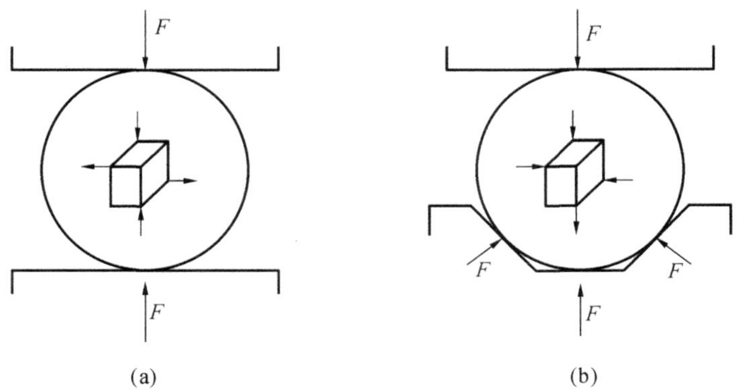

图 4-12　棒料拔长时变形工具与应力状态的关系

(a) 平砧拔长　(b) V 型砧拔长

4.2　锻　　造

锻造是指金属坯料加热后在锻锤或压力机上进行塑性变形，获得具有一定形状、尺寸和性能毛坯或零件的成形方法。因常在热态下进行，又称为热锻。锻造生产常用的坯料是由钢锭轧制而成的各种型钢，大锻件则常以钢锭为坯料直接锻造而成。钢锭经过锻造可得到晶粒细小、成分均匀的组织，并可减少铸造缺陷，因此锻件的力学性能比同种材料的铸件高。锻造分为自由锻造和模型锻造。

4.2.1　自由锻造

金属坯料在锻造设备的上、下砧铁或简单的工具之间，受力产生塑性变形，以获得具有一定形状、尺寸和性能锻件的方法称为自由锻造，简称自由锻。

自由锻造能生产各种大小的锻件。对于大型锻件，自由锻造是唯一可能的生产方式。与其他锻造方法相比，自由锻造的锻造比大，对金属材料的组织和性能有很大改善。自由锻造采用通用设备和简单工具，费用低，生产准备周期短，工艺灵活；但由于自由锻造不使用专用模具，锻件的尺寸公差等级较低，材料消耗多，生产率低，工人劳动强度大，因此主要用于形状简单锻件的单件、小批生产，以及大型锻件的生产。

4.2.1.1　自由锻造的设备

根据施加于毛坯的作用力性质不同，自由锻造的设备可分为锻锤和压力机两大类。锻锤是产生冲击力使金属坯料产生变形，有空气锤和蒸汽-空气锤之分。压力机是使金属坯料在静压力的作用下产生变形，有水压机和油压机。通常，几十千克的小锻件采用空气锤，两吨以下的中小型件采用蒸汽-空气锤，大锻件则在压力机上锻造加工。

锻造设备的选择对于锻件质量和成本有很大影响。选用设备过小，锻件难以成形或锻透，生产率也低；设备过大，动力消耗大，费用高。在一般机械制造厂，广泛使用的设备是锻锤。

4.2.1.2　自由锻基本工序

自由锻工艺由一系列的锻造工序组成。以改变坯料的形状为主，同时改善锻件的力学性能的工序称为基本工序；为了使基本工序能顺利进行而采取的一些辅助变形，如压钳口、压钢锭棱边、切肩等称为辅助工序；用来精整锻件形状和尺寸以提高锻件加工精度、表面质量，如平整端面、鼓形滚圆、弯曲校直等称为精整工序。

自由锻的基本工序有镦粗、拔长、冲孔、弯曲、切割、扭转及错移等。在实际生产中，最常用的是镦粗、拔长和冲孔 3 种工序。

1. 镦粗

使坯料的高度减小而截面增大的工序称为镦粗。镦粗时，金属在高度受压缩的同时，不断向四周流动，如图 4-13(a)所示。由于工具与坯料表面接触，变形金属受摩擦阻力和其他影响，使表层金属的塑性流动受到限制，形成了楔入金属内部的难变形锥，故呈单鼓形。

当镦粗的高径比$\frac{H_0}{D_0}>2$时因难变形锥作用不到中间区域，产生了双鼓形，如图 4-13(b)所示，因此应使坯料的高径比在 $1<\frac{H_0}{D_0}<2$ 范围内，才能保证锻透。

镦粗是圆饼类和空心类锻件的主要工序。对于采用小直径坯料锻造轴类锻件，镦粗可提高后续拔长工序的锻造比，并提高横向力学性能，减小各向异性。

设计镦粗成形的自由锻件时，必须考虑其结构工艺性。如图 4-14 所示的两种圆饼类锻件，图 4-14(a)为带加强肋的结构形式，这种结构无法用镦粗工序成形，因此自由锻件要避免加强肋或凸台结构；图 4-14(b)为平面与圆柱体直交结构，容易用镦粗工序成形。

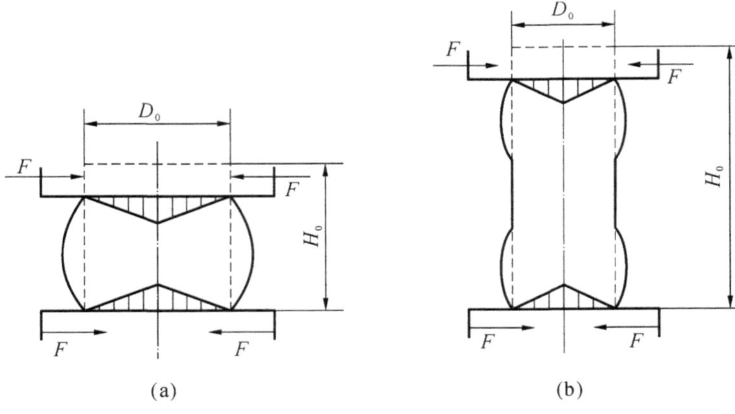

图 4-13　不同高径比坯料镦粗时鼓形情况

(a) $\frac{H_0}{D_0}>1$　(b) $\frac{H_0}{D_0}>2$

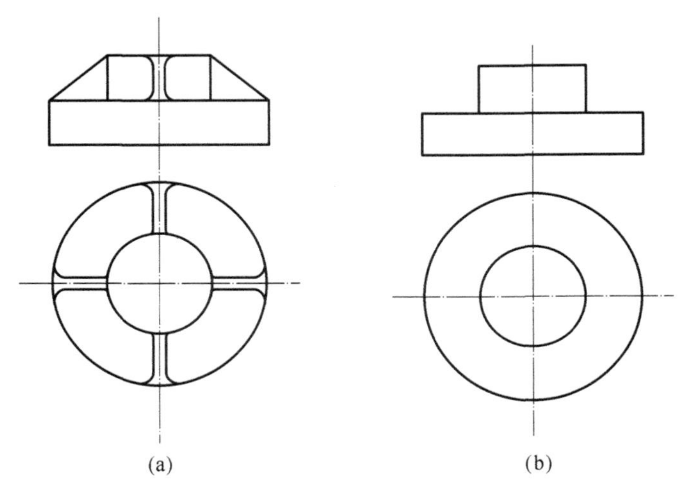

图 4-14　圆饼自由锻件结构形式

(a) 带加强肋　(b) 不带加强肋

2. 拔长

使坯料横截面缩小而长度增加的工序称为拔长。

拔长是锻造轴类、杆类锻件的主要工序。图 4-15 所示为曲轴分段拔长成形的示意图。对于筒形锻件，一般采用芯轴拔长，以减少空心坯料的壁厚和外径，增加其长度。筒形锻件的典型锻造工序如图 4-16 所示，即下料—镦粗—冲孔—芯轴拔长。之所以先镦粗是为了增加锻造比，便于冲孔，并使纤维组织合理分布。

在设计拔长成形的锻件时，也必须考虑其结构工艺性。图 4-17(a)所示的锥形轴和相贯线为空间曲线的连杆结构，都不符合自由锻造工艺要求，应改为图 4-17(b)的阶梯轴结构和直角结构连杆。

3. 冲孔

利用冲子在坯料上冲出通孔或盲孔的工序，称为冲孔。锻造各种带孔锻件和空心锻件(如齿轮坯、圆筒等)都需要冲孔。常用的冲孔方法有实心冲子冲孔、空心冲子冲孔和漏盘冲孔 3 种，如图 4-18 所示。其中，实心冲子冲孔是常用的冲孔方法。空心冲子冲孔用于以钢锭为坯料、锻造孔径在 ϕ400 mm 以上的大锻件，以便将钢锭中心质量差的部分去掉。漏盘冲孔用于板料。

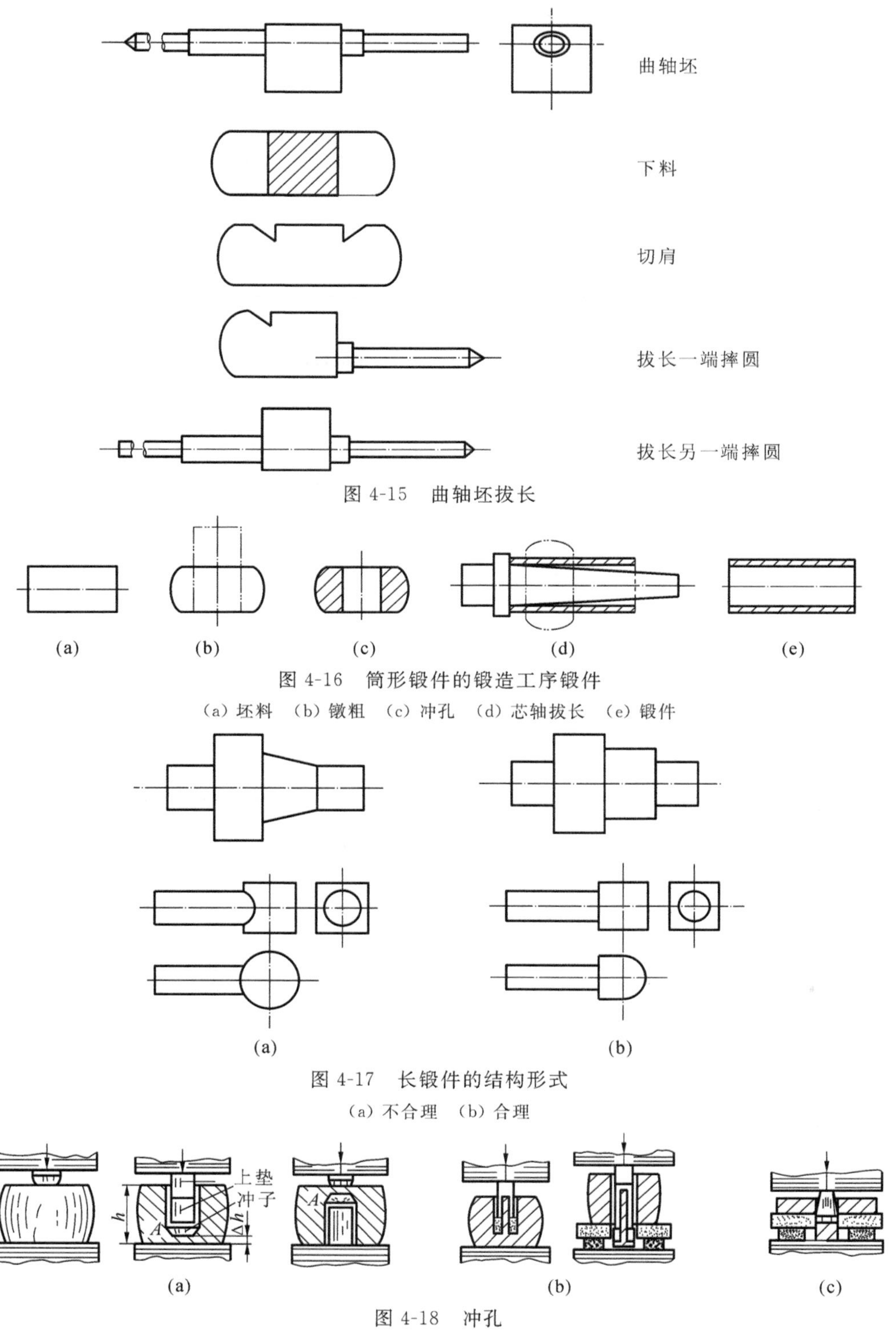

图 4-15　曲轴坯拔长

图 4-16　筒形锻件的锻造工序锻件

(a) 坯料　(b) 镦粗　(c) 冲孔　(d) 芯轴拔长　(e) 锻件

图 4-17　长锻件的结构形式

(a) 不合理　(b) 合理

图 4-18　冲孔

(a) 实心冲子冲孔　(b) 空心冲子冲孔　(c) 漏盘冲孔

4.2.1.3　自由锻造工艺规程的制订

自由锻造工艺规程是锻造生产的依据，其工艺规程的内容包括：绘制锻件图、选择坯料、制定锻造工序、选择设备吨位、确定锻造温度范围等。

1. 绘制锻件图

制订自由锻造工艺规程，首先要绘制锻件图。为此，应考虑如下工艺因素。

1）加工余量和公差

如图 4-19 所示，凡是锻造后还要进行机械加工的锻件表面都要预留一部分金属作为机械加工余量。加工余量的大小取决于零件的形状、尺寸，以及加工精度和表面粗糙度的要求。具体数值查阅相关手册。

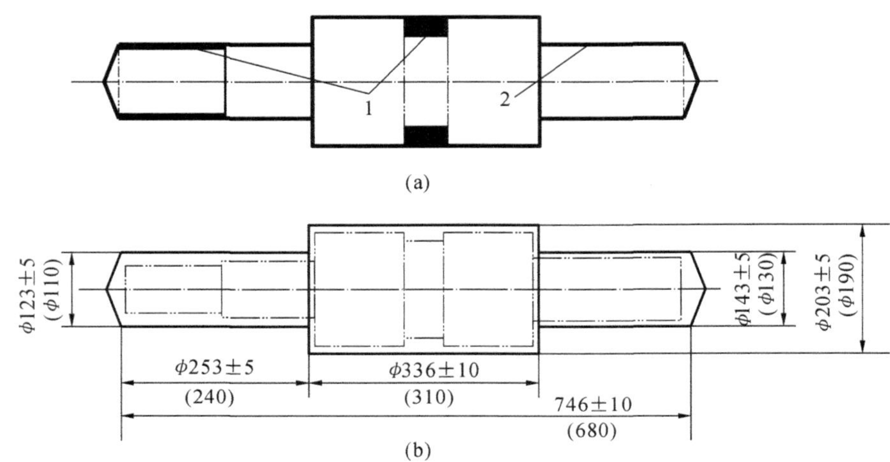

图 4-19　典型锻件图

(a) 锻件的余量及敷料　(b) 锻件图

1—敷料；2—余量

在锻造生产中，由于各种因素的影响，如加工人技术水平、测量误差、锻件收缩量估计误差等，使锻件实际尺寸不可能达到其公称尺寸。锻件实际尺寸和公称尺寸之间所允许的偏差称为锻造公差。锻造公差均为加工余量的 1/4～1/3。

锻件图中黑实线为锻件轮廓，双点画线为零件轮廓。零件尺寸用括号标注在尺寸线或锻件尺寸下方。

2）敷料

敷料是为了简化锻件的形状和锻造工艺，在锻件上某些部位附加的一部分大于加工余量的金属，又称余块。余块在切削加工时要被切除。余块是必要的，但增加了材料消耗和切削加工工时。

2. 确定坯料的质量和尺寸

1）坯料质量的计算

中小型锻件多用型钢为坯料，其质量可用式(4-2)计算：

$$G_{坯} = G_{锻} + G_{芯} + G_{切} + G_{烧} \tag{4-2}$$

式中：$G_{锻}$——锻件质量(kg)；

$G_{芯}$——实心冲孔件的冲孔芯料质量(kg)；

$G_{切}$——轴类、杆类件的切头损失(kg)；

$G_{烧}$——坯料加热时的烧损量(kg)，一般为毛坯质量的 2%～4%。

2）坯料尺寸计算

计算坯料尺寸时，要考虑坯料在锻造中所必需的变形程度，即锻造比。镦粗时，锻造比 $Y=\frac{D_1}{D_0}$，其中 D_0、D_1 分别为坯料镦粗前后的截面积；拔长时，锻造比 $Y=\frac{L_1}{L_0}$，其中 L_0、L_1 分别为坯料拔长前后的长度。采用钢锭作为坯料的锻件，锻造比一般不小于 2.5～3。对性能要求高的锻件，锻造比还可以大些。如果采用轧材作坯料时，则锻造比可取 1.3～1.5。

3. 锻造工序的选择

根据锻件的形状和生产条件来确定锻造工序。例如：轴、杆类零件的锻造工序一般为压肩、拔长；筒类零件的锻造工序为镦粗、冲孔、在芯轴上拔长；盘类、环类零件的锻造工序为镦粗(拔长及镦粗)、冲孔(芯轴上扩孔)。

完成以上工作后，再根据锻件形状尺寸，查阅相关资料，选择设备吨位。确定锻造温度范围及热处理规范，并对锻件提出技术要求和检验要求后，制定锻造工艺卡片，最终完成自由锻造工艺规程的制定。

4.2.1.4　完成工艺过程

根据自由锻造工艺规程来完成制作工艺。例如，某曲轴坯自由锻造工艺过程：下料→压肩→拔长一端、摔圆、切去料头→调头拔长另一端、摔圆、切去料头→全部滚圆并校直，如图 4-20 所示。

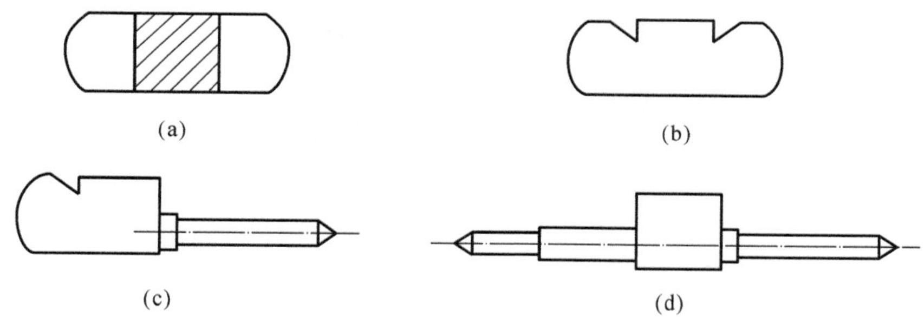

图 4-20　曲轴坯自由锻造工艺过程

(a) 下料　(b) 切肩　(c) 拔长一端、摔圆、切去料头　(d) 拔长另一端、摔圆、切去料头

4.2.2　模型锻造

模型锻造简称模锻，是指加热后的金属坯料放在锻模模膛内受压变形而获得锻件的锻造方法。模锻生产率高，可以锻出形状复杂的锻件，是锻造生产的主要工艺。与自由锻相比，模锻件尺寸公差等级高，表面质量好，加工余量小。由于模锻件纤维分布合理，因此其强度高、耐疲劳、寿命长。但是，由于锻模的制造需要使用较贵重的模具钢，且加工复杂，一套锻模只能锻造一种锻件，因此锻模的价格较高。由于模锻是对坯料的整体变形，需要打击能量很大的专用设备。此外，模锻还受锻模模膛大小的限制。因此，模锻一般仅用于锻造 150 kg 以下的中小型锻件成批和大量生产。

按锻造设备分，模锻方法主要有锤上模锻、摩擦压力机上模锻、曲柄压力机上模锻和平锻机上模锻等。

4.2.2.1　锤上模锻

锤上模锻是在模锻锤上进行的模锻，其工艺通用性大，并能同时完成制坯工序，是目前最常用的模锻方法。

1. 锤上模锻的设备

锤上模锻最常用的设备是蒸汽-空气模锻锤，简称模锻锤，其结构如图 4-21 所示，其工作原理与自由锻用蒸汽-空气锤基本相同。

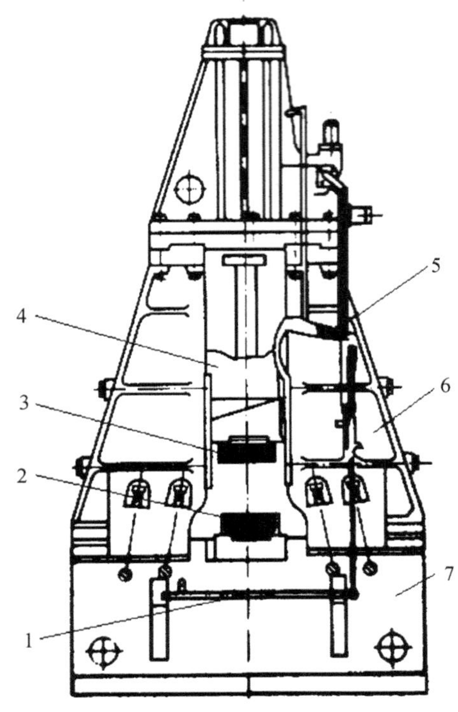

图 4-21　蒸汽-空气模锻锤

1—踏板；2—上模；3—下模；4—锤头；5—操纵机构；6—机架；7—砧座

与自由锻锤相比，模锻锤的机架与砧座直接连接，近似形成一个封闭的刚体，以增加打击刚度；锤头与导轨间隙小，使上下模准确对正，以增加导向精度；模锻锤的砧座质量与锤头质量的比值$\frac{M}{m}$为 20～30（自由锻锤仅为 10～20），以提高模锻效率；此外，模锻锤的吨位以锤头落下部分的质量标定，一般为 0.5～16 t。模锻锤的吨位主要根据模锻件的质量大小选用。

模锻锤与其他模锻设备相比，打击速度快（6～8 m/s），行程不固定，可以根据需要按轻、重、快、慢锤击锻件，即每个工步可以进行小能量多次打击或大能量一次打击。因此，采用模锻锤模锻时，可在一个锻模的不同模膛内实现镦粗、拔长、滚压、弯曲、预锻、终锻等工步。其缺点是振动大，无顶出锻件装置，因此不适于高精度锻件和某些杆类锻件的模锻。

2. 锤上模锻的分类和锻模

锤上模锻分为开式模锻和闭式模锻两种类型，如图 4-22 所示。开式模锻的模膛四周有飞边槽，工艺简便，应用最广。无飞边槽的闭式模锻因依靠下料尺寸来控制工件高度，不易保证锻件精度，生产中应用较少。

根据模锻件的复杂程度不同，所需变形的模膛数量不等，开式模锻又可分为单膛模锻和多膛模锻。

单膛模锻用于形状简单的锻件，如图 4-23 所示。

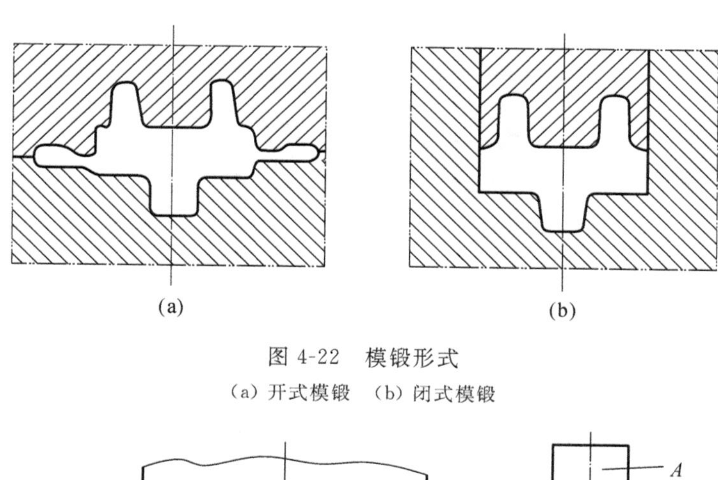

图 4-22　模锻形式

(a) 开式模锻　(b) 闭式模锻

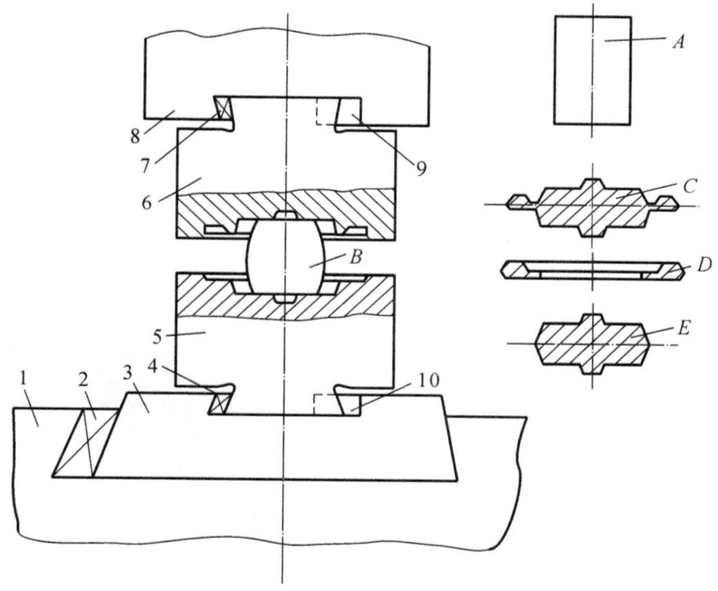

图 4-23　单膛模锻

1—砧座；2—模座用楔；3—模座；4—下模用楔；5—下模；6—上模；7—上模用楔；8—锤头；9—上模用键；10—下模用键；
A—坯料；B—模锻中的坯料；C—带毛边锻件；D—切下的毛边；E—锻件

多膛模锻用于形状复杂的锻件。通常一个锻模上配置多个模膛，制成多膛锻模。多膛模锻的模膛按使用顺序可分为制坯模膛、预锻模膛、终锻模膛和切断模膛等。

1）制坯模膛

复杂件多需预先制坯。锤上模锻可利用锻模上的制坯模膛先把简单截面的坯料制成近似锻件形状的异形坯，再进行预锻和终锻。制坯模膛有拔长、滚压、弯曲、切断模膛等类型，如图 4-24 所示。

2）预锻模膛

锻造较复杂锻件时，需要经过预锻，以保证终锻成形饱满，减少终锻模膛磨损。预锻模膛的容积比终锻模膛略大或近似相等，这样可使终锻时形成以镦粗为主的变形，有利于充型。预锻模膛没有飞边槽。对于批量不大或形状简单的锻件可不设预锻模膛以减小模具成本。

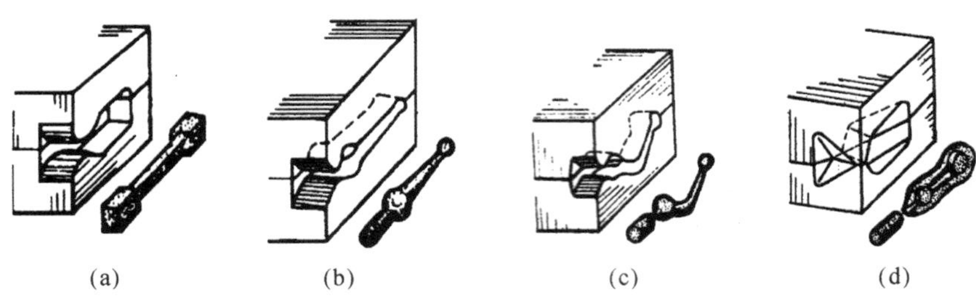

图 4-24　制坯模膛

(a) 拔长模膛　(b) 滚压模膛　(c) 弯曲模膛　(d) 切断模膛

3）终锻模膛

终锻模膛是锻件最终成形的模膛。金属在终锻模膛内的变形情况，如图 4-25 所示。

模膛尺寸应为模锻锻件图的相应尺寸加金属收缩量。考虑金属流动的惯性作用，上模充型效果比下模的好得多，因此应把锻件的复杂部分尽量设置在上模。为保证终锻成形，模膛的周边应设飞边槽。在模锻过程中，飞边槽可起阻流、缓冲和调节金属量的作用。

多膛模锻和弯曲连杆锻造过程如图 4-26 所示。由于连杆沿轴线方向的截面积变化较大，因此棒料要经过制坯模膛（拔长、滚压）、预锻模膛和终锻模膛等连续锻造。

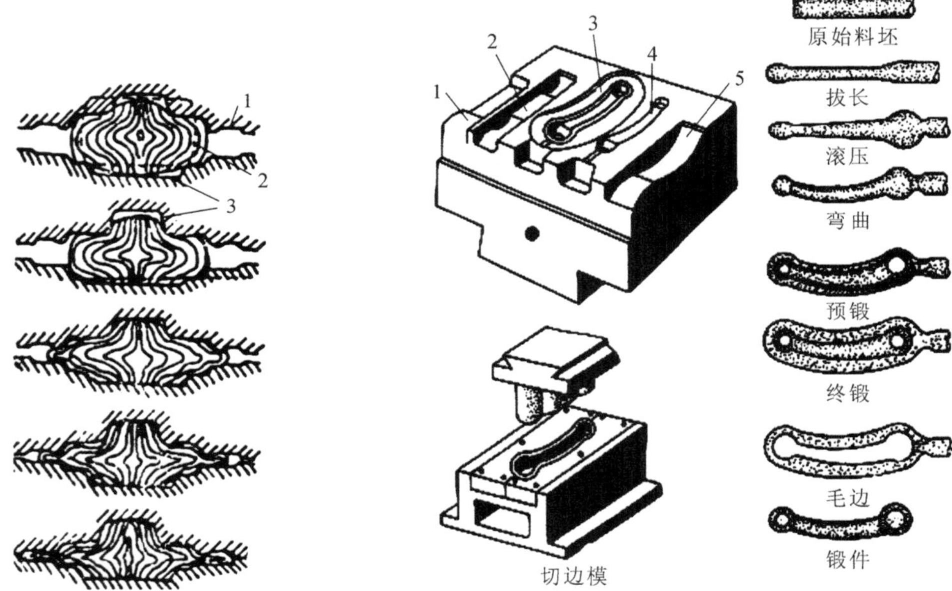

图 4-25　金属在终锻模膛内的变形情况

1—飞边槽；2—坯料；3—模膛

图 4-26　多膛模锻和弯曲连杆锻造过程

1—拔长模膛；2—滚压模膛；3—终锻模膛；4—预锻模膛；5—弯曲模膛

3. 模锻工艺规程的制定

模锻工艺规程制定的内容包括绘制模锻锻件图、明确终锻模膛和预锻模膛，工步的确定、计算毛坯质量和尺寸、选择锻锤吨位及确定模锻件的修整工序等。

1）锻件图的绘制

锻件图是根据产品零件图制定的，是设计和制造锻模、计算毛坯及检验锻件质量的依据，是基本的工艺文件之一，直接影响着模锻件的生产。

绘制模锻锻件图包括以下几个方面。

(1) 分模面的选择。

分模面是上下锻模在模锻件上的分界面。分模面的选择遵循以下原则:保证模膛打开,锻件从模膛中取出;沿取出方向,锻件侧面不能有内凹;应使上下模膛最浅且对称;锻件上所加敷料最少,节省材料;分模面应选在锻件的最大截面处,并且最好是平直面。

图 4-27 为一模锻件分模面的几种方案比较。方案 a、b、c 都存在问题,方案 d 最为合理。

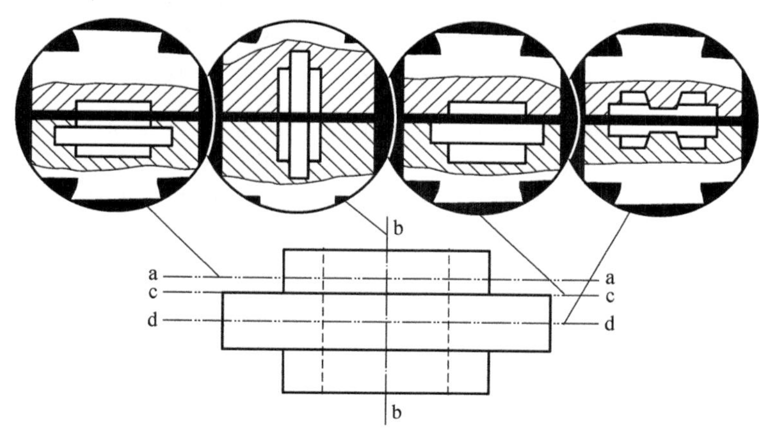

图 4-27 模锻件分模面的选择比较图

(2) 余量、公差和余块。

为了简化锻件形状,便于终锻成形,通常在零件上的某些部位(如齿轮的齿间、轴上的键槽和退刀槽等)加上余块。

模锻件加工精度和表面质量较高,因此余量和公差都比自由锻件小得多,余量一般为 1～4 mm,公差取±0.3～3 mm,可查阅相关手册获得。

(3) 模锻斜度。

锻件在模膛成形后,由于模壁的弹性回复而夹紧锻件。为便于模锻件从模膛中取出,必须在制作锻模时使模膛的模壁具有一定的斜度,称为模锻斜度,如图 4-28 所示。模锻件外壁上的斜度一般为 5°～7°,内壁上的斜度为 7°～12°。

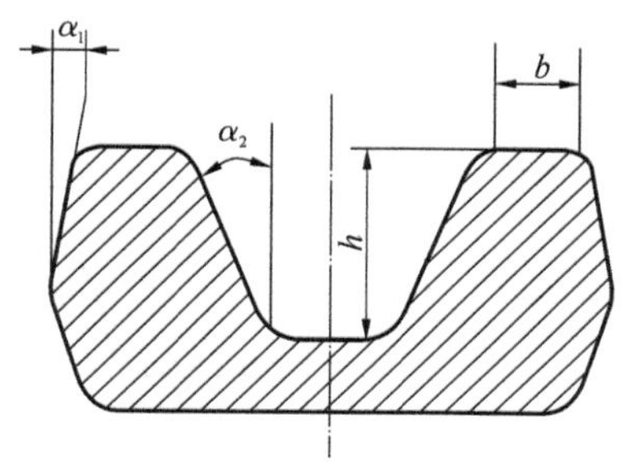

图 4-28 模锻斜度

(4) 圆角半径。

凡是锻件上面与面相交的地方都必须做成圆角(见图 4-29),不允许有尖角。这样,可增大锻件强度,模锻时金属易于流动而充满模膛,避免锻模上的内尖角处产生裂纹,减缓锻模外尖角处的磨损,提高锻模寿命。

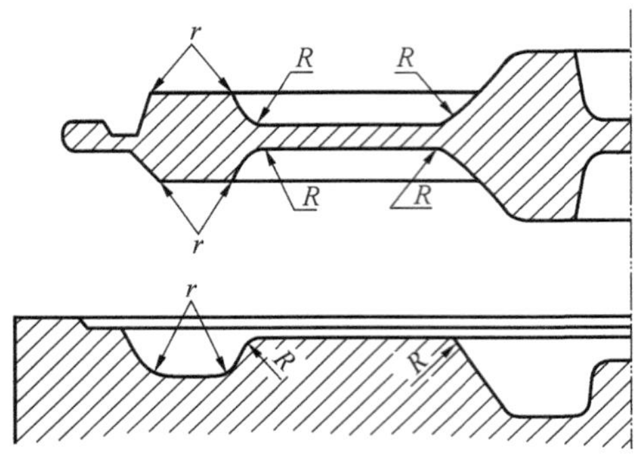

图 4-29　圆角半径

圆角半径的大小与锻件的形状和尺寸有关，深而窄的模膛金属充填较为困难，圆角半径大一些；反之，浅而宽的模膛圆角半径小一些。对于锻钢件，内圆角半径 r 一般取 1～4 mm，外圆角半径 R 是内圆角半径的 3～4 倍。

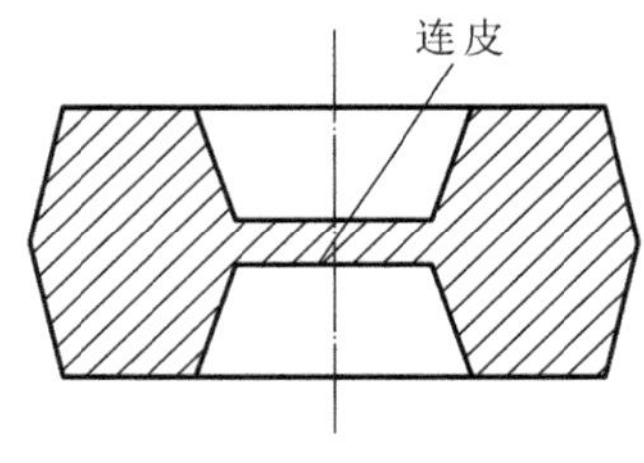

图 4-30　冲孔连皮

(5) 冲孔连皮

在锤上模锻时，锻件要得到通孔是不可能的，只能锻成盲孔，中间留有一层金属，称为连皮，如图 4-30 所示。模锻后再冲孔，将连皮冲掉。连皮应有合适的厚度，若太小，则此处锻模模膛相应的凸起部分，即冲头加深，冲头易磨损或变形，不易锻透，锻件上还会产生折叠；若太大，不仅造成材料浪费，而且切除连皮所需能量也会增大，可能会使锻件走样，因此应正确设计冲孔连皮的形状和尺寸。

模锻后模锻件上的冲孔连皮要冲掉，因此在锻件图上不画出连皮，但在制模用的热锻件图上应画出。

图 4-31 为齿轮坯的模锻锻件图。分模面选在锻件高度方向的中部最大截面处。零件的轮辐部分不加工，故不留加工余量。图中内孔中部的两条水平直线为冲孔连皮切除后的痕迹线。

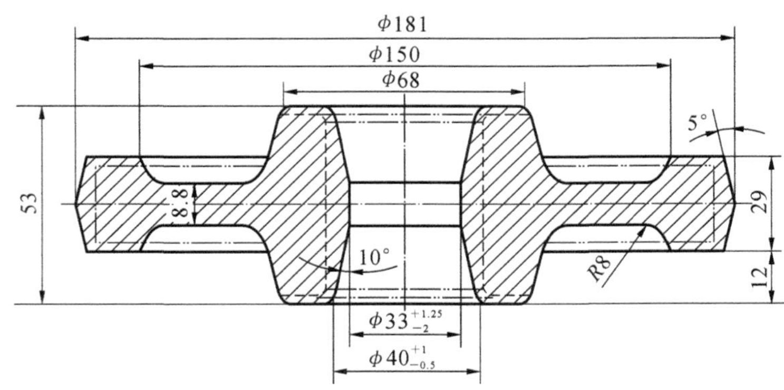

图 4-31　齿轮坯模锻件图

2) 模锻工序的确定及模膛种类的选择

模锻工序主要根据模锻件的形状和尺寸来确定。

(1) 长轴类。长度明显大于其宽度和高度的零件，如图 4-32 所示，例如阶梯轴、曲轴、连杆等。锻造时常选用拔长、滚压、弯曲、预锻、终锻等工序。

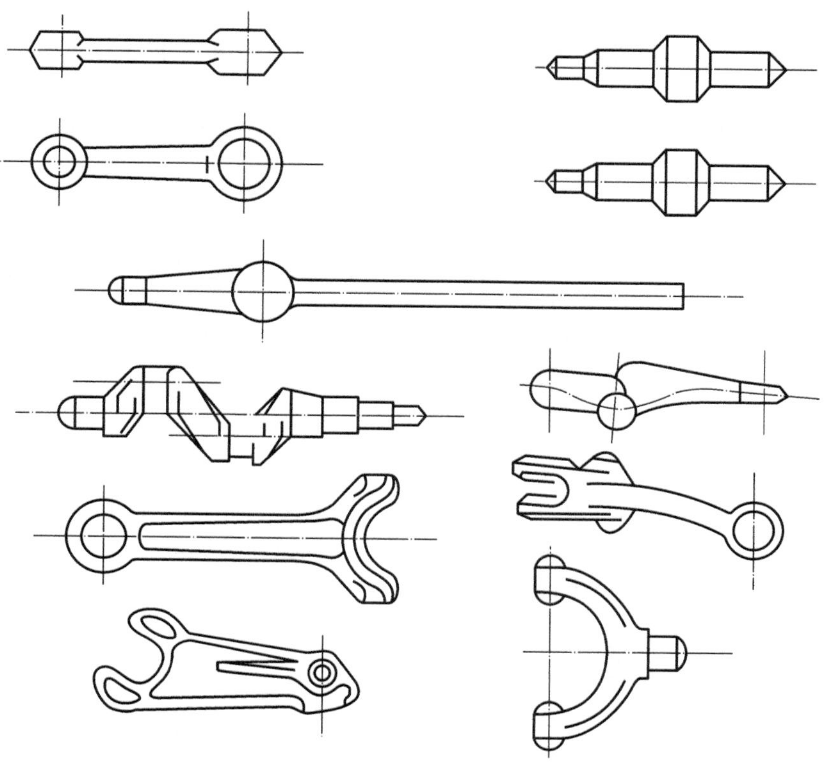

图 4-32　长轴类锻件

（2）盘类。轴向尺寸较短，在分模面上投影为圆形或长宽尺寸相近的零件（见图 4-33），如齿轮、凸缘、十字轴等。常采用镦粗、预锻、终锻等工序。

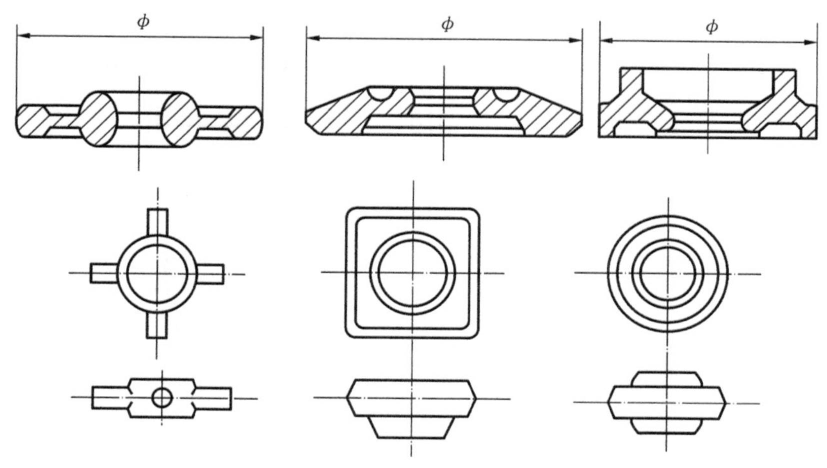

图 4-33　盘类锻件

模锻工序确定后，再选择制坯模膛和模锻模膛。坯料的计算方法与自由锻相同，选择好模锻设备。模锻后进行修整，如切边和冲孔，过程中进行热处理，最后校正、清理及检验。

4. 模锻件的结构工艺性

设计模锻件时应考虑模锻特点和工艺要求，使结构合理，易于模锻成形。设计时应注意以下几点：

(1) 模锻件应有合理的分模面,使余块最少,锻模容易制造,保证模锻件能从模膛中取出。

(2) 仅配合表面设计为加工面,其余为非加工面,与锤击方向平行的非加工面应有模锻斜度,连接面应有圆角。

(3) 模锻件的外形应力求简单、平直和对称。避免零件截面间差别过大及薄壁、高肋、凸起等结构。图 4-34 所示的零件结构不适宜模锻。

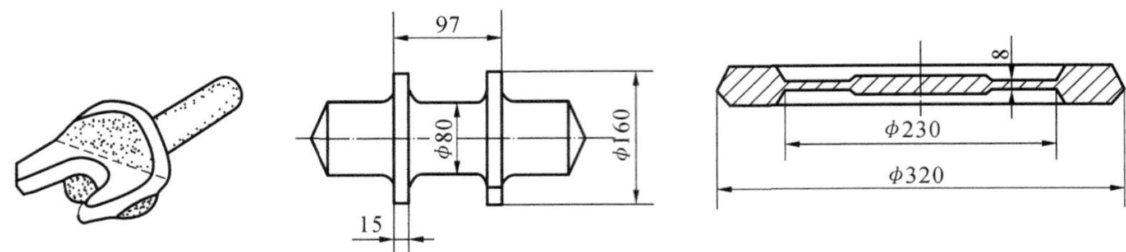

图 4-34 不合理的模锻件结构

(4) 应避免窄沟、深槽、深孔及多孔结构,以利于充填和模具制造。锻件上直径小于 30 mm和深度大于直径两倍的孔均不易锻出,只能用机械加工成形。

(5) 形状复杂的锻件应采用锻一焊或锻一机械连接组合工艺,以减少余块,简化模锻工艺。

4.2.2.2 摩擦压力机上模锻

摩擦压力机如图 4-35 所示,其结构如图 4-36 所示。它是通过带轮带动主轴及圆盘作定向转动。操作时,拨动操纵杆,通过连杆使主轴轴向移动,将一个圆盘 4 与飞轮 3(摩擦盘)压紧,依靠摩擦力而带动飞轮 3 和螺杆 1 旋转;使滑块 8 沿导轨 7 上下运动,并靠飞轮 3 积蓄的能量对坯料进行锻造。

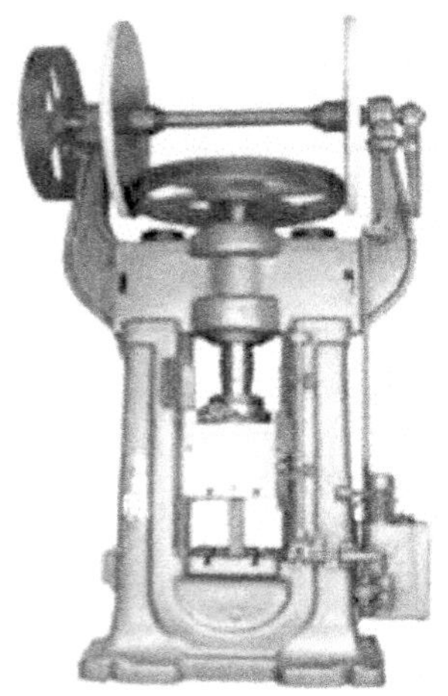

图 4-35 摩擦压力机

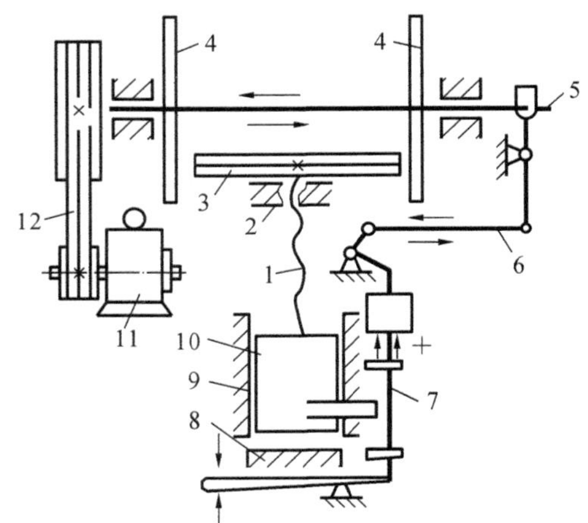

图 4-36 摩擦压力机结构图

1—螺杆;2—螺母;3—飞轮;4—圆盘;5—主轴;6—连杆;7—操纵杆;8—机座;9—导轨;10—滑块;11—电动机;12—传动带

摩擦压力机的吨位用滑块到工作行程终点时所产生的最大允许压力来表示,一般为60～1000 t。

摩擦压力机滑块打击速度较锻锤低(0.5～1 m/s),因此在金属变形过程中再结晶能较充分地进行,适于低塑性合金钢和非铁合金(如铜合金)的锻造。

此外，摩擦压力机的滑块打击锻件后，因惯性作用而延时回程，这样，锻件的精度不受设备自身弹性变形的影响，因此，特别有利于精密模锻等高精度锻造。

摩擦压力机的结构简单，造价低廉，适用范围广，可以锻造某些锻锤难以锻打的锻件，如带头的杆类锻件、多凸缘的锻件等。但其生产率低，吨位较小，主要用于小型锻件的中、小批生产，也可用于精锻、校正等变形工序。

4.2.2.3　曲柄压力机上模锻

曲柄压力机又称热模锻压力机，如图 4-37 所示，其结构如图 4-38 所示。电动机 3 通过 V 带轮带动大带轮（飞轮）1、传动轴 4、变速齿轮 5、6 至偏心轴 8，连杆 9 使滑块 10 沿导轨作上、下往复运动。压力机设有偏心制动器 15，可将滑块和上模固定在上止点位置。工作时，依靠离合器 7 控制操作。滑块落下到下止点位置时速度变慢，没有冲击力，但压力最大，并以该最大压力值表示压力机吨位，一般为 1000～10000 t。

曲柄压力机模锻与模锻锤相比有以下不同：

(1) 滑块行程是固定的；

(2) 滑块下行到接近最低点时速度很慢（0.25～0.5 m/s），作用力近于静压力，震动小，噪声小；

(3) 机身结构刚度大，导轨宽而长，上、下模膛对合十分准确；

(4) 设有上、下顶杆机构，能使锻件自行脱出。

图 4-37　曲柄压力机

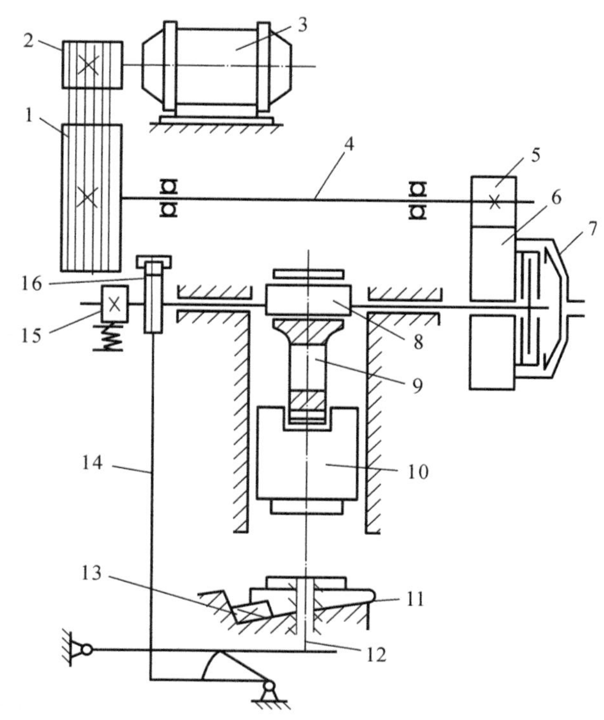

图 4-38　曲柄压力机结构图

1—大带轮（飞轮）；2—小带轮；3—电动机；4—传动轴；5—小齿轮；6—大齿轮；7—圆盘摩擦离合器；8—偏心轴；9—连杆；10—滑块；11—楔形工作台；12—下顶杆；13—料楔；14—拉杆；15—制动器；16—凸轮

曲柄压力机模锻工艺有如下特点：

(1)一次行程就可使上、下模闭合,若采用一次成形,坯料难以充满终锻模膛,且氧化皮也无法清除,因此曲柄压力机上模锻多采用多模膛模锻,使坯料经过制坯—预锻—终锻几个工序完成模锻过程,如图 4-39 为齿轮坯在曲柄压力机上模锻工序。

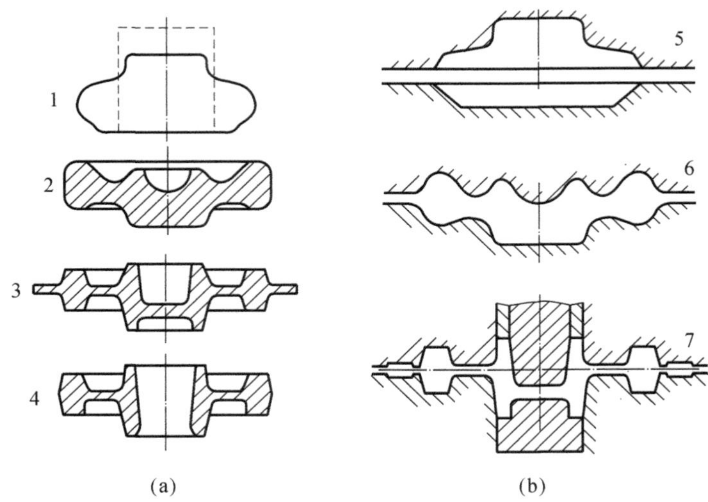

图 4-39　曲柄压力机上模锻齿轮坯工步

(a) 坯料变形过程　(b) 模膛

1—制坯;2—预锻;3—终锻;4—切边和冲孔;5—制坯模膛;6—预锻模膛;7—终锻模膛

(2) 不能进行拔长、滚压等制坯工序。因此,生产轴类锻件时,需要先在辊锻机上轧出圆形断面坯料(见图 4-40),再在曲柄压力机上模锻(见图 4-41)。

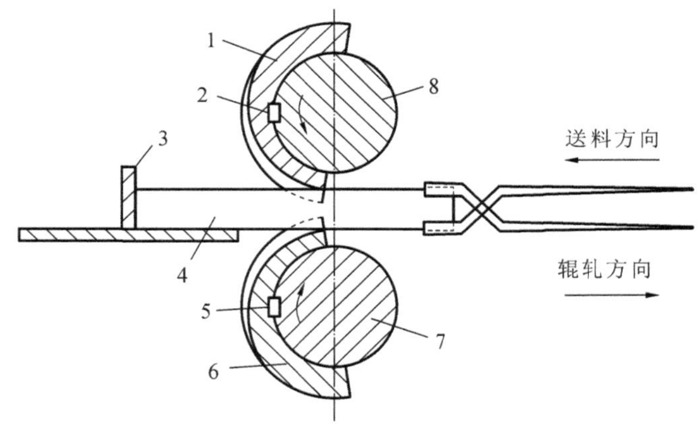

图 4-40　辊锻机轧制异型坯

1—扇形模;2—定位键;3—挡板;4—毛坯;5—定位键;6—扇形模;7,8—轧辊

(a)　(b)

图 4-41　用轧制坯料模锻

(a) 轧坯　(b) 锻件

（3）有顶模装置。因此，锻件斜度小，加工余量少。同时，便于用挤压方式生产实心或空心杆类锻件，如图 4-42 所示。

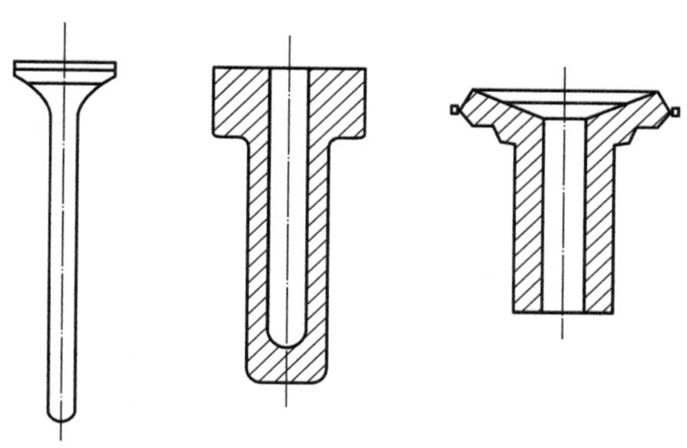

图 4-42　挤压的典型锻件

（4）冲击较小，可采用镶块式锻模，节省贵重锻模钢。

曲柄压力机上模锻，虽有锻件精度高、节约金属、生产率高、劳动条件好等优点，但设备复杂，造价高；此外，由于不便于脱除氧化皮，常需无氧加热，有时还需采用其他设备来制坯，因此，曲柄压力机模锻主要用于具有现代化辅助设备的模锻件的大量生产。

4.2.2.4　平锻机上模锻

平锻机是一种特殊的曲柄压力机，由于滑块在水平方向运动，故称为平锻机。平锻机的构造如图 4-43 所示，电动机 12 带动曲柄连杆机构 5，使冲头 7 和活动凹模 10 在两个相互垂

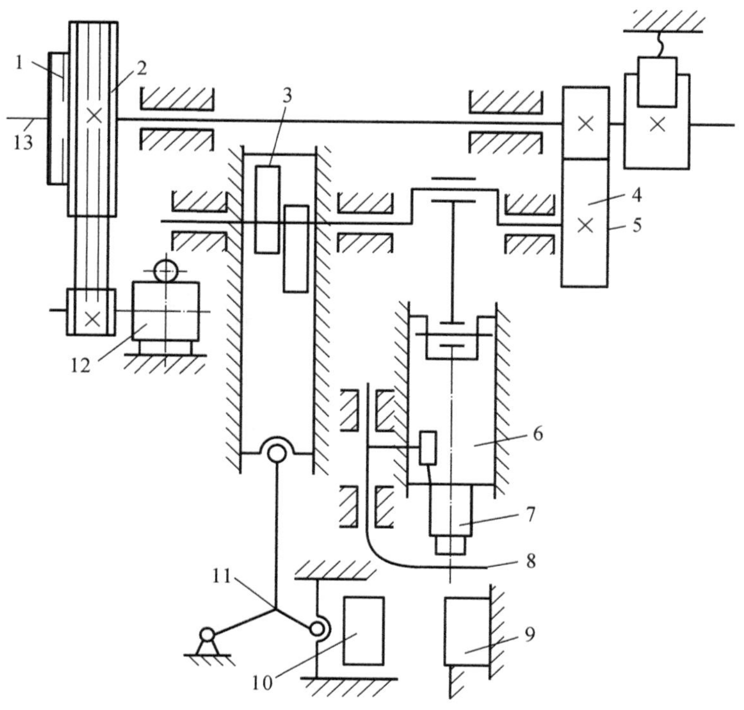

图 4-43　平锻机构造图

1—离合器；2—带轮；3—凸轮；4—齿轮；5—曲柄连杆机构；6—主滑块；7—冲头；8—定料板；9—固定凹模；10—活动凹模；11—连杆系统；12—电动机；13—传动轴

直的水平方向上作往复运动。其模锻过程是将加热的棒料送入固定凹模 9，由定料板 8 按需要的料长定位；活动凹模前移，夹紧棒料，定料板退出。接着，冲头锻压棒料，使其在模膛内成形。可见，平锻机上的锻模可以有两个相互垂直的分模面，主分模面在冲头与凹模之间，另一分模面在可分开的两个半凹模之间。此外，由于冲头行程固定，工件难以一次成形。因此，平锻机要经多模膛，逐步变形才能制成锻件。图 4-44 为套筒件的多模膛平锻过程，坯料首先在三个模膛内逐步变形，然后经终锻模膛穿孔并成形。

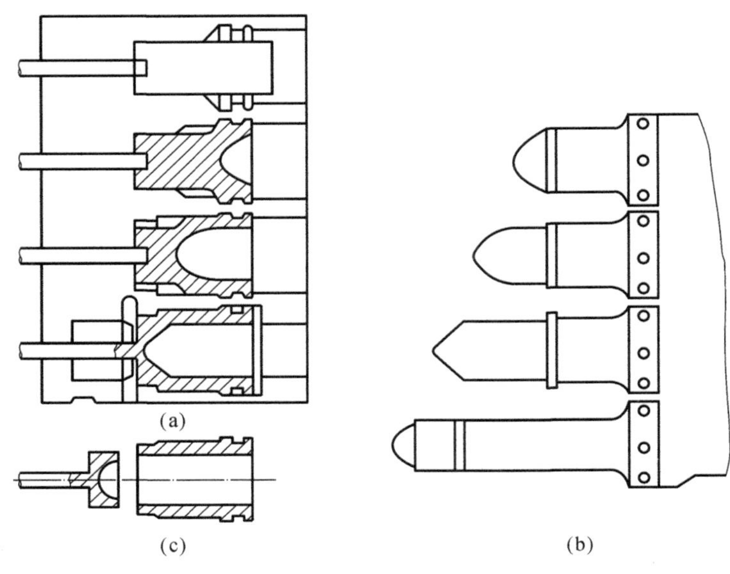

图 4-44　多模膛平锻

(a) 可分凹模　(b) 凸模　(c) 锻件

平锻机上模锻具有如下优点：

(1) 由于具有两个相互垂直的分模面，所以最适合锻造两个方向有凹挡、凹孔等其他方法难以锻出的锻件，如图 4-45 所示；

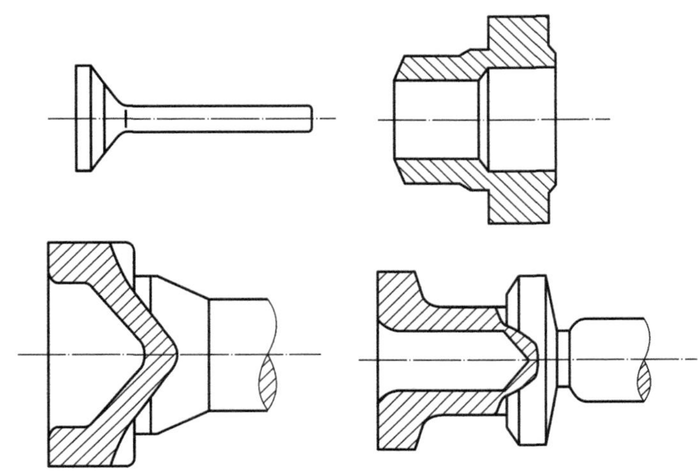

图 4-45　平锻机锻件

(2) 由于棒料水平放置，长度几乎不受限制，因此适合于长杆类锻件，也便于用长棒料逐个连续锻造；

(3) 平锻件的斜度小，余量、余块少，冲孔不留连皮，因此十分接近零件形状；

(4) 生产率高。

但平锻机造价高，模具成本高，不适合非回转体的锻造。因此，主要用于带凹挡、凹孔、透孔、凸缘类回转体锻件的大量生产。

为了提高锻件尺寸公差等级和力学性能，并直接锻成高精度零件，常采用精密模锻，即使用高精度的精锻模具在刚度大、精度高的曲柄压力机或摩擦压力机上进行的模锻。

精密模锻需将棒料切断后去除毛刺、酸洗，经检查后加热到 1000～1150 ℃；预锻，切除飞边，二次酸洗；经二次加热到 800～900 ℃，进行中温精锻，并将少量飞边切除，再经酸洗后获得精锻零件。

精密模锻能够锻造出形状复杂的零件，如锥齿轮、叶片等；锻件公差小，表面光洁，接近半精加工，完全可以不用切削加工或只经磨削加工成形，大大减少切削加工量，提高材料利用率，使零件总的生产效率提高，成本降低；锻件内部形成按轮廓形状分布的封闭纤维组织，因而力学性能好，抗氧化，耐蚀，寿命高。但精密模锻的模具费用高，只适用于大量生产。

4.2.3　胎模锻造

胎模锻造是指在自由锻设备上使用胎模生产模锻件的方法，简称胎模锻。通常用自由锻方法使坯料初步成形，再在胎模中终锻成形。胎模锻造时，胎模一般不固定在锤头和砧座上，而是用工具夹持、平放在锻锤的下砥铁上。

与自由锻相比，胎模锻造生产率高，锻件的精度较高，余块小；与锤上模锻相比，胎模锻造不需昂贵的模锻设备，锻模的通用性大，制造简单，成本低。但锻件的加工余量及精度较锤上模锻件差，模具寿命较低，工人劳动强度大，生产率较低，因此胎模锻造通常用于小型锻件的中、小批生产，尤其在没有模锻设备的中小型工厂中应用较为广泛。

胎模按结构分为扣模、套模和合模，如图 4-46 所示。其中扣模用于非回转类锻件的扣形或制坯；套模用于锻造法兰、齿轮等锻件；合模由上模、下模组成，依靠导柱和导销定位，使上模和下模对中。合模主要用于生产形状简单的非回转体锻件，如叉形锻件、连杆等。

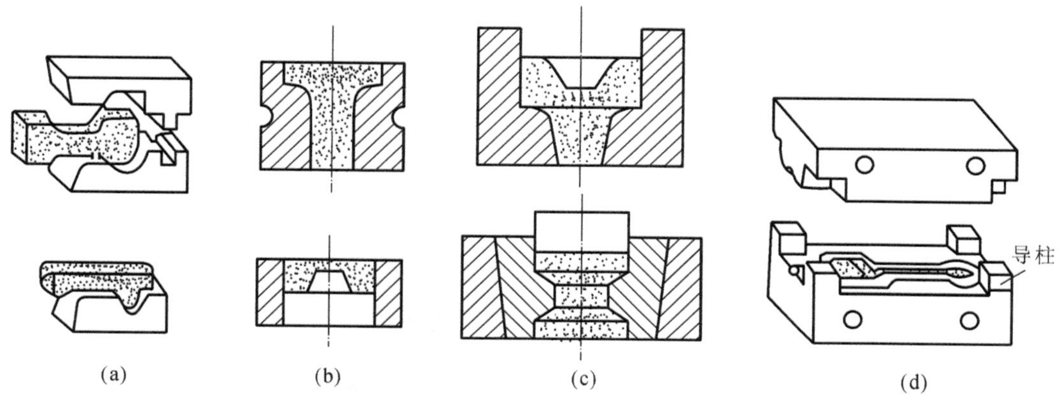

图 4-46　胎模的种类

(a) 扣模　(b) 开式套模　(c) 闭式套模　(d) 合模

4.3 板料冲压

利用冲模对坯料施加压力，使其产生分离或变形，从而获得一定形状、尺寸和性能零件的加工方法称为冲压，是塑性加工的基本方法之一。冲压通常在室温下进行，也称为冷冲压。由于所使用坯料常为中薄板料，又称板料冲压。冲压件的表面质量好，尺寸公差等级高，可使零件获得合理的截面结构，并产生加工硬化，因此冲压件的强度较高，质量较轻。冲压可生产形状复杂的零件，操作简单，易实现机械化和自动化生产，生产效率高，成本低，广泛应用于汽车、飞机、电动机、电器、仪表等行业。例如，大到飞机机翼、车身，小到手表齿轮、儿童玩具、日常用具等都离不开冲压件。由于冲压模具的成本较高，冲压成形一般用于大量生产。

冲压所用原材料必须具有良好的塑性，常用材料有低碳钢、高塑性的合金钢、铜合金、铝合金等。

冲压设备主要有剪床和冲床两大类。剪床用于冷剪板料，为冲压工序提供一定尺寸的坯料，如图 4-47 所示。冲床是冲压生产的主要设备，分为开式冲床和闭式冲床两种，如图 4-48 所示。

图 4-47　剪床

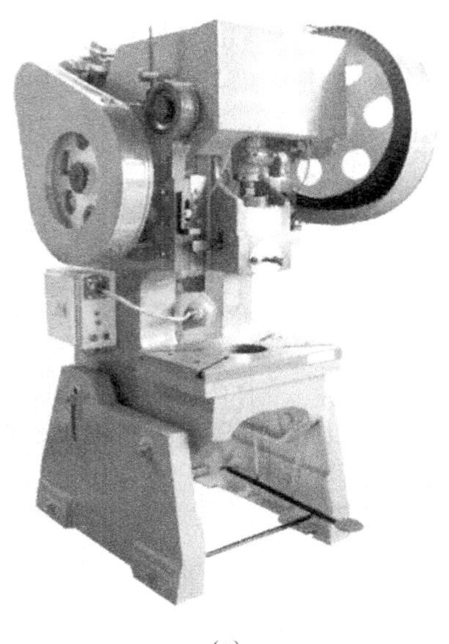

(a)

(b)

图 4-48　冲床

(a) 开式冲床　(b) 闭式冲床

4.3.1 冲压工序

利用冲压方法生产的零件种类繁多，其成形方法也多种多样，概括起来可分为两大类：分离工序和成形工序。分离工序是将坯料的一部分与另一部分产生分离的冲压工序，如冲孔、落料、修整、切断、剖切等；成形工序是使坯料的一部分相对其另一部分产生位移而不破裂，以获得所需形状和尺寸制件的工序，如弯曲、拉深、翻边、胀形等。其中，最常用的冲压工序是冲裁、弯曲和拉深等。

4.3.1.1　冲裁

冲裁是利用冲模使坯料分离的冲压工序。冲裁是分离工序的总称，包括冲孔、落料、修整、切断等。切断是使坯料沿不封闭轮廓分离的工序，多用于加工形状简单的平板工件。冲孔和落料是使坯料沿封闭轮廓分离的工序，如果周边是制件，落下部分是废料，称为冲孔；反之，如果落下部分是制件，周边是废料，则称为落料，如图 4-49 所示。冲裁既可直接冲出成品零件，又可为其他成形工序制备毛坯。

4.3.1.2　弯曲

弯曲是将板料、棒料或管料弯曲成一定角度的冲压工序。例如，汽车大梁、自行车灯架、挡泥板等都是经弯曲工序成形，它是冲压生产中的重要工艺之一。

4.3.1.3　拉深

利用模具使平板坯料变成开口中空零件的冲压方法称为拉深。用拉深方法可以将平板坯料制成筒形、阶梯形、锥形、方盒形等多种形状的薄壁零件，如汽车盖板、仪表壳体、生活用器皿等。筒形件的拉深过程如图 4-50 所示。在实际生产中，拉深与其他工艺结合可以制造出十分复杂的零件。

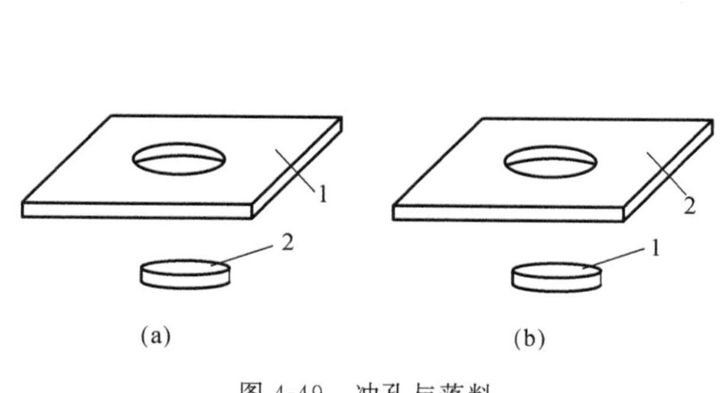

图 4-49　冲孔与落料

(a) 冲孔　(b) 落料

1—制件；2—废料

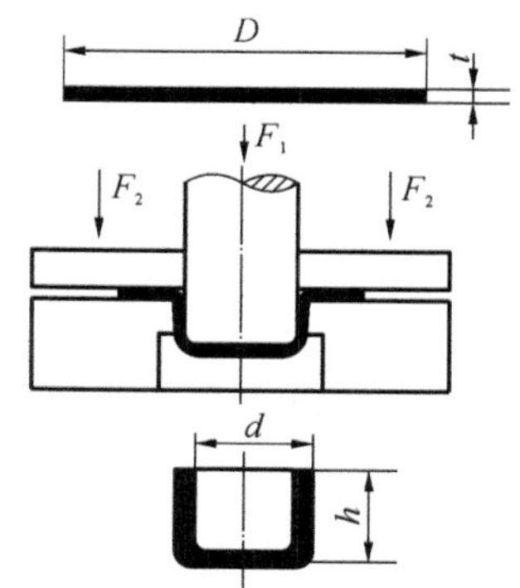

图 4-50　筒形件拉深

必须指出，连续拉深道次不能太多，如低碳钢或铝，不多于 4 道次，否则，工件因加工硬化，塑性降低，将导致拉裂。若因工件形状所限，要求更多道次成形时，则必须安排再结晶退火，待材料恢复塑性后才能继续拉深。拉深易产生图 4-51 所示缺陷。

4.3.1.4　其他冲压工序

除冲裁、弯曲和拉深等冲压工序外，还有翻边、胀形、起伏、旋压等工序。这些工序都是通过局部变形来改变毛坯的形状和尺寸的，与其他工序组合可以加工形状复杂的冲压件。

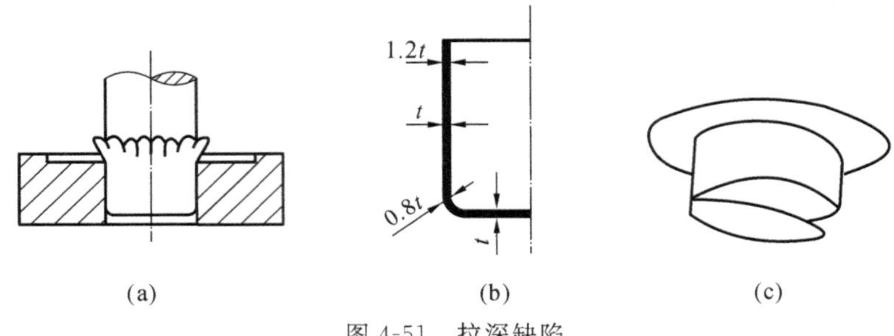

图 4-51　拉深缺陷
(a) 起皱　(b) 局部变薄　(c) 拉破

1. 翻边

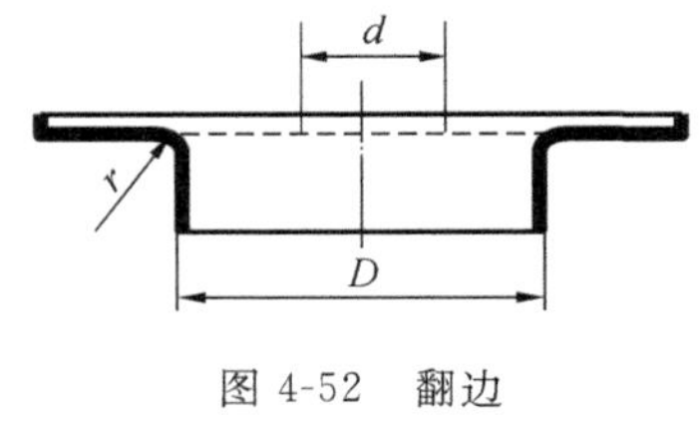

图 4-52　翻边

翻边是将坯料的孔边缘或外边缘在模具的作用下翻成竖直或一定角度的直边的冲压方法，如图 4-52 所示。翻边过程中，越接近孔的边缘，拉深变形越大。翻边的变形程度用翻边前的孔径 d 与翻边后的孔径 D 的比值 m 表示，称为翻边系数。m 越小，变形程度越大。带翻边筒形件的冲压工序如图 4-53 所示。

2. 胀形

胀形是用塑性物体或液体作为凸模，使板料胀形或者使坯件在径向扩张成形的方法。胀形采用不同的方法实现，一般有机械胀形、橡胶胀形和液压胀形。图 4-54 所示是将橡胶棒置于坯件之中，使冲头压缩胶棒，通过胶棒径向挤压坯件，使之扩胀成形。胀形可制作各种形状复杂的零件，如一些异形空心件、高压气瓶、波纹管等。

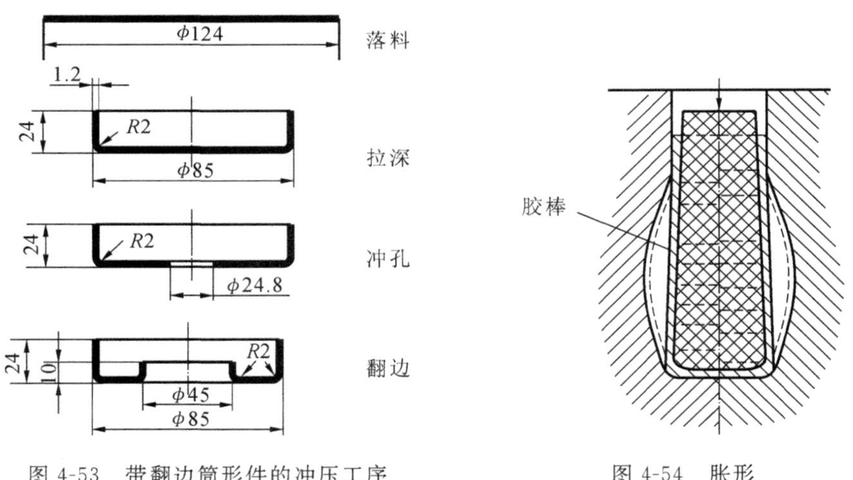

图 4-53　带翻边筒形件的冲压工序　　图 4-54　胀形

3. 起伏

起伏是对板料进行浅拉深，形成局部凹进与凸起的成形方法，如图 4-55 所示。起伏常用于压制加强肋、花纹和标记等。起伏成形可增加零件刚度，并起装饰作用，生产中应用广泛。

4. 旋压

旋压是一种加工空心回转体成形金属的方法。如图 4-56 所示，旋压是通过压头把圆形坯料压紧在旋压模上，由机头带动坯料旋转的同时，用手工推进压杆，使坯料在压力下沿旋压模变形，并拉深成筒形件或锥形件。旋压不需要复杂的模具，所需变形力较小，但其生产率较低，一般用于拉深、胀形件的小批生产。

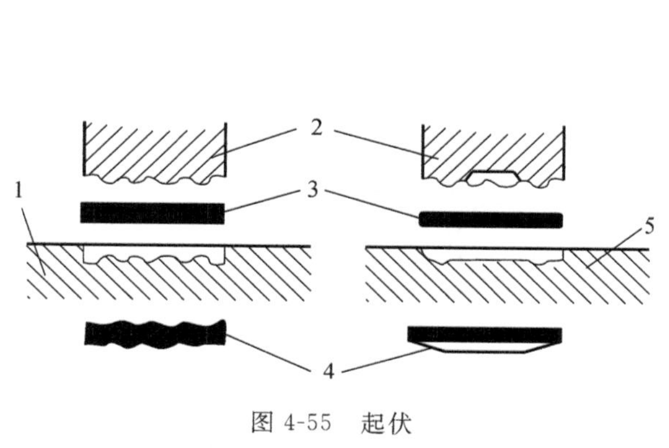

图 4-55　起伏

1，5—凹模；2—凸模；3—坯料；4—工件

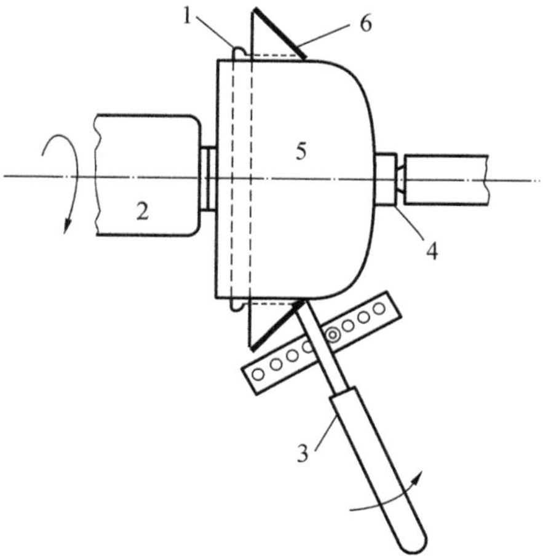

图 4-56　旋压

1—压形；2—机头；3—压杆；4—压头；5—旋压模；6—坯料

4.3.2　冲压模具

冲压模具，简称冲模，是冲压工艺中必不可少的工具。冲压件品种繁多，造成冲模的类型也多种多样。按工序组合方式，冲模可分为单工序模、连续模和复合模等。

4.3.2.1　单工序模

单工序模是在冲床的一次行程中只完成一道工序的冲模（如冲孔模、落料模、弯曲模、拉深模等）。其结构简单，制造容易，生产率低。图 4-57 为倒装式拉深模，其凸模在下，凹模在上。凹模内设有顶出工件的顶杆，凸模外设有压边圈，压边圈与缓冲垫板相连，起弹簧作用。工作时，滑块下移，压边圈先把板料压紧，防止起皱，然后拉深成形。滑块回程时，上顶杆将工件顶出。这种模具结构简单，制件的精度高，模具寿命长，广泛应用于成批、大量生产。

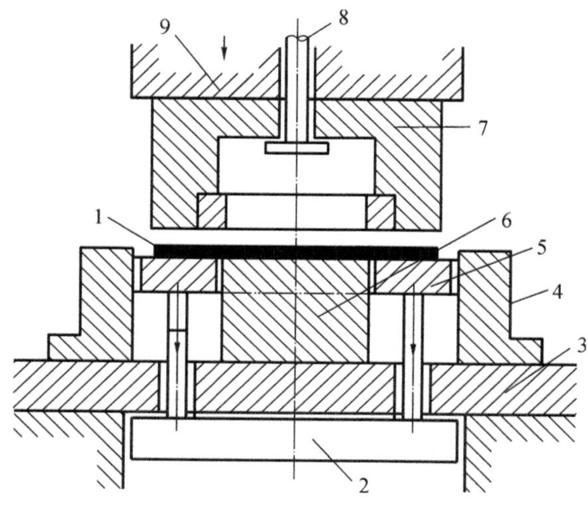

图 4-57　倒装式拉深模

1—板料压边圈；2—缓冲垫板；3—模座；4—压板；5—压边圈；6—凸模；7—凹模；8—顶杆；9—滑块

4.3.2.2 复合模

在冲床的一次行程中，在同一个工位上完成两个以上工序的冲模称为复合模。复合模是一种多工序模具，图 4-58 为冲孔落料复合模。其冲孔凸模和落料凹模都固定在滑块上，凸凹模（既为落料凸模同时又为冲孔凹模）固定在下模座上，上、下都有卸料装置。工作时，板料沿导板送进，滑块下降，同时完成冲孔和落料两个工序。滑块回升时，卸料板将板料和工件分别从凸凹模和冲孔凸模上卸下。复合模结构复杂，制造麻烦；但是结构紧凑，制件精度高，适用于高精度工件的大量生产。

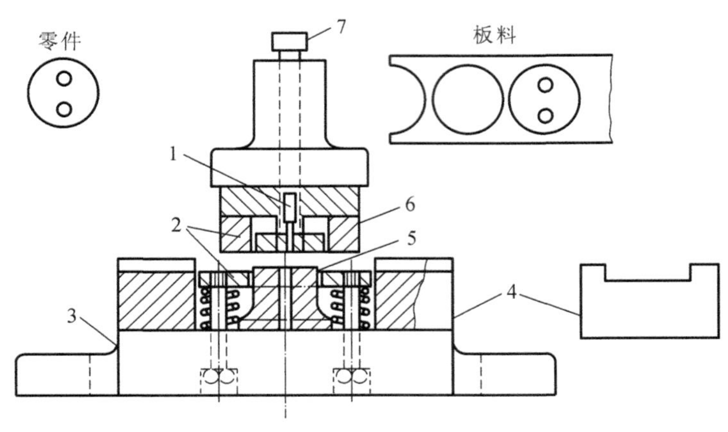

图 4-58 冲孔落料复合模

1—冲孔凸模；2—卸料板；3—模座；4—导板；5—凸凹模；6—落料凹模；7—顶杆

4.3.2.3 连续模

在冲床的一次行程中，在不同工位上同时完成两个以上工序的冲模称为连续模，又称级进模，也是一种多工序模具。图 4-59 为冲裁垫圈的连续模，冲孔和落料凸模靠模柄固定在滑块上，凹模和卸料板都固定在模座上。工作时，落料凸模的导正销对准前工位冲好的定位孔；滑块下降时，前工位冲孔，后工位落料；滑块回程时，卸料板将板料从凸模上卸下；板料连续送进，进行下一个循环。

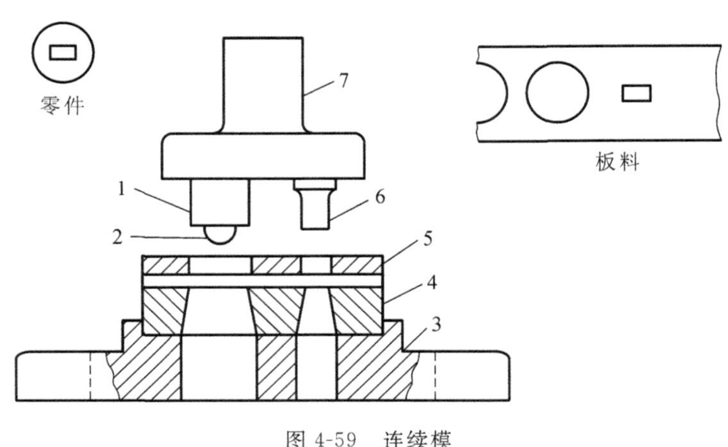

图 4-59 连续模

1—落料凸模；2—导正销；3—模座；4—凹模；5—卸料板；6—冲孔凸模；7—模柄

4.4 其他塑性成形工艺

随着科学技术的不断发展，对压力加工生产提出了越来越高的要求，如直接生产各种形状复杂的零件、难变形的材料也可进行生产等。因此，近年来在压力加工生产中出现了许多新工艺、新技术，如超塑性成形、粉末锻造、挤压、轧制、精密锻造、多向模锻、旋转锻造、电镦成形、液态模锻以及高能高速成形等。

4.4.1 挤压成形

挤压是将模腔金属坯料从模孔或凸隙中挤出，以获得所需形状和尺寸零件的加工方法。根据金属被挤出方向和凸模运动方向的关系，挤压分为三种方式，如图4-60所示。

（1）正挤压　金属的挤出方向与凸模运动方向相同。

（2）反挤压　金属的挤出方向与凸模运动方向相反。

（3）复合挤压　金属的挤出方向与凸模运动方向一部分相同，另一部分相反。

按照坯料是在冷态还是热态情况下进行挤压，还可将挤压分为冷挤压和温挤压。

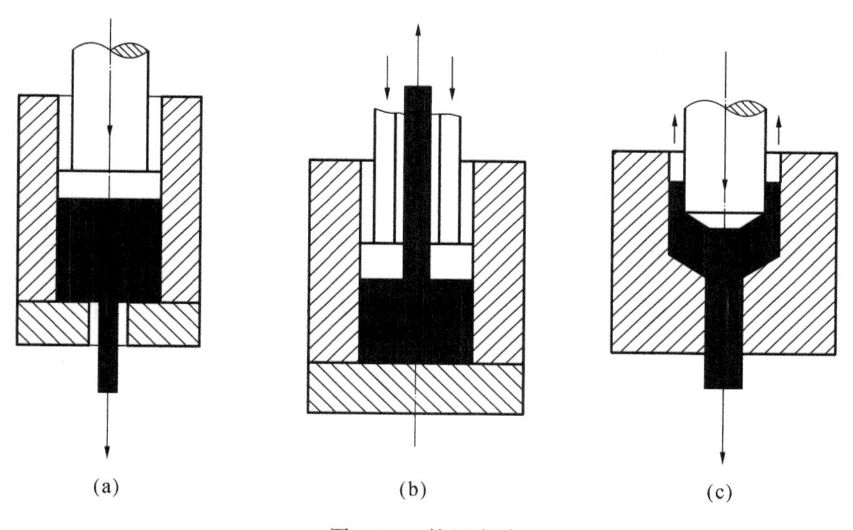

图4-60　挤压方式

(a) 正挤压　(b) 反挤压　(c) 复合挤压

4.4.1.1　冷挤压

金属在室温下进行的挤压称为冷挤压。冷挤压常用的材料有铝、铜等非铁金属和低碳钢、低合金钢等。挤压时，在坯料与模具之间产生很大压力（2500～3000 MPa）。为减小挤压力，提高金属塑性，改善挤压条件，挤压前应将坯料进行以下处理：软化退火—酸洗—磷化处理—皂化处理—冷挤压。

冷挤压工艺要求的设备动力大，行程大，刚性好，但速度要低。常用的设备有曲柄压力机、摩擦压力机和液压机。此外，还可采用高速锤，利用热效应来提高材料的可锻性，以挤压形状复杂的薄件。

冷挤压工艺具有以下特点：

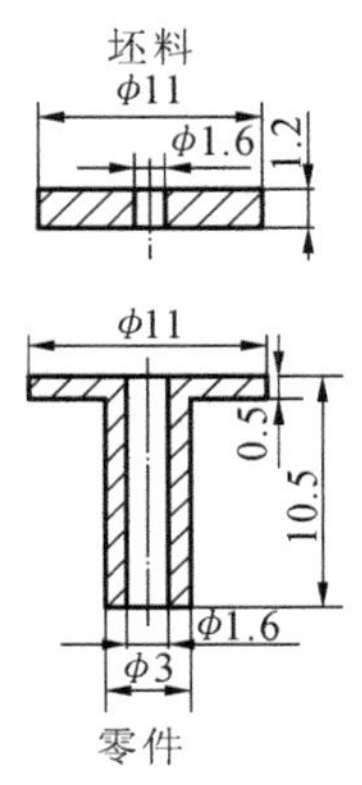

图 4-61 低碳钢底座

(1) 力学性能高。挤压件的纤维组织是连续的，而且沿截面轮廓分布。同时，因变形程度大，零件产生强烈的加工硬化，这些都使挤压件的力学性能提高。

(2) 尺寸公差等级高和表面质量好。冷挤压件的精度公差等级可达 IT6～IT7，表面质量相当于半精加工，因此冷挤压是一种非常重要的少切削或无切削的加工方法。

(3) 材料利用率高。由于大大减少了切削加工量，材料利用率得到显著提高。图 4-61 为通信器材中的低碳钢底座，采用冷挤压成形，材料消耗仅为原来切削加工的十分之一。

(4) 劳动生产率高。挤压使金属在三向压应力状态下变形，能够采用很大的变形量，使工艺简化。

4.4.1.2 温挤压

将金属坯料加热到 100～800 ℃进行挤压，称为温挤压。温挤压比冷挤压能减少材料变形抗力，增大变形量，从而减少挤压工序。因此，对于高强度金属材料(如中碳钢、合金钢等)，用温挤压取代冷挤压既可解决压力机吨位不足的问题，又能延长模具的寿命。

图 4-62 为 2Cr13 不锈钢零件的温挤压成形过程。将 2Cr13 钢加热到 600 ℃以上，其强度有所降低，因而采用温挤压，一次即可成形。若采用冷挤压则需要多工序(包括软化退火)成形。

若加热温度不高，氧化皮较少，温挤压效果与冷挤压效果相近，因此对于质量要求较高的零件温挤压时，应尽量采用相对较低的温度。

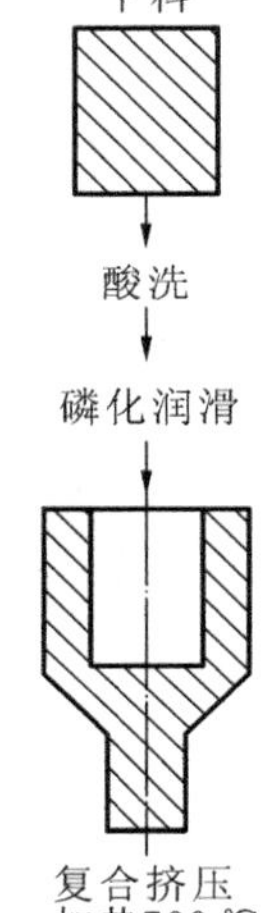

图 4-62 2Cr13 不锈钢零件的温挤压工序

4.4.2 超塑性成形

超塑性成形是指利用材料极易成形，呈超塑性的状态，制出复杂成形件的工艺。

4.4.2.1 金属的超塑性概念

超塑性指金属在特定条件下，呈现出异常低的流变抗力、异常高的流变性能的现象。超塑性的特点表现为大延伸率、无缩颈、小应力、易变形，其相对断后伸长率 A 超过 100%的特性。

室温下，钢铁金属的 A 值一般不超过 40%，非铁金属也不会超过 60%，高温也很难超过 100%。但有些金属材料在特定的条件下，如材料具有等轴稳定的细晶组织(晶粒平均直径为 0.5～5 μm)、变形温度为(0.5～0.7)$T_{熔}$、极低的变形速度 $\varepsilon=10^{-5}\sim10^{-2}$ m/s 时可呈现超塑性，其断后伸长率 A 超过 100%，如钢的 $A>500\%$，纯钛的 $A>300\%$，锌铝合金的 $A>1000\%$。

超塑性状态下的金属在拉伸变形过程中不产生缩颈现象，变形应力仅为常态下金属变形应力的几分之一到几十分之一。

目前常用的超塑性成形材料主要是锌合金、铝合金、钛合金及某些高温合金。

4.4.2.2 超塑性成形工艺特点

超塑性成形扩大了可锻金属材料的种类，如过去只能采用铸造成形的镍基合金，现在也可以采用超塑性模锻成形；可锻出形状复杂、尺寸公差等级高、机械加工余量很小甚至不用加工的零件，为制造少切削或无切削加工的零件开辟了一条新的途径；能获得均匀细小的晶粒组织，零件的力学性能均匀一致；金属的变形抗力小，可充分发挥中小设备的作用。

4.4.2.3　超塑性成形工艺的应用

1. 板料深冲

当零件直径较小，高度较高时，选用超塑性材料，在其法兰部分加热，并在外围加油压，可以一次拉深成形。拉深件质量很好，性能无方向性。深冲比(高度和直径之比)可为普通拉深比的15倍左右。

2. 板料气压成形

把超塑性金属板料置于模具中，板料与模具一起加热到规定温度，向模具内吹入压缩空气或抽出模具内的空气形成负压，板料浆紧贴在凹模或凸模上，获得所需形状的成形件。此法可加工厚度为0.4～4 mm的板料。

3. 挤压和模锻

高温合金及钛合金用常规工艺难以成形，材料损耗极大。而在超塑性状态下模锻，不仅可以节省原材料，降低成本，而且大幅度提高成品率。

4.4.3　多向模锻

多向模锻是将坯料放入锻模内，用几个冲头从不同方向同时或依次对坯料加压，以获得形状复杂的精密锻件的成形新工艺。

4.4.3.1　多向模锻工艺过程

首先，坯料的尺寸和质量要经过精确计算后，放入打开的模膛内；然后加压合模，等坯料充分变形后再次分开锻模取出工件。多向模锻一般需要在具有多向施压特点的专门锻造设备上进行。多向模锻过程如图4-63所示。

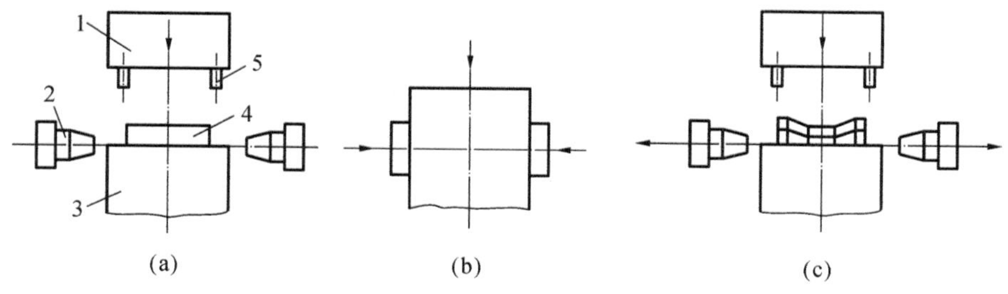

图4-63　多向模锻过程

(a) 开始　(b) 合模　(c) 锻模分开

1—上模；2—冲头；3—下模；4—坯料；5—导柱

4.4.3.2　多向模锻的特点及应用

多向模锻采用封闭式锻模，没有飞边槽，锻件可设计成空心，精度高，可节约大量金属材料，降低成本。

多向模锻能锻出难以用常规模锻设备制造的锻件，如具有凹面、凸肩或多向孔穴等形状复杂的锻件。

多向模锻尽量采用挤压成形，金属分布合理，金属流线较为理想。多向模锻件力学性能好，强度一般可提高30%以上。

多向模锻往往在一次加热过程中就完成了锻压工艺，减少锻件的氧化损失，有利于模锻件的机械化操作，显著降低了劳动强度。

对金属材料来说，多向模锻适用范围广泛，除一般钢材与非铁合金外，也适宜于塑性较差的高合金钢与镍铬合金等材料的模锻。

但多向模锻需要配备大吨位的专用多向模锻压力机设备，且电力消耗较大，下料时对尺寸需进行精密计算或试料。

多向模锻在实现锻件精密化和改善锻件品质等方面具有独特的优点，在航空、石油、汽车、拖拉机与原子能工业中有了广泛应用，如中空架体、活塞、轴类件、筒形件、大型阀体、管接头以及其他受力机械零件都可采用多向模锻。

4.4.4 液态模锻

现代工艺的发展不单是某一工艺中某种方法的延伸，还包含了不同工艺之间相融合的新工艺，例如液态模锻。液态模锻是把金属液直接浇入金属膜内，然后在一定时间内以一定的压力作用于液态（或半液态）金属上使之成形，并在此压力下结晶和产生局部塑性变形，它是类似压力铸造的一种先进工艺。

液态模锻的工艺过程是把一定量的金属液浇入下模（凹模）型腔中，然后在金属液还处在熔融或半熔融状态（固相＋液相）时便施加压力，迫使金属液充满型腔的各个部位而成形，如图 4-64 所示。由于液压机的压力和速度可以控制，操作容易，施压平稳，不易产生飞溅现象，故液态模锻基本是在液压机上进行的。

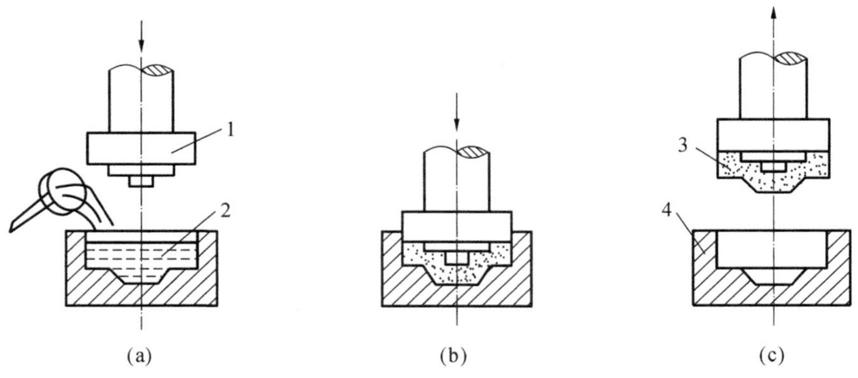

图 4-64 液态模锻工艺过程

（a）浇注 （b）加压成形 （c）脱模

1—凸模；2—金属液；3—模锻件；4—凹模

液态模锻工艺流程为：原材料配制→熔炼→浇注→加压成形→脱模→放入灰坑冷却→热处理→检验→入库。

液态模锻在成形过程中，金属液在压力下完成结晶，改善了锻件的组织和性能。已凝固的金属在压力作用下，产生局部塑性变形，使锻件外侧壁紧贴模膛壁，金属液自始至终处于静压状态。

液态模锻对材料的适应范围很宽，不仅适用于铸造合金，而且适用于变形合金，也适用于非金属材料（如塑料等）。铝、铜等非铁金属以及钢铁金属的液态模锻已大量用于实际生产中。目前，铝、镁合金的半固态模锻也逐渐进入工业应用。

液态模锻实际上是铸造加锻造的组合工艺，它既有铸造工艺简单、成本低的优点，又有锻造产品性能好、质量可靠的优点。因此，在生产形状较复杂而在性能上又有一定要求的锻件时，液态模锻更能发挥其优越性。

引申知识点

运用金属锻造中的挤压原理，借助螺杆或柱塞的挤压作用，使受热熔融的物料在压力推动下强制通过模口，形成恒定截面的连续塑料型材，即挤塑成形，如图4-65所示。橡胶的挤出成形与此基本相同。

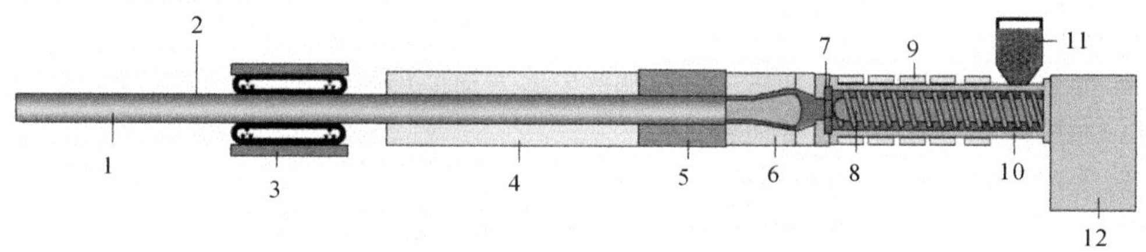

图4-65 挤塑成形原理示意图

1—管材；2—切割装置；3—牵引；4—水槽冷却；5—冷却定型；6—机头；7—多孔板、过滤网；8—螺杆；9—加热器；10—料筒；11—料斗；12—传动系统

运用金属锻造中的模锻原理，分别将塑料、胶料、粒状粉料填充于模型中，施压，形成与模腔形状一样的模制品，即压制成形，如图4-66所示。

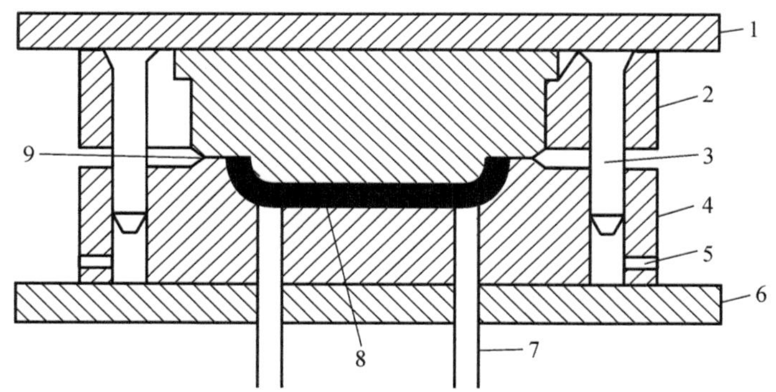

图4-66 溢式塑模示意图

1—上模板；2—组合式阳模；3—导合钉；4—阴模；5—气口；6—下模板；7—推顶杆；8—制品；9—溢料缝

复习思考题

1. 为什么说锻造生产是机械制造中的重要加工方法？它有何特点？

2. 从你熟悉的工具或设备零件中，举出一个热变形制件、一个冷变形制件，并注明材质和加工方式。

3. 冷变形和热变形的根本区别是什么？铅($t_{熔}$=327.5 ℃)、铁($t_{熔}$=1538 ℃)在室温下的变形是冷变形还是热变形？冷变形和热变形各有何优缺点？

4. 何谓加工硬化？其产生的原因是什么？什么叫再结晶？它对金属性能有何影响？从你熟悉的零件中，举一个利用加工硬化的实例和以再结晶消除加工硬化的实例。

5. 根据加工硬化和再结晶软化的关系，说明锻造高合金钢大件和普通低碳钢小件选用不同锻压设备的依据。

6.何谓纤维组织？纤维组织是怎样形成的？有何特点？选择零件坯料时，应怎样考虑纤维组织的形成和分布？并举例说明。

7.请为下列零件选用合适的材料和锻造方法：

活扳手　　机床主轴　　自行车脚蹬　　钳工凿子

8.钢件在加热不当时，主要产生哪些缺陷？确定亚共析钢的始锻温度和终锻温度的依据是什么？

9.试比较用棒料切削加工成形的六角螺钉和用棒料冷镦成形的钢螺钉的力学性能有何不同？为什么？

10.冲压具有哪些优点？冲压工艺有哪些？各有何应用？

11.冲压模具有哪些？各有何特点？

12.生产下列工件，应采用哪种冲压工序？

饭盒　汽车驾驶室盖板　煤气罐封头　旅行水壶　铅笔盒　硬币

第 5 章　连 接 成 形

分离的材料可以通过螺纹、铆钉等机械连接，也可以利用化学反应进行胶结，还可以进行冶金连接。冶金连接是通过材料间的熔合、物质迁移和塑性变形等形成的连接，这种连接强度高、刚度大，且服役环境和温度可以与被连接材料相当。焊接是现代工业生产中广泛应用的冶金连接方法。它是利用加热、加压等手段，借助金属的原子结合与扩散作用，使分离的金属牢固地连接起来的成形方法。它是一种不可拆卸的永久性连接。

焊接可以用化大为小、化复杂为简单的办法来备料，然后拼小成大、拼简单为复杂，常被誉为“钢铁裁缝”。焊接工艺具有连接性能好、省料、省工、成本低，生产率高，结构重量轻等优点。广泛用于制造各种金属结构，如房屋、桥梁、船舶、压力容器、化工设备、机车、车辆和飞行器等。

焊接方法很多，通常根据焊接接头的形成特点不同，把焊接方法分为三大类，即熔焊、压焊和钎焊。熔焊、压焊和钎焊的实质不同：熔焊是一种将焊件接头部位加热至熔化状态，不加压而完成焊接的方法；压焊是一种必须对焊件施加压力（加热或不加热）而完成焊接的方法；钎焊是利用熔点比焊件低的钎料，将焊件和钎料加热到高于钎料熔点、低于母材熔点的温度，利用液态钎料润湿母材，填充接头间隙并与母材相互扩散实现连接焊件的方法。常见的主要焊接方法如图 5-1 所示。

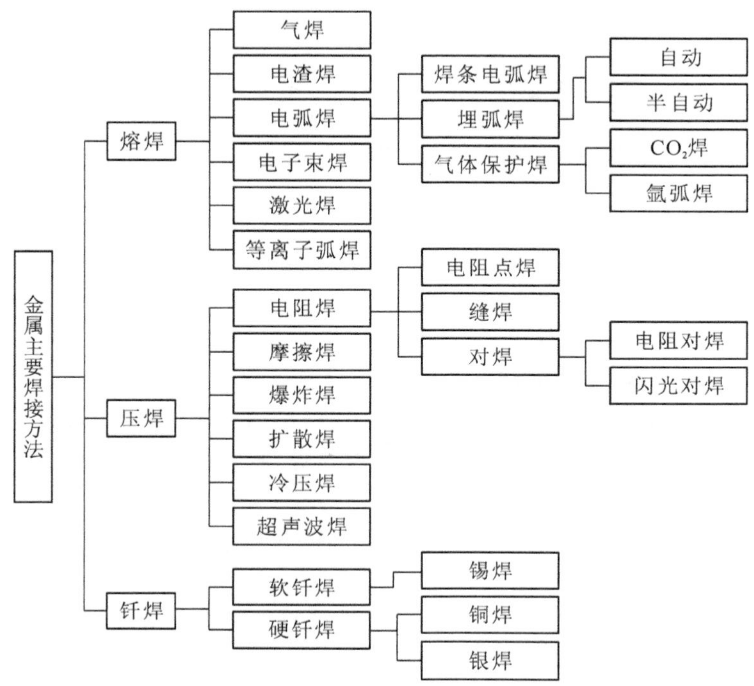

图 5-1　常见焊接方法

5.1　焊接理论

焊接过程中一般需要对焊接区域进行加热,使其达到或超过材料的熔点(熔焊或钎焊),或者接近焊件熔点的温度(固相焊),随后在冷却过程中形成焊接接头。焊接时焊件被局部不均匀地加热,焊接接头的组织不均匀,焊后必然存在焊接残余应力和焊接变形。而且一些焊接缺陷用肉眼看不到,具有隐蔽性,易导致焊接结构的意外破坏。焊接理论正是研究和解决这类问题的基础。其中熔焊的加热温度最高,热影响最明显,在工业中也是应用最广泛的一种焊接方法。以下介绍熔焊的焊接过程、焊接热源,焊接接头组织和性能,最后讨论焊接应力和变形以及金属的焊接性能。

5.1.1　焊接过程及焊接热源

焊条电弧焊的焊接过程如图 5-2 所示。电弧在焊条与被焊工件之间燃烧,电弧热使工件和焊条同时产生局部熔化,形成熔池。熔化的填充金属借助重力和电弧吹力的作用过渡到熔池当中。焊条药皮的一部分在高温作用下分解为气体,包围电弧空间和熔池,形成气体保护。另一部分直接进入熔池,与熔池金属发生冶金反应,产生熔渣而浮于焊缝表面,形成渣壳保护。随着电弧向焊接方向移动,电弧的持续燃烧产生电弧热,使工件和焊条不断熔化产生熔池,原先的熔池则不断冷却凝固,形成连续的焊缝。

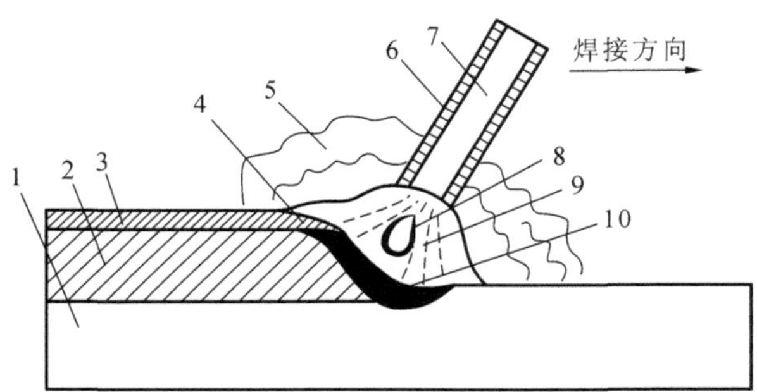

图 5-2　焊条电弧焊

1—焊件;2—焊缝;3—渣壳;4—熔渣;5—气体;6—药皮;7—焊芯;8—熔滴;9—电弧;10—熔池

5.1.1.1　焊接热源

焊接热源是利用物理、化学方法产生使焊接材料熔化的热能,是进行焊接必备的条件。目前主要使用的焊接热源有电弧热、化学热、电阻热、等离子焰、电子束和激光束等。电弧热是目前使用最广泛的焊接热源,如焊条电弧焊、埋弧焊、氩弧焊、CO_2 气体保护焊。现代焊接对焊接热源的主要要求有:

(1) 能量密度高,并能产生足够高的温度。高能量密度和高温可以使焊接加热区域尽可能小,热量集中,并实现高速焊接,提高生产率。

(2) 热源性能稳定,易于调节和控制。热源性能稳定是保证焊接质量的基本条件。

(3) 高的热效率,降低了能源消耗。尽可能提高焊接热效率,对节约能源有着重要的技术经济意义。

5.1.1.2 焊接的热过程和电弧焊冶金过程

在焊接热源作用下金属被局部加热熔化，同时出现热量的传导与分布现象，而且这种现象贯穿整个焊接过程，这就是焊接热过程。焊接热过程包括焊件的加热、焊件中的热传递及冷却三个阶段。

焊接区内各种物质之间在高温下相互作用的过程，称为焊接化学冶金过程。焊接化学冶金反应是熔焊特有的现象，伴随着母材和焊条被加热熔化，在液态金属的周围充满了大量的气体，有时表面上还覆盖着熔渣。这些气体及熔渣在焊接的高温条件下与液态金属不断地进行着一系列复杂的物理化学反应。该过程对焊缝金属的成分、力学性能、焊接质量以及焊接工艺性能都有很大的影响。

焊接热过程具有如下特点：

(1) 加热的局部性，温度梯度大。焊件在熔焊时不是整体受热，热源只是高度集中在焊件上的接头部位，仅使接头及其临近区域熔化形成焊缝。导致焊件上的温度分布极不均匀，特别是在焊缝临近区域，温差最大，因此会产生热应力，易使焊件出现变形或裂纹等问题。

(2) 加热的集中性，温度高。焊接热源温度很高，可达 6000～8000 ℃，高温作用下电弧周围的气体(CO_2、N_2、H_2)大量分解，分解后的气体原子或离子会溶解在液态金属中，随着温度的下降易形成气孔。

(3) 焊接热源的运动性。焊接时热源沿着焊接方向移动，焊件受热区域不断变化，热源处焊件被加热熔化，熔池中参加反应的物质经常改变，不断有新的液态金属及熔渣加入到熔池中参加反应，增加了焊接冶金的复杂性。而当热源远离时，该焊点处又冷却凝固。因此，焊接熔池的冶金过程和结晶过程均不同于炼钢和铸造时的金属熔炼和结晶过程。

(4) 具有极高的加热速度和冷却速度，熔池体积小，存在时间短。焊接热源的高度局部集中，受热区域小，加热速度极快，能在短时间内加热到使焊件熔化的温度，一旦热源远离，冷却速度也极快。由局部金属开始熔化形成熔池，到结晶完的全部过程一般只有几秒钟到几十秒钟的时间，温度剧烈变化。因此，整个冶金反应常常达不到平衡，很小的金属体积内化学成分具有较大的不均匀性。

5.1.2 焊接接头的组织和性能

焊接接头是两个或两个以上的分离的零件用焊接的方法连接到一起的部分。由于焊接接头在垂直于热源移动方向的剖面上的各点被加热的最高温度不同，因此各部分会出现不同的组织和性能的变化。图 5-3 所示为低碳钢焊接接头的组织和温度的变化示意图。整个焊接接头由焊缝区、熔合区、热影响区构成。

在焊接结构中，焊接接头起两方面的作用：第一是连接作用，即把两焊件连接成一个整体；第二是传力作用，即传递焊件所承受的载荷。为保证焊接质量，检验接头性能应考虑焊缝、熔合区、热影响区甚至母材等不同部分的相互影响。我们经常根据 GB/T 2650—2008 和 GB/T 2651—2008 对焊接接头进行冲击试验和拉伸试验。

5.1.2.1 焊缝区

焊缝是由熔池金属结晶形成的焊件结合部分。结晶从熔池底壁开始，垂直于熔池底壁成柱状生长。熔池金属受电弧吹力和保护气体的吹动，使柱状晶呈倾斜状，晶粒有所细化。熔池结晶过程中，由于冷却速度很快，焊缝金属的化学成分来不及扩散，易造成合金元素分布的不均匀。一些杂质如 S、P 易集中在焊缝中心区，引起焊缝金属力学性能下降，因此焊接

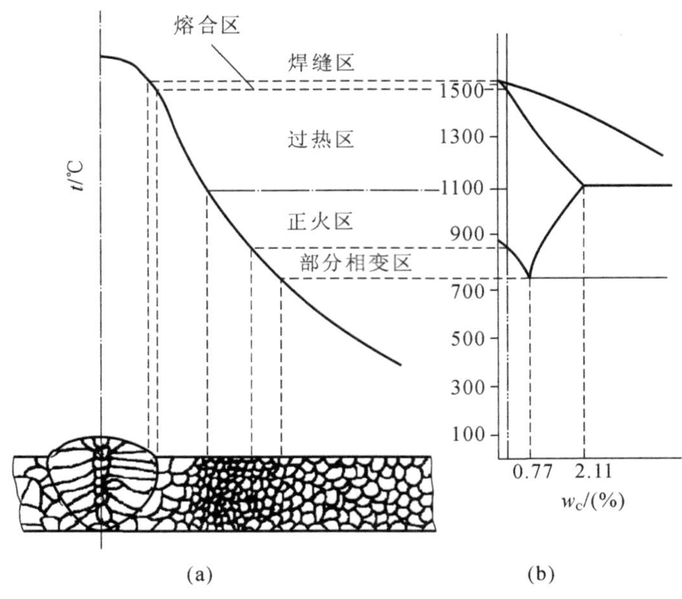

图 5-3 低碳钢焊接接头的组织和温度的变化

时要以适当摆动和渗合金等方式加以改善。

由于焊接熔池小，冷却快，对焊缝组织的晶粒有所细化；又因渗合金的作用，焊缝金属的性能不低于母材。焊接工艺或操作不当，可能出现气孔、夹杂、裂缝、咬边等缺陷。

5.1.2.2 熔合区

熔合区是熔化区和非熔化区之间的过渡部分，其加热温度在合金的固相线和液相线之间。熔合区化学成分不均匀，组织特征为少量的铸态组织和粗大的过热组织。虽然该区很窄，但因其强度、塑性和韧度都下降，且是接头断面变化引起应力集中处，所以易发生焊接裂纹和脆性断裂，是焊接接头性能最薄弱的区域。

5.1.2.3 热影响区

在电弧热的作用下，焊缝两侧处于固态的母材发生组织和性能变化的区域，称为焊接热影响区。低碳钢按组织变化特征，热影响区可划分为过热区、正火区和部分相变区(中、高碳钢有淬火区)。

1. 过热区

加热母材金属的温度高于 Ac_3 温度以上 100～200 ℃至固相线之间，组织转变已经完成，晶粒急剧长大，出现过热组织或晶粒显著粗大的区域。过热区的塑性和冲击韧度很低，也是焊接接头的一个薄弱环节。对于易淬硬钢材，该区的脆性会更大。

2. 正火区

加热母材金属的温度在 Ac_3 至 Ac_3 温度以上 100～200 ℃区间时，金属完全发生重结晶，冷却后为均匀细小的正火组织，力学性能明显改善。该区域是焊接接头组织和性能最好的区域。一般情况下，正火区的力学性能高于未经热处理的母材金属。

3. 部分相变区

母材金属处于 Ac_1～Ac_3 温度之间，该区内的珠光体和部分铁素体发生重结晶，使晶粒细化，而另一部分铁素体来不及转变，冷却后成为粗大的铁素体与细晶粒珠光体的混合组织。由于晶粒大小不均匀，该区的力学性能比正火区的稍差。

焊接接头的性能与材料和焊接方法有密切的关系。可以采用焊后热处理，改善焊接接头的性能。对焊后不能进行热处理的金属材料或构件，一般来说，集中加热能量或提高焊接速度可减少熔合区和热影响区，还可以对焊缝渗透合金，加强脱氧、脱硫、脱磷成分，加强对焊缝的保护等方式提高其质量。

5.1.3 焊接应力和变形

焊接应力和变形是影响焊接结构性能、安全可靠性和制造工艺性的重要因素。当焊件承受外载后，焊接应力与外载荷相叠加，可能造成局部区域应力过高，使焊件产生新的塑性变形，生成裂纹，甚至导致整个焊件断裂。内应力超过材料的屈服强度时，工件便会发生变形。焊接中碳钢、合金钢、高合金钢、铸铁时，内应力易使焊缝及热影响区产生裂纹。因此掌握焊接应力与变形的规律，了解其作用与影响，采取控制或消除的措施，对于焊接结构的完整性设计和制造工艺方法的选择以及运行中的安全评定都十分重要。

5.1.3.1 焊接应力的分布

当焊缝及其相邻区金属处于加热阶段时都会膨胀，但受到焊件冷金属的阻碍，不能自由伸长而受压，形成压应力。该压应力使处于塑性状态的金属产生压缩变形。随后在冷却到室温时，其收缩又受到周边冷金属的阻碍，不能缩短到自由收缩所应达到的位置，因而产生残余拉应力（焊接应力）。

图5-4所示为常见焊缝的应力分布情况，图(a)为平板焊件纵向应力分布的情况，图(b)为平板焊件横向应力分布的情况，图(c)为圆筒形焊件环焊缝焊接应力分布的情况。

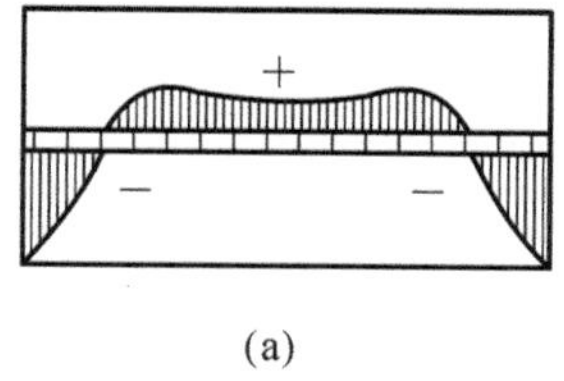

(a)

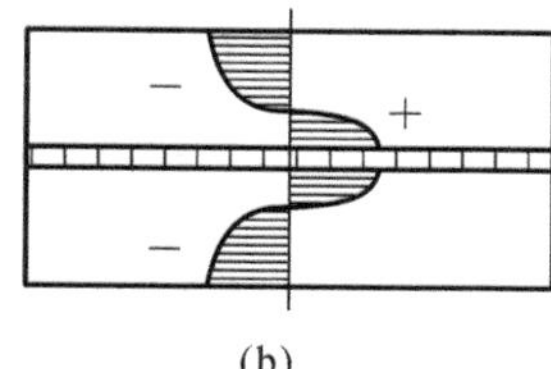

(b)

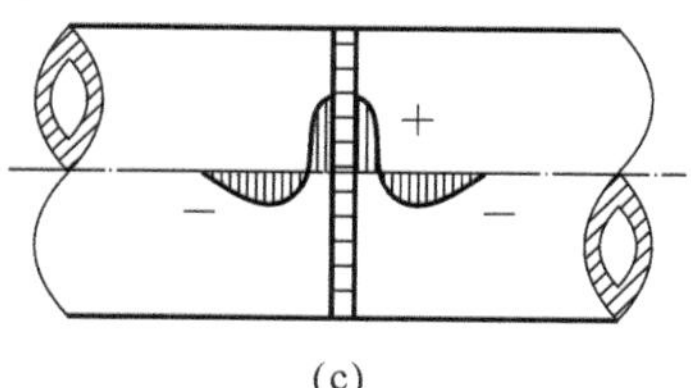

(c)

图5-4 常见焊缝应力分布

(a) 横向应力 (b) 纵向应力 (c) 径向应力

5.1.3.2 减少与消除焊接应力的措施

在设计和施工中常采取一些措施来减小和消除焊接应力。

(1) 设计焊缝时要避免焊缝密集交叉（见图5-5），焊缝截面和长度也要尽可能小，以减少焊接局部加热从而减小焊接残余应力。

(2) 采取合理的焊接顺序，尽量使焊缝能较自由地收缩而不受较大约束，以减小应力。如先焊接收缩量较大的或受力较大的焊缝；先焊错开的短焊缝，后焊直通的长焊缝（见图5-6）。

(3) 采用小能量焊接时，残余应力也较小。

(4) 每焊完一道焊缝，立即均匀锤击焊缝金属使其产生局部塑性变形而伸展，抵消部分收缩，能减少焊接残余应力。

(5) 焊前预热。在焊前把工件预热到350～440 ℃再焊接，减小了焊缝区域金属与周围金属的工件温差，使焊件加热膨胀和冷却收缩更均匀，减小了焊接应力。

(6) 对于承受重载的重要构件、压力容器等，采用焊接后消除应力退火是最常用也是最有效的消除应力的方法。将焊件加热至500～650 ℃，保温一段时间后冷却至室温，整体退

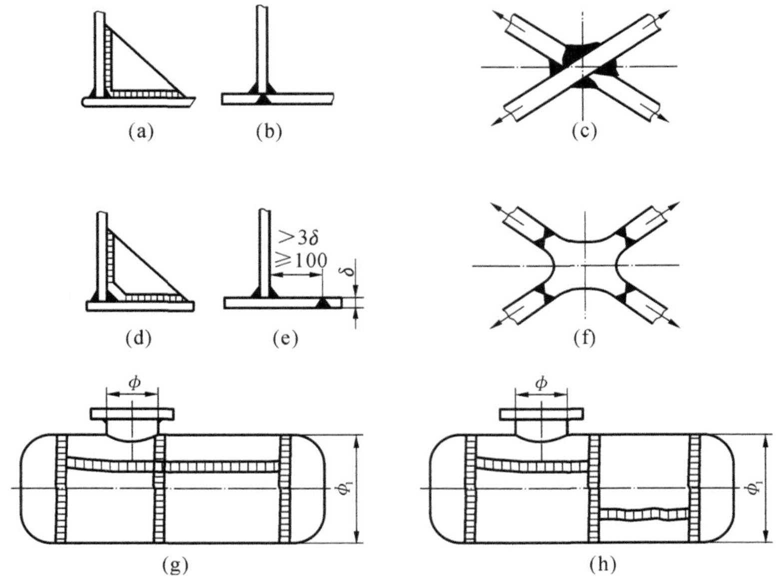

图 5-5　焊缝避免密集与交叉

(a)、(b)、(c)、(g) 不合理　(d)、(e)、(f)、(h) 合理

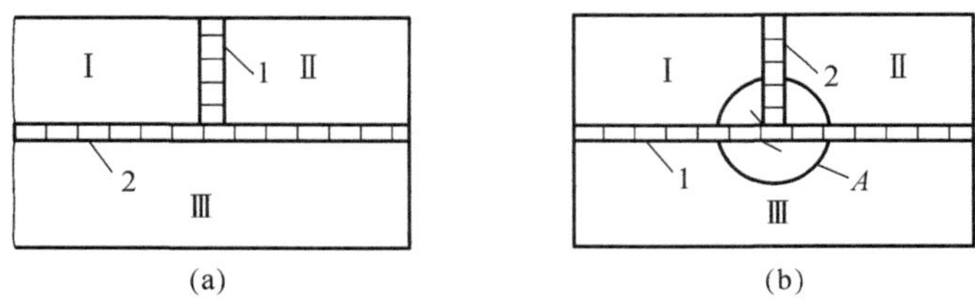

图 5-6　焊接顺序对焊接应力的影响

(a) 正确　(b) 不正确

火处理一般可消除 80％～90％的焊接残余应力。

5.1.3.3　焊接变形的基本形式

具体焊件会出现哪种变形，与焊件结构、焊缝布置、焊接工艺和应力分布等因素有关。一般情况下，结构简单的小型焊件，焊后仅出现收缩变形，焊件尺寸减小。当焊件坡口横截面的上下尺寸相差较大或焊缝分布不对称，以及焊接次序不合理时，则焊件容易发生角变形、弯曲变形或扭曲变形。对于薄板焊件，最容易产生不规律的波浪变形。对于复杂焊件，则可能出现多种变形的组合。图 5-7 所示为焊接变形的基本类型。

5.1.3.4　防止和减小焊接变形的措施

(1) 合理减小焊接应力的措施，均有利于减小焊接变形。另外，在设计焊接构件时，尽量减少焊缝数量；尽量使焊缝处于焊件结构的对称位置(见图 5-8)。厚大件焊接时，应开两面坡口进行焊接。尽量采用大尺寸板料及合适的型钢或冲压件代替板材拼焊，以减少焊缝数量，减少变形。

(2) 反变形法　用实验或计算方法，预先确定焊后可能发生变形的大小和方向，在焊前将工件安置在与变形相反的位置上，或在焊前使工件反方向变形，以抵消焊后所发生的变形，如图 5-9 所示。

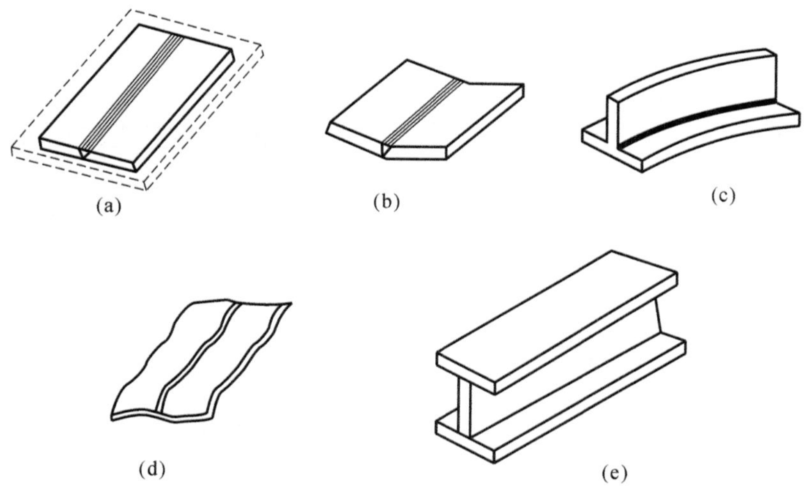

图 5-7　焊接变形的基本类型

(a) 收缩变形　(b) 角变形　(c) 弯曲变形　(d) 波浪变形　(e) 扭曲变形

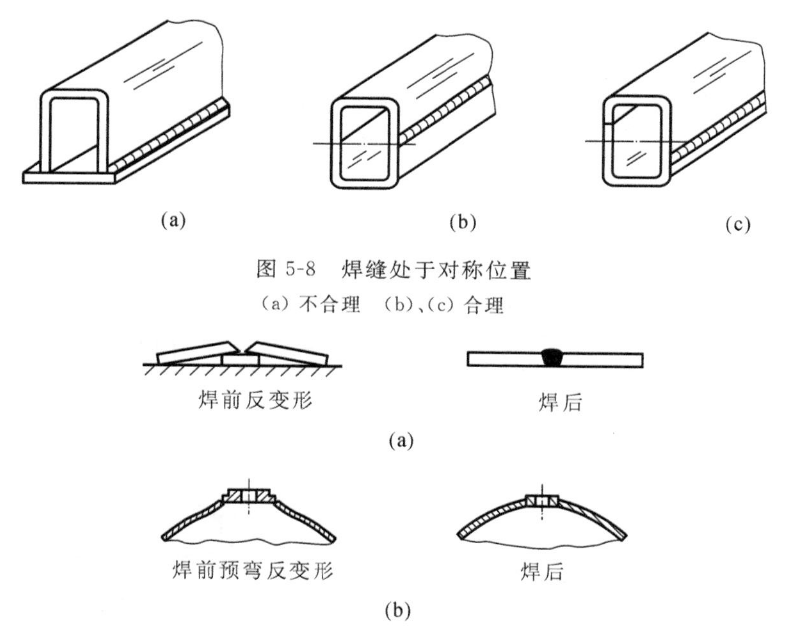

图 5-8　焊缝处于对称位置

(a) 不合理　(b)、(c) 合理

图 5-9　反变形法

(a) 平板焊的反变形　(b) 壳体焊接局部反变形

(3) 加裕量法　根据经验，在工件下料尺寸上加一定裕量，通常为工件尺寸的 0.1%～0.2%，以补充焊后的收缩。

(4) 刚性固定法　焊前将焊件固定夹紧，焊后变形可大大减少。但刚性固定法只适用于塑性较好的低碳钢结构，对淬硬性较大的钢材及铸铁不能使用，以免焊后产生裂纹，刚性固定法如图 5-10 所示。

(5) 在焊后选择适用的矫正措施来减小或消除已发生的残余变形。图 5-11(a)展示了使用不同机械结构矫正弯曲工字钢的方法，图 5-11(b)展示了用火焰加热矫正丁字梁焊接变形。

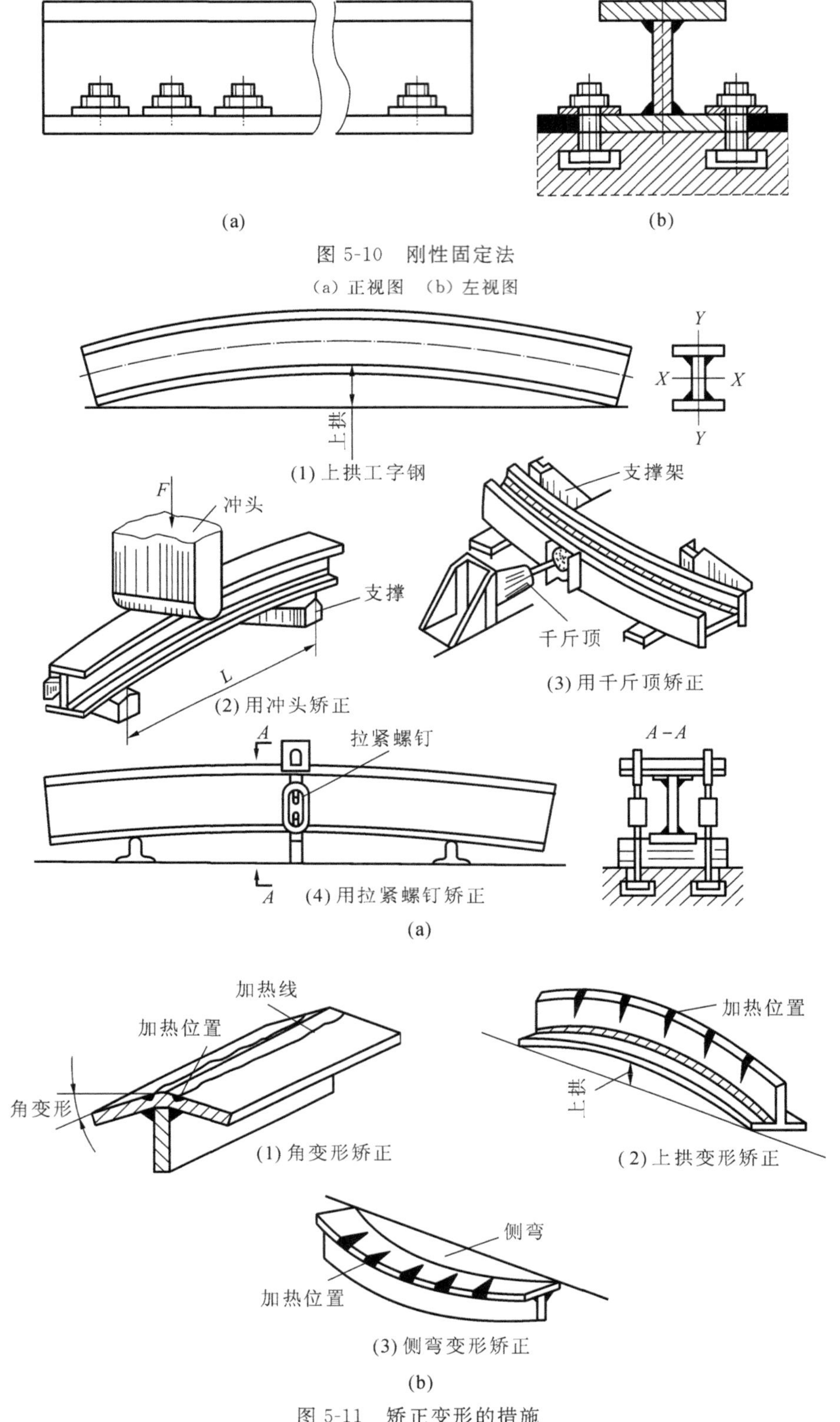

图 5-10　刚性固定法

（a）正视图　（b）左视图

图 5-11　矫正变形的措施

（a）机械矫正工字钢的弯曲变形　（b）火焰加热矫正丁字梁焊接变形

5.1.4 金属的焊接性

金属材料的焊接性是指被焊金属在采用一定的焊接方法、焊接材料、工艺参数及结构形式的条件下，获得优质焊接接头的难易程度。它包括两个方面：一是工艺可焊性，主要是指焊接接头产生工艺缺陷的倾向，尤其是出现各种裂缝的可能性；二是使用可焊性，主要是指焊接接头在使用中的可靠性，包括焊接接头的力学性能及其他特殊性能（如耐热、耐蚀性能等）。

焊接性不是一成不变的，同一种金属材料，采用不同的焊接方法、焊接材料和焊接工艺，焊接性可有很大差别。如铸铁用低碳钢焊条焊接，其质量就差，而改用镍合金焊条焊接，其质量就好得多；硬铝合金用气焊、焊条电弧焊焊接，质量就差，但采用氩弧焊、点焊、电子束焊焊接，质量就好；又如对钛合金的焊接，一般认为焊接性很差，但氩弧焊应用较成熟以后，钛及其合金的焊接已广泛用于航空航天等工业部门中。由于新热源的发展，等离子弧焊接、真空电子束焊接、激光焊接等新的焊接方法出现，使钨、钼、钽、铌、锆等高熔点金属及其合金的焊接成为可能。

5.1.4.1 金属材料焊接性的评定方法

影响金属材料焊接性的因素很多，焊接性的评定可通过试验或者估算方法来确定。

（1）试验法

试验法是将被焊金属材料做成一定形状和尺寸的试样，在规定工艺条件下施焊，然后鉴定产生缺陷（如裂纹）倾向的程度，或者鉴定接头是否满足使用性能（如力学性能）的要求。

（2）碳当量法

工业上焊接结构所用的金属材料绝大多数是钢材。影响钢材焊接性的主要因素是化学成分，各元素对焊缝组织性能、夹杂物的分布以及对焊接热影响区的淬硬程度等影响不同，产生裂缝的倾向也不同。在钢材的化学成分当中，影响最大的是碳，其次是锰、铬、钼、钡等。因此，钢铁金属及其合金用碳当量 $w(\mathrm{CE})$ 方法来估算钢材的焊接性能。

国际焊接学会推荐的碳钢和低合金结构钢用的计算碳当量的经验公式为

$$w(\mathrm{CE}) = w(\mathrm{C}) + \frac{w(\mathrm{Mn})}{6} + \frac{w(\mathrm{Cr}) + w(\mathrm{Mo}) + w(\mathrm{V})}{5} + \frac{w(\mathrm{Ni}) + w(\mathrm{Cu})}{15}$$

式中：各元素的含量都取其成分范围的上限。经验证明，碳当量越高，钢材焊接性就越差。

$w(\mathrm{CE}) < 0.4\%$时，钢材塑性良好，淬硬倾向不明显，焊接性良好。

一般焊接工艺条件下，焊件不会产生裂纹，焊前不需预热，焊后不需热处理。但厚大工件或在低温下焊接时，应考虑预热，低碳钢的预热温度为 150 ℃左右。采用电渣焊焊接低碳钢材料，焊后要进行适当的热处理。

$w(\mathrm{CE}) = 0.4\% \sim 0.6\%$时，钢材塑性下降，淬硬倾向明显，焊接性相对较差。

碳当量越高，板厚越大，淬火的敏感性也越大，在焊缝金属中容易产生热裂纹，在热区容易产生淬硬组织。焊前工件需要适当预热，焊后要缓冷，并采取一定的工艺措施防止裂纹。如焊条应采用抗裂性能较好的低氢焊条。对于强度级别要求较高的低合金结构钢，可调整焊接参数，以控制热影响区的冷却速度不宜过快。焊接厚度大于 3 mm 的中碳钢焊件，预热温度为 250～350 ℃。在气焊时，可直接用气焊火焰进行预热。焊后要逐渐抬高焊嘴使其缓冷。焊后应进行热处理，以消除内应力。

$w(\mathrm{CE}) > 0.6\%$时，钢材塑性较低，淬硬倾向明显，焊接性不好。

焊前必须预热到较高的温度，焊接时要采取减小焊接应力和防止开裂的工艺措施，焊后要进行保温，使其缓慢冷却，或进行适当的热处理。高碳钢和铸铁的焊接主要用于补焊工作。高温合金容易产生裂纹而且焊接接头的强度、塑性达不到母材的水平。

碳当量法只考虑了化学成分对焊接性的影响，而钢材焊接性还受结构刚度、焊后应力条件、环境温度等因素的影响。因此，在具体工程实践中除用碳当量法初步估算外，还要根据情况进行焊接裂纹(热裂纹、冷裂纹)试验、接头力学性能试验、接头腐蚀性试验、接头抗脆性试验等，为制定合理焊接工艺规程与规范提供依据。

5.1.4.2　常用金属材料的焊接性

金属和合金能用许多工艺进行焊接和连接。它们的焊接性很大程度上取决于材料的成分、焊接工艺类型和焊接工艺参数的控制。当焊件的材料和焊接方法确定后，可对该材料的焊接性有一个初步的评价，表 5-1 为常用金属的焊接性。

表 5-1　常用金属材料的焊接性

金属材料	焊接方法												钎焊
	熔焊							压焊					
	手弧焊	埋弧焊	一氧化碳焊	氩弧焊	电渣焊	气焊	电子束焊	点焊缝焊	对焊	摩擦焊	超声波焊	爆炸焊	
铸铁	B	C	C	B	B	A	B	D	D	D	D	D	C
铸钢	A	A	A	A	A	A	A	D	B	B	C	D	B
低碳钢	A	A	A	A	A	A	A	A	A	A	B	A	A
低合金钢	A	A	A	A	A	B	A	A	A	A	B	A	A
高碳钢	A	B	B	B	B	A	A	B	A	A	C	B	C
不锈钢	A	B	B	A	B	A	A	A	A	A	B	A	A
耐热合金	A	B	C	A	D	B	A	B	C	D	C	D	A
高镍合金	A	B	C	A	D	A	A	A	C	C	C	A	A
铜合金	D	C	C	A	D	B	B	C	A	A	A	A	A
铝	C	C	D	A	D	B	A	A	A	B	A	A	B
硬铝	D	D	D	B	D	C	A	A	A	B	A	A	C
镁及镁合金	D	D	D	A	D	D	B	A	B	D	A	A	C
钛及钛合金	D	D	D	A	D	D	A	B	C	D	A	A	B
锆	D	D	D	A	D	D	A	C	C	D	A	A	C
钼	D	D	D	B	D	D	A	D	C	D	A	A	D

注：A 代表焊接性很好，B 代表焊接性较好，C 代表焊接性不好，D 代表焊接性很差。

非铁金属及其合金的焊接性均较差。铜及铜合金可用氩弧焊、气焊、钎焊等进行焊接。其中氩弧焊主要用于焊接紫铜和青铜件，气焊主要用于焊接黄铜件。因铜的电阻极小，故不适用于电阻焊。

铝及铝合金常用的焊接方法有:氩弧焊、气焊、点焊、缝焊和钎焊。其中氩弧焊是较好的方法。

5.2 熔　　焊

熔焊是最基本的焊接方法,适合于各种金属材料任何厚度焊件的焊接,且焊接强度高,因此获得广泛应用。熔化焊包括电弧焊、电渣焊、气焊、高能束焊等。

5.2.1 电弧焊

利用电弧作为热源的熔焊方法,称为电弧焊。电极之间的气体介质被击穿后,形成一种强烈的持久的气体放电现象,这就是焊接电弧。常见的电弧焊有焊条电弧焊、埋弧自动焊和气体保护焊等。焊条电弧焊是用手工操作焊条进行焊接的电弧焊方法,如图 5-12 所示。焊条电弧焊的焊接质量受焊工技能水平、施工条件等影响,变动幅度大。操作简单、灵活,可焊接各种空间位置的焊缝,且接头形式和焊缝的形状、长度等不受限制。一般适用于单件小批生产 2 mm 以上厚度的各种常用金属、各种焊接位置的焊缝和一些不规则的焊缝。焊条电弧焊是各种电弧焊方法中发展最早、目前仍然应用最广泛的一种焊接方法,但由于能耗高,浪费焊材、焊接烟尘大,在自动化生产线、工业化大生产中基本不使用。

图 5-12　焊条电弧焊

5.2.1.1　埋弧自动焊

埋弧自动焊是电弧在颗粒状焊剂层下燃烧的自动电弧焊接方法。典型埋弧自动焊接设备如图 5-13 所示,由焊接电源、焊接小车和工件等组成。埋弧自动焊的焊接过程包括引弧、焊丝下送和弧长调节、焊丝前移以及焊缝收尾等。

1. 埋弧自动焊的焊接过程

如图 5-14 所示为埋弧焊焊缝的形成过程。自动焊机的焊接机头将焊丝自动送入电弧区并保持选定的弧长,焊剂从焊剂漏斗下面的软管下落到电弧前面的焊件接头上,形成焊剂覆盖层。电弧在颗粒状焊剂层下面燃烧,使工件金属与焊丝熔化并形成熔池,部分焊剂熔化形成熔渣覆盖在焊缝表面,大部分焊剂不熔化,可重新回收使用。焊接小车带着焊丝、焊剂沿着焊接方向匀速移动,从而形成焊缝,熔渣浮于焊缝表面,凝固后形成机械保护层。

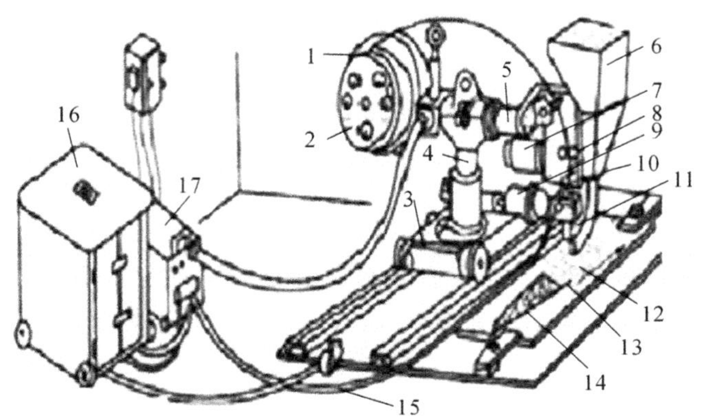

图 5-13 埋弧自动焊接设备

1—焊丝盘；2—操纵盘；3—车架；4—立柱；5—横梁；6—焊剂漏斗；7—送丝电动机；8—送丝轮；9—小车电动机；10—焊接机头；11—导电嘴；12—焊剂；13—渣壳；14—焊缝；15—焊接电缆；16—焊接电源；17—控制箱

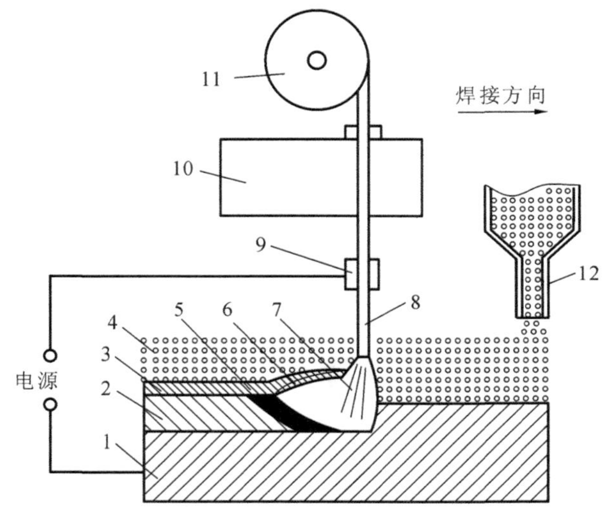

图 5-14 埋弧焊焊缝的形成

1—焊件；2—焊缝；3—渣壳；4—焊剂；5—熔池金属；6—熔渣；7—电弧；8—焊丝；9—导电嘴；10—焊机机头；11—焊丝盘；12—焊剂漏斗

2. 埋弧自动焊的特点

(1) 生产率高　焊丝可以通较大的电流，使生产率提高；更换焊丝的时间较短。

(2) 焊接质量高而稳定　电弧区保护严密，熔池保持液态时间较长，冶金过程进行较完善，焊接参数能自动控制。

(3) 节省金属材料　埋弧焊热量集中，熔池较大，单丝焊 3～8 mm 以下厚度的工件，双丝焊 6～12 mm 以下厚度的工件不开破口可直接焊透。

(4) 改善了劳动条件　看不见弧光，烟雾很少，可进行自动焊接。

(5) 设备费用较焊条电弧焊贵，工艺装备较复杂　埋弧自动焊在焊前下料、开坡口的加工要求较严，以保证组装间隙均匀，焊前将焊缝两侧 50～60 mm 内的一切污垢和铁锈除掉，以免产生气孔。一般在平焊位置焊接。焊缝两头应加引弧板和引出板，焊后去除。

埋弧焊常用来焊接压力容器上的长的直线焊缝和较大直径的环形焊缝。当工件厚度增加和批量生产时，其优点尤为显著。但狭窄位置的焊缝以及薄板（3 mm以下）的焊接，埋弧焊则受到一定的限制。埋弧焊技术也在不断发展，现阶段为提高生产效率，发展了双丝、三丝埋弧焊。

5.2.1.2　气体保护电弧焊

气体保护电弧焊是利用外加气体作为电弧介质并保护电弧和焊接区的焊接方法。氩气、氦气、二氧化碳，以及这些气体的混合气体都可用作保护介质。

1. 氩弧焊

氩弧焊是以氩气作为保护气体的气体保护焊。氩弧焊依据电极不同，分为钨极氩弧焊和熔化极氩弧焊。钨极氩弧焊，如图5-15所示，以高熔点的钍钨棒作为电极。焊接时，钍钨棒不熔化，只起导电与产生电弧的作用，有时还需要另加焊丝作为填充材料。电极所能通过的电流有限，所以通常能焊接厚度0.4～3 mm的工件，通过外部填充焊丝可焊接较厚材料的工件。熔化极氩弧焊，如图5-16所示，以连续送进的焊丝作为电极，利用电弧热将焊件熔化，在氩气喷嘴喷出的氩气保护下形成焊缝。电极可通较大电流焊接厚度在0.8～25 mm的工件。

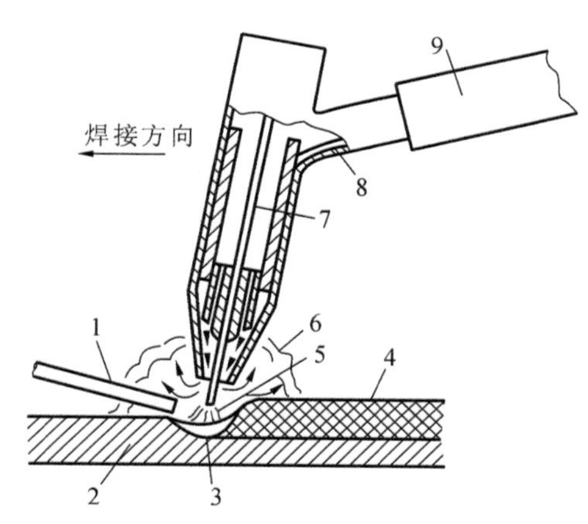

图5-15　钨极氩弧焊

1—充填焊丝；2—母材；3—熔池；4—凝固焊缝；5—电弧；6—氩气保护气体；7—钨极；8—电导体；9—焊炬

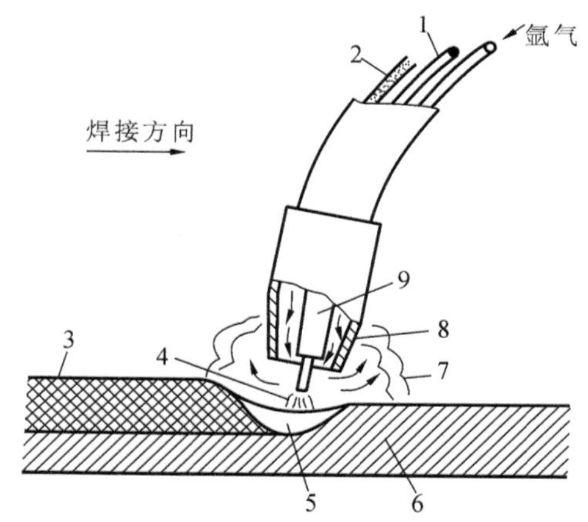

图5-16　熔化极氩弧焊

1—焊丝；2—导线；3—凝固焊缝；4—电弧；5—熔池；6—母材；7—氩气保护气体；8—氩气喷嘴；9—焊丝导管

氩弧焊主要有以下特点：

（1）氩气是惰性气体，不与金属起化学反应，也不溶于金属，保护效果好，焊缝金属纯净，焊接质量优良，焊缝成形美观，适于焊接各类合金钢、易氧化的非铁金属及稀有金属。

（2）电弧在氩气流的压缩下燃烧，热量集中，所以焊接速度快，飞溅少，焊缝致密，表面没有熔渣，热影响区小，焊后变形也较小。

（3）电弧稳定，特别是小电流时也很稳定，因此容易控制熔池温度。为了更容易保证工件背面均匀焊透和焊缝成形，现在普遍采用脉冲电流来焊接，这种焊接方法称为脉冲氩弧焊。

（4）明弧可见，便于观察和操作，焊后无渣，便于机械化和自动化。

由于氩气价格较高，目前氩弧焊主要用于铝及铝合金（采用交流氩弧焊）、钛合金、镁合金，以及不锈钢、耐热钢的焊接和一部分重要的低合金结构钢焊件。

2. 二氧化碳气体保护焊

二氧化碳气体保护焊以 CO_2 等为保护气体的熔化极活性气体保护焊。二氧化碳气体保护焊的焊接装置，如图 5-17 所示。焊丝由送丝机构送入软导管，再经导电嘴送出。CO_2 气体从焊炬喷嘴中以一定流量喷出，包围焊丝端部及熔池，防止空气对高温金属的侵害。

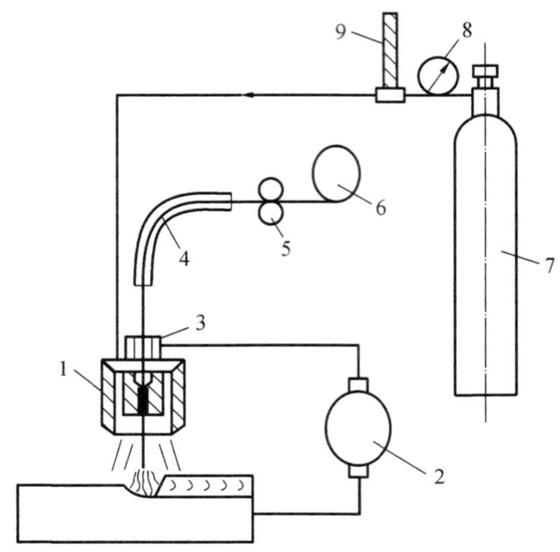

图 5-17　二氧化碳气体保护焊

1—焊炬喷嘴；2—电焊机；3—导电嘴；4—送丝软管；5—送丝机构；6—焊丝盘；7—CO_2 气瓶；8—减压器；9—流量计

二氧化碳气体保护焊是以二氧化碳作为保护气体的电弧焊，其主要特点如下所述。

(1) 成本低。CO_2 气体价格便宜，焊接能耗低。因此，二氧化碳气体保护焊的使用成本很低，只有埋弧焊及手工弧焊的 30%～50%。

(2) 操作性能好，生产率高。二氧化碳气体保护焊是明弧焊，便于监视及控制，有利于实现焊接过程机械化及自动化。二氧化碳气体保护焊的电弧集中，电流密度较大，熔透能力强，熔敷速度快；焊后没有渣壳，节省了清渣时间。

(3) 质量较好。电弧在气流的压缩下燃烧，电弧稳定，热量集中，热影响区小，焊后变形和产生裂纹的倾向性也较小。CO_2 的氧化作用使熔滴飞溅较为严重，焊件成形表面不够光滑。另外 CO_2 在电弧热的作用下能分解出 CO，容易产生气孔缺陷。二氧化碳气体保护焊的抗锈能力强，焊缝含氢量低，抗裂性能好。

CO_2 气体保护焊主要用于 0.8～30 mm 厚度的低碳钢、普通合金高强度钢和低合金钢的焊接。采用氩气和二氧化碳混合气体保护焊时，也可焊接不锈钢、耐热钢等。

在弧焊电源发展方面，各生产制造企业都在投入研究新技术产品，现阶段基本以采用全数字化技术和逆变技术为主，近期推出新技术焊机有实现双脉冲焊接的焊机、频率达到 15000 Hz 的高频氩弧焊机、冷弧焊(CMT)技术焊机，其目的主要是为了电弧稳定，可进行精细控制，数字化技术控制，焊接输入热量集中，热影响区域小，降低产品焊接变形，减少飞溅，高速高效焊接，提高焊接效率。

5.2.2　电渣焊

电渣焊是利用电流通过熔渣所产生的电阻热作为热源进行焊接的方法。根据使用的电极形状，可分为丝极电渣焊、板极电渣焊、熔嘴电渣焊等。

图 5-18 为丝极电渣焊示意图。电渣焊一般都是在直立位置焊接，两个工件（钢板、铸件、锻件）接头相距 25～35 mm，固态溶剂熔化后形成的渣池具有较大的电阻，当电流通过时产生大量的电阻热，使渣池温度保持在 1700～2000 ℃，将被焊的工件和填充金属熔化。熔化金属以熔滴状通过液体渣池，汇集于渣池下部形成金属熔池。由于填充金属的不断送进和熔化，金属熔池不断上升，熔池下部金属逐渐远离热源，在冷却滑块（固定成形块）的冷却作用下，逐渐凝固形成焊缝。

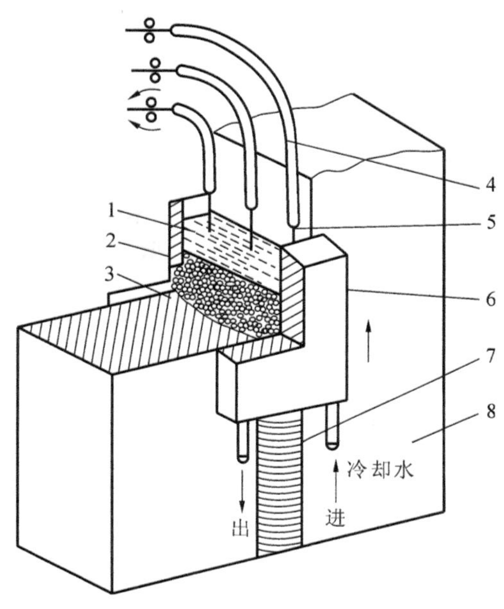

图 5-18 电渣焊示意图

1—渣池；2—金属熔池；3—凝固金属；4—导电嘴；5—焊丝；6—水冷滑块；7—焊缝；8—工件

与其他熔焊相比，电渣焊有以下特点：

（1）当电流通过渣池时，电阻热将整个渣池加热至高温，热源体积较焊接电弧大，大、厚工件只要留一定装配间隙，便可一次焊接成形，生产率高。

（2）电渣焊一般在垂直或接近垂直的位置焊接，整个焊接过程中金属熔池的下部始终为液体渣池，夹杂物及气体有较充分的时间浮至渣池表面或逸出，故不易产生气孔和夹渣；熔化的金属熔滴通过一定距离的渣池落至金属熔池。渣池对金属熔池有一定的冶金作用，焊缝金属的纯净度较高。

（3）调整焊接电流或焊接电压，可在较大范围内调节金属熔池的熔宽和熔深。这一方面可以调节焊缝的成形系数，以防止焊缝中产生热裂纹。另一方面还可以调节母材在焊缝中的比例，从而控制焊缝的化学成分和力学性能。

（4）电渣焊渣池体积大，高温停留时间较长，加热及冷却速度缓慢，焊接中、高碳钢及合金钢时，不易出现淬硬组织，冷裂纹的倾向较小。工艺规范选择合适，可不预热焊接。但焊缝及热影响区的晶粒易长大并产生魏氏组织，因此焊后应进行退火等热处理，以细化晶粒，提高冲击韧度，消除焊接应力。

电渣焊主要用于焊接板厚 40 mm 以上的工件，单丝摆动可焊工件厚度为 60～150 mm，三丝摆动可焊工件厚度为 450 mm。由于焊接应力小，不仅可以焊接低碳钢、普通合金钢，也适用于塑性较低的中碳钢和合金结构钢的焊接。

5.2.3 气焊与气割

气焊与气割均是利用气体的燃烧热，对金属进行连接和分离的工艺。但是，气焊是利用气体的燃烧热熔化焊丝和工件达到连接的目的。而气割是利用气体的燃烧热，引燃被分离的工件，随后预热待分离的部分，实现金属的切割。

5.2.3.1 气焊

气焊是利用可燃气体加上助燃气体，通过焊炬进行混合，使它们发生剧烈的氧化燃烧，利用产生的热量熔化工件接头部位的金属和填充焊丝，冷却后使工件接头牢固的连接成一体的连接技术。生产上应用最多的是以乙炔（C_2H_2）气体作为燃料，氧气（O_2）作为助燃气体的氧乙炔焰，如图 5-19 所示。

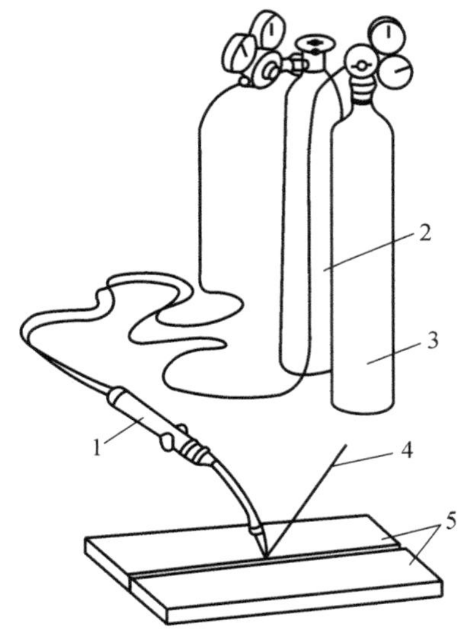

图 5-19　气焊示意图

1—焊炬；2—氧气；3—可燃气体；4—填充焊丝；5—工件

气焊是利用化学能转变为热能的一种熔焊方法。与电弧焊相比，气焊设备简单且移动方便，便于预热和局部焊后处理，在电力供应不足或者电力供应不到的地方需要焊接工件时，气焊可以很好地发挥作用。焊接效率低，焊后工件变形大，焊接热影响区宽。焊接铸铁或非铁金属时，焊缝质量好。

气焊一般是手工操作，常用于焊接 6 mm 以下的薄板和小直径管材以及修补焊接。在小批量薄件（最薄 0.5 mm）焊接、全位置安装焊（如锅炉低压管安装）和修补等方面应用较为普遍。

5.2.3.2 气割

根据某些金属（如钢、铁）在氧气中能够剧烈氧化燃烧，来实现切割的方法。气切割比一般机械切割效率高，成本低，设备简单，且可在各种位置进行切割，并可切割很厚（200 mm）的钢板及各种外形复杂的零件。

但是，只有符合一定条件的金属才能气割：即金属的燃点低于其熔点，能在固态下燃烧；燃烧生成金属氧化物的熔点应低于本身的熔点，且流动性好，以便氧化物熔化后被吹掉；金属燃烧时应放出足够的热量，以加热下一层待切割的金属；金属的导热性要低，否则热量散失，不利于预热。

所以，纯铁、低碳钢、中碳钢及普通低合金钢符合上述条件，可以切割。高碳钢熔点、燃点接近，铸铁燃点比熔点高，不符合上述条件，不可以切割。非铁金属及其合金的导热性高，不可以气割。

5.2.4　高能束焊接与切割

高能束流加工技术包含了以等离子弧、电子束和激光束为热源对材料或构件进行特种加工的各类工艺方法。高能束流焊接热源（光、电子束等）以其高能量密度、可精密控制的微焦点和高速扫描技术特性，实现对材料和构件的深穿透、高速加热和高速冷却的全方位焊接与气割称为高能束焊接与切割。它们在高技术领域和国防科技发展中占有重要地位。

5.2.4.1　等离子弧焊与切割

气体由电弧加热产生离解，在高速通过水冷喷嘴时受到压缩，增大能量密度和离解度，形成等离子弧。等离子弧焊是借助等离子弧进行焊接的方法。图 5-20 所示为等离子弧焊的原理图。当电弧通过水冷喷嘴的细小孔道时受到机械压缩效应、热压缩效应和电磁压缩效应的共同作用，被压缩得很细，能量高度集中，电弧柱内的气体高度电离，成为能量非常密集的等离子弧。等离子流使割缝处的金属温度迅速升高而熔化，可在无填充金属的情况下完成焊接。

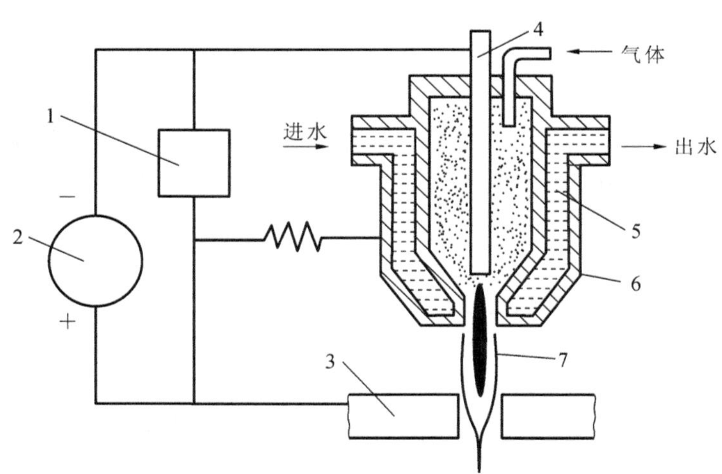

图 5-20　等离子弧焊的原理图

1—振荡器；2—电源；3—工件；4—钨极；5—冷却水；6—喷嘴；7—弧焰

等离子弧焊接实质上是一种具有压缩效应的钨极气体保护焊。它除了具有氩弧焊的优点外，还有以下特点。

(1) 等离子弧能量高度集中，弧柱温度高，穿透能力强。等离子弧温度高达 16000 K～33000 K，能量密度高达 480 kW/cm^2，可焊接厚度为 10～12 mm 的钢材而不需要开坡口；焊接速度快，生产效率高；焊后的焊缝宽度和高度较均匀，焊缝表面光洁。

(2) 电弧在电流为 0.1 A 时能稳定燃烧，因此可以焊接很薄的箔材工件。微束等离子焊可焊接厚度为 0.3～1 mm 的工件。

(3) 设备比较复杂，造价高，气体消耗量大，易在室内焊接。

等离子弧焊广泛用于工业生产，特别是航空航天等军工和尖端工业技术所用的铜及铜合金、钛及钛合金、合金钢、不锈钢、钼等金属的焊接，如钛合金的导弹壳体，飞机上的一些薄壁容器等。

等离子弧切割是一种常用的金属和非金属材料切割方法。它是依靠高温、高速和高能的等离子弧迅速加热熔化被切割的材料，并借助内部或外部的高速气(水)流，将熔化的材料排开，直至等离子气流束穿透工件背面而形成切口，随着割炬的移动而形成割缝，从而达到切割的目的。等离子弧柱的温度高，远远超过所有金属以及非金属的熔点，因而比氧切割方法的适用范围大得多。等离子弧切割比氧气切割效率高 1～3 倍，而且还可以切割不锈钢、铜、铝及其合金、难熔金属和非金属材料。

5.2.4.2　真空电子束焊

真空电子束焊是利用在真空中聚焦的高速电子束轰击焊接表面，使其动能转变成热能而作为焊接热源进行焊接的方法。该方法具有焊缝化学成分纯净、电子束穿透深、热影响区小、焊接接头强度高、零件变形小、过程控制精度高、特别是焊接中生产效率高、生产过程自动化程度高等优点。该方法解决了常规焊接方法无法解决的许多问题，因此现已大量应用于机械制造和电子技术等领域。

电子束焊可用于焊接低合金、非铁金属、难熔金属、复合材料、异种材料等，薄板和厚板均可。特别适用于焊接厚件、要求变形很小的焊件、真空中使用的器件和精密微型器件等。

5.2.4.3　激光焊

激光焊是利用高能密度的激光束轰击焊接工件产生高温进行熔焊的方法。按激光器的工作方式，激光焊可分为热传导焊和深熔焊，前者的热量通过热传递向工件内部扩散，只在焊缝表面产生熔化现象，工件内部没有完全熔透，基本不产生汽化现象，多用于薄壁材料的焊接；后者不但完全熔透材料，还使材料汽化，形成大量等离子体，由于热量较大，熔池前端会出现匙孔现象(类似气孔的焊接缺陷)。深熔焊能够彻底焊透工件，且输入能量大、焊接速度快，是目前使用最广泛的激光焊接模式。

激光焊具有如下特点：

(1) 激光束能量密度大，加热过程极短；聚焦后的光斑直径小(0.2～0.6 mm)，焊点小，热影响区窄，焊接变形小，焊件尺寸公差等级高；但是对焊接接头的装配精度和间隙要求高，焊缝易出现气孔、裂缝和咬边等缺陷。

(2) 激光热源能产生极高的温度，可以焊接常规焊接方法难以焊接的材料，如焊接钨、钼、钽、锆等难熔金属，并能对异性材料施焊，效果良好。

(3) 激光辐射放出能量极迅速，只有几毫秒的时间，被焊材料不易被氧化，可以在空气中焊接非铁金属，而不需要外加保护气体。

(4) 能在室温或特殊条件下进行焊接。例如，激光通过电磁场，光束不会偏移；激光能通过玻璃或对光束透明的材料进行焊接；激光束易按时间与空间分，能进行多光束同时加工及多工位加工。

(5) 激光焊设备成本较高。

常规的熔化极电弧焊虽然焊接速度慢、焊接线能量大、熔深小、热影响区大、焊接变形大，但是设备投资小，对间隙不敏感，能填充金属。因此，近年来激光焊接的发展趋势之一就是采用激光和电弧联合焊接的方法，将激光和电弧两种热源的优点集中起来，弥补单热源焊接工艺的不足。

随着工业激光器的发展和科研人员对焊接工艺的深入研究，激光焊接技术已在许多领域得到应用。但由于激光焊接设备的成本及维修费用较高，目前能够广泛使用激光焊的多为大批量生产或大规模零件焊接的行业，例如汽车工业、造船业等，或者一些投资较大的特殊领域，如航空航天业、核能工业等。

5.3 压焊(固态焊)

压焊是指通过加热等手段使金属达到塑性状态，加压使其产生塑性变形、再结晶和扩散等，将两个分离表面的原子接近到晶格距离(0.3～0.5 nm)形成金属键，从而获得不可拆卸接头的一类焊接方法。常见的压焊有电阻焊、摩擦焊、扩散焊、超声波焊接和爆炸焊等。与熔焊相比，压焊由于不加热或加热温度低，可以减轻或避免热循环对金属性能的不利影响，防止产生脆性的金属间化合物，某些形式的压焊(如闪光焊、摩擦焊等)甚至能将已产生的金属间化合物从接头处挤压去除。不过，大多数压焊方法对接头形式具有一定的要求。例如，点焊、缝焊、超声波焊必须用搭接接头，摩擦焊必须用对接接头，爆炸焊只适于较大截面的连接等。

5.3.1 电阻焊

电阻焊是利用电流通过焊件及其接触处所产生的电阻热，将焊件局部加热到塑性或熔化状态，然后在压力下形成焊接接头的一种焊接方法。

与其他焊接方法比较，电阻焊具有焊接电压低(1～12 V)，焊接电流大(几千到几万安培)，热量集中，焊接变形小，不需要充填金属，对操作者技术要求不高，易于实现机械化和自动化等特点。常用的电阻焊有点焊、缝焊和对焊等。

5.3.1.1 点焊

点焊是用两柱状电极紧压工件，通电后利用电阻热使接触面发生点状熔化(熔核)，断电后在压力下完成一个焊点的结晶过程，如图5-21所示。点焊时，先加压使两装配成搭接的工件紧密接触，然后通电。由于两工件接触处的电阻最大，电流接通后使接头处温度迅速升高，局部金属达到熔点温度被熔化形成熔核。断电后，继续保持或加大压力，熔核在压力下凝固结晶而形成致密的焊点。电极与工件接触处类似工件间的焊接连接，同样会产生很高的温度。因此，以导热性好的铜(或铜合金)作为电极材料并在电极内部接通流动的冷却水能迅速带走热量，温度升高有限，不会出现焊合现象。

一个点焊好后，焊另一个点时，有一部分电流流经已焊好的焊点，称为分流现象。分流使焊接处电流减小，影响焊接质量。工件越厚，焊件导电性越好分流现象越严重，所以点焊有焊点间最小距离限制。

点焊主要适于厚度为4 mm以下的薄板、冲压结构以及线材的焊接。每次焊一个或多个点。决定焊接质量的主要因素有焊接电流、通电时间、电极压力及工件表面清理情况等。

凸焊是点焊的一种变形，通常是利用两被焊接件中已成形的倒角、环、交叉圆柱面，或在其中一零件上预制出凸点、凸环，焊接到另一零件表面的焊接方法。两电极为平面电极。

凸焊主要用于焊接低碳钢和低合金钢的冲压件。凸焊的种类很多，除板件凸焊外，还有螺母、螺钉类零件的凸焊、线材交叉凸焊、管子凸焊和板材T形凸焊等。

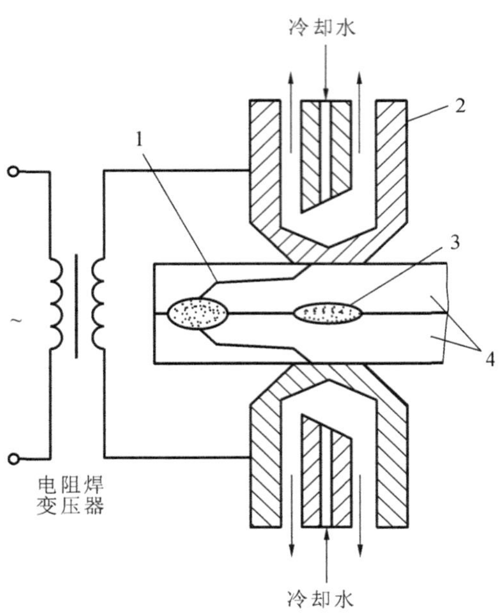

图 5-21　点焊示意图

1—分流；2—电极；3—焊点；4—工件

5.3.1.2　缝焊

缝焊和点焊过程相似，只是用旋转的圆盘状滚动电极代替柱状电极，如图 5-22 所示。盘状电极压紧焊件并滚动，同时也带动焊件向前移动配合断续通电，形成连续重叠的焊缝。缝焊焊点相互重叠 50%以上，故主要用于要求密封性好的结构焊接。但焊接时分流现象严重，故缝焊只适用于 3 mm 以下的薄壁结构，如油箱、小型容器及管道等。该类零件不要求密封，强度不高时，也可采用滚点焊的方式，实现高速、均匀、断续的点焊。

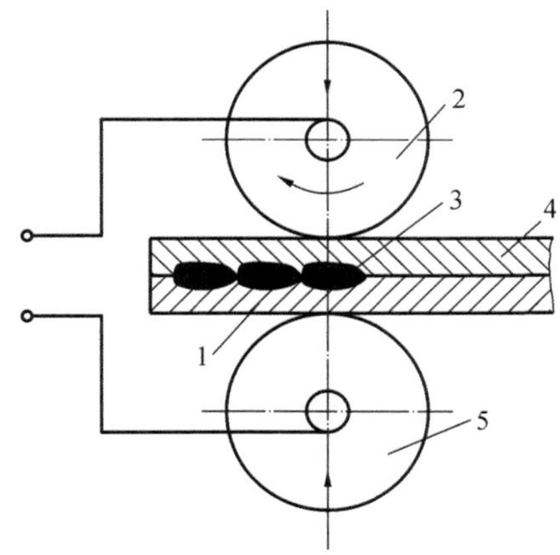

图 5-22　缝焊示意图

1,4—工件；2—上电极；3—焊点；5—下电极

5.3.1.3　对焊

对焊是两工件对接，其端面接触并压紧，利用电阻热使两工件的接触面焊接起来的一种方法。根据工艺过程的不同，对焊可分为电阻对焊和闪光对焊。

1. 电阻对焊

将两个工件装夹在对焊机的电机钳口中，使两个工件的端面接触，并压紧通电，产生电阻热使工件加热到塑性状态，再施以较大的力，并同时断电，使接头在高温下产生一定的塑性变形而焊接起来，如图 5-23(a)所示。

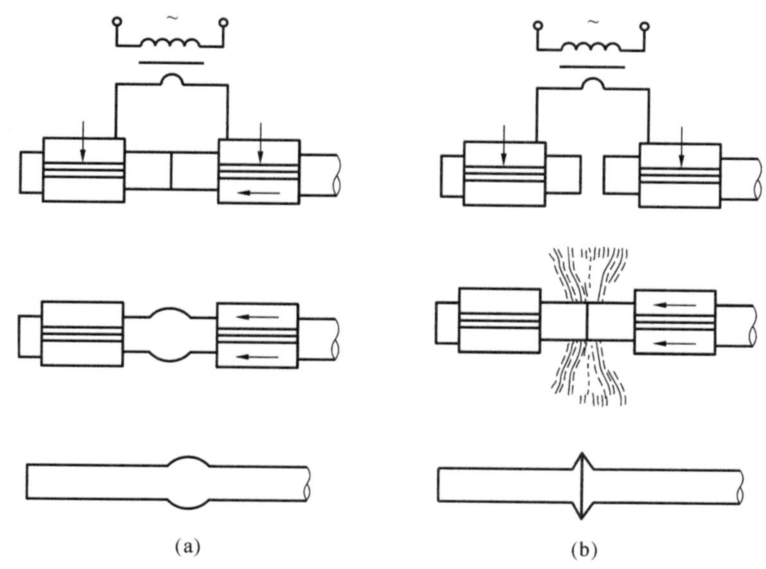

图 5-23 对焊示意图

(a) 电阻对焊 (b) 闪光对焊

电阻对焊具有接头光滑、毛刺小、焊接过程简单、无弧光和飞溅等优点，但接头的力学性能较低，焊前对接头待焊面的准备要求较高，特别是大端面对焊尤其困难。电阻对焊主要适用于焊接截面形状简单、直径或边长小于 20 mm、强度要求不高的工件，不适用大端面对接和薄壁管件对接。

2. 闪光对焊

将两工件对接，夹在电极钳口内轻微接触。因工件表面不平，对接接头上只有一些点接触，当通以电流时，这些接触点的金属被迅速加热熔化，甚至蒸发，在蒸汽压力和电磁力作用下，液态金属发生爆破，形成闪光。保持一定时间，迅速对焊件施加顶锻力，并切断电源。焊件在压力作用下产生塑性变形而焊在一起，如图 5-23(b)所示。电阻对焊和闪光对焊十分相似，两者的焊接热都是由接头电阻通电后产生。但是，前者主要是由焊件自身的电阻产生电阻热，而后者通过闪光过程，靠闪光时产生的接触电阻热实现焊接。

在闪光对焊的焊接过程中，工件端面的氧化物和杂质被闪光飞溅的火花带走，因此对工件端面的准备和清理要求不严格。接头中夹渣少，质量好，强度高，常用于重要工件的焊接，可焊相同金属，也可焊异种金属，被焊工件可为直径小到 0.01 mm 的金属丝，也可焊端面大到 20000 mm^2 的金属棒和金属型材，如大型钢管、铁路钢轨等。但金属损耗较大，工件需留出较大的余量，焊后需清理闪光火花造成的毛刺。

5.3.2 摩擦焊和搅拌摩擦焊

5.3.2.1 摩擦焊

摩擦焊是利用焊件之间相互摩擦产生的热量，骤然停止同时加压，使两焊件产生塑性变形而焊接起来的方法。如图 5-24 所示为摩擦焊示意图，先将焊件夹紧于夹具中，夹具一端为回转夹具，另一端为非回转夹具。回转夹具 5 带动焊件高速旋转，而另一端固定在非回转夹具中的焊件可在轴向加压缸的推动下向左移动，使两焊件端面相互接触，并施加一定轴向压力，依靠接触面强烈摩擦产生的热量使该表面金属迅速加热到塑性状态。随即利用制动器使焊件停止旋转，同时轴向加压缸对接头施加更大的轴向压力进行顶锻，使两焊件产生塑性变形而焊接起来。

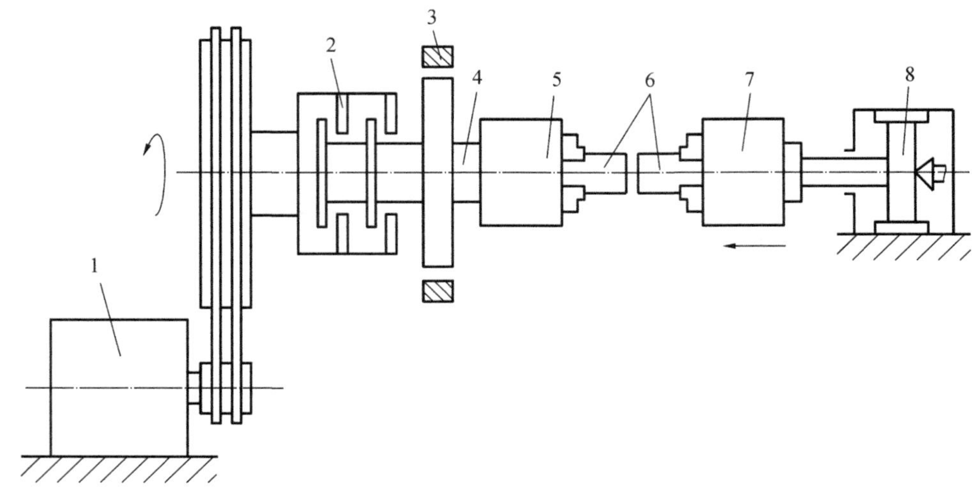

图 5-24　摩擦焊示意图

1—电动机；2—离合器；3—制动器；4—主轴；5—回转夹具；6—焊件；7—非回转夹具；8—轴向加压油缸

摩擦焊接头一般是等截面的，特殊情况下也可以不是等截面的。但至少需要有一个工件为圆形或管状，图 5-25 所示为摩擦焊可用的接头形式。

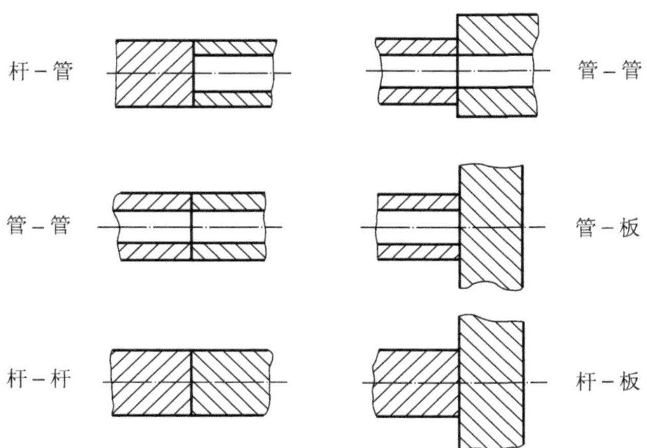

图 5-25　摩擦焊接头形式

摩擦焊的焊接质量稳定，焊件尺寸公差等级高，接头废品率低于电阻对焊和闪光对焊；可焊同种金属，也可焊异种金属；生产率高，比闪光对焊高 5～6 倍，电能消耗少，一次性投资大，适于大量生产；劳动条件好，无弧光、烟尘、射线污染。摩擦焊广泛用于圆形焊件、棒料及管件类焊接。实心焊件的直径为 2～100 mm，管类焊件外径最大可达 150 mm。

5.3.2.2　搅拌摩擦焊

为解决轻金属材料(铝、镁等合金)在宇航中应用出现连接性能低的问题,20 世纪 90 年代初,英国焊接研究所的科学家 C.J.Dawes 等正式宣布发明了搅拌摩擦焊新技术。图 5-26 为搅拌摩擦焊示意图。在焊接过程中,将向下加压旋转着的搅拌头缓慢插入到被焊工件的待焊部位,利用搅拌头和被焊材料之间的摩擦阻力产生摩擦热。在摩擦热的作用下,材料发生软化和塑性变形,并释放出形变能。搅拌头沿着焊接坡口缝隙向前移动,热塑化的材料由搅拌头的前部向后部转移,并且在搅拌头轴肩的压力作用下,实现焊件之间的永久性连接。

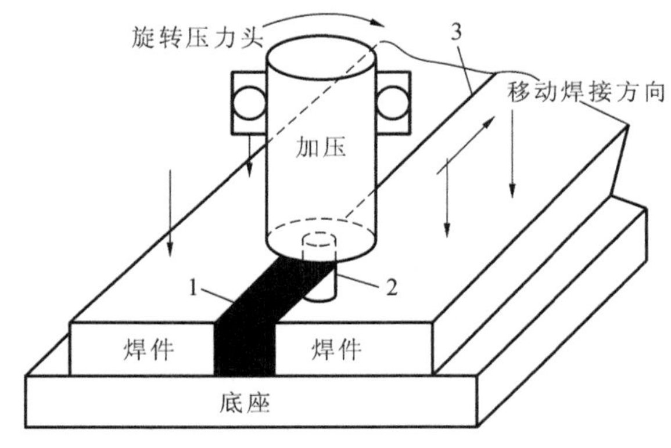

图 5-26　搅拌摩擦焊示意图

1—焊缝;2—硬质摩擦头;3—焊接面

搅拌摩擦焊充分利用了材料摩擦受热形变和机械作用力的特点。除了可以焊接用普通熔焊方法难以焊接的材料外(例如可以实现用熔焊难以保证质量的裂纹敏感性强的 7000、2000 系列铝合金的高质量连接),它还具有以下优点:① 焊接温度低,残余应力小;② 接头力学性能(包括疲劳、拉伸、弯曲强度)好,不产生类似熔焊接头的铸造组织缺陷,并且其组织由于塑性流变而细化;③ 焊接变形小,焊后无余高,调整、返修频率低;④ 焊前及焊后处理简单,焊接过程中的摩擦和搅拌可以有效去除焊件表面的氧化膜及附着杂质,且焊接过程中不需要保护气体、焊条及焊料;⑤ 能进行全方位焊接;⑥ 适应性好,效率高;⑦ 操作简单,焊接过程中无烟尘、辐射、飞溅、噪声及弧光等有害物质产生,是一种环保型工艺方法。该技术的诞生是自激光焊接出现以来最具应用潜力的材料连接技术。

5.3.3　扩散焊

近年来,新材料在生产中应用,经常遇到这些材料本身或与其他材料的连接问题。一些新材料如陶瓷、金属间化合物、非晶态材料及单晶合金等焊接性差,用传统熔焊方法,很难实现可靠的连接。制造一些特殊的高性能构件,往往要把性能相差较大的异种材料连接在一起,这也是传统熔焊方法难以实现的。因此近年来作为固相连接的方法之一的扩散焊成为研究应用的热点。扩散焊通常要将焊件整体加热到低于焊件材料固相线的某一温度,并长时间加压保温,通过接触面附近的塑性变形、再结晶和扩散形成焊接接头。

图 5-27 所示为扩散焊接过程的三个阶段,描述了无扩散辅助材料的常规扩散焊接接头的形成过程。温度、压力、时间和真空等为焊件金属间原子扩散与金属键结合创造了条件。在温室下焊接表面无论焊前如何加工处理,贴合时只限于极少数凸出点接触。在温度和压力作用下,粗糙表面上首先在微观凸起点接触的部位开始塑性变形,并在变形中挤碎了表面的氧化

膜，导致接触点被挤平后面积增加，净面接触处便形成了金属键连接，其余未连接部分就形成微孔（空隙）残留在界面上，图 5-27 所示的第一阶段（变形——接触阶段）。在第二阶段（扩散——界面推移阶段），原子持续扩散，而使界面上许多微孔消失。随着原子晶界扩散的继续进行，许多空间消失。在此同时，界面晶界发生迁移，离开接头的初始平面，形成一个平衡的形态，而在一些晶粒内留下许多残余空隙。第三阶段（界面孔洞消失阶段），继续扩散，界面与微孔最后消失形成新的晶界，达到冶金结合，最后接头成分趋于均匀。

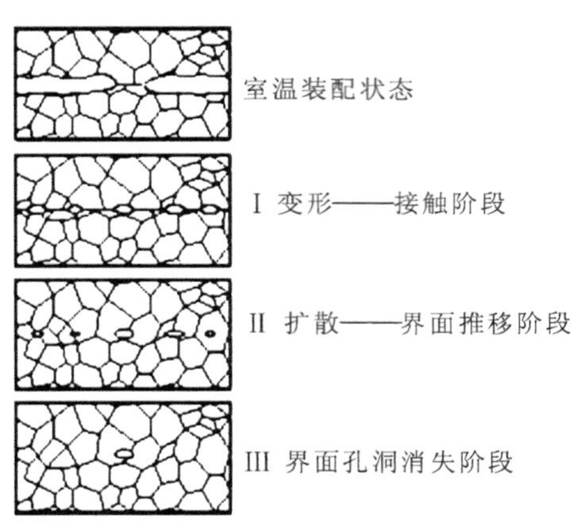

图 5-27　扩散焊接过程的三个阶段

扩散焊接方法进行同种材料接合时，可获得与母材性能相同的接头，无热影响区，几乎不存在残余应力。对于塑性差或熔点高的同种材料、互相不溶解或在熔焊时会产生脆性金属间化合物的异种材料（包括金属与陶瓷），扩散连接是可靠的连接方法之一。扩散焊件的精度高，变形小，是精密结合。但扩散焊焊接时间长、焊接表面处理要求严格，导致生产率低，无法进行连续式批量生产。

5.4　钎　　焊

钎焊是指用比母材熔点低的金属材料作为钎料，加热到高于钎料熔点、低于母材熔点的温度，用液态钎料润湿母材和填充工件接口间隙并使其与母材相互扩散形成牢固连接的焊接方法。

钎焊时，工件以搭接形式进行装配，把钎料放在接合间隙附近或直接放入结合间隙中。当工件与钎料一起加热到稍高于钎料的熔化温度后，钎料将熔化并浸润焊件表面。液态钎料借助毛细管作用，将沿接缝流动铺展，于是被焊接金属和钎料间进行相互溶解，相互渗透，形成合金层，冷凝后即形成钎接接头，如图 5-28 所示。通常根据钎料熔点的不同，将钎焊分为软钎焊和硬钎焊。

软钎焊的钎料熔点低于 450 ℃，接头强度较低（小于 70 MPa）。这种钎焊适于焊接承受载荷小或工作温度较低，但要求密封性好的焊件，多用于电子和食品工业中导电、气密和水密器件的焊接。硬钎焊的钎料熔点高于 450 ℃，接头强度较高（大于 200 MPa），可以连接承受载荷的零件或在高温下工作的工件，如硬质合金刀具、自行车车架、换热器、导管及各类容器等。在微波波导、电子管和电子真空器件的制造中，钎焊甚至是唯一可能的连接方法。硬

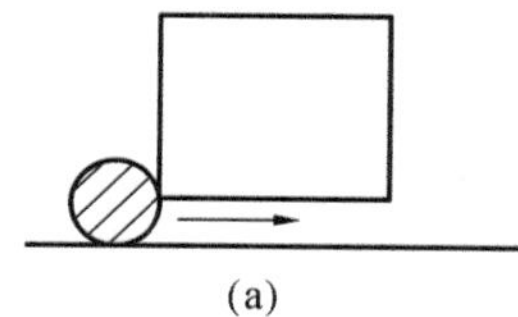
(a)

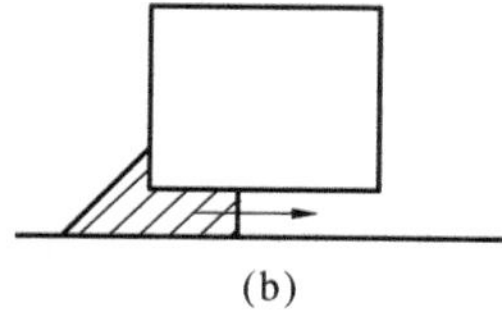
(b)

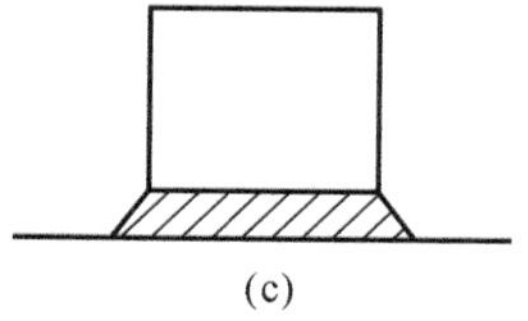
(c)

图 5-28 钎料填充过程

(a) 放置钎料 (b) 钎料扩散 (c) 填满间隙

钎焊的钎料种类繁多，以铝、银、铜、锰和镍为基的钎料应用最广。铝基钎料常用于铝制品钎焊。银基、铜基钎料常用于铜、铁零件的钎焊。锰基和镍基钎料多用来焊接在高温下工作的不锈钢、耐热钢和高温合金等零件。

钎焊按所用的热源不同，可分为：火焰钎焊、感应钎焊、烙铁钎焊、红外钎焊、电子束钎焊、激光钎焊、等离子钎焊、电阻钎焊、炉中钎焊、辉光钎焊等。

5.5 焊接工艺设计简介

焊接工艺设计是根据结构的使用要求，包括一定的形状、工作条件和技术要求等，从焊接材料、焊接方法和焊接接头以及工艺流程等方面进行设计，力求保证焊接质量好，焊接工艺简便，生产率高，成本低廉。下面以乙炔气瓶为例，学习焊接工艺设计的简单过程和一些原则。

5.5.1 乙炔气瓶焊接结构设计简介

5.5.1.1 乙炔气瓶的结构

乙炔气瓶主要由筒体、封头、附件（瓶颈、易熔座）组成，如图 5-29 所示，其中筒体和瓶颈是制造的关键部分。圆形封头的材料为整块钢板，在油压机上用凸凹模一次热压成形。筒体由一个筒节拼焊而成，筒节在三辊卷板机上冷卷而成，瓶颈、易熔座这两个零件需经切削加工制得。

5.5.1.2 容器设计要求

工作温度：20 ℃。

设计压力：10 MPa。

生产类型：大量生产。

图 5-29 乙炔气瓶结构及焊缝位置

1—瓶颈；2—易熔座；3—筒体；4—封头

5.5.2 焊接材料的选择

焊接材料不仅指结构件本身的选材，还包括焊条、焊丝、焊剂、气体、电极和衬垫等。应根据母材的化学成分、力学性能、焊接性能，并结合结构特点、使用条件及焊接方法综合考虑选用焊接材料，必要时通过试验确定焊缝金属的性能应高于或等于相应母材标准规定值的下限或满足规定的技术条件要求。在选择焊接结构的材料时应遵守以下主要原则。

(1) 选择焊接性能好的材料(低碳钢、低合金钢)

镇静钢脱氧完全,组织致密,质量较高,重要的焊接结构应选用这种钢材。沸腾钢的含氧量比较高,浇注时钢液在钢锭模内产生沸腾现象(气体逸出),钢锭凝固后存在蜂窝状气泡,因而组织成分不均匀,有较明显的区域偏析带、疏松和夹杂,焊接时易产生裂缝,厚板焊接时还可能层状撕裂。当焊接承受动载荷或严寒下工作的构件和制造盛装易燃、有毒介质的压力容器,应避免使用沸腾钢。

(2) 优先选用型材和管材,如尽量采用工字钢、槽钢、角钢和钢管等,如图 5-30 所示,以简化工艺过程。

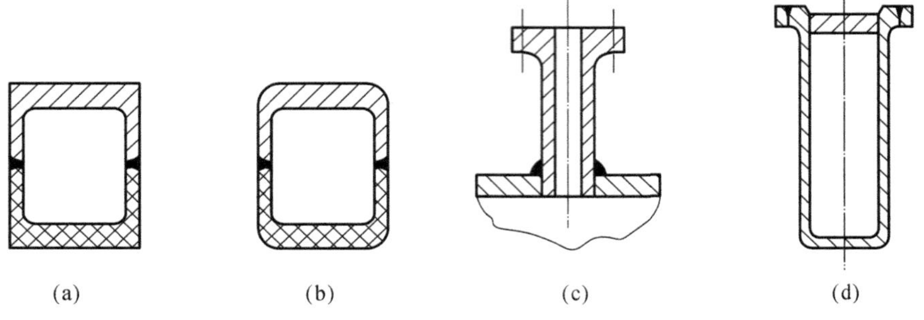

图 5-30　合理选材与减少焊缝数量

(a) 用两根槽钢焊成　(b) 用两块钢板弯曲后焊成　(c) 容器上的铸钢件法兰　(d) 冲压后焊接的小型容器

(3) 乙炔气瓶的材料选择

乙炔压力容器材料作为一种受压部件的结构材料,应具有足够的力学性能,包括抗拉强度、塑性和韧度。其次,压力容器主体在制造过程中,需经过各种成形加工。附件需要具有良好的切削加工性。此外,整体乙炔压力容器用钢还应具有良好的焊接性、耐蚀性、抗氢能力以及适应各种热处理的特性。根据关于钢制压力容器的设计规定公式可计算出壁厚为 8 mm,可选 8～10 mm 的钢板。瓶体部分可选低合金钢板 16MnR,瓶颈、易熔座这两个零件可选 20R 钢。

5.5.3　焊接接头设计

焊接接头设计是在充分考虑结构特点、材料特性、接头工作条件和经济性等的前提下,为保证焊缝质量,对接头进行设计,包括确定接头形式、坡口形式和尺寸以及焊缝位置和尺寸等。

5.5.3.1　焊缝的布置

合理的焊缝布置是焊接结构设计的关键,与产品的质量、成本、生产率以及工人的劳动强度都有密切的关系。焊缝布置除了要尽量避免密集交叉,尽可能对称分布外,还应考虑焊缝周围是否有供焊工自由操作和焊接装置正常运行的空间和应力分布等。

1. 便于操作

焊缝布置必须保证焊接过程的顺利进行。如图 5-31 中的焊条电弧焊焊接位置,图(a)、(b)、(c)所示的内侧焊缝,焊条无法伸入,改为图(d)、(e)、(f)所示的设计比较合理。

埋弧焊时,要考虑存放焊剂,如图 5-32 所示。点焊与缝焊时,应考虑方便电极伸入这个问题,如图 5-33 所示。点焊或缝焊时,焊缝应尽量放在平焊位置,尽可能避免仰焊缝,减少横焊焊缝和立焊缝。

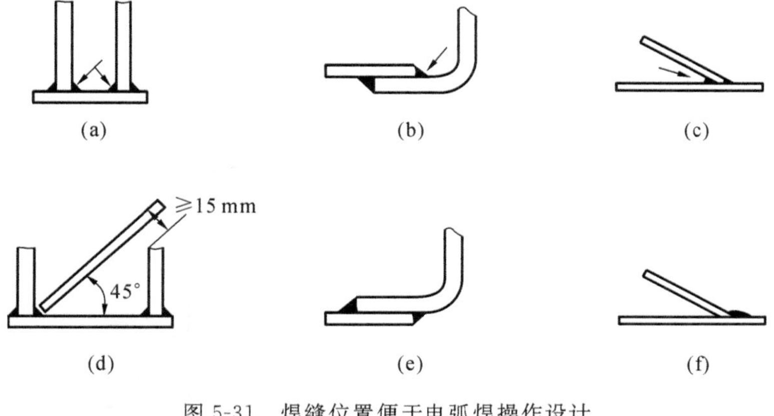

图 5-31 焊缝位置便于电弧焊操作设计

(a)、(b)、(c) 不合理 (d)、(e)、(f) 合理

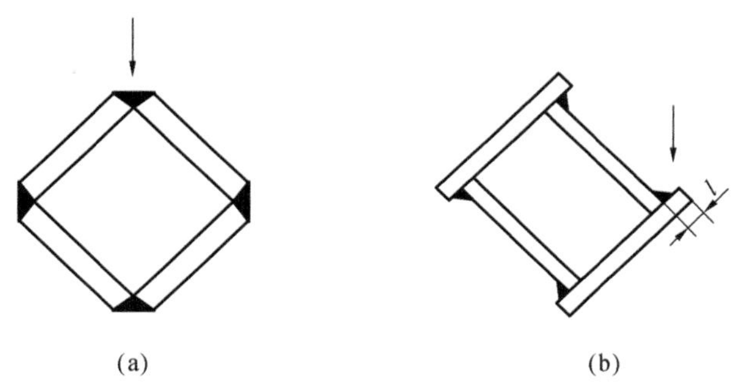

图 5-32 焊缝便于埋弧焊设计

(a) 放焊剂困难 (b) 放焊剂方便

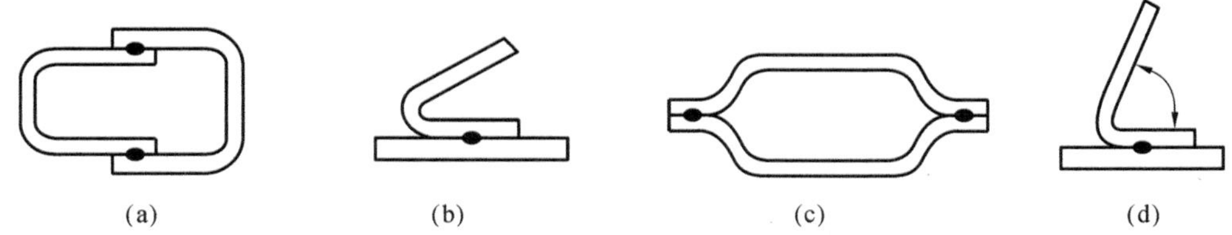

图 5-33 焊缝便于点焊与缝焊设计

(a) 电极难以伸入 (b) 电极难以伸入 (c) 操作方便 (d) 操作方便

2. 避开应力集中部位

对于受力较大，结构较复杂的焊接构件，在最大应力断面和应力集中位置不应该布置焊缝。如大跨度的焊接钢梁，应避免在梁的中间增加一条焊缝。压力容器的凸形封头应有一直壁段，使焊缝避开应力集中的转角位置，直段应不小于 25 mm，如图 5-34 所示。在构件截面有急剧变化的位置或尖锐棱角部位，易产生应力集中，应避免布置焊缝。在需要机加工的表面或者质量要求较高的表面上，尽量不要设置焊缝，如图 5-35 所示。

5.5.3.2 焊接接头设计

设计接头形式主要考虑焊件的结构形状和板厚、接头使用性能等因素。按结合形式的不同可把焊接接头分为对接接头、T 形接头、十字接头、搭接接头、角接接头、端接接头、套管

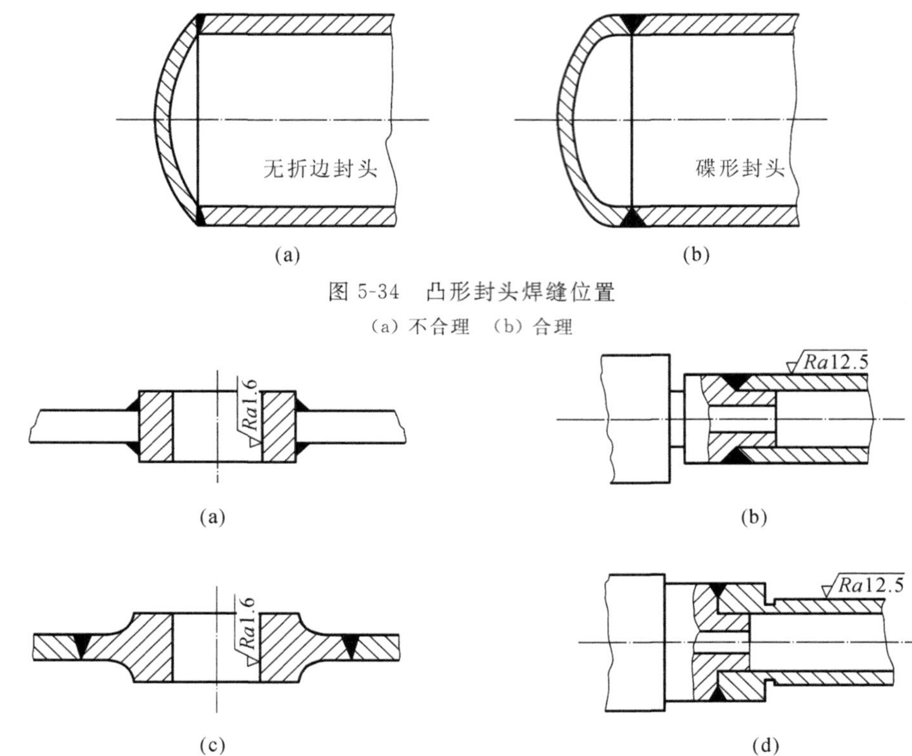

图 5-34　凸形封头焊缝位置

(a) 不合理　(b) 合理

图 5-35　焊缝远离机械加工表面的设计

(a)、(b) 不合理　(c)、(d) 合理

接头、斜对接接头、卷边接头和锁底接头等，它们的结构形式如图 5-36 所示。常见的接头形式有对接接头、角接接头、T 形接头及搭接接头等。

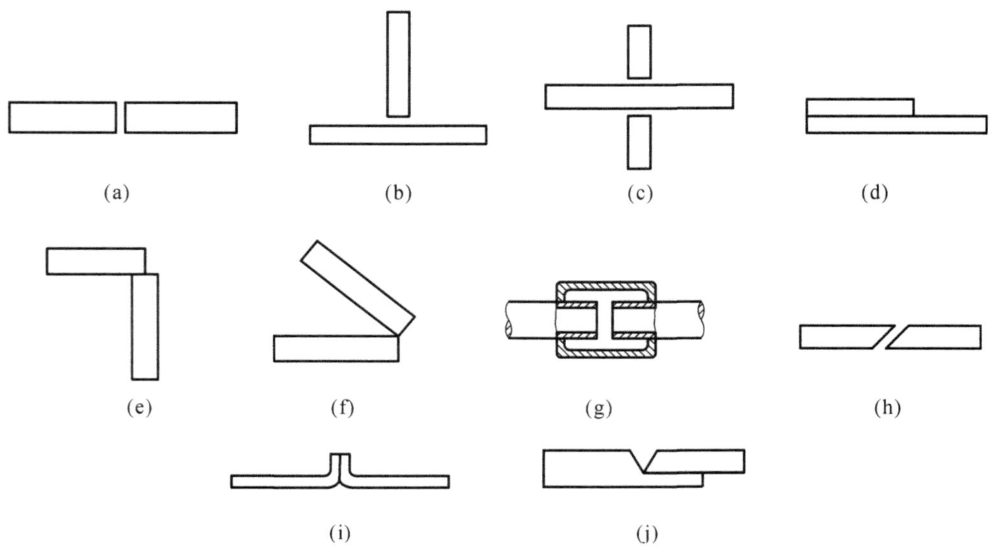

图 5-36　焊接接头的结构形式

(a) 对接接头　(b) T 形接头　(c) 十字接头　(d) 搭接接头　(e) 角接接头
(f) 端接接头　(g) 套管接头　(h) 斜对接接头　(i) 卷边接头　(j) 锁底接头

对接接头受力均匀，节约材料，应力集中较小，易于保证焊接质量，静载和疲劳强度都比较高，是焊接结构中应用较多的一种，但其对下料尺寸和焊前定位装配尺寸公差等级要求较高。一般在锅炉、压力容器等焊件中常采用对接接头。搭接接头的两工件不在同一平面上，接头处部分相叠，应力分布不均匀，接头处产生附加弯矩，降低了疲劳强度，材料耗损大，但其对下料尺寸和焊前定位装配尺寸公差等级要求不高，且接头结合面大，增加承载能力。一般在房屋架、桥梁、起重机吊臂等桁架结构中常采用搭接接头。角接接头多用于管接头与壳体的连接，一般只起连接作用，不能用来传递工作载荷。T形接头应用比较广泛，在船体结构中多采用这种接头形式。

5.5.3.3 坡口设计

为了保证焊透，根据设计或工艺需要，将焊件的待焊部位加工成一定几何形状的沟槽称为坡口。在焊接结构设计时，除考虑接头形式外，还应注意坡口形状和尺寸。焊接接头可采用各种坡口形式。除I形坡口、V形坡口、U形坡口、J形坡口等基本类型，还有由两种或两种以上的基本型坡口组合而成的组合型坡口，如Y形坡口、X形坡口等，如图5-37所示。

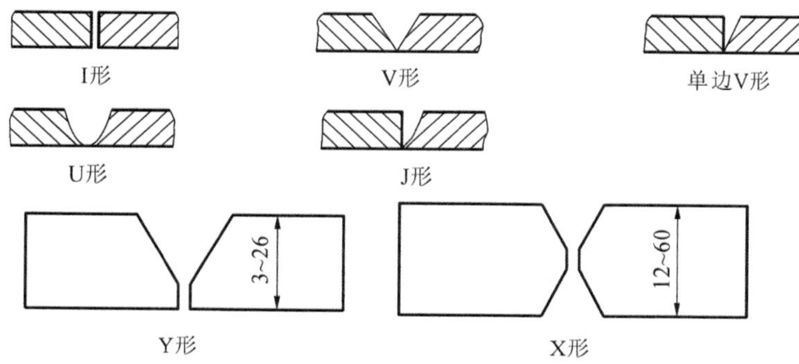

图5-37 常见坡口形式

5.5.3.4 乙炔气瓶焊接接头设计

乙炔气瓶瓶体成形一共需要三条焊缝，筒体采用纵焊缝，筒体与上、下封头间采用环焊缝，如图5-29所示。考虑到壁厚为8 mm，属于薄板焊接，且乙炔气瓶是一种密闭整体性容器，因此这三处焊缝之间应满足等强度原则，故选用对接接头，Y形坡口，如图5-38(a)所示。瓶颈、易熔座与瓶体的焊缝属于环焊缝，且瓶颈、易熔座与瓶体材料不相同，属于异种金属焊接，采用角接焊缝，插入式全焊透T形接头，如图5-38(b)所示。

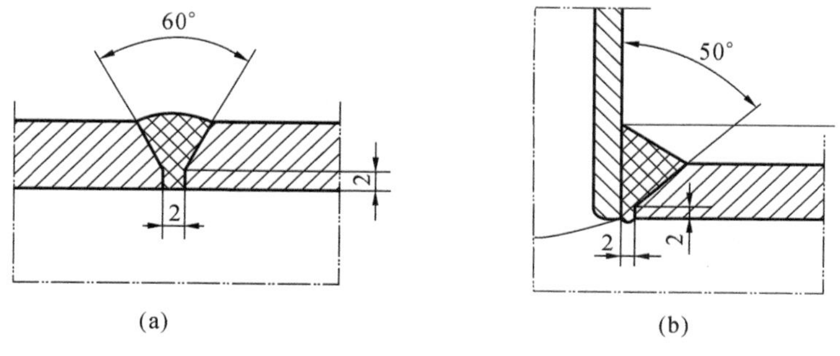

图5-38 焊接接头设计

(a) Y形坡口 (b) T形接头

5.5.4 焊接方法的选择

焊接方法的选择与焊接材料、焊缝空间位置、焊件生产纲领、焊件质量、生产率和实际工厂的设备等因素有关。在压力容器制造中，常用的焊接方法有焊条电弧焊、埋弧焊、电渣焊、熔化极气体保护焊、钨极惰性气体保护焊、等离子弧焊等。

气瓶为大量生产，同时又承受较大压力，因此瓶体的焊接采用生产率高、焊接质量稳定的埋弧自动焊。焊接材料可用焊丝 H08A、H08MnA 或 H10Mn2A，配合 HJ431。瓶颈、易熔座与瓶体的焊接因焊缝直径小，用手弧焊焊接。构件材料选用 20 钢时，焊条可用 E4303(J422)；构件材料为 16Mn 钢时，焊条可取 E5015(J507)。

引申知识点

(1) 本章讲的焊接方法，大多是在空气中完成的，有些还需要在真空环境下进行连接。在水里能不能进行电弧焊接？

答案是肯定的。水下焊接是一种在水下进行焊接作业的工艺方法。主要用于船舶打捞和水面以下船体的应急维修，以及码头和其他水工建筑钢材等金属结构的安装和修理。目前用于水下焊接的方法有 20 多种，但本质上仍是采用陆地上焊接的常用方法，区别在于采用一些手段或装置尽量消除水对焊接过程的影响。常用的水下焊接方法分为三大类，即湿法、干法和局部干法。由于使用不同的防水装置，使得焊接方法也具有不同的特点和应用场合。

(2) 第 4 章学习了用剪切的方法分割板材和型材，本章学习了气割和高能束切割，在充分比较这些切割原理的基础上，探讨一下能不能用高压水切割金属。

高压水切割技术是国外 20 世纪 70 年代开发、80 年代发展起来的高新技术，它的发展依赖于超音速流体动力学理论、材料科学和高压密封机理等新技术的应用。高压水切割的原理是使低压水经过压力发生器增压到几百兆帕后，以超音速从喷嘴射出，形成射流。它可将不同硬度的材料切割成所需形状。

(3) 本章介绍的焊接方法能不能够用于非金属材料的焊接？答案是肯定的，如超声波焊接和摩擦焊都能用于塑料的焊接，但是根据非金属材料自身的特点又有其特殊性。如塑料的熔点比较低，可以采用热气焊、热工具焊和红外灯加热挤塑焊等。

复习思考题

1. 简述常见焊接方法的工作原理及其特点。

2. 焊接生产对于焊接热源有什么要求？主要焊接热源有哪几种？

3. 产生焊接应力和变形的原因是什么？焊接应力是否一定要消除？消除焊接应力的办法有哪些？

4. 什么是焊接性？如何评定金属材料的焊接性？

5. 埋弧焊和 CO_2 气体保护焊均适合采用自动化方式焊接钢铁金属长焊缝，它们的不同点有哪些？

6. 熔焊、压焊和钎焊的实质有何不同?

7. 减小焊接应力的工艺措施有哪些?

8. 如何焊接高密度电路板?

9. 举例比较铆接、胶接和焊接三种连接方法的特点。

10. 试分析厚件多层焊时,为什么有时要用小锤对红热状态的焊缝进行敲击?

11. 试比较电阻对焊和摩擦焊的焊接过程的特点有何异同? 各自的应用范围如何?

第 6 章　粉 末 冶 金

粉末冶金是制取金属粉末，并用金属粉末（或金属粉末与非金属粉末的混合物）作为原料，经过成形和烧结，制造金属材料、复合材料以及各种类型制品的工艺技术。

粉末冶金与金属的铸造成形、塑性成形不同，而与陶瓷生产有相似的地方，均属于粉末成形烧结技术。粉末冶金的主要工艺过程包括粉末制备、成形、烧结和后处理四部分，其生产工艺流程如图 6-1 所示。

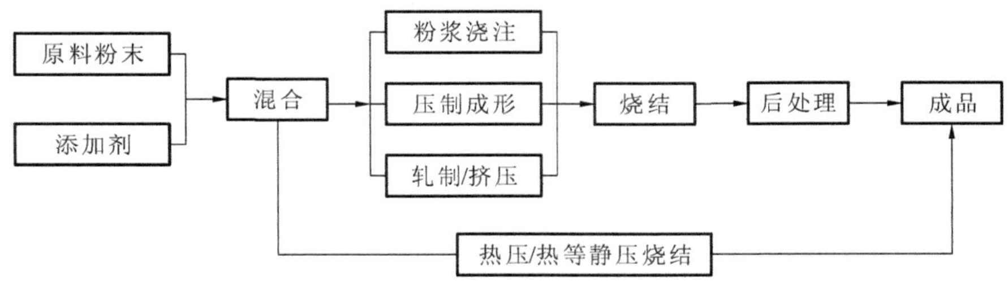

图 6-1　粉末冶金生产工艺流程图

粉末冶金能实现少切削或无切削加工，具备显著的高效、节能、省材、优质、精密、少污染等一系列优点，常用来制造其他工艺无法制造或难以制造的材料和制品，如硬质合金、多孔材料、减摩材料、结构材料、难熔金属材料、摩擦材料、磁性材料、金属陶瓷等。在汽车、摩托车、纺织机械、电动工具、五金工具、电器、工程机械等领域得到广泛应用。

6.1　金属粉末的特性

粉末体，简称粉末，通常是指尺寸小于 1 mm 的离散颗粒的集合体。或者说，粉末是由大量的颗粒及颗粒之间的空隙所构成的集合体。

金属粉末的性能对其成形、烧结和制品的质量有重要的影响。一般粉末的性能可分为三类：化学成分、物理性能和工艺性能。

6.1.1　粉末的化学成分

粉末的化学成分是指主要金属的含量、杂质和气体的含量。粉末中的杂质主要包括四类：① 能与主要金属结合，形成固溶体或化合物的金属或非金属成分，如还原铁粉中的 Si、Mn、C、P、S、O 等；② 从原料或粉末生产过程中带入的机械夹杂，如 SiO_2、Al_2O_3、硅酸盐等；③ 制粉工艺带进的杂质，如水溶液电解粉末中的氢，气体还原粉末中溶解的 C、N、H；④ 粉末表面吸附的氧、水蒸气和其他气体等。杂质和表面吸附物会降低粉末的压制性能和颗粒活性，对粉末成形和烧结不利。一般杂质和气体的含量不能超过 1%～2%。

金属粉末的化学分析方法与常规金属分析相同，即首先测定主要成分的含量，然后测定其他成分的含量。

6.1.2 粉末的物理性能

粉末的物理性能主要包括颗粒的形状、颗粒密度、显微硬度、粒度和粒度组成、比表面积等。

1. 粉末的颗粒形状

颗粒形状是指粉末颗粒的外观形状。由于粉末的生产方法不同，其颗粒形状也有所不同，主要有球状、针状、棒状、片状、树枝状、多面体状、不规则状、粒状、海绵状等(见图 6-2)。例如，用机械粉碎法生产的粉末颗粒多为片状，而用水溶液电解法生产的粉末颗粒多为树枝状。

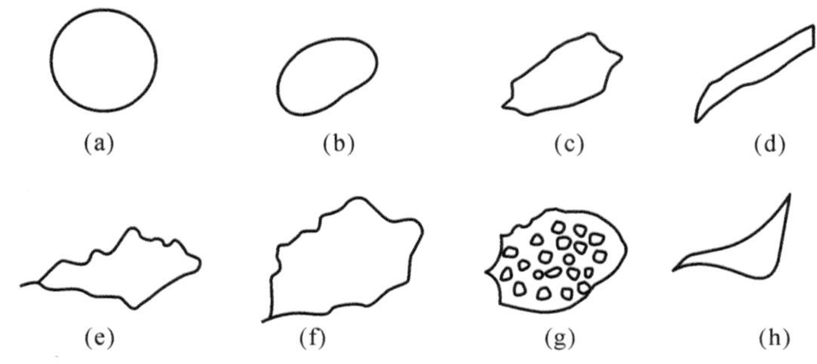

图 6-2 粉末颗粒的形状

(a) 球形 (b) 近球形 (c) 多角形 (d) 片状 (e) 树枝状 (f) 不规则状 (g) 多孔海绵状 (h) 蝶状

颗粒形状对粉末的工艺性能以及压坯和烧结体的强度有显著影响。颗粒的形状可通过放大镜或显微镜来观察。

2. 颗粒密度

颗粒几乎都是有孔的，包含开孔和闭孔。颗粒密度根据颗粒体积是否包含这些孔隙而分为真密度和有效密度两种。

真密度是指颗粒质量除以除去开孔和闭孔的颗粒体积得到的值，即粉末的固体密度。有效密度是指颗粒质量除以包括闭孔在内的颗粒体积得到的值，又称比重瓶密度。

3. 显微硬度

粉末颗粒的显微硬度，是将粉末颗粒与电木粉或有机树脂粉混合、压制、固化成试样，之后用普通显微硬度计测量得出的。显微硬度值间接代表了粉末的塑性。粉末纯度越高，硬度越低；粉末退火后，硬度降低。

4. 粉末的粒度和粒度组成

粉末粒度，又称粒径，是指粉末颗粒的大小。粉末的粒度组成，也称粒度分布，是指具有不同粒径范围的颗粒占全部粉末的质量分数。

对于规则球状颗粒，粒度通常用颗粒直径 d 来表示。对于非球状颗粒，通常用当量或名义直径来表示。例如用与颗粒体积 V 相同的当量球的直径来确定颗粒的平均粒径：$d=(6V/\pi)^{1/3}$。

粒度影响粉末的加工成形、烧结时的收缩和产品的最终性能。某些粉末冶金制品的性能几乎和粒度直接相关，例如，过滤材料的过滤精度在经验上是原始粉末颗粒的平均粒度的1/10。粉末冶金生产中使用的粉末，其粒度范围大致为 500～0.1 μm，按平均粒度可划分为 5 级，见表 6-1。例如，生产机械零件的粉末大都在 150 目(104 μm)以下；生产过滤器的青铜粉偏向用粗粉末；硬质合金用钨粉则偏向用极细粉；而随着纳米技术的发展，超微粉末的应用也日益扩大。

表 6-1　粉末粒度级别划分

级别	粗粉	中粉	细粉	极细粉	超细粉
平均粒径范围/μm	150～500	40～150	10～40	0.5～10	<0.1

粒度的测量常采用筛分法，以目数表示粉末的粒度。所谓目数是指筛子每英寸长度上的网孔数量。目数越大，网孔越细。标准筛的尺寸从 18 目到 500 目，适用的粒径范围为 40～1000 μm。40 μm 以下的细粉末常采用显微镜法、沉降法等来测量粒度。

5. 粉末的比表面积

粉末比表面积是粉末的一种综合性质，是粉末平均粒度、颗粒形状和颗粒密度的函数。粉末的比表面积一般是指 1 g 粉末所具有的总表面积，单位 m^2/g(或 cm^2/g)，又称克比表面积。致密体的比表面积以 m^2/cm^3 为单位，称为体积比表面积。

比表面积与粉末的许多物理、化学性质，如吸附、溶解速度、烧结活性等直接相关。比表面积越大，活性越大，表面也越容易氧化和吸水。控制粉末的比表面积对提高粉末工艺性能的稳定性，以及控制烧结过程相当重要。

粉末比表面积常用气体吸附法和空气透过法来测定。

6.1.3　粉末的工艺性能

粉末的工艺性能主要包括松装密度、振实密度、流动性、压缩性和成形性等。

压制成形是粉末冶金最常用的成形方法。在粉末压制成形时，常采用容量装粉法来控制压坯的密度和质量，因此规定了松装密度或振实密度来描述粉末的容积特性。

1. 松装密度

松装密度是粉末在规定条件下自然充满容器时，单位体积内松装粉末的质量。常采用 Hall 流速计来测定，如图 6-3 所示。

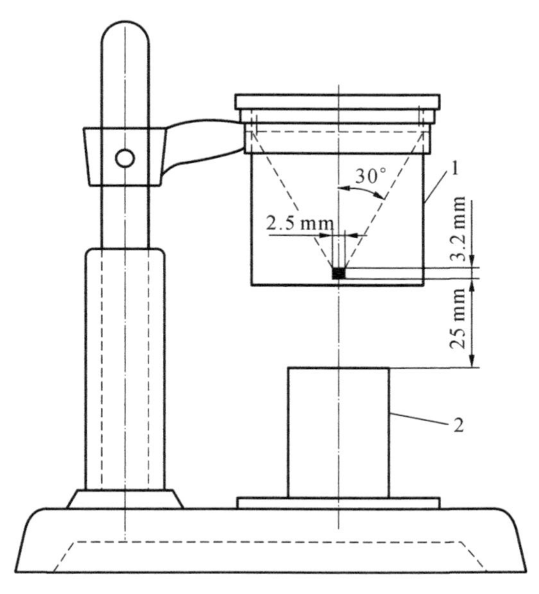

图 6-3　Hall 流速计示意图

1—流速计漏斗；2—量杯

松装密度是粉末自然堆积的密度，它取决于颗粒间的黏附力、相对滑动的阻力以及粉末孔隙被小颗粒填充的程度，与颗粒形状、颗粒密度及表面状态、粉末粒度和粒度分布有很大的关系。

实际的松装密度比理论值要小得多，主要是因为粉末在自然堆积时存在拱桥效应。拱桥效应是由于粉末颗粒形状不规则，表面粗糙以及相互黏附，造成颗粒间相互交错咬合，形成拱桥形空间，增大了孔隙度，如图6-4所示。

采用密度较高的粉末、球形或接近球形的颗粒、较大的粒度或较宽的粒度分布，均有利于提高松装密度，降低孔隙度。

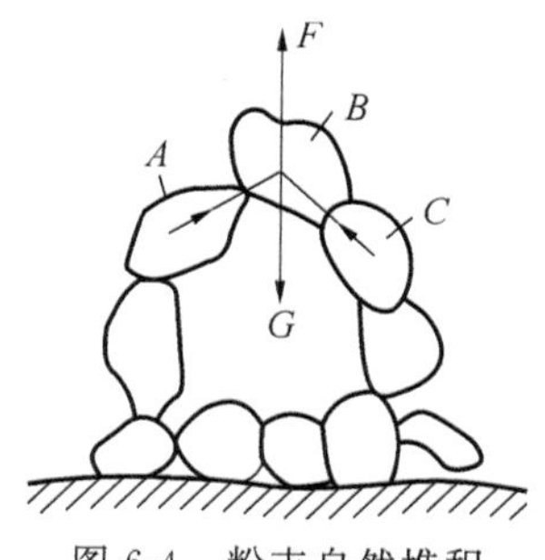

图6-4 粉末自然堆积的拱桥效应

2.振实密度

振实密度是将粉末装于测量容器中，在规定条件下，经过振动敲打后测得的粉末密度。振动会使小颗粒充填于大颗粒的间隙中，使粉末堆积更紧密，但粉体内仍存在大量的孔隙。通常，振实密度比松装密度高20%～50%。

3.流动性

粉末的流动性是指粉末充填一定形状容器的能力。通常用50 g粉末流经标准漏斗所需的时间来衡量，单位为s/50g。通常采用前述Hall流速计测定，其数值越小说明该粉末的流动性越好。

粉末流动性也可以采用粉末自然堆积角(又称安息角、休止角)试验测定。安息角试验是让粉末通过一组筛网自然流下并堆积在直径为1 in(英寸)的圆板上，形成的粉末锥底角称为安息角，锥越高或安息角越大，表明粉末流动性越差。

流动性与松装密度一样，与粉末和颗粒的性质有关。一般来讲，球形、粗颗粒粉末的流动性好；颗粒密度越大或粉末松装密度增大会使流动性提高；颗粒表面容易吸附或加入成形剂会降低流动性。生产中常采用造粒工序来改善粉末流动性。

4.压缩性和成形性

压缩性和成形性统称压制性。

压缩性是指粉末在规定的压制条件(标准模具、润滑条件、单位压制压力)下被压紧的能力，用规定压制条件下得到的压坯密度来表示。

成形性是指粉末压制后，压坯保持既定形状的能力，用粉末得以成形的最小单位压制压力或压坯强度来表示。

影响压制性的主要因素是颗粒塑性和颗粒形状。塑性金属粉末的压缩性优于硬、脆材料粉末；粉末中含有合金元素或非金属夹杂会降低压缩性；球磨过的粉末退火后塑性改善，压缩性提高。不规则形状的颗粒，压缩性较差，但压紧后颗粒的联结增强，成形性好。

一般来说，成形性和压缩性是相互矛盾的。成形性好的粉末，压缩性差；反之，压缩性好的粉末，成形性差。因此，评价粉末的压制性时，必须综合比较粉末的压缩性和成形性。

6.2 粉末制备技术

粉末制备是粉末冶金关键的第一步。为了满足对粉末的各种要求，开发了多种多样的粉末制造方法。从制粉过程的实质来看，现有粉末制造方法大体上可归纳为两大类，即机械法和物理化学法。机械法是将原料机械地粉碎，而化学成分基本上不发生变化的工艺过程，包括机械粉碎法和雾化法;物理化学法则是借助化学的或物理的作用,改变原料的化学成分或聚集状态而获得粉末的工艺过程,包括氧化物还原法、电解法、羰基物热离解法、液相沉淀法、蒸气冷凝法、化学气相沉积法等。实际生产中,应用最多的是球磨法、还原法、雾化法和电解法。

6.2.1　机械粉碎法

机械粉碎是靠压碎、碰撞、击碎和磨削等作用,将块状金属或合金机械地粉碎成粉末的过程。根据物料粉碎的程度,可分为粗碎和细碎。根据粉碎的作用机构,可分为以压碎作用为主的碾碎、辊轧和颚式破碎等,以击碎作用为主的锤磨,属于击碎和磨削多方面作用的球磨、棒磨等。

固态金属的机械粉碎既是一种独立的制粉方法,又常常作为某些制粉工艺的补充工序。例如,球磨广泛用于退火后的雾化粉末、还原粉末、电解粉末等的补充处理。

机械粉碎法因其设备定型化、产量大、容易操作等特点,被广泛应用于粉末生产中。实践证明,机械研磨适用于脆性材料;制取塑性金属和合金粉末则需要特殊的机械粉碎法,如旋涡研磨和冷气流粉碎等。

1. 机械研磨法

研磨的主要作用是使粉末的粒度变细、合金化、混料等。研磨后金属粉末表面会有加工硬化、形状不规则、流动性变差和团块等特征。

1）球磨法

几种研磨机中用得最多的是球磨机,而滚动球磨机又是最基本的,仅需要球、物料(干、湿)和球磨筒。球磨粉碎物料的作用(碰撞、压碎、击碎和磨削)主要取决于球和物料的运动状态,而球和物料的运动又取决于球磨筒的转速。球和物料的运动有三种基本情况:泄落、抛落和临界转速,如图 6-5 所示。

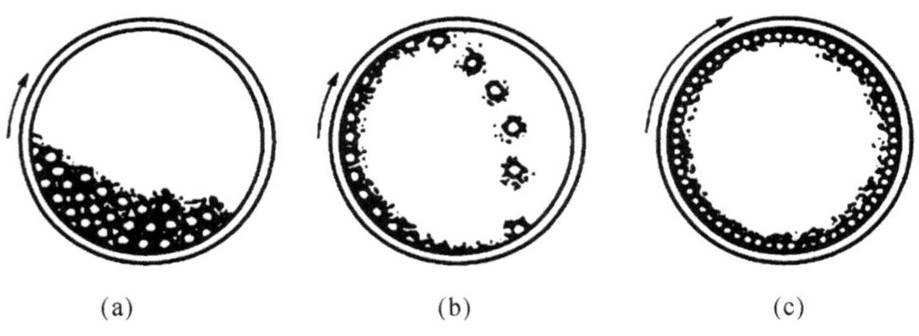

图 6-5　球磨机中球体运动示意图

(a) 低转速　(b) 适宜转速　(c) 临界转速

当球磨机转速较慢时,球和物料沿筒体上升至坡度角,然后滚下,称为泄落,此时物料的粉碎主要靠球的摩擦作用;当转速较高时,球在离心力作用下上升至更高的高度,然后在重力作用下掉下来,称为抛落,此时物料主要靠球落下时的冲击作用而粉碎,效果最好;当转速继续增加,达到临界转速时,即离心力超过球体重力,球体紧靠筒壁与筒体一起回转,此时物料的粉碎作用停止。

影响球磨的因素主要有以下几点。

① 球磨筒的转速　球的不同运动状态对物料的粉碎作用是不同的。在实践中,常采用 $n_{工}=0.6n_{临界}$ 的转速使球滚动来研磨较细的物料;采用 $n_{工}=(0.70\sim0.75)n_{临界}$ 使球抛落来研

磨较粗的脆性物料。

② 装球量　在一定范围内增加装球量能提高研磨效率。一般装填系数(装球体积与磨筒体积之比)以 0.4～0.5 为宜。

③ 球料比　研磨时需注意球与料的比例。料太少,球与球之间的碰撞增多,磨损大;料太多,磨削面积不够,研磨时间延长。一般在球体装填系数为 0.4～0.5 时,装料量应以填满球间的空隙稍盖住球体表面为原则。

④ 球的大小　球的大小对物料粉碎也有影响。球太小,则对物料冲击力弱;球太大,则装球个数少,碰击次数和磨削面积减少,球磨效率低。一般将大小不同的球配合使用。球体直径 d 选择范围:$d \leqslant (1/18 \sim 1/24)D$,$D$ 为磨筒直径。

⑤ 研磨介质　物料除了在空气介质中进行干磨外,还可以在水、酒精、汽油、丙酮等液体介质中进行湿磨,如硬质合金、金属陶瓷及特殊材料的研磨。湿磨时还可以加入一些表面活性物质,使其包覆在颗粒表面,防止细粉末的冷焊团聚;或渗入颗粒的显微裂纹里,产生附加应力,形成劈裂作用,提高研磨效率。

2) 强化球磨

球磨粉碎物料是一个缓慢的过程,为了提高研磨效率,发展了多种强化球磨方法,如振动球磨、搅动球磨、行星球磨等。下面简单介绍前两种。

(1) 振动球磨　振动球磨机是利用磨球在作高频振动的筒体内对物料进行冲击、摩擦、剪切等作用从而使物料粉碎的球磨设备。振动球磨机主要为惯性式球磨机,其筒体支撑在弹簧上,由偏心轴旋转的惯性使筒体发生振动,如图 6-6 所示。球体的运动方向与主轴的旋转方向相反,除整体移动外,每个球还有自转运动。随着振动的频率增高,球间的相对运动和自转增强,球体在内部也会脱离磨筒发生抛射,对物料产生冲击力,明显提高研磨效率。

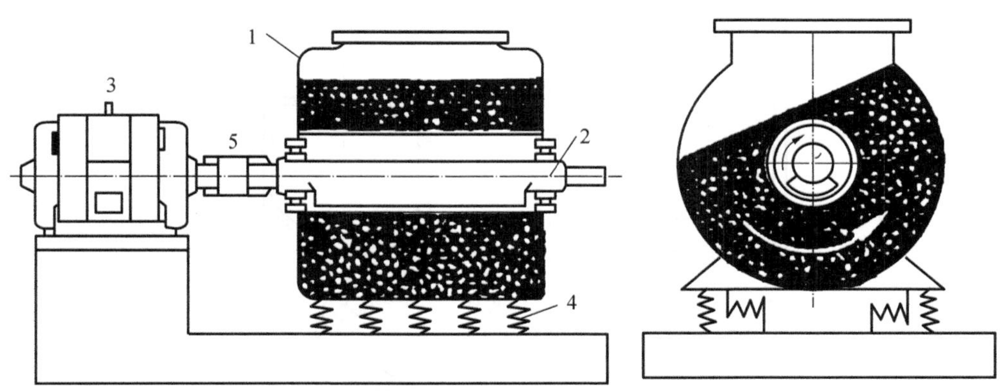

图 6-6　振动球磨机结构示意图

1—筒体;2—偏心轴;3—电动机;4—弹簧;5—弹性联轴器

(2) 搅动球磨　搅动球磨机是能量利用率最高的超细粉破碎设备。除了用于物料粉碎和硬质合金混合料的研磨外,还可用于机械合金化生产弥散强化粉末及金属陶瓷。

高能搅动球磨机与滚动球磨的区别在于使球体产生运动的驱动力不同高能。高能搅动球磨机结构如图 6-7 所示,主要由一个静止的球磨筒体和一个装在筒体中心的搅拌器组成。筒体采用水冷却,内装钢球或硬质合金球;钢制转子表面镶有硬质合金或钴基合金。转子搅动球体使之产生很大的加速度并传给物料,对物料有强烈的研磨作用;同时球体旋转运动在转子中心轴周围产生旋涡作用,使物料研磨更均匀。

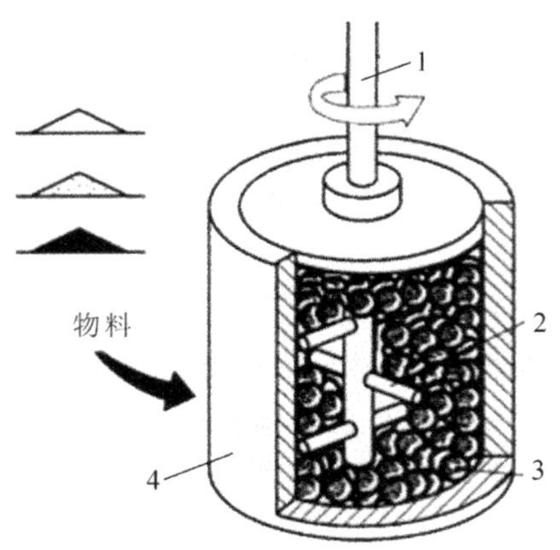

图 6-7　高能搅动球磨机示意图

1—驱动轴；2—搅拌杆；3—研磨球；4—破碎筒

2. 旋涡研磨法

机械研磨法一般适用于粉碎脆性金属或合金，而旋涡研磨可以有效地研磨较软的塑性金属与合金。如图 6-8 所示，旋涡研磨机的气体涡流靠安装在旋转轴上的打击锤产生。在旋涡研磨中，工作室内不放任何研磨剂，研磨一方面靠冲击作用，一方面靠颗粒之间、颗粒与工作室内壁以及颗粒与回转打击锤相碰时的研磨作用。旋涡研磨所得粉末较细，为了防止粉末氧化，在工作室中通入惰性气体或还原性气体作为保护气氛。所得粉末形状通常为碟状。

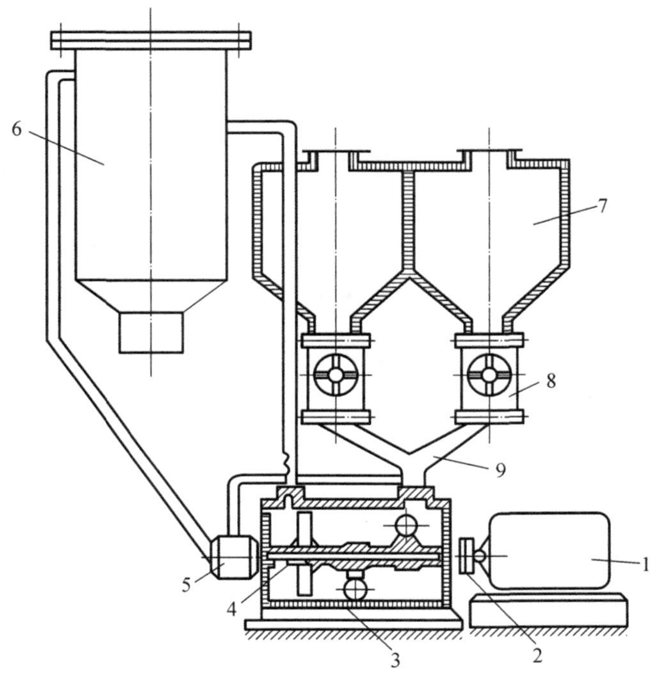

图 6-8　旋涡研磨机示意图

1—电动机；2—轴；3—外壳；4—打击锤；5—鼓风机；6—集料器；7—装料斗；8—螺旋送料器；9—管道

6.2.2 雾化法

雾化法属于机械制粉法，是直接将液态金属或合金破碎成细小的液滴而成为粉末的方法。机械粉碎法的机理是借机械作用破坏固体金属原子间的结合，而雾化法只要克服液体金属原子间的结合力就能使之分散成粉末，因此消耗能量少，是一种简便经济的粉末生产方法。

雾化法既可以制取铅、锡、锌、铜、镍、铁等多种金属粉末，也可以制取黄铜、青铜、合金钢、高速钢、不锈钢等预合金粉末。制造过滤器用的青铜、不锈钢、镍的球形粉末几乎全用雾化法生产。

雾化法的种类很多，主要包括二流雾化法和离心雾化法。

1. 二流雾化法

二流雾化法是用高速气流或高压水流击碎熔融金属液流以获得金属粉末的方法，包括气体雾化和水雾化，分别如图 6-9、图 6-10 所示。液体金属不断被击碎成细小液滴时，高速流体的动能转变为金属液滴的表面能。但这种能量交换过程的效率很低，据估计不超过 5%，因此雾化效率极低。

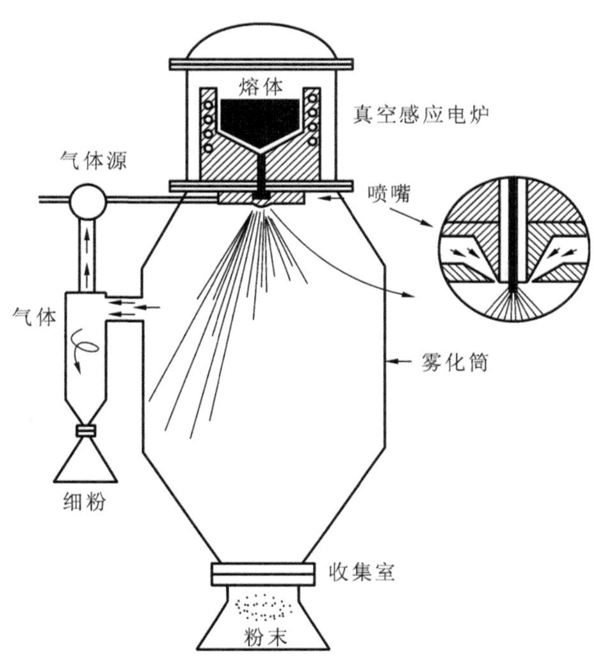

图 6-9 垂直气体雾化示意图

1）气体雾化

气体雾化可以在完全惰性的气氛中进行，因此可以保持高合金料的纯度。一般熔点较低的金属，如锡、铝、铜，通常采用空气雾化，制得的粉末形状不规则，容易压制。熔点较高的合金，如高温合金和工具钢，常采用惰性气体（氮气、氩气）作为雾化介质，所得粉末为球形。

2）水雾化

水雾化是制取金属或合金粉末最常用的工艺方法。由于水比气体黏度大且冷却能力强，水雾化法特别适合于熔点较高的金属及合金，而且水雾化粉末多呈不规则形状，便于压制。常用来制取铁、钢、铜、不锈钢粉等。

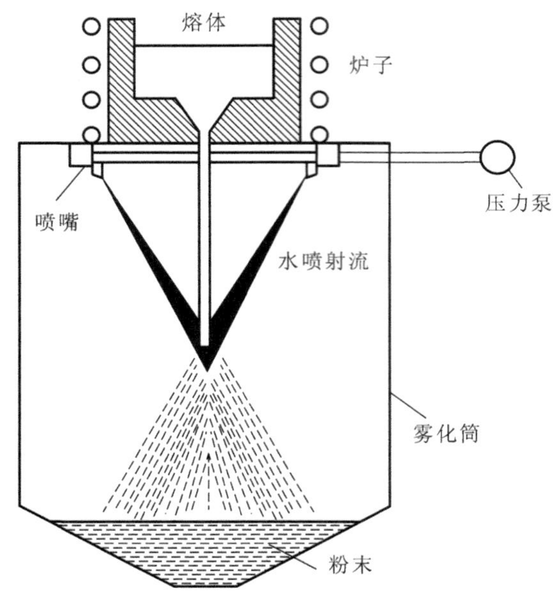

图 6-10　水雾化示意图

2. 离心雾化法

离心雾化是利用机械旋转的离心力将金属液流击碎成细小的液滴，然后冷却凝结成粉末的过程。包括旋转电极雾化和旋转坩埚雾化等。

1）旋转电极雾化

把要雾化的金属或合金作为旋转自耗电极，通过固定的钨电极发生电弧使金属和合金熔化。当自耗电极快速旋转时，离心力使熔化了的金属或合金碎成细滴状飞出。电极装于粉末收集室内。收集室先抽成真空，在制粉之前，通入氩气或氦气等惰性气体，在熔滴尚未碰到粉末收集室的器壁以前就凝固于惰性气氛之中，凝固后的粉末落于器底。该法主要用来制备难熔金属、活性金属或超合金粉末，如锆、钛、铌、镍等金属及其合金。

旋转电极雾化法生产的粉末纯度高，可得球形粉末，粒度均匀，但设备和加工成本较高，效率低，粉末粒度较粗。

2）旋转坩埚雾化

此法主要包括一根固定电极和一个旋转水冷坩埚，利用电极和坩埚内的金属之间产生的电弧将金属熔化。在离心力作用下，熔融金属在坩埚出口处被粉碎成粉末而排出。适用于制取铝合金、钛合金和镍合金粉末等。

6.2.3　氧化物还原法

用还原剂还原金属氧化物或盐类来制取金属粉末是一种应用最广泛的制粉方法。在粉末冶金中，常采用碳、气体（氢、一氧化碳）或某些金属作为还原剂的方法，分别称为碳还原法、气体还原法、金属热还原法和还原-化合法。

1）碳还原法

工业上，大规模采用碳作为还原剂来制取铁粉。铁氧化物的还原是分阶段进行的，即从高阶氧化铁到低阶氧化铁，最后还原成单质铁：$Fe_2O_3 \longrightarrow Fe_3O_4 \longrightarrow FeO \longrightarrow Fe$。用固体碳直接还原铁的氧化物时，当温度高于 570 ℃时，反应按下述过程进行：

$$3Fe_2O_3 + C = 2Fe_3O_4 + CO$$

$$Fe_3O_4 + C = 3FeO + CO$$

$$FeO + C = Fe + CO$$

当温度低于 570 ℃时，反应过程则为

$$Fe_2O_3 + 3C = 2Fe + 3CO$$

因为接触面积有限，使固-固反应过程很慢。但是由于碳的存在，系统内总会发生反应 $CO_2 + C = 2CO$，一氧化碳的存在，加快了固体碳还原氧化物的过程。

2）气体还原法

气体还原法不仅可以制取铁、镍、钴、铜、钨、钼等金属粉末，还可以制取一些合金粉末，如铁-钼合金粉、钨-铼合金粉等。气体还原法制取的铁粉比固体还原法制取的纯度高，成本低，因此得到了很大的发展。

钨粉的生产主要用氢还原法，二阶段还原法制取钨粉的反应如下：

$$WO_3 + H_2 = WO_2 + H_2O$$

$$WO_2 + 2H_2 = W + 2H_2O$$

此法可以得到细、中粒度的钨粉，提高钨粉的均匀性。

3）金属热还原法

金属热还原法主要用于制取稀有金属，如钽、铌、钛、锆、钍、铀等金属粉末。其反应可以用一般化学式来表示：

$$MeX + Me' = Me'X + Me + Q$$

式中： MeX 为被还原的金属化合物；

Me′为金属热还原剂；

Q 为反应热效应。

金属热还原法在工业上常采用钙、镁、钠作为还原剂。

4）还原-化合法

还原-化合法是利用碳、硅、氮、碳化硼与难熔金属或难熔金属氧化物作用而得到碳化物、氮化物、硼化物等难熔化合物粉末的方法。

例如制取 WC 粉，主要是用钨粉与炭黑混合进行碳化，其碳化过程的反应为

$$W + C = WC$$

也可以用 WO_3 与炭黑配合直接碳化，但因为控制困难，很少应用。

6.2.4 电解法

电解法用得较多的是水溶液电解和熔盐电解。电解法制粉产物纯度高，粉末形状多为树枝状或海绵状，压制性好；缺点是耗电多，成本高。

1. 水溶液电解

水溶液电解可以生产铜、镍、铁、银、锡、铅、锰、铬等金属粉末，也可以制取铁-镍、铁-铬等合金粉末。

以铜粉为例，电解的实质就是：在阳极，铜失去电子变成离子进入溶液，$Cu = Cu^{2+} + 2e$；在阴极，铜离子放电而析出金属，$Cu^{2+} + 2e = Cu$。电解时，通过调整和控制电解液中的铜离子浓度、酸度以及电流密度、电解液温度等来制取所需的铜粉。电解后粉末滤去电解质，连续地用稀酸和水清洗，再进行真空干燥，所得产品纯度可达 99%以上。

2. 熔盐电解法

熔盐电解法可以制取钛、锆、钍、铍、钽等难熔金属粉末，也可以制取钽-铌等合金粉末，以及各种难熔化合物（如碳化物、硼化物、硅化物）粉末。熔盐电解与水溶液电解没有本质区别，但要困难得多。首先，熔盐温度高，操作困难；其次，把产物和熔盐分开较为困难。优点是可以用处理精矿的产物作为原料。

6.2.5　羰基物热离解法

某些金属特别是过渡族金属能与一氧化碳生成金属羰基化合物[$Me(CO)_n$]，如最常见的羰基铁 $Fe(CO)_5$ 和羰基镍 $Ni(CO)_4$。这些羰基化合物呈易挥发的液体或易升华的固体，因此很容易分解生成金属粉末和一氧化碳。例如羰基镍 $Ni(CO)_4$ 的分解：

$$Ni(CO)_4 \longrightarrow Ni+4CO$$

羰基粉末较细（3 μm），纯度高，但成本也高，此外羰基物挥发时有毒性，生产时需采取防毒措施。主要用于制取铁、镍、钴等金属粉末，也可以制取 Fe-Ni、Fe-Co、Ni-Co 等合金粉末。此外，还可制取包覆粉末，如在铝、硅、碳化硅等颗粒上沉积镍，制得 Ni/Al、Ni/SiC 等包覆粉末。

6.2.6　液相沉淀法

液相沉淀法是在溶液状态下将不同化学成分的物质混合，在混合液中加入适当的沉淀剂制备前驱体沉淀物，再将沉淀物进行干燥或煅烧，从而制得相应的粉体颗粒的制粉方法。

例如硝酸盐、氯化物、硫酸盐等可溶性金属盐可以用来制备金属性的沉淀或含金属的沉淀，由金属性的沉淀盐很容易制备粉末。

液相沉淀法在粉末冶金中的应用有以下几种：

① 金属置换法　用来制取铜、铅、锡、银、金等粉末。其原理是用负电位较大的金属去置换溶液中正电位较大的金属。例如，可以用锌置换出水溶液中的铜

$$Cu^{2+}+Zn = Cu+Zn^{2+}$$

② 溶液气体还原法　主要是溶液氢还原法，是用气体从溶液中还原金属盐制取金属粉末的方法。可以制取铜、镍、钴粉，也可以制取合金粉（如镍-钴合金粉）和各种包覆粉（如Ni/Al等）。

③ 共沉淀法　是指在溶液中含有两种或多种阳离子，它们以均相存在于溶液中，加入沉淀剂，经沉淀反应后，可得到含各种成分的均一的沉淀，将沉淀物热分解而得到高纯度的化合物超微粉末。共沉淀法是制备含有两种或两种以上金属元素的复合氧化物超细粉体的重要方法。

6.3　粉末冶金成形技术

粉体成形是将不同粉体通过各种方法制成具有一定形状、尺寸和密度的毛坯的工艺过程。由于粉体的物理化学特性、粒度及粒度组成、颗粒形状不同，另外毛坯的要求也各不相同，所以采用的成形方法也多种多样。金属粉末的成形技术分为普通模压成形和特殊成形两大类。

6.3.1　普通模压成形

模压成形是将金属粉末或混合料装在钢制压模内通过模冲对粉末加压而成形的工艺过程(见图 6-11)。模压成形效率高,成本低,是粉末冶金最常用的成形方法。

6.3.1.1　压制成形原理

压制成形是基于较大的压力,将粉料在模具中压成块状坯料的。在压制过程中,粉末发生位移和变形。一般认为,粉末的位移和变形包括三个阶段:第一阶段,在压力下,粉末颗粒发生重排,拱桥效应被破坏;第二阶段,随着压力增加,颗粒产生弹、塑性变形,颗粒之间的接触面积增加;第三阶段,当单位压制压力超过强度极限后,粉末颗粒发生粉碎性破坏。在此过程中,坯体不断收缩,当压力与颗粒间的摩擦力达到平衡时,坯体被压实。

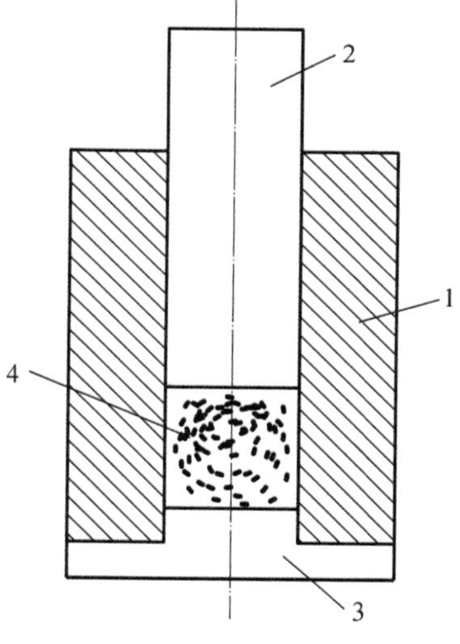

图 6-11　压制示意图

1—阴模;2—上模冲;3—下模冲;4—粉末

压制完毕卸除压力后,由于材料储存的弹性内应力得到释放,压坯出现膨胀现象,称为弹性后效。弹性后效是压坯发生变形、开裂的最主要因素之一。

1. 压制过程中坯体密度的变化

压制成形时,随着压力的增加,松散的粉料被迅速压成致密的坯体。其过程一般用压坯密度-成形压力曲线表示,见图 6-12。在压制开始阶段,即第Ⅰ阶段,粉末颗粒发生相对移动并重新排布,孔隙被填充,从而使压坯密度急剧增加;第Ⅱ阶段,此时粉末颗粒已被相互压紧,当压力增大时,压坯密度几乎不变;第Ⅲ阶段,随后继续增加压制压力,粉末颗粒将发生弹、塑性变形或脆性断裂,使压坯进一步致密化;第Ⅳ阶段,当压坯接近理论密度时,粉体内出现了明显的压缩阻力,随着压力的增加,压坯密度变化很小,这是由于粉体内出现了封闭气孔以及粉末产生加工硬化所致。

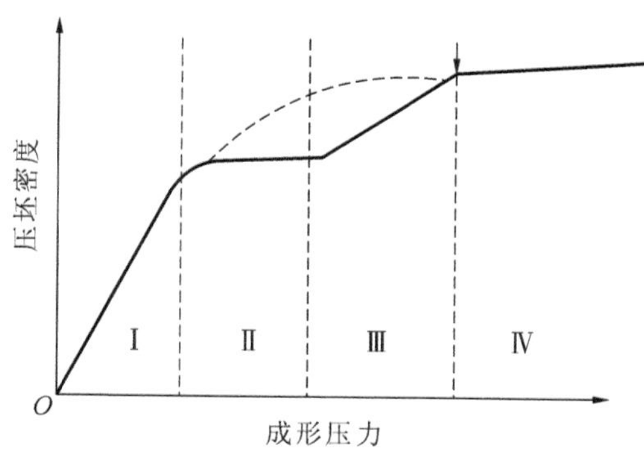

图 6-12　压坯密度与成形压力的关系

应当指出,第Ⅱ阶段的情况根据粉末种类的不同而有较大差异。硬而脆的粉末,第Ⅱ阶段较为明显;而塑性较好的粉末,其第Ⅱ阶段则不明显,甚至基本消失,如图 6-12 中的虚线所示。

2. 压坯强度的变化

在压制初期,粉末颗粒重排,孔隙减少,但颗粒间的接触面积仍较小,因此强度并不大。

随着压制压力的增加，颗粒发生弹、塑性变形，接触面积快速增加，颗粒之间的黏结力增强，压坯强度也随之直线增大。当压力继续增加，因坯体密度变化不明显，强度变化曲线也变得平坦。图 6-13 所示为较大压制压力下水雾化铁粉的强度和压制压力之间的关系。

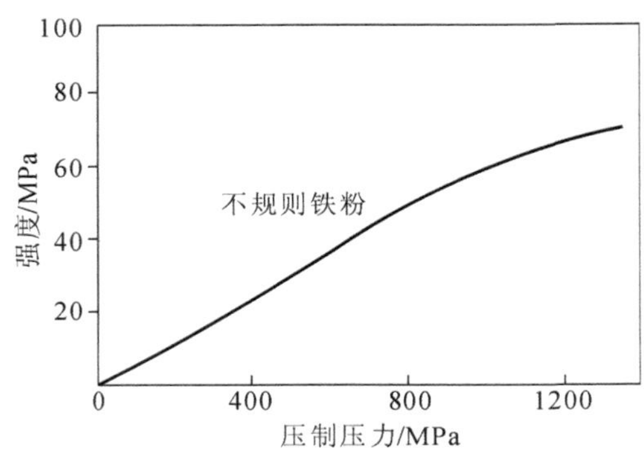

图 6-13 较高压制压力下水雾化铁粉强度与压制压力的关系

3. 坯体中压力的分布

粉末在压模内受到来自上模冲的压力时，表现出类似液体的流动特性，但是与液体的各向均匀受压不同，粉末所受的压力分布是不均匀的。由于粉末颗粒之间的内摩擦以及粉末与模冲、模壁之间的外摩擦，压坯在高度上出现显著的压力降，接近上模冲端面的压力，比远离它的部分大得多，同时中心部位与边缘部位也存在着压力差，如图 6-14 所示。这种压力的不均匀分布导致压坯各部分的致密化程度也有所不同。

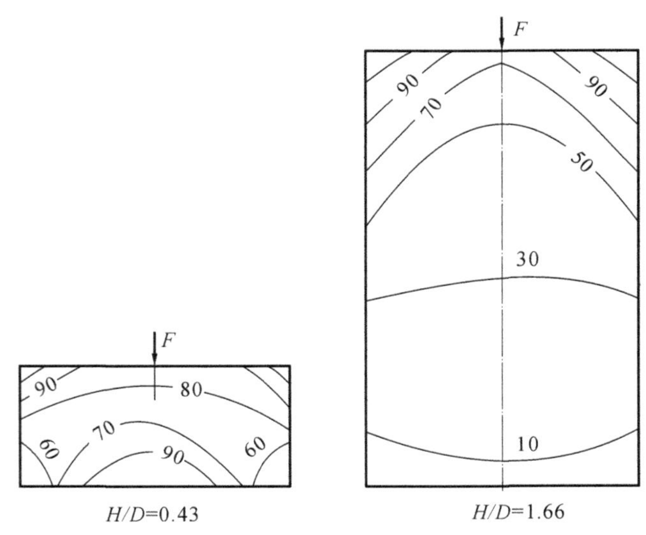

图 6-14 单面加压时坯体内部压力分布

摩擦力对坯体断面上的压力及密度分布的影响随坯体高径比 H/D 的比值而不同，H/D比值越大，不均匀分布现象越严重。因此，高而细的制品不适合普通压制成形，可采用等静压等方法，以避免模壁摩擦的问题。

4. 影响坯体密度的因素

1）成形压力

在模压过程中压制压力主要消耗于以下两部分：① 克服粉末颗粒之间的摩擦力（内摩

擦力）和粉末颗粒的变形抗力，称为净压力；② 克服粉末颗粒对模壁的摩擦力（外摩擦力），称为消耗压力。在没有润滑剂的情况下，外摩擦导致的压力损失可达 60%～90%，这是引起压坯密度沿高度分布不均匀的根本原因。实践证明，压坯的高径比越大，密度差别越大。因此，降低压坯的高径比，对改善密度分布是有利的。

2）加压方式

单向压制时，压坯中各截面的平均密度沿高度方向直线下降，离压模冲头较近的部分密度较高，较远的部分密度较低。在双向压制时，压坯沿压力平行方向的两端密度较高，中心部位较低，但密度的分布得到明显改善。如果在粉体四周施加压力，即等静压制，则坯体密度最均匀。

3）添加剂

添加剂包括润滑剂和成形剂。润滑剂是为了降低成形时粉末颗粒与模壁和模冲间的摩擦、改善压坯的密度分布、减少压模磨损以及有利于脱模而加入的添加物，如硬脂酸、二硫化钼、石墨粉、硫黄粉等。成形剂是为了提高压坯强度或为了防止粉末混合料偏析而添加的物质，如硬脂酸锌、合成橡胶、石蜡、聚乙烯醇等。大部分的添加剂都有润滑作用，将润滑剂加入粉末中或涂于模壁上，可减小外摩擦因数，改善压坯密度的不均匀性。

此外，压制前对粉末进行退火预处理，提高模具表面光洁度和硬度等措施，都可以使压坯密度分布更均匀。

6.3.1.2 压制成形工艺

压制成形工艺过程主要包括粉末预处理、称料、装模、压制、脱模等工序。

1. 成形前粉末预处理

粉末原料在成形前一般都要经过预处理，包括粉末退火、分级、混合和合批、制粒等。

粉末退火是为了还原表面氧化物，降低碳和其他杂质的含量，提高粉末纯度以及消除粉末加工硬化，提高粉末的压制性能。还原法、机械研磨法、电解法、雾化法以及羰基物热离解法制备的粉末通常都要退火处理。一般用还原气氛，有时也可用惰性气氛或真空退火。

分级是为了筛选出符合粒度要求的粉末颗粒。较粗的粉末常采用筛分级，325 目以下的粉末通常采用气体分级。

混合是指将两种或两种以上不同成分的粉末混合均匀；合批则是指将成分相同而粒度不同的粉末进行均匀混合，以达到合理的粒度分布。粉末混合通常采用机械法，即利用各种混合机械如球磨机、V 形混料器、锥形混料器、螺旋混料器等将粉末混合均匀。机械混料又分为干混和湿混，前者常用于铁基制品和钨粉、碳化物粉末的生产；后者常用于制备硬质合金混合料，以酒精或其他有机溶剂作为介质。通过混合，可使性能不同的粉末形成均匀的混合物，以利于压制和烧结，保证制品的质量。

制粒是将小颗粒的粉末制成大颗粒或团粒的工序，常用来改善粉末的流动性。目前主要采用喷雾干燥制粒。

2. 称料

压制每一件压坯所需要称量的粉末量，称为单件压坯称料量。可按下式计算：

$$Q = V\rho K$$

式中：Q——单件压坯的称料量(kg)；

V——制品的体积(m^3)；

ρ——制品要求密度(kg/m^3)；

K——质量损失系数。

质量损失系数主要考虑了压制过程中称料、装模以及压坯毛边带来的料损失，也考虑了烧结过程中的氧化物还原、杂质烧损带来的化学料损失。按经验，在铁基制品生产中，K 取 1.05；硬质合金生产中，K 取 1.01～1.02。

称料方法有两种：① 质量法，用工业天平称料，可手动可自动；② 容量法，用一定体积的容器称量粉末，多用于自动压制。

3. 装料

将所称量的粉末均匀装入模具中，以保证压坯各部分压缩比一致。常用的容积装料方式有落下法、吸入法、过量装粉法和欠量装粉法等。

4. 压制

压制通常在机械压力机或液压机上进行。压坯的密度有两种方法来控制：① 模冲行程控制法，即用高度限制器来控制模冲运动的行程；② 压制压力控制法，即控制单位压制压力不变，因此总压力不变。前者压坯高度控制较为准确，后者压坯密度控制较为准确。

基本的压制方式有单向压制、双向压制、浮动压制、拉下式压制和摩擦芯杆压制 5 种。

(1) 单向压制。压制过程中，阴模与下模冲不动，仅上模冲单向加压。因外摩擦使压坯上端的密度较下端高，且压坯高径比越大，则密度差也越大，故单向压制一般适用于高径比 $H/D<1$ 的制品。

(2) 双向压制。压制过程中，阴模固定不动，上、下模冲同时从两端加压。这种压坯密度上下两端大，中间小，密度分布较单向压制的均匀。若先单向加压，然后在密度较低端再进行一次反向单向压制，则称为双向先后压制。这种加压方式有利于压力的传递和气体的排除，密度的均匀性进一步改善，而且可以在单向加压的压力机上实现双向压制。双向压制适用于 $H/D\geqslant 1$ 的零件。

(3) 浮动压制。如图 6-15 所示，压制过程中，阴模由弹簧支承，下模冲固定不动。当上模冲加压时，随着粉末被压缩，阴模壁与粉末间的摩擦逐渐增大。当摩擦力大于弹簧支承力时，阴模与上模冲一同下降，相当于下模冲上升，而起到双向压制的效果，这时的密度分布类似双向压制。浮动压制适用于 $H/D\geqslant 2$ 的零件。

(4) 拉下式压制，又称引下式压制。压制开始时，上模冲被压下一定距离，然后与阴模一同下降(阴模被压机强制拉下)，阴模向下运动的距离可根据需要精确地控制。压制终了时，上模冲回升，阴模则进一步被拉下以便压坯脱出。其压坯密度分布类似于双向压制。拉下式压制适用于摩擦力小、无法实现浮动压制的零件。

(5) 摩擦芯杆压制。如图 6-16 所示，压制时，阴模和下模冲固定不动，上模冲强制芯杆一同下移，且芯杆下移速度大于粉末下移速度，依靠芯杆与粉末间的摩擦力可带动粉末下移，从而可改善沿压坯高度方向的密度分布不均匀的特性。该方式适用于压制高壁厚比 $H/T>10$ 的细长薄壁零件。

5. 保压及脱模

压制大型、复杂、较高的压坯时，适度延长保压时间有利于压力的传递和空气的逸出，使压坯各部分的密度更均匀。

压坯成形后，要从压模内脱出，必须在模冲上施加一定的脱模力。脱模方式主要有顶出式和拉下式两种。

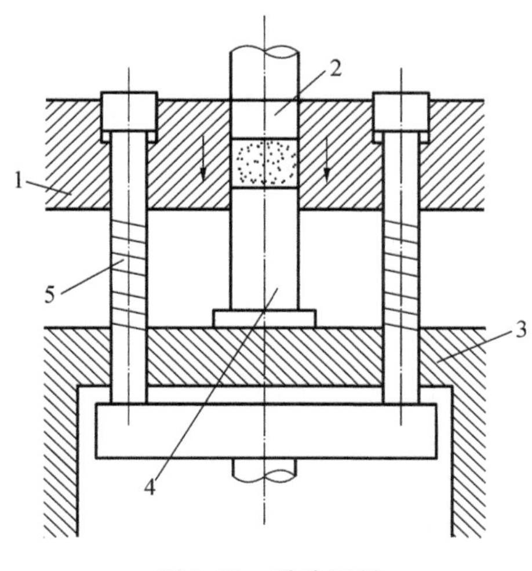

图 6-15　浮动压制

1—阴模；2—上模冲；3—底板；4—下模冲；5—弹簧

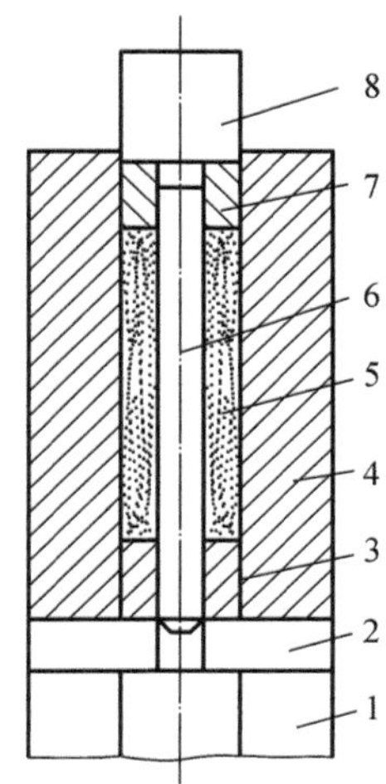

图 6-16　摩擦芯杆压制原理示意图

1—底座；2—垫板；3—下压环；4—阴模；5—压坯；6—芯杆；7—上压环；8—限制棒

6.3.1.3　压坯缺陷

在粉末冶金压制过程中，由于原材料、模具设计、压制工艺等原因，常会出现各种压坯缺陷，包括压坯密度不均匀、尺寸超差、分层、裂纹、掉边掉角、毛刺过大、表面划伤等，而造成制品报废。生产中，需根据缺陷产生的具体原因，采取相应的措施加以避免。

6.3.2　特殊成形

随着粉末冶金技术的快速发展，除了模压成形外，又出现了许多特殊的成形技术，如无压成形、等静压成形、注射成形、连续成形、高能成形等。

6.3.2.1　粉浆浇注

粉浆浇注属于粉末无压成形，它是将粉末与水(或其他液体如甘油、酒精等)制成一定浓度的悬浮粉浆，注入具有所需形状的石膏模内。多孔的石膏模吸收粉浆中的水分，使粉浆物料在模内脱水固化，形成与模具形面相应的成形注件。其成形原理如图 6-17 所示。

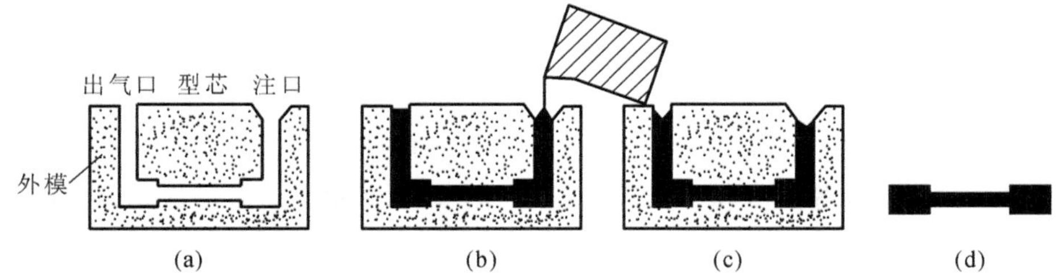

图 6-17　粉浆浇注工艺原理图

(a) 组合石膏模　(b) 注浆　(c) 吸水　(d) 成形注件

粉浆浇注的工艺过程主要包括粉浆的制取、石膏模制造、浇注、干燥等。

1. 粉浆的制取

粉浆是由金属粉末(或金属纤维)与母液组成的悬浮液。母液主要是水和各种添加剂，如黏结剂、分散剂、悬浮剂、除气剂和滴定剂等。黏结剂是为了在干燥固化时把粉末黏结起来，生产上常用聚乙烯醇。分散剂和悬浮剂是为了防止颗粒聚集，以形成稳定的悬浮液，改善粉末与母液的润湿条件并控制粉末的沉降速度，常用的有氨水、盐酸、氯化钠等。除气剂的作用是排除黏结在粉末表面的气体，常用的有正辛醇。滴定剂是为了控制粉浆的酸碱度，调节粉浆黏度，常用的有苛性钠、盐酸、氨水等。

2. 石膏模的制造

将石膏粉与水按 1.5∶1(质量比)的比例混合，并加入 1%尿素搅拌均匀，浇入型箱中。待石膏稍干后取出型芯，再将石膏模在 40～50 ℃干燥即可。

3. 浇注

为了防止浇注物黏结在石膏模上，浇注前应在石膏模壁上喷涂离型剂，如硅油或肥皂水。

4. 干燥

实心注件在浇注 1～2 h 后即可拆模。空心注件则视粉浆沉降速度和所需厚度确定静置时间。注件取出后倒掉多余料浆，在室温下自然干燥或在可调节干燥速度的装置中进行干燥。

粉浆浇注是陶瓷工业自古以来就采用的成形技术。对于粉末冶金，主要用于生产硬质合金、钨钼坩埚、不锈钢等，被公认为是生产复杂形状大件粉末冶金制品的有效办法。它也可以作为一个中间工序，与其他成形工艺相结合，制取高密度材料。如涡轮喷气发动机用的高温合金，以钨合金纤维为骨架，经浇注镍基合金粉浆后，再经热等静压压制，可获得高密度镍基高温合金复合材料。

6.3.2.2 等静压成形

通过液体或气体传递压力使粉末体各向均匀受压而实现致密化的方法，称为等静压压制，简称等静压(见图 6-18)。等静压可分为冷等静压和热等静压两种。前者通常以水或油作为压力介质，后者常用气体(如氩气、氮气)作为压力介质。

等静压与一般钢模压制法相比，具有压坯密度分布均匀、强度高，能够压制具有复杂形状的压件，单位压制压力低，模具制作方便、成本低等优点；缺点是压坯精度和生产效率较低。

1. 冷等静压(CIP)

冷等静压通常是将粉末密封在软包套内，然后放到高压容器内的液体介质(油或水)中，通过对液体施加压力使粉末体各向均匀受压，从而获得所需要的压坯。包套材料为橡胶或塑料之类的弹塑性材料，金属粉末可直接装套或模压后装套。由于粉末在包套内各向均匀受压，所以可获得密度较均匀的压坯，烧结时不易变形和开裂。

冷等静压又分湿式等静压和干式等静压，如图 6-19 所示。二者的区别是，前者的模袋密封后浸泡在液体压力介质中，适合压制各种形状复杂的压件，模具寿命长、成本低；缺点是装袋、脱模过程消耗时间较多，难以实现自动化。后者干袋直接固定在筒体内，靠上、下活塞密封，每次装粉、压制、出模等过程都不需要移动模袋。其特点是生产率高，易于实现自动化，但只是坯体周向受压，适合于生产形状简单的长形、薄壁、管状制品。

冷等静压已广泛用于硬质合金、难熔金属及其他各种粉末材料的成形，尤其适合具有复杂形状或较大长径比的零件。

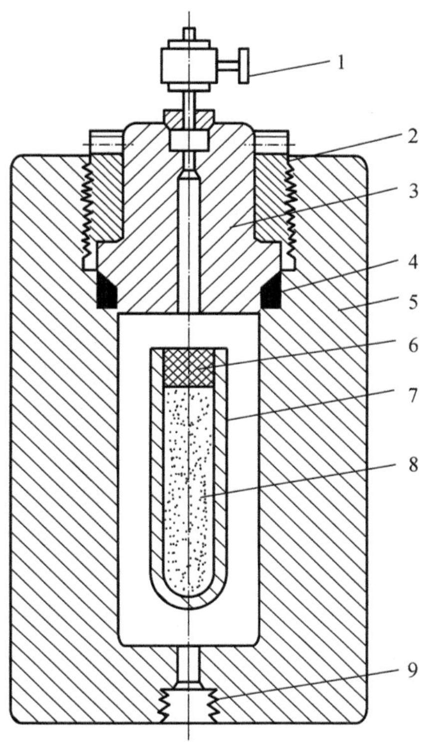

图 6-18　等静压原理示意图

1—排气阀；2—压紧螺母；3—顶盖；4—密封圈；5—高压容器；6—橡胶塞；7—模套；8—压制料；9—压力介质入口

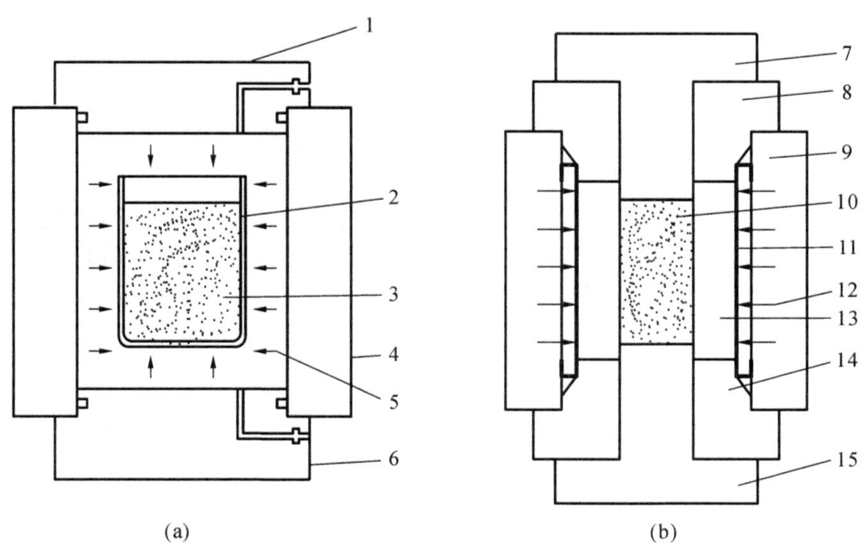

图 6-19　冷等静压原理示意图

(a) 湿式等静压　(b) 干式等静压

1—顶盖；2—橡胶模；3—粉料；4—高压圆筒；5—压力传递介质；6—底盖；7—上活塞；8—顶盖；9—高压圆筒；10—粉料；11—加压橡胶；12—压力传递介质；13—成形橡胶模；14—底盖；15—下活塞

2. 热等静压(HIP)

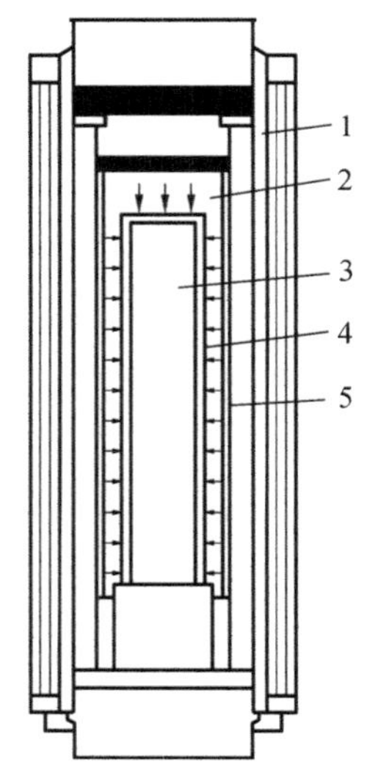

图 6-20　热等静压原理示意图
1—压力容器;2—气体压力介质;3—压坯;4—包套;5—加热炉

如图 6-20 所示,热等静压是将金属粉末装入特制的包套内,然后置于可加热的密闭高压容器中,施以高温和高压,使粉末压制、烧结成致密制品的过程。

热等静压加压介质一般用氩气或氮气。常用的包套材料为金属(低碳钢、不锈钢等),还可用玻璃。由于温度和等静压力的联合作用,强化了压制和烧结过程,降低了制品的烧结温度,可使许多难以成形的材料达到或接近理论密度,并且晶粒细小,结构均匀,各向同性,性能优异。热等静压法最适宜于生产硬质合金、难熔金属、粉末高温合金、粉末高速钢等材料和制品;也可对铸件进行二次处理,消除气孔和微裂纹;还可用来制造一般方法难以制取的熔点悬殊的层叠复合材料。

例如,粉末高速钢的制造过程:先采用雾化粉末在热态下进行等静压处理制得致密的钢坯,再经锻、轧等热变形得到高速钢型材,或经粉末锻造等方法直接制成外形尺寸接近成品的刀具、模具或零件。粉末高速钢晶粒细小,无偏析,硬度可达 67 HRC 以上,比相同成分的熔铸高速钢具有更好的韧性和耐磨性。虽然价格较高,但由于性能优越、使用寿命长,粉末高速钢常用来制造昂贵的多刃刀具,如拉刀、齿轮滚刀、铣刀等。

6.3.2.3　粉末注射成形

粉末注射成形是粉末冶金与塑料注射成形相结合的一项新技术。它是将粉末与黏结剂混炼均匀,经制粒后在注射成形机上注射成形,获得的成形坯块经脱脂处理后烧结致密化成最终产品的过程。

注射成形的工艺过程主要包括:混炼、制粒、注射成形、脱脂、烧结等工序(见图 6-21)。

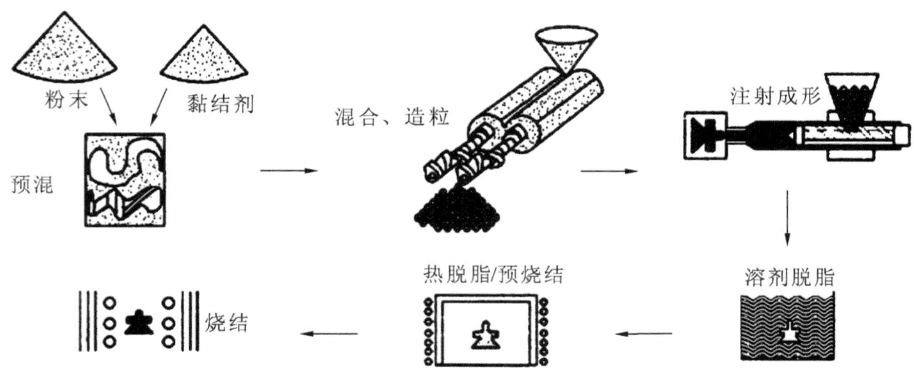

图 6-21　注射成形工艺示意图

(1) 混炼　混炼是将金属粉末与在高温下能够熔化并具有良好塑性变形能力的有机高分子材料(如聚苯乙烯、石蜡等)均匀混合。一般预混后在混炼轧机内反复多次轧制使其混合均匀。

(2) 制粒　制粒是将混炼好的片状物料在制粒机中边加热边挤压成圆条并切成粒状。

(3) 注射成形　将粒状料放入注射机的料斗中,加热到呈塑性的半熔化状态,经螺杆加压，注入模具内成形。冷却脱模后可得形状复杂的坯块。

(4) 脱脂　注射成形的坯块需除去黏结剂(脱脂)后才能进行烧结。脱脂工艺有热脱脂、溶剂脱脂等。最常用的是热脱脂，坯块在空气中被缓慢加热以使黏结剂分解，可以同烧结一起进行。

(5) 烧结　烧结的目的是使金属粉末颗粒在高温下达到原子级的结合状态，以得到性能优异的致密成品。常在气氛控制烧结炉或真空烧结炉内进行。

粉末注射成形能一次成形复杂形状的金属零部件，适用材料范围广，制品密度高、组织均匀、性能优异，生产率高。一般用于形状复杂、性能要求高的小件的大量生产。

6.3.2.4　粉末轧制成形

粉末轧制是将金属粉末送入一对转动的轧辊辊缝中，由于摩擦力的作用粉末被轧辊连续压缩成形的方法。

如图6-22所示，将金属粉末通过一个特制的料斗注入转动的轧辊辊缝，即可连续轧出具有一定厚度并有适当强度的板带坯料。这些坯料经烧结炉的预烧结、烧结处理，再经轧制加工、热处理即可制成具有一定孔隙度或致密的粉末冶金板带材。

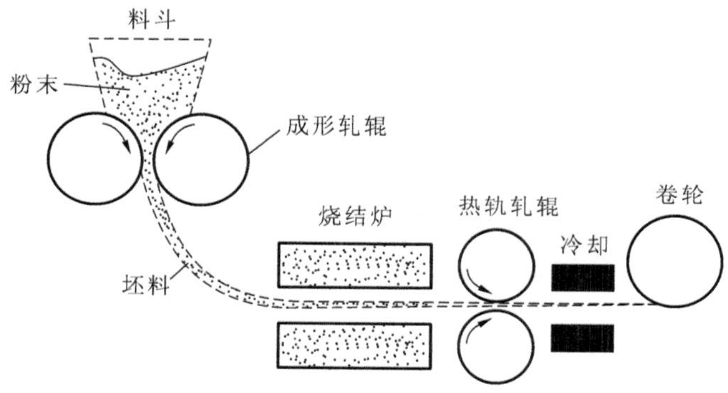

图6-22　粉末轧制成形示意图

粉末轧制是生产板带状粉末冶金材料的主要工艺。一般包括粉末直接轧制、粉末黏接轧制和粉末热轧等。粉末轧制的优点是：能生产特殊结构和性能的材料，如双金属或多金属带材，成材率高，工序少，设备投资小，生产成本低；缺点是制品的宽度、厚度受限，只能制取形状简单的板、带材或直径与厚度比很大的衬套等。

6.3.2.5　粉末挤压成形

粉末挤压成形是粉末体或粉末压坯在压力的作用下，通过规定的挤压模而成为坯块或制品的成形方法，见图6-23。

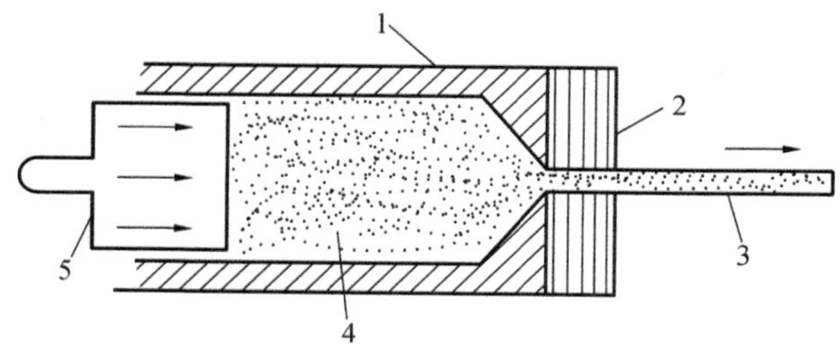

图6-23　粉末挤压成形示意图

1—挤压筒；2—挤压模；3—制品；4—粉末与黏结剂混合料；5—活塞

粉末挤压的优点在于挤压件长度尺寸不受限制，产品密度均匀，可连续生产、效率高、灵活性大，设备简单、操作方便。最适合于制备长、薄的结构件，如管、棒材。

粉末挤压又分为冷挤压和热挤压两种。

(1) 冷挤压　又称增塑挤压，是将塑性良好的有机黏结剂和金属粉末混合后，置入挤压模具内，在外力作用下使增塑粉末通过一定几何形状的挤压嘴挤出，成为各种管材、棒材及其他异形的半成品。影响挤压过程的主要因素是增塑剂的含量、预压压力、挤压温度和挤压速度等。

(2) 热挤压　热挤压是把金属粉末或压坯装入包套内加热通过模具进行挤压成形的过程。热挤压把热压和热塑性加工结合在一起，从而可获得性能优异的全致密材料。但为了防止粉末或压坯氧化，需要将它们装入包套内。包套的材质必须满足下列要求：具有较好的热塑性，与挤压粉末相适应；不与粉末发生反应；挤压之后容易剥离等。

6.3.2.6　粉末锻造

将金属粉末压制成预成形坯，烧结后再加热进行锻造，以减少甚至完全消除残余孔隙的方法，称为粉末锻造。

粉末锻造是将传统的粉末冶金与精密模锻结合起来的一种新工艺，兼有两者的优点，可制取相对密度在98%以上的粉末锻件。与常规锻造相比，粉末锻造温度低，工艺简单，尺寸精确，表面光洁，可实现无切削或少切削加工；锻件力学性能可接近普通锻件，只是塑性与冲击韧度稍差，材质均匀，无各向异性；粉末锻造材料利用率高，可达90%，而模锻的材料利用率只有50%左右；生产率高；粉末锻造的压力小；可加工热塑性差的材料，如难以变形的高温铸造合金；可锻出形状复杂的零件，如差速器齿轮、柴油机连杆、链轮、衬套等。

粉末锻造的工艺过程，如图6-24所示，是将粉末预压成形后，在充满保护气体的炉子中烧结制坯，将坯料加热至锻造温度后进行模锻。

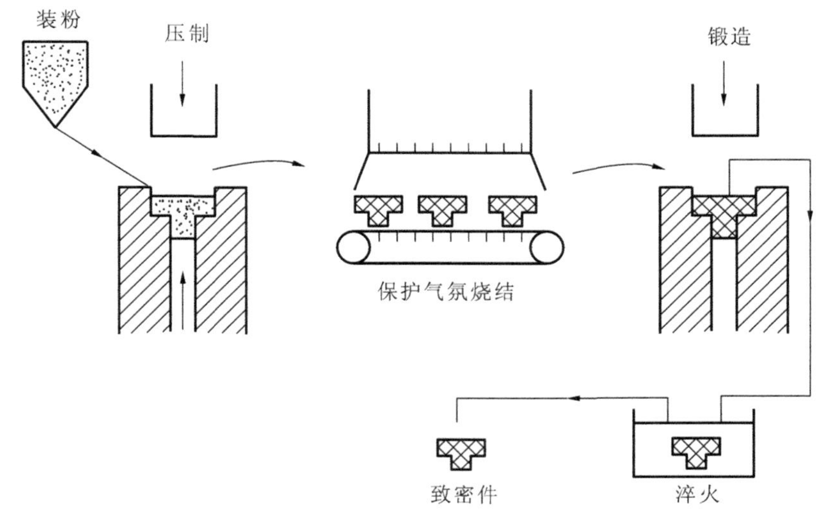

图6-24　粉末锻造工艺过程

此外，还有其他多种粉末冶金成形方法，如：① 软模压制成形，可成形诸如球体、圆锥体、多台阶体等普通压制方法难以成形的压坯；② 楔形压制成形，适用于制造环形长制品和较厚的带材；③ 高能成形，如爆炸成形，可制造大型、形状复杂的制品，如涡轮叶片等；④ 电磁成形，用于中、小型而且形状复杂的制品成形等。

6.3.3 烧结

粉末成形后得到的压坯只是粉末颗粒界面接触的机械聚合体，必须经过适当的高温烧结，使颗粒间产生原子结合，才能获得质地坚硬、符合要求的成品。

6.3.3.1 烧结过程

粉末压坯的烧结就是在高温下借助原子迁移实现颗粒间冶金结合的过程。粉末的等温烧结过程，按时间顺序可大致划分为黏结、烧结颈长大以及闭孔隙球化和缩小三个界限并不十分明确的阶段，如图6-25所示。

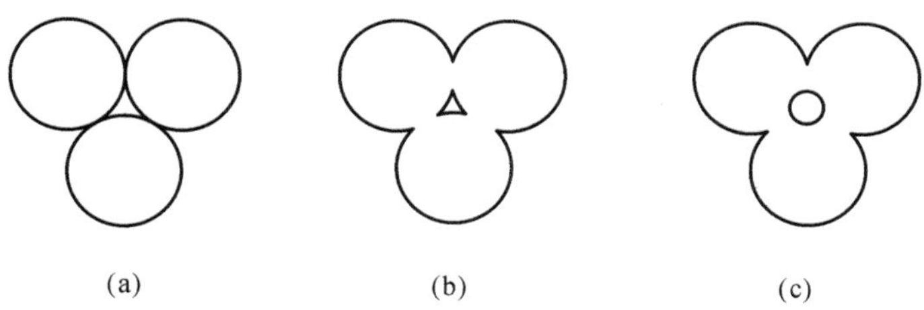

图6-25 烧结过程示意图

(a) 烧结前颗粒的接触状态 (b) 烧结早期的烧结颈长大 (c) 烧结后期孔隙球化

(1) 黏结阶段 在烧结初期，由于高温下原子振幅加大，发生扩散，粉末颗粒间的机械接触点或面转变为晶体结合，即形成烧结颈。该阶段颗粒外形基本未变，整个烧结体不发生收缩，密度变化不明显，但烧结体强度和导电性明显增加。

(2) 烧结颈长大阶段 随着烧结的进行，原子向颗粒结合面大量迁移，使烧结颈扩大，颗粒界面成为晶界面。烧结颈长大使颗粒间距离缩短，形成连续的孔隙网络；同时由于晶界向颗粒内部移动，晶粒长大，晶界越过的地方孔隙大量消失。该阶段的明显特征是烧结体收缩、密度和强度增加。

(3) 闭孔隙球化和缩小阶段 在烧结后期，当烧结体密度达到90%以后，多数孔隙被分隔成封闭孔隙，并逐渐球化缩小。该阶段会延续很长时间，期间小孔隙不断消失，孔隙数量减少，因此烧结体仍可以缓慢收缩，但仍存留少量闭孔隙。

6.3.3.2 烧结工艺制度

烧结是在一定的气氛中进行的一种高温处理过程，涉及烧结炉、烧结气氛、烧结参数的选择和控制等一系列的问题，是粉末冶金的重要环节。烧结的主要工艺条件包括烧结温度、烧结气氛、保温时间等。

1. 烧结温度与烧结时间

1) 起始烧结温度

单元系固相烧结存在最低的起始烧结温度，它是指颗粒之间形成原子结合的最低温度，通常以最低塔曼温度指数α(烧结热力学温度与材料熔点热力学温度之比)来表示。起始烧结温度主要与成分有关，金属粉末的α指数在0.3～0.4之间。

2) 实际烧结温度

实际的烧结过程都是连续烧结，温度逐渐升高达到烧结温度后保温。生产中，根据温度高低，一般将烧结分为三个阶段。

① 低温预烧阶段($\alpha \leqslant 0.25$) 此阶段主要发生金属回复，吸附气体和水分的蒸发，成形剂的分解和排除。

② 中温升温烧结阶段($\alpha=0.4\sim0.55$)　此阶段出现粉末颗粒内再结晶；同时颗粒表面氧化物还原，颗粒界面形成烧结颈。

③ 高温保温烧结阶段($\alpha=0.5\sim0.85$)　此阶段发生烧结颈长大、晶界迁移、颗粒合并、烧结体收缩、孔隙封闭和球化等过程。

实际烧结温度通常是指烧结工艺所制定的高温烧结阶段的温度，一般是熔点温度的 2/3～4/5，温度指数 $\alpha=0.67\sim0.80$，其下限略高于再结晶温度，其上限主要从技术和经济角度考虑，而且与烧结时间同时选择。

一般来讲，烧结温度越高，原子的扩散速率越大，粉末颗粒之间越容易烧结，烧结制品的性能越高。

3）烧结时间

烧结时间指高温烧结阶段的保温时间。在一定温度下，烧结时间越长，烧结越充分，烧结体性能也越高。但是时间的影响不如温度的影响大。实际生产中，多采用提高温度，缩短时间的工艺来提高产品的性能。

2. 烧结气氛

为了控制周围环境对烧结制品的影响并调整烧结制品成分，在烧结中使用以下几类不同功能的烧结气氛。

① 氧化性气氛　包括纯氧、空气、水蒸气等，用于贵金属的烧结、氧化物弥散强化材料和某些含氧化物质的电接触材料的内氧化烧结以及预氧化活化烧结。

② 还原性气氛　包括氢气、分解氨、煤气、转换天然气等，用于烧结时还原被氧化的金属或保护金属不被氧化，广泛用于铜、铁、钨、钼等合金制品的烧结。

③ 惰性或中性气氛　包括氮气、氩气、氦气及真空等。

④ 渗碳气氛　包括 CO、CH_4 及其他碳氢化合物气体，对于烧结铁及低碳钢具有渗碳作用。

⑤ 渗氮气氛　包括 NH_3 以及用于烧结不锈钢和其他含 Cr 钢的 N_2。

对于不同合金，上述分类不是绝对的。在烧结过程中，可能在不同阶段采用不同的气氛。

3. 烧结炉

烧结炉的种类很多，一般按照烧结压坯的移动方式分为两大类：连续式烧结炉和间歇式烧结炉。连续式烧结炉具有连贯的多温度区域炉膛，烧结过程中的进炉出炉是一个连续的过程。常用的有网带式炉、推杆式炉和步进梁式炉。间歇式烧结炉是按一定的时间间隔，进行一次开炉、进炉、烧结、出炉的工作循环，适合于特殊的烧结循环或批量生产循环。常用的有真空炉、钟罩炉、钼丝炉等。

烧结炉多采用电炉，按照加热方式，可分为电阻烧结炉和感应烧结炉。前者采用的加热方式为电阻加热，以镍铬合金、铁铬铝合金、钨、钼、碳化硅、硅化钼等作为发热元件，还可以用碳管来通电发热，有时也利用坯块本身的电阻。感应加热的应用也很普遍。

除电能外，天然气、燃油、煤也可作为加热能源。生产中应根据烧结温度、升降温速度、烧结气氛、生产的连续与否等要求，选择烧结炉及加热方式。

6.3.3.3　*烧结方法*

根据致密化机理或烧结工艺条件的不同，烧结可分为固相烧结、液相烧结、瞬时液相烧结、熔渗、超固相烧结、活化烧结、放电等离子烧结、微波烧结、选择性激光烧结、自蔓延反应烧结和爆炸烧结、大气压固结等。

1. 固相烧结

在低于烧结体系中熔点最低组元的熔点温度下进行的烧结为固相烧结。单元系烧结的特点是在烧结中只发生粉末颗粒间的烧结现象，没有化学成分和相组织的变化。多元系烧结除了颗粒之间的烧结外，一般还发生粉末之间的合金化反应，产生新相。

2. 液相烧结和瞬时液相烧结

在多元系烧结中，烧结温度高于低熔点组元的熔点，低熔点组元熔化为液相状态下的烧结，称为液相烧结。液相金属具有流动性，在固相颗粒间产生毛细管力，能促进烧结体的合金化和致密化。液相烧结广泛用于粉末冶金烧结工艺中，如 W-Cu 合金在 1500 ℃下的烧结，Cu 始终以液相存在。

如果烧结过程中液相只存在一段时间，烧结后期消失，则称为瞬时液相烧结。

3. 熔渗

熔渗是将粉末坯体与液态金属接触或浸在液态金属内，依靠毛细管力的作用，使金属液完全填充坯体内孔隙，冷却后得到致密零件的工艺。从本质上讲，熔渗是液相烧结的特殊情况。不同的是，熔渗的致密化是靠易熔成分从外面去填满孔隙，而不是靠压坯本身的收缩。因此，熔渗制品基本无收缩，烧结时间较短。主要用于生产电触头材料、Fe-Cu 合金机械零件及金属陶瓷或复合材料。

4. 超固相烧结

超固相烧结是由传统的液相烧结变化而来的。它是将完全预合金化的粉末加热到合金相图的固相线和液相线之间的某一温度，使每个预合金粉末的晶粒内、晶界处及颗粒表面形成液相，在粉末颗粒间的接触点与颗粒内晶界处形成液相膜，借助半固态粉末颗粒间的毛细管力使烧结体迅速致密化。超固相烧结不仅具备常规液相烧结的优点，还可以使颗粒尺寸较大的预合金粉末进行快速烧结致密化。

5. 活化烧结

采用化学或物理的方法，通过降低活化能来降低烧结温度、缩短烧结时间或提高烧结性能的烧结工艺，称为活化烧结。

活化烧结从方法上可分为两大类：① 依靠外界因素。如在烧结气氛中添加水蒸气的湿氢烧结，使烧结过程循环发生氧化-还原反应；往烧结填料中添加强还原剂（如氢化物），强化氢氧之间的还原反应；施加外场，如电场、应力场、温度场、磁场，实现动态烧结；添加合金元素，以改变表面结构，促进原子扩散；② 提高粉末烧结活性。如预氧化、增加粉末颗粒晶体缺陷、添加活性元素等。

6. 放电等离子烧结（SPS）

放电等离子烧结是在粉末颗粒间直接通入脉冲电流进行加热烧结，又称等离子活化烧结。SPS 烧结集等离子体活化、电阻加热、热压为一体，加热均匀，升温快，烧结温度低、时间短，生产效率高，产品组织细小均匀、致密度高，可以烧结梯度材料及复杂工件等。

7. 微波烧结

微波烧结是利用微波加热使粉末材料进行烧结的一种工艺。其原理是利用微波具有的特殊波段与材料的基本细微结构耦合而产生热量，材料的介质损耗使其整体加热至烧结温度而实现致密化。

微波烧结也属于活化烧结，烧结时微波不仅仅是加热热源，它还有促进烧结体致密化、促进晶粒生长、加快化学反应等非热效应。与常规烧结相比，微波烧结具有节能环保、细化晶粒、能实现空间选择性烧结等特点。目前已应用于陶瓷材料、纳米材料、纯金属粉末烧结和含 SiC 颗粒的金属基复合材料的制备，是最具应用前景的新一代烧结技术。

粉末压坯在烧结后，为了进一步提高烧结产品的性能，提高产品的尺寸公差等级，以满足零件的最终要求，一般需进行后处理。烧结后处理通常包括表面处理、浸渍处理、阳极化处理、喷砂与摩擦抛光处理、探伤检查等技术。

引申知识点

陶瓷材料与粉末冶金同属粉体成形烧结材料，两者的成形技术有许多相似之处，也有各自的特点。粉末冶金用粉末主要成分为金属，其成形技术以压制成形最为广泛；陶瓷用粉末主要以无机化合物（氧化物、碳化物、氮化物等）为主，成形方法主要有注浆成形、可塑成形和等静压成形等。此外，两者在具体的粉末制备及烧结工艺上也有一定的差别。

复习思考题

1. 粉末的基本性质包括哪些？
2. 什么是粒度和粒度组成？
3. 常用的粉末制备方法有哪些？
4. 不同的制粉方法可获得何种形状的粉末？对工艺性能的影响如何？
5. 简述粉体压制成形的基本原理。
6. 影响压坯密度的因素有哪些？
7. 粉体的成形方法主要有哪些？各适用于何种场合？
8. 简述等静压成形的特点。
9. 简述粉末冶金与金属块状材料成形的异同点。
10. 简述单元系固相烧结的基本过程。
11. 常用的烧结方法有哪些？

第 7 章　切 削 加 工

切削加工是使用切削工具(包括刀具、磨具和磨料等),在工具和工件的相对运动中,把工件上多余的材料层切除,使工件获得规定的几何参数(形状、尺寸、位置)和表面质量的加工方法。

切削加工是机械制造中最主要的加工方法,虽然毛坯制造精度不断提高,精铸、精锻、挤压、粉末冶金等加工工艺应用越来越广泛,但由于切削加工的适应范围广,且精度高,在现代制造工艺中占有极为重要的地位。

切削加工可分为机械加工和钳工两部分。机械加工是通过人工操作或程序控制加工机床来完成切削加工的,一般加工精度较高。钳工一般是通过工人手持工具来进行加工的,灵活性较强。如錾、锯、锉、刮、研、钻孔、铰孔、攻螺纹(攻丝)和套螺纹(套扣)等。目前,虽然很多的钳工工作已逐渐被机械加工替代,但在某些场合下,钳工加工由于非常经济和方便,具有其独特的价值,如在机器的装配和修理中某些配件的锉修、导轨面的刮研、大型机件上的攻螺纹等。

由于现代机器设备的精度和性能要求日益提高,因而对其零件的加工质量要求也较高。为了满足这些要求,目前绝大多数零件的质量还要靠切削加工的办法来保证。随着机床和刀具的不断发展,切削加工的精度、效率和自动化程度不断提高,应用范围也日益扩大,从而促进了现代机械制造业的快速发展。

7.1　金属切削基础知识

金属切削加工虽有多种不同的形式,但在切削运动、切削工具以及切削过程等很多方面具有共同或类似的现象和规律。这些都是学习各种切削加工方法的共同基础。

7.1.1　切削运动与切削要素

7.1.1.1　零件表面的形成与切削运动

一般而言,机器零件的形状较为复杂,但分析起来,主要由下列几种表面组成,即外圆面、内圆面(孔)、平面和成形面。因此,只要能对这几种表面进行加工,就基本上能完成所有机器零件的加工。

外圆面和孔可以认为是以某一直线为母线、以圆为轨迹做旋转运动所形成的表面。平面是以一条直线为母线、以另一条直线为轨迹做平移运动所形成的表面。成形面可认为是以曲线为母线、以圆或直线为轨迹做旋转或平移运动所形成的表面。

上述几种表面可分别用图 7-1 所示的相应加工方法来获得。由图可知,要对这些表面进行加工,刀具与工件之间必须有一定的相对运动,即切削运动。

切削运动包括主运动(图中Ⅰ)和进给运动(图中Ⅱ)。使工件与刀具产生相对运动以

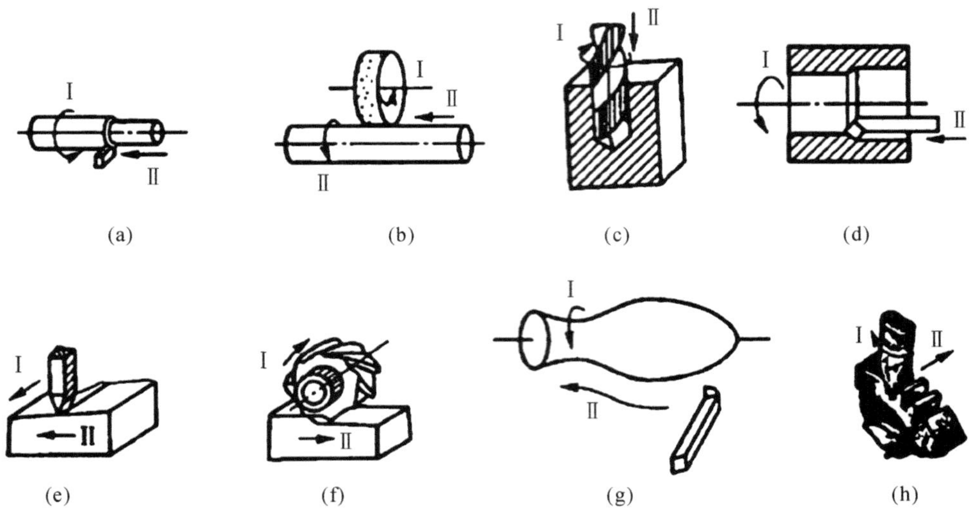

图 7-1　零件不同表面加工时的切削运动

(a) 车外圆面　(b) 磨外圆面　(c) 钻孔　(d) 车床上镗孔　(e) 刨平面　(f) 铣平面　(g) 车成形面　(h) 铣成形面

进行切削的最基本运动称为主运动，在切削运动中主运动的速度最高、消耗的功率最大且只有一个，如车削时工件的旋转运动。使主运动能够连续或断续切除工件上多余的金属，以便形成工件表面所需的运动称为进给运动。在切削运动中进给运动使得多余材料不断被投入切削，从而加工完整表面，进给运动可以有一个或几个。如车削时车刀的纵向或横向运动。

为了加工某种表面而发展出各种切削加工方法，如车削、钻削、刨削、磨削和齿轮齿形加工等。各种切削方法都有其特定的切削运动。如图 7-1 所示，切削运动有旋转的，也有直行的；有连续的，也有间歇的。

实际切削时，切削运动是一个合成运动(见图 7-2)，其方向由合成切削速度角 η 确定。

7.1.1.2　切削用量

切削用量通常用来衡量切削运动量的大小，是切削时各运动参数的总称，包括切削速度、进给量和背吃刀量(切削深度)三要素。

1. 切削速度

刀具切削刃上的某一点相对于待加工表面在主运动方向上的瞬时速率，以 v_c 表示，单位为 m/s 或 m/min。

若主运动为旋转运动，切削速度一般为其最大线速率，v_c 按下式计算：

$$v_c = \frac{\pi d n}{1000} \quad (\text{m/s 或 m/min}) \tag{7-1}$$

式中：d——工件或刀具的直径(mm)；

n——工件或刀具的转速(r/s 或 r/min)。

若主运动为往复直线运动，则常以其平均速度为切削速度，v_c 按下式计算：

$$v_c = \frac{2Ln_r}{1000} \quad (\text{m/s 或 m/min}) \tag{7-2}$$

式中：L——往复行程长度(mm)；

n_r——主运动每秒或每分钟的行程往复次数（st/s 或 st/min，st 为行程的习惯记法）。

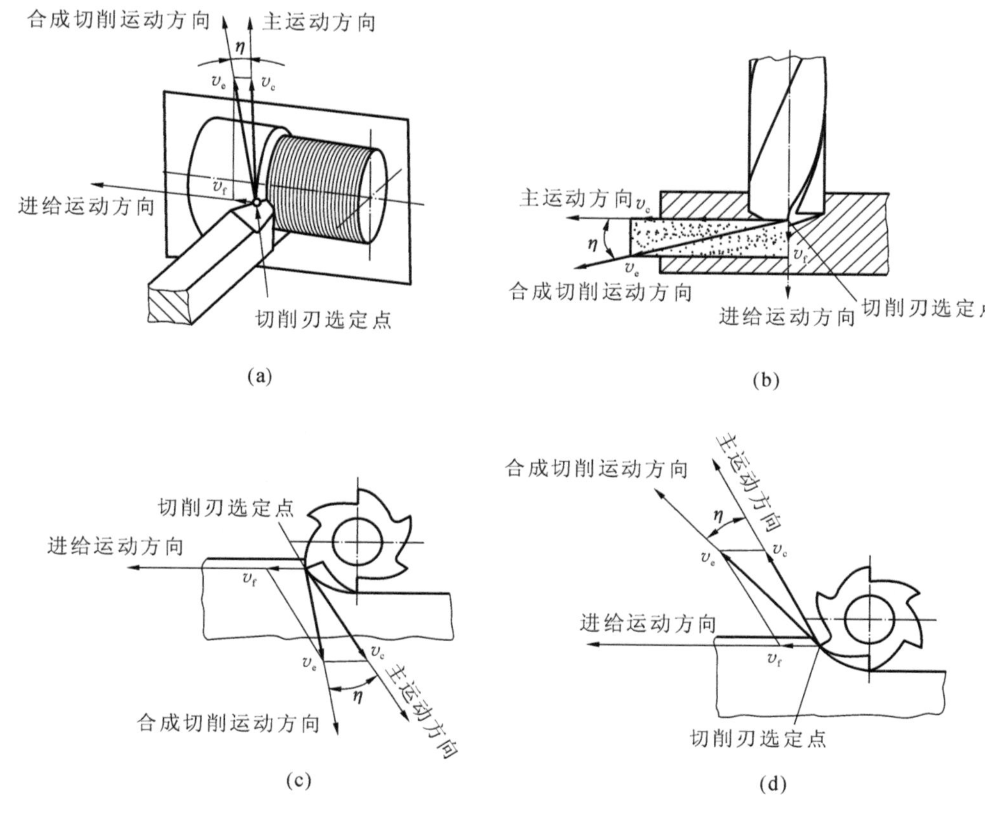

图 7-2　切削运动

(a) 车削　(b) 钻削　(c) 顺铣　(d) 逆铣

2. 进给量

进给量是指刀具在进给运动方向上相对工件的位移量。由于不同加工方法所用刀具和切削运动形式不同，进给量的表述和度量方法也不相同。

用单齿刀具（如车刀、刨刀等）加工时，进给量常用刀具或工件每转或每行程，刀具在进给运动方向上相对工件的位移量来度量，称为每转进给量或每行程进给量，以 f 表示，单位为 mm/r 或 mm/st（见图 7-3）。

用多齿刀具（如铣刀、钻头等）加工时，进给量通常用刀具每转或每行程中每齿相对工件在进给运动方向上的位移量来度量，设进给速度为 v_f，单位为 mm/s 或 mm/min。每齿进给量以 f_z 表示，单位为 mm/z。

f_z、f、v_f 之间有如下关系：

$$v_f = fn = f_z zn \quad (\text{mm/s 或 mm/min}) \tag{7-3}$$

式中：n——刀具或工件的转速（r/s 或 r/min）；

z——刀具的齿数。

3. 背吃刀量（切削深度）

垂直于进给速度方向的切削层最大尺寸，称为背吃刀量（切削深度），以 a_p 表示（见图 7-3）。一般指工件上已加工表面和待加工表面间的垂直距离，单位为 mm。如车外圆时，

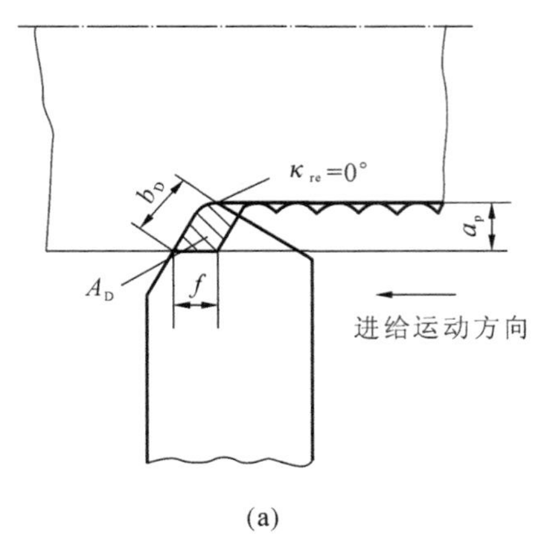

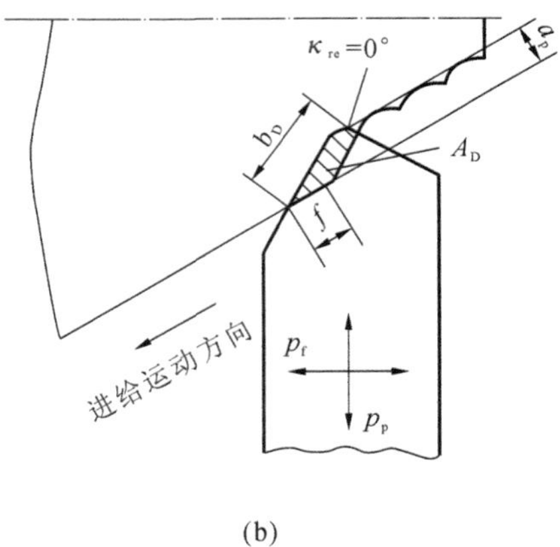

图 7-3　车削时切削层尺寸

(a) 车外圆　(b) 车锥体

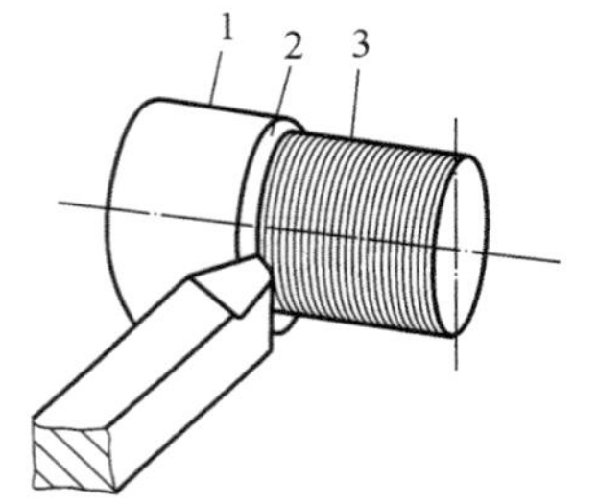

图 7-4　工件表面

1—待加工表面;2—过渡表面;3—已加工表面

a_p 可用下式计算:

$$a_p = \frac{d_w - d_m}{2} \quad (\text{mm}) \tag{7-4}$$

式中: d_w——工件待加工表面(见图 7-4)直径(mm);

d_m——工件已加工表面直径(mm)。

7.1.2　刀具构造

切削工程中,直接完成切削工作的是刀具。刀具一般由切削部分和夹持部分组成。切削部分是刀具上直接参加切削工作的部分,刀具切削性能的优劣,取决于切削部分的角度、结构和材料。夹持部分是用来将刀具夹持在机床上的部分,可以保证刀具正确的工作位置且传递所需要的运动和动力,要求夹固可靠,装卸方便。

7.1.2.1　刀具角度

切削刀具的种类虽然繁多,但其切削部分的结构要素和几何角度有着许多共同的特征。如图 7-5 所示,各种复杂刀具或多齿刀具,就其一个刀齿而言,都相当于一把车刀的刀头。下面以车刀为例进行分析。

1. 车刀切削部分组成

车刀切削部分如图 7-6 所示。

(1) 前刀面　刀具上切屑流过的表面,又称前刀面。

(2) 后刀面　刀具上与工件上切削产生的表面相对的表面称为后刀面,其中与过渡表面相对的表面是主后刀面,与工件已加工表面相对的表面是副后刀面。

(3) 切削刃　切削刃是指刀具前面起切削作用的刃,分为主切削刃和副切削刃。主切削刃主要位于前刀面与主后刀面的交线部分,切削时承担主要的切削工作。副切削刃是指切削刃上除主切削刃以外的刃,主要位于前刀面与副后刀面的交线部分,切削时起一定的切削作用。

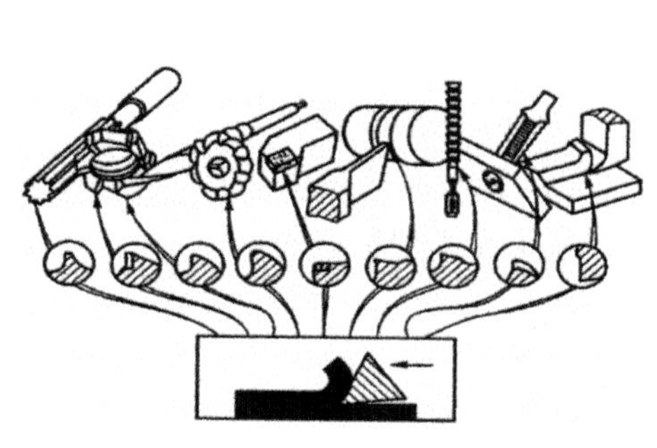

图 7-5　刀具的切削部分

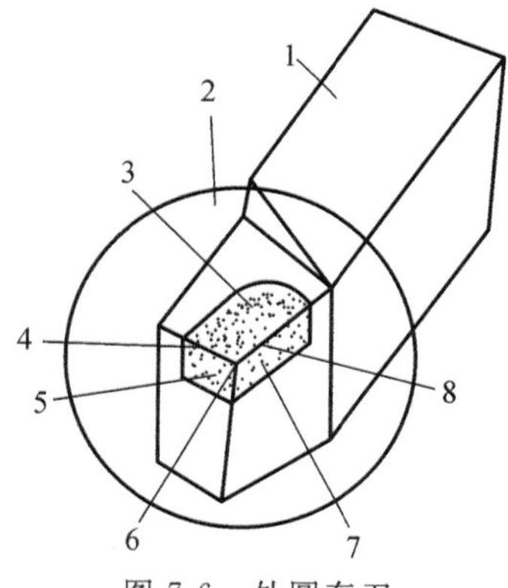

图 7-6　外圆车刀

1—夹持部分；2—切削部分；3—前刀面；4—副切削刃；5—副后刀面；6—刀尖；7—主后刀面；8—主切削刃

主切削刃与副切削刃的连接处相当少的一部分切削刃，称为刀尖。实际刀具的刀尖并非绝对尖锐，而是一小段曲线（或直线），分别称为修圆刀尖（或倒角刀尖）。

2. 车刀切削部分的主要角度

刀具的切削部分必须具有一定的切削角度，才能从工件上切除多余的材料层。为了在设计、制造及工作时描述方便，首先建立刀具静止参考系，以便建立和描述刀具在设计、制造、刃磨以及测量时各种平面及几何参数。

1）刀具静止参考系

刀具静止参考系主要包括基面、切削平面、正交平面和假定工作平面等（见图 7-7）。

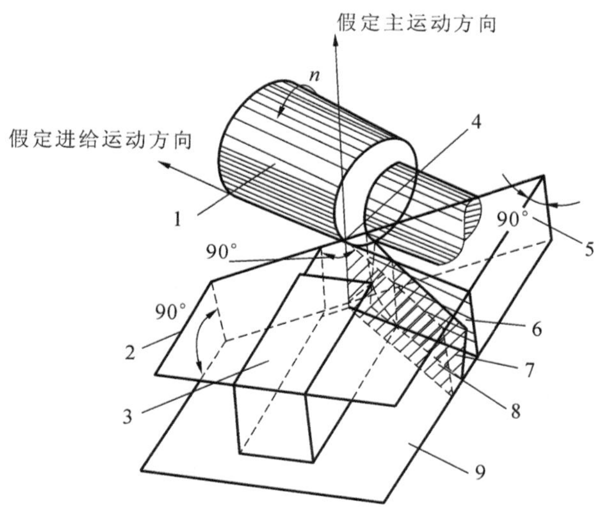

图 7-7　刀具静止参考系的平面

1—工件；2—基面 P_r；3—车刀；4—切削刃选定点；5—主切削平面 p_s；6—假定工作平面 p_f；7—副切削平面 p_s'；8—正交平面 p_o；9—底平面

（1）基面　过切削刃选定点，垂直于该点假定主运动方向的平面以 p_r 表示。

（2）切削平面　过切削刃选定点，与切削刃相切，并垂直于基面的平面，主切削平面以 p_s 表示，副切削平面以 p_s'表示。

（3）正交平面　过切削刃选定点，并同时垂直于基面和切削平面的平面，以 p_o 表示。

(4) 假定工作平面　过切削刃选定点，垂直于基面并平行于假定进给运动方向的平面以 p_f 表示。

2) 车刀的主要角度

在车刀设计、制造、刃磨及测量时，使用的主要角度如下(见图 7-8)。

(1) 主偏角 κ_r　在基面中测量的主切削平面与假定工作平面的夹角。

(2) 副偏角 κ_r'　在基面中测量的副切削平面与假定工作平面的夹角。

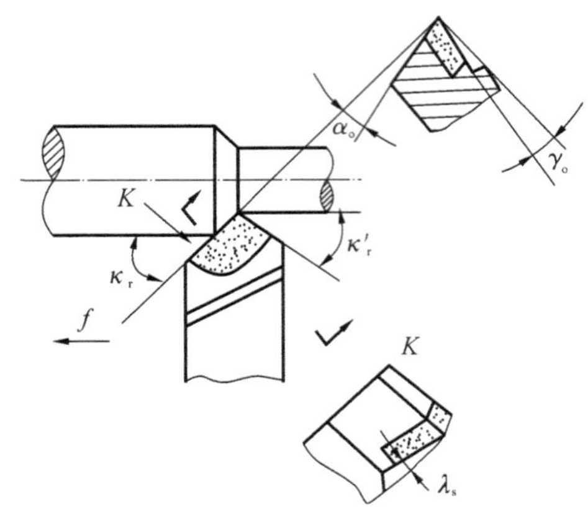

图 7-8　车刀的主要角度

主偏角主要影响切削层界面的形状和参数，影响切削分力的变化，并和副偏角一起影响已加工表面的粗糙度；副偏角还有减小副后面与已加工表面间摩擦的作用。

如图 7-9 所示，当背吃刀量和进给量一定时，主偏角越小，切屑就越宽而薄。这时，主切削刃单位长度上的负荷较小，并且散热条件较好，有利于刀具耐用度的提高。

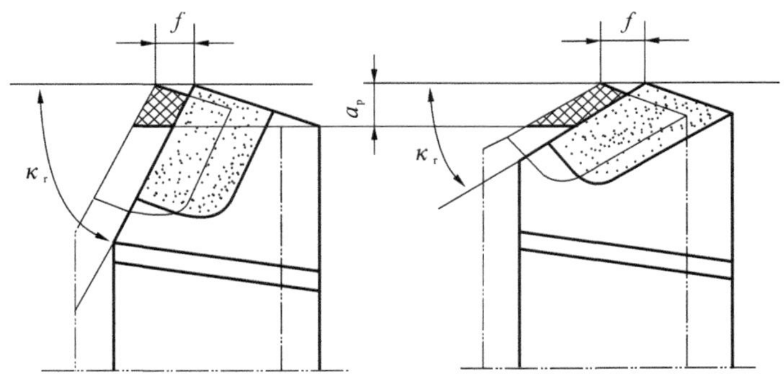

图 7-9　主偏角对切削层参数的影响

由图 7-10 可以看出，当主、副偏角小时，已加工表面残留面积的高度 h 亦小，因而可减小表面粗糙度，并且刀尖强度和散热条件较好，有利于提高刀具耐用度。但是，当主偏角减小时，背向力将增大，若加工刚度较差的工件(如车细长轴)，则容易引起工件变形，并可能产生振动。

主、副偏角应根据工件的刚度及加工要求选取合理的数值。一般车刀常用的主偏角有 45°、60°、75°、90°等几种；副偏角为 5°～15°，粗加工时取较大值。

(3) 前角 γ_o　在正交平面中测量的前面与基面间的夹角。根据前面和基面相对位置的不同，又分别规定为正前角、零度前角和负前角(见图 7-11)。

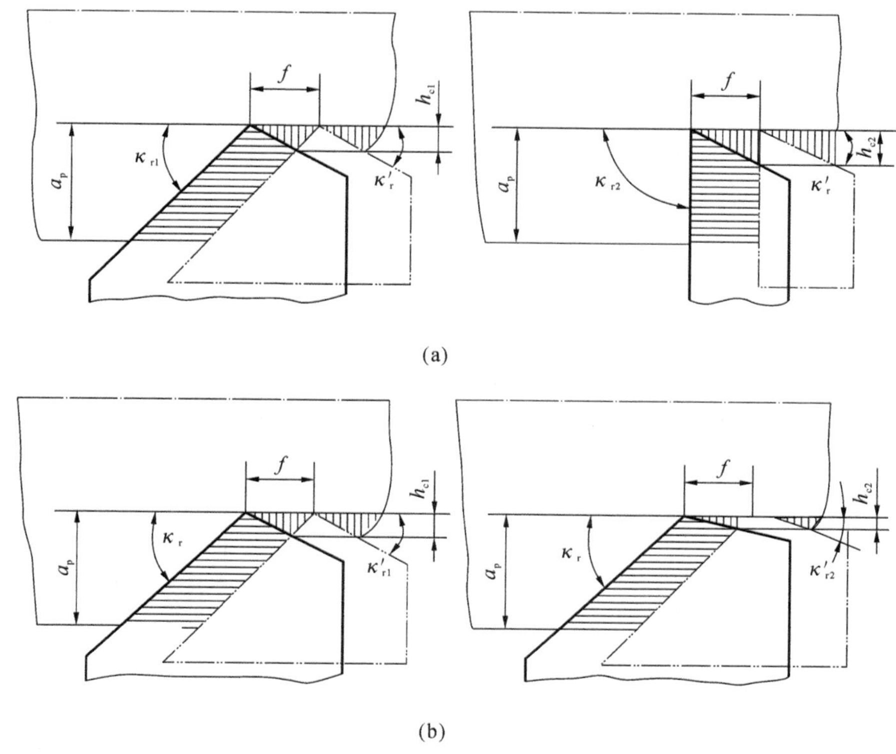

图 7-10　主、副偏角对残留面积的影响

(a) 主偏角对残留面积的影响　(b) 副偏角对残留面积的影响

当取较大的前角时，切削刃锋利，切削轻快，即切削层材料变形小，切削力也小。但当前角过大时，切削刃和刀头的强度、散热条件和受力状况变差(见图 7-12)，将使刀具磨损加快，耐用度降低，甚至崩刃损坏。若取较小的前角，随切削刃和刀头较强固，散热条件和受力状况也较好，但切削刃变钝，切削力变大，对切削加工不利。

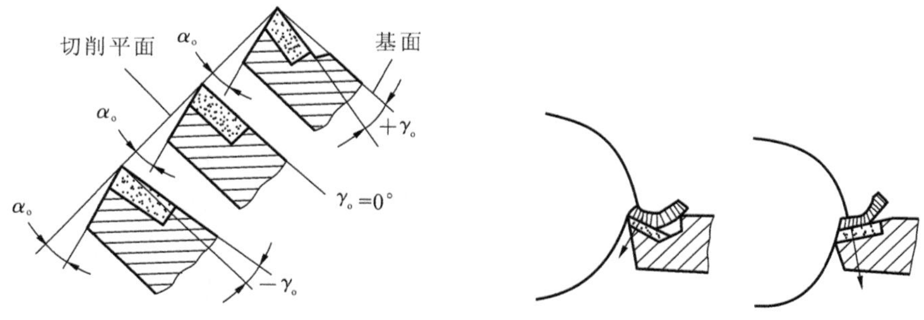

图 7-11　前角的正与负　　图 7-12　前角的作用

前角的大小常根据工件材料、刀具材料和加工性质来选择。当工件材料塑性大、强度和硬度低或刀具材料的强度和韧度好或精加工时，取大的前角；反之取较小的前角。例如，用硬质合金车刀切削结构钢件，γ_o 可取 10°～20°；切削灰口铸铁件，γ_o 可取 5°～15°。

(4) 后角 α_o　在正交平面中测量的刀具后面与切削平面间的夹角。

后角的主要作用是减少刀具后面与工件表面间的摩擦，并配合前角改变切削刃的锋利与强度。后角大，摩擦小，切削刃锋利。但后角过大，将使切削刃变弱，散热条件变差，加速刀具磨损。反之，后角过小，虽切削刃强度增加，散热条件变好，但摩擦加剧。

后角的大小常根据加工类型和材料来选择。例如，粗加工或工件材料较硬时，要求切削刃强固，后角取较小值：$\alpha_o=6°\sim8°$。反之，对切削强度要求不高，主要希望减小摩擦和已加工表面的粗糙度，后角可取较大值：$\alpha_o=8°\sim12°$。

(5) 刃倾角 λ_s　在主切削平面测量的主切削刃角与基面间的夹角。与前角类似，刃倾角也有正、负和零值之分(见图 7-13)。

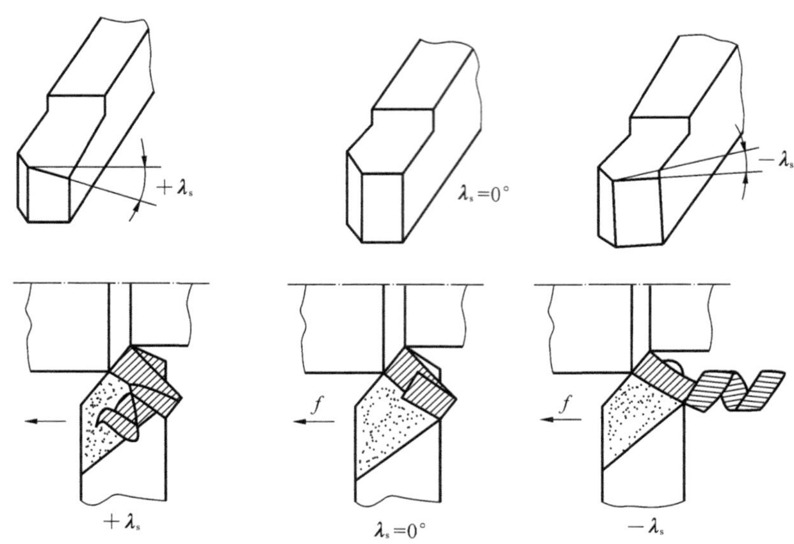

图 7-13　刃倾角及其对排屑方向的影响

刃倾角主要影响刀头的强度、切削分力和排屑方向。负的刃倾角可起到增强刀头的作用，但会使背向力增大，有可能引起振动，而且还会使切屑排向已加工表面，可能划伤已加工表面。因此，粗加工时为了增强刀头的强度，λ_s 常取负值；精加工时为了保护已加工表面，λ_s 常取正值或零度。车刀的刃倾角一般在 $-5°\sim5°$ 之间选取。有时为了提高刀具耐冲击的能力，λ_s 可取较大的负值。

3) 刀具的工作角度

在实际切削过程中，由于装刀位置和切削运动的影响，刀具的标注角度发生变化，变化后的实际切削角度，称为工作角度。在正常的安装条件下，如车刀刀尖与工件回转轴线等高、刀柄纵向轴线垂直于进给方向，这时，车刀的工作角度近似于静止参考系中的角度。

如图 7-14 所示，车外圆时，若刀尖高于工件的回转轴线，则工作前角 $\gamma_{oe}>\gamma_e$，而工作后角 $\alpha_{oe}<\alpha_e$；反之，若刀尖低于工件的回转轴线，则 $\gamma_{oe}<\gamma_e$，$\alpha_{oe}>\alpha_e$。镗孔时的情况正好与此相反。当车刀刀柄的纵向轴线与进给方向不垂直时，将会引起主偏角和副偏角的变化，如图 7-15 所示。

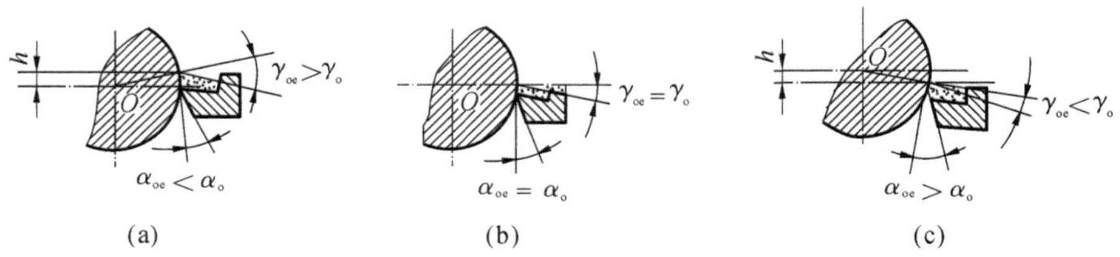

图 7-14　车刀安装高度对前角和后角的影响

(a) 偏高　(b) 等高　(c) 偏低

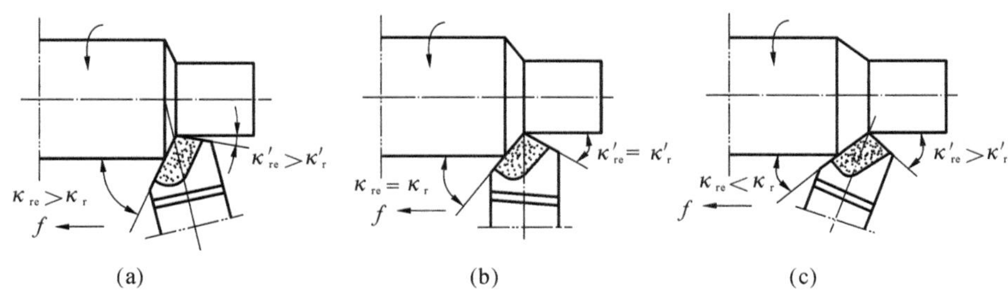

图 7-15　车刀安装偏斜对主偏角和副偏角的影响

7.1.2.2　刀具结构

刀具的结构形式对刀具的切削性能、切削加工的生产效率和经济效益有着重要的影响。下面以车刀为例，将刀具结构的演变和改进过程做简要介绍。

车刀的结构形式有整体式、焊接式、机夹重磨式和机夹可转位式等几种。早期使用的车刀，多半是整体结构，由于刀具所用材料一般较贵重，所以经济性较差。焊接式车刀的结构简单、紧凑、刚度好，而且灵活性好，还可以根据加工条件和加工要求，较方便地修磨车刀，获得理想的角度，因而应用十分普遍。然而，焊接式车刀的硬质合金刀片经过高温焊接和刃磨后，易产生内应力和裂纹，使切削性能下降，对提高生产效率很不利。机夹重磨式车刀则避免了高温焊接所带来的缺陷，提高了刀具的切削性能，使刀柄能多次使用。其主要特点是刀片与刀柄是两个可拆开的独立元件，工作时靠夹紧元件把它们紧固在一起。图 7-16 所示为机夹重磨式切断刀的一种典型结构。

近年来，随着自动机床、数控机床和机械加工自动化的发展，为减少换刀、调刀等造成的停机时间损失，机夹可转位式车刀应运而生。所谓机夹可转位式车刀，是将压制有一定几何参数的多边形刀片，用机械加固的方法装夹在标准的刀体上。使用时，刀片上的一个切削刃用钝后，只需松开夹紧机构，将刀片转位换成另一个新的切削刃，便可继续切削。实践证明，这种车刀容易实现加工自动化，提高生产效率，因而应用越来越广泛。

机夹可转位式车刀由刀体、刀片、刀垫及夹紧机构等组成，图 7-17 所示为杠杆式可转位车刀。

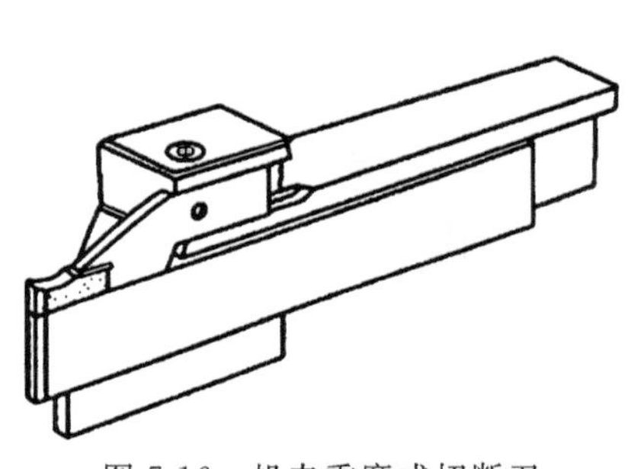

图 7-16　机夹重磨式切断刀

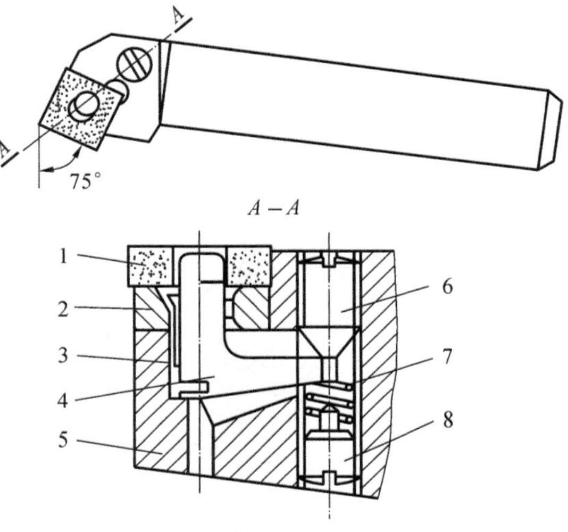

图 7-17　杠杆式可转位车刀

1—刀片；2—刀垫；3—弹簧；4—杠杆；
5—刀体；6—压紧螺钉；7—弹簧；8—调节螺钉

7.1.3 金属切削过程

金属切削过程是指工件材料在刀具和切削力的作用下形成切屑的过程，在这一过程中，产生许多物理现象，如切削力、切削热、刀具磨损和加工表面质量等，都和切屑的形成过程密切相关。

7.1.3.1 切屑形成过程及切屑类型

1. 切屑形成过程

切削塑性金属时，材料受到刀具的作用以后，开始产生弹性变形。随着刀具继续切入，金属内部的应力、应变继续加大。当应力达到材料的屈服点时，产生塑性变形。刀具再继续前进，应力进而达到材料的断裂强度，金属材料被挤裂，并沿着刀具的前面流出而成为切屑。

经过塑性变形的切屑，其厚度 h_{ch} 大于切削层公称厚度 h_D，而长度 l_{ch} 小于切削层公称长度 l_D（见图 7-18），这种现象称为切屑收缩。切削厚度与切削层公称厚度之比称为切削厚度压缩比，以 Λ_h 表示。由定义可知

$$\Lambda_h = \frac{h_{ch}}{h_D} \tag{7-5}$$

一般情况下，$\Lambda_h>1$。

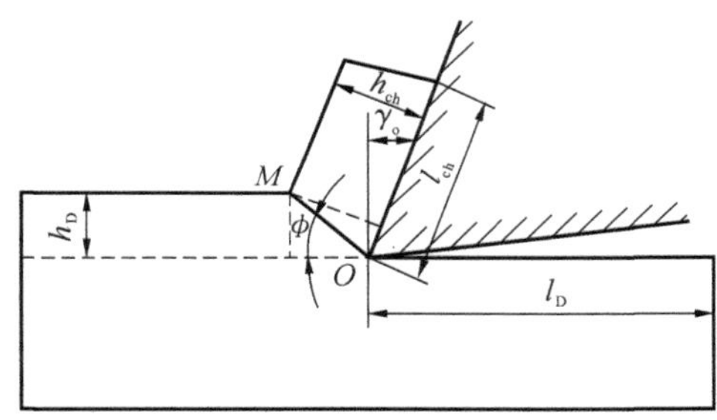

图 7-18 切屑收缩

通常切削厚度压缩比越大，切削力越大，切削温度越高，表面越粗糙。因此，在加工过程中，通过采取措施来减小变形程度，改善切削过程。如在中速或低速切削时，可适当增加前角以减小变形，也可对工件进行适当的热处理，降低材料的塑性，使变形减小等。

2. 切屑类型

工件材料、刀具角度及切削用量等因素均对切屑类型产生重要影响，形成不同类型的切屑，同时对切削加工产生不同的影响。常见的切屑有如下几种（见图 7-19）：

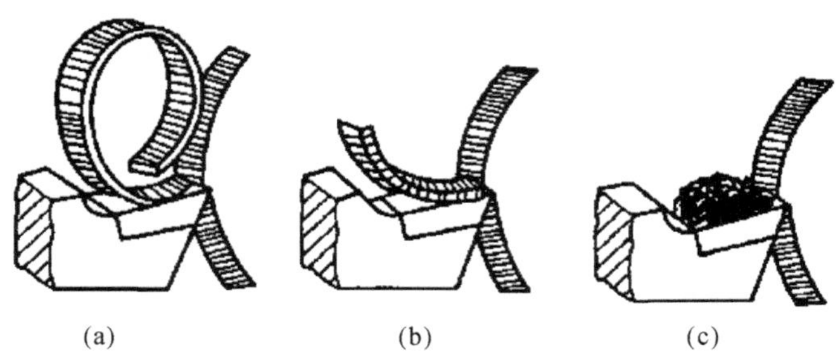

图 7-19 切屑的种类

(a) 带状切屑 (b) 节状切屑 (c) 崩碎切屑

(1) 带状切屑　使用前角较大的刀具、较高的切削速度和较小的进给量切削塑性材料时，容易得到带状切屑(见图 7-19(a))。形成带状切屑时，切削力较平稳，加工表面较光洁，但切屑连续不断，容易缠绕造成安全隐患或刮伤已加工表面，因此要采取断屑措施。

(2) 节状切屑　在采用较低的切削速度和较大的进给量粗加工中等硬度的钢材时，容易得到节状切屑(见图 7-19(b))。形成这种切屑时，金属材料经过弹性变形、塑性变形、挤裂和切离等阶段，是典型的切削过程。由于切削力波动较大，工件表面较粗糙。

(3) 崩碎切屑　在切削铸铁和黄铜等脆性材料时，切削层金属发生弹性变形以后，一般不经过塑性变形就突然崩落，形成不规则的碎块状屑片，即为崩碎切屑(见图 7-19(c))。产生崩碎切屑时，切削热和切削力都集中在主切削刃和刀尖附近，刀尖容易磨损，并容易产生振动，影响表面质量。

切屑的形状可以随切削条件的不同而改变。在生产中，常根据具体情况采取不同的措施来得到需要的切屑，以保证切削加工的顺利进行。例如，加大前角、提高切削速度或减小进给量，可将节状切屑转变为带状切屑，使加工的表面较为光洁。

7.1.3.2　积屑瘤

在一定范围的切削速度下切削塑性金属时，常发现在刀具前面靠近切削刃的部位黏附着一小块很硬的金属，这就是积屑瘤，也称刀瘤，如图 7-20 所示。

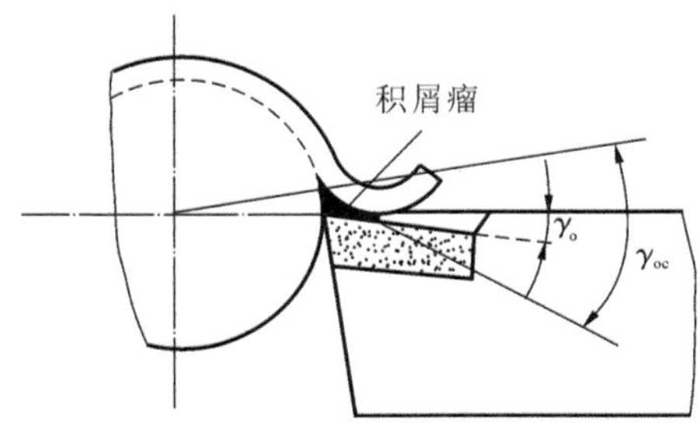

图 7-20　积屑瘤

1. 积屑瘤的形成

当切屑沿刀具的前面流出时在一定的温度与压力作用下，与前面接触的切屑底层受到很大的摩擦阻力，致使这一层金属的流出速度减慢，形成一层很薄的“滞流层”。当前面对滞流层的摩擦阻力超过切屑材料的内部结合力时，就会有一部分金属黏附在切削刃附近，形成积屑瘤。积屑瘤形成后不断长大，达到一定高度又会破裂，而被切屑带走或嵌附在工件表面。上述过程是反复进行的。

2. 积屑瘤对切削加工的影响

在形成积屑瘤的过程中，金属材料因塑性变形而被强化，硬度远高于工件材料，为工件材料的 2～3 倍，因此可代替切削刃进行切削，起到保护切削刃的作用。同时，积屑瘤(见图 7-20)增大了刀具实际工作前角，使切削轻快，所以对粗加工有利。

但是，积屑瘤的顶端伸出切削刃之外，而且不断地产生和脱落，使切削层厚度不断变化，影响尺寸公差等级。此外，还会导致切削力的变化，引起振动，并会有一些积屑瘤碎片黏附在工件已加工表面上，使表面变得粗糙。因此，精加工时应尽量避免产生积屑瘤。

3. 积屑瘤的控制

影响积屑瘤形成的主要原因有：工件材料的力学性能、切削速度和冷却润滑条件等。

在工件材料的力学性能中,影响积屑瘤形成的主要因素是塑性。塑性越大,越容易形成积屑瘤。例如,加工低碳钢、中碳钢、铝合金等材料时容易产生积屑瘤。如需避免积屑瘤,可将工件材料进行正火或调质处理,以提高其强度和硬度,降低塑性。

在对某些工件材料进行切削时,切削速度是影响积屑瘤的主要因素。切削速度是通过切削温度和摩擦来影响的。例如加工中碳钢工件,当切削速度很低(<5 m/min)时,切削温度较低,切屑内部结合力较大,刀具前面与切屑间的摩擦力小,积屑瘤不易形成;当切削速度增大(5～50 m/min)时,切削温度升高,摩擦加大,则易于形成积屑瘤;切削速度很高(>100 m/min)时,切削温度较高,摩擦较小,则无积屑瘤形成。因此,一般精加工通常采用高速切削或低速切削,以避免形成积屑瘤。

选用适当的切削液,可有效降低切削温度,减少摩擦,也是减少或避免积屑瘤的重要措施之一。

7.1.3.3　切削力和切削功率

1. 切削力的构成与分解

切削力是指在切削过程中产生的作用在工件和刀具上的大小相等、方向相反的力。切削力使工艺系统变形,因而对加工精度有影响,还直接影响切削热,进而影响到刀具磨损和加工表面质量。同时,切削力还是设计和使用机床、刀具、夹具的重要依据。实际加工中,总切削力的大小和方向测定过程较为复杂。一般不直接研究总切削力,而是研究它在一定方向上的分力。

以车削外圆为例,总切削力 F 一般常分解为以下三个互相垂直的分力(见图 7-21)。

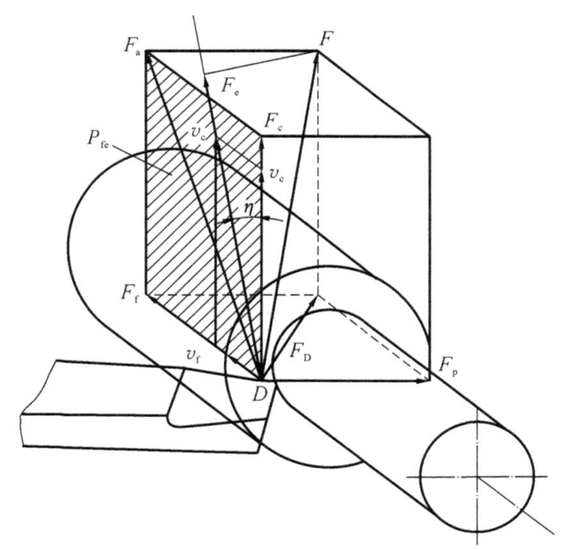

图 7-21　车削外圆时力的分解

(1) 切削力 F_c　总切削力 F 在主运动方向上的分力,大小占总切削力的 80%～90%。F_c 消耗的功率最多,约占总功率的 90%以上,是计算机床动力、主传动系统零件和刀具强度及刚度的主要依据。

(2) 进给力 F_f　总切削力 F 在进给运动方向上的分力,它是校验进给机构强度的主要依据。

(3) 背向力 F_p　总切削力 F 垂直于工作平面上的分力,易使工件产生弹性弯曲,引起振动，它是影响加工精度、表面粗糙度的主要原因。例如车削细长轴时，常采用主偏角 $\kappa_r=90°$ 的车刀，就是为了减小背向力。

如图 7-21 所示，显然，这三个切削分力与总切削力 F 有如下关系：

$$F=\sqrt{F_c^2+F_f^2+F_p^2} \tag{7-6}$$

2. 切削力的估算

影响切削力的大小的因素很多，如工件材料、切削用量、刀具角度、切削液和刀具材料等。其中工件材料和切削用量对切削力的影响较大。

切削力的大小可用在实验基础上总结出的特定经验公式来计算。以切削外圆为例，计算 F_c 的经验公式如下：

$$F_c=C_{F_c}a_p^{x_{F_c}}f^{y_{F_c}}K_{F_c} \quad (\text{N}) \tag{7-7}$$

式中： C_{F_c}——与工件材料、刀具材料及切削条件等有关的系数；

a_p——背吃刀量(mm)；

f——进给量(mm/r)；

x_{F_c}、y_{F_c}——指数；

K_{F_c}——切削条件不同时的修正系数。

经验公式中的系数和指数，可从《切削用量手册》等有关资料中查出。

3. 切削功率

切削功率 P_m 应是三个切削分力消耗功率的总和，但背向力 F_p 消耗的功率为零，进给力 F_f 消耗的功率很小，一般可忽略不计。因此，切削功率 P_m 可用下式计算：

$$P_m=10^{-3}F_cv_c \quad (\text{kW}) \tag{7-8}$$

式中： F_c——切削力(N)；

v_c——切削速度(m/s)。

7.1.3.4 切削热和切削温度

1. 切削热的产生、传出及对加工的影响

在切削过程中，由于绝大部分的切削功都转变成热量，这些热称为切削热，切削热的主要来源(见图 7-22)如下所述。

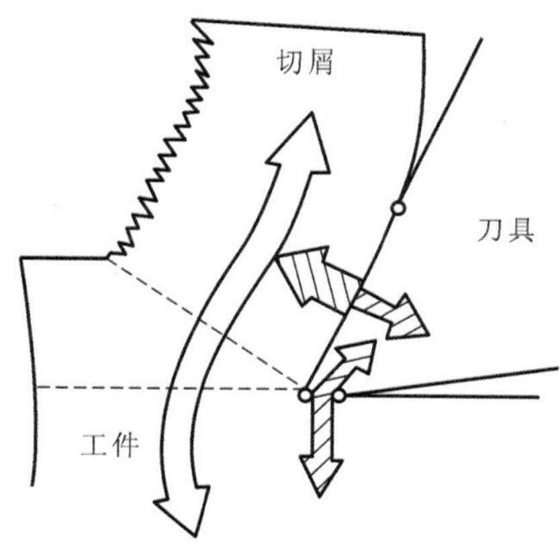

图 7-22 切削热的来源

(1) 切屑变形所产生的热量，是切削热的主要来源；

(2) 切屑与刀具前面之间的摩擦所产生的热量；

(3) 工件与刀具后面之间的摩擦所产生的热量。

切削热产生以后，由切屑、工件、刀具及周围的介质（如空气）传出。各部分传出的比例取决于工件材料、切削速度、刀具材料及刀具几何形状等。实验表明，车削时的切削热主要是由切屑传出的。

传入切屑及介质中的热量越多，对加工越有利。传入刀具的热量虽然不是很多，但由于刀具切削部分体积很小，因此刀具的温度可达到很高（高速切削时可达到 1000 ℃以上）。温度升高以后，会加速刀具的磨损。传入工件的热量，可能使工件变形，产生形状和尺寸误差。因此设法减少切削热的产生、改善散热条件以及减少高温对刀具和工件的不良影响，有着重大的意义。

2. 切削温度及其影响因素

切削温度一般是指切削区的平均温度。切削温度的高低取决于切削热的产生和传出情况，它受切削用量、工件材料、刀具材料及几何形状等因素的影响。

切削速度增加时，单位时间产生的切削热随之增加，对温度的影响最大。进给量和背吃刀量增加时，切削力增大，摩擦也增大，所以切削热会增加。工件材料的强度及硬度越高，切削热中消耗的功越大，产生的切削热越多。

导热性好的工件材料和刀具材料，可以降低切削温度。主偏角减小时，切削刃参加切削的长度增加，传热条件好，可降低切削温度。前角的大小直接影响切削过程中的变形和摩擦，前角大时，产生的切削热少，切削温度低。但当前角过大时，会使刀具的传热条件变差，反而不利于切削温度的降低。

7.1.3.5 刀具磨损、耐用度与寿命

刀具从开始切削、逐渐磨损直到完全报废，实际切削时间的总和称为刀具寿命。

1. 刀具磨损的形式与过程

刀具正常磨损时，按其发生的部位可分为三种形式，即后面磨损、前面磨损、前面与后面同时磨损（见图 7-23）。

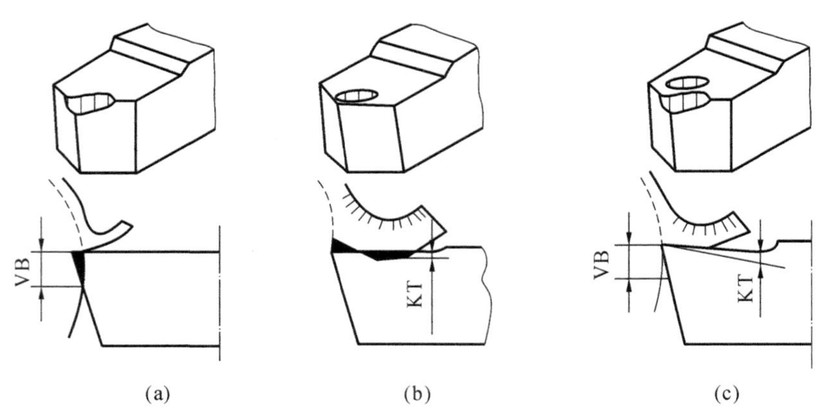

图 7-23 刀具磨损的形式

(a) 后面磨损 (b) 前面磨损 (c) 前面与后面同时磨损

刀具的磨损过程如图 7-24 所示，可分为三个阶段：第一阶段（OA 段）称为初期磨损阶段，第二阶段（AB 段）称为正常磨损阶段，第三阶段（BC 段）称为急剧磨损阶段。经验表明，在刀具正常磨损阶段的后期、急剧磨损阶段之前，换刀重磨为最好。这样既可保证加工质量又能充分利用刀具材料。

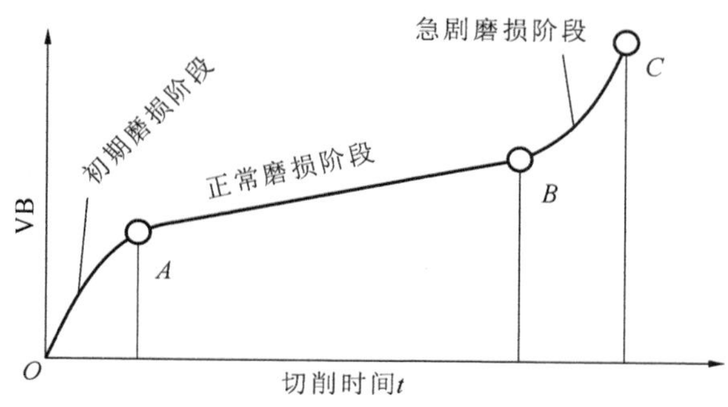

图 7-24 刀具磨损过程

2. 影响刀具磨损的因素

如前所述，增大切削用量时切削温度随之升高，将加速刀具磨损。在切削用量中，切削速度对刀具磨损的影响最大。此外，刀具材料、刀具几何形状、工件材料以及是否使用切削液等，也都会影响刀具的磨损。如使用耐热性好的刀具材料，则不易磨损；适当加大刀具前角，由于减小了切削力，可减少刀具磨损。

3. 刀具耐用度

刀具的磨损限度，通常用刀具后面的磨损程度 VB 作标准。但是，实际生产中，为了更方便、快速、准确地判断刀具的磨损情况，常按刀具的耐用度来间接反映刀具的磨损标准。刃磨后的刀具自开始切削直到磨损量达到磨钝标准所经历的实际切削时间，称为刀具耐用度，以 T 表示。粗加工时，多以切削时间(min)表示刀具耐用度。精加工时，常以走刀次数或加工零件个数表示刀具的耐用度。

4. 刀具寿命

刀具耐用度与刀具重磨次数加一的乘积就是刀具寿命，即一把新刀具从开始投入使用直到报废为止的总切削时间(min)。

7.2 典型表面加工方法

机械零件的形状、尺寸和结构各异，但大多由各种典型表面共同组成，如平面、外圆面、孔、成形面、螺纹表面和齿轮齿面等。制造过程中，不仅要求零件具有一定的形状和尺寸，同时还要求达到一定的技术要求，如尺寸公差等级、形位精度和表面质量等。

工件的加工过程，就是获得符合要求的零件表面的过程。由于零件的结构特点、材料性能和表面加工要求的不同，所采用的加工方法也不一样。即使是同一精度要求，所采用的加工方法也是多种多样的。

在选择某一表面的加工方法时，应遵循如下基本原则。

(1) 所选用加工方法的经济精度及表面粗糙度应满足加工表面的技术要求。

(2) 几种加工方法配合使用。对于要求较高的表面，往往不是仅用一种加工方法就能经济、高效地加工出来。所以，应根据零件表面的具体要求，考虑各种加工方法的特点和应用，选用几种加工方法组合起来，完成零件表面的加工。

(3) 表面加工要分阶段进行。对于要求较高的表面，一般不是只加工一次就能达到要求。而是要经过多次加工才能逐步达到。为了保证零件的加工质量，提高生产效率和经济效益，整个加工过程应分阶段进行。一般分为粗加工、半精加工和精加工三个阶段。

粗加工的目的是切除各加工表面上大部分的加工余量，并完成精基准的加工。粗加工时，背吃刀量和进给量大，切削力大，产生的切削热多。由于工件受力变形、受热变形以及内应力重新分布等，将破坏已加工表面的精度，因此，只有在粗加工之后再进行精加工，才能保证质量要求。半精加工的目的是为各主要表面的精加工做好准备（达到一定的精度要求并留有精加工余量），并完成一些次要表面的加工。精加工的目的是获得符合精度和表面粗糙度要求的表面。加工分阶段进行，可以合理地使用机床，有利于精密机床保持精度。

另外，所选用加工方法还要充分考虑零件材料的切削加工性及产品的生产类型。

本节将通过介绍常见典型表面的加工方法及其特点，并综合运用各种加工方法获得满足要求的典型表面。

7.2.1　外圆面的加工方法与分析

外圆面是轴、套、盘等类零件的主要表面或辅助表面，这类零件在机器中占有相当大的比例。不同零件上的外圆面或同一零件上不同的外圆面，往往具有不同的技术要求，需要结合具体的生产条件，合理拟订加工方案。

7.2.1.1　外圆面的主要加工方法

外圆表面的加工方法中，车削应用最为广泛。车削主要是在车床上进行的，图 7-25 所示的是一台卧式车床。卧式车床由主轴箱、进给箱、溜板箱、刀架、尾架和床身等部件组成，车床的主运动是工件的旋转运动，进给运动是刀具的移动（见图 7-26）。

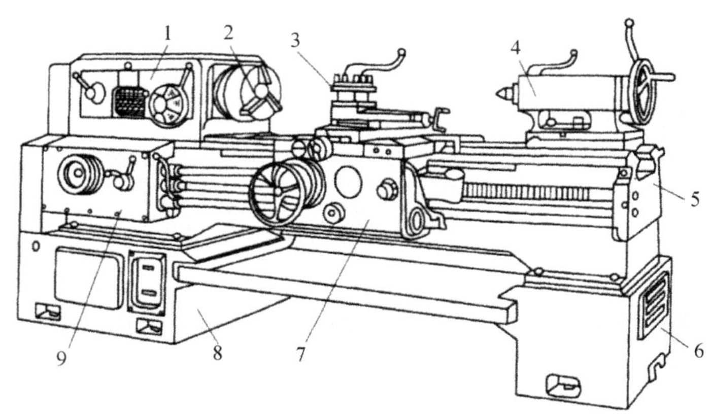

图 7-25　卧式车床

1—主轴箱；2—卡盘；3—刀架；4—尾架；5—床身；6、8—床腿；7—溜板箱；9—进给箱

车床的加工范围主要包括各种轴类、套类和盘类零件上的回转表面，如车外圆、镗孔、车锥面、车环槽、切断、车成形面等。传统卧式车床所能够达到的精度等级为 IT8～IT7，表面粗糙度 Ra 值可以达到 1.6 μm。

数控车床加工零件的尺寸公差等级可达 IT6～IT5，表面粗糙度可达 1.6 μm 以下。批量生产小件成形外圆面多在自动车床上完成。

车削加工的工艺特点如下：

(1) 易于保证加工面间的位置精度　工件经一次装夹可以车削出多个回转面，而依靠

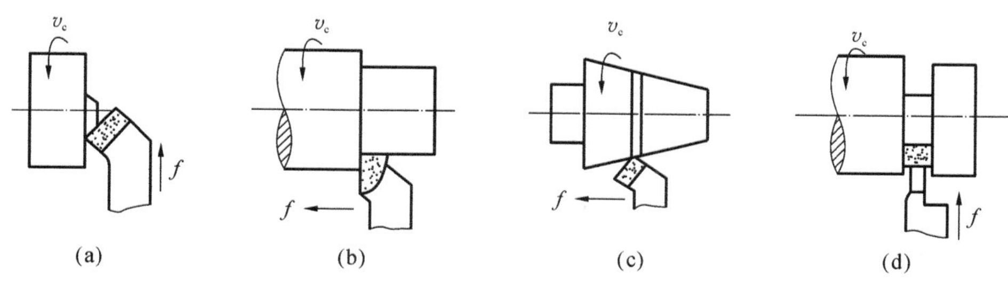

图 7-26 机床几种主要用途及其基本运动形式

(a) 车端面 (b) 车外圆 (c)车圆锥 (d)车槽或切断

车床的精度保证回转面间的同轴度以及轴线与端面间的垂直度。

(2) 切削过程比较平稳 一般情况下车削过程是连续进行的，不像铣削和刨削，在一次走刀过程中，刀齿有多次切入切出，产生冲击。车削时切削力基本上不发生变化。

(3) 适用于非铁金属零件的加工 某些非铁金属零件，由于材料本身硬度低、塑性好，采用磨削加工时，磨屑容易堵塞砂轮，难以得到光洁的表面。因此，当非铁金属零件的表面粗糙度要求较小时，不宜采用磨削加工，而适宜用车削等方式加工。用金刚石刀具进行精密车削，也可以达到很多高的加工精度以及表面粗糙度等级。

(4) 刀具简单 车刀的制造、刃磨和安装均较为方便，适应性较广。

除去车削之外，外圆表面加工方法还有如下几种：

(1) 铣削外圆 可用于加工长度较短、具有不完整圆柱形的表面。

(2) 外圆磨 多用于钢铁金属，特别是淬硬钢外圆表面的精加工。

(3) 研磨 属于零件表面光整加工，材料去除量小。

(4) 旋转拉削 工件旋转，拉刀沿切向作直线进给运动，该加工方法生产率高。

7.2.1.2 外圆面的加工经济精度

外圆面的加工经济精度如表 7-1 所示。

表 7-1 外圆面的加工经济精度

加工方法		公差等级(IT)
车削	粗车	11～12
	半精或一次车	8～10
	精车	6～7
	细车、金刚车	5～6
磨削	粗磨	8
	精磨	6～7
	细磨	5～6

7.2.1.3 外圆面加工方案

对于钢铁零件，外圆面加工的主要方法是车削和磨削。要求精度高、表面粗糙度小时，往往还要进行研磨、超级光磨等加工。对于某些精度要求不高，仅要求光亮的表面，可以通过抛光来获得，但在抛光前要达到较小的粗糙度值。对于塑性较大的非铁金属(如铜、铝合金等)零件，由于其精加工不宜用磨削，常采用精细车削。

图 7-27 给出了外圆面加工方案的框图，可作为拟订加工方案的依据和参考。

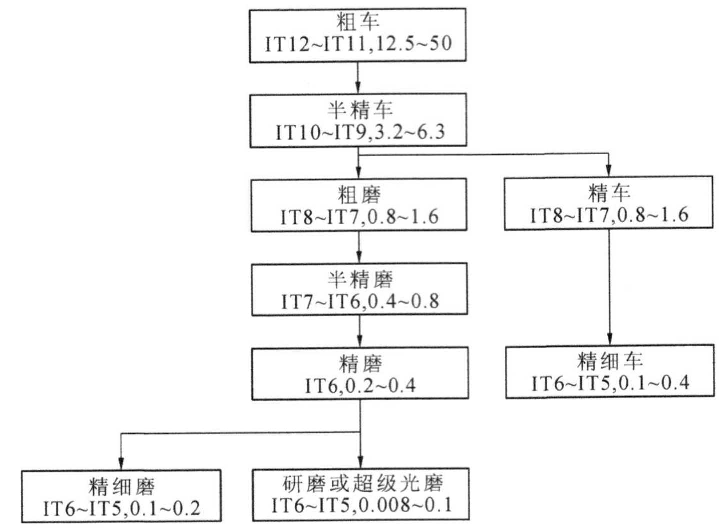

图 7-27　外圆面加工方案框图(图中“,”号后的数字为 Ra 值,单位为 μm)

(1) 粗车　除淬硬钢以外，各种零件的加工都适用。当零件的外圆面要求精度低、表面粗糙度较大时，只粗车即可。

(2) 粗车—半精车　对于中等精度和粗糙度要求的未淬硬工件的外圆面，均可采用此方案。

(3) 粗车—半精车—磨(粗磨或半精磨)　此方案最适用于加工精度稍高、表面粗糙度较小，且淬硬的钢件外圆面，也广泛地用于加工未淬硬的钢件或铸铁件。

(4) 粗车—半精车—粗磨—精磨　此方案的适用范围基本上与方案(3)相同，只是外圆面要求的精度更高、表面粗糙度值更小，需将磨削分为粗磨和精磨，才能达到要求。

(5) 粗车—半精车—粗磨—精磨—研磨(或超级光磨或镜面磨削)　此方案可达到很高的精度和很小的表面粗糙度，但不宜用于加工塑性大的非铁金属零件。

(6) 粗车—精车—精细车　此方案主要适用于精度要求高的非铁金属零件的加工。

7.2.2　孔的加工方法与分析

孔是组成零件的基本表面之一，零件上有多种多样的孔，常见的有以下几种：

(1) 紧固孔(如螺钉孔等)和其他非配合的油孔等。

(2) 回转体零件上的孔，如套筒、法兰及齿轮上的孔等。

(3) 箱体类零件上的孔，如主轴箱箱体上的主轴和传动轴的轴承孔等。这类孔往往构成“孔系”。

(4) 深孔，即 $L/D=5\sim10$ 的孔，如车床主轴上的轴向通孔等。

(5) 定位孔，如车床主轴前端的锥孔以及装配用的定位销孔等。

这里仅讨论圆柱孔的加工方案，由于对各种孔的要求不同，也需要根据具体的生产条件，拟订较合理的加工方案。

7.2.2.1　孔的主要加工方法

孔作为一种典型的内圆表面，其加工方法有：

(1) 钻孔　使用钻头在实体材料上加工孔的工艺，如图 7-28(a)所示。钻孔一般在钻床(见图 7-28(b))上进行，钻头的高速旋转为主运动，加工精度在 IT10 以下，表面粗糙度 Ra 值大于 12.5 μm，属于粗加工。

(a)

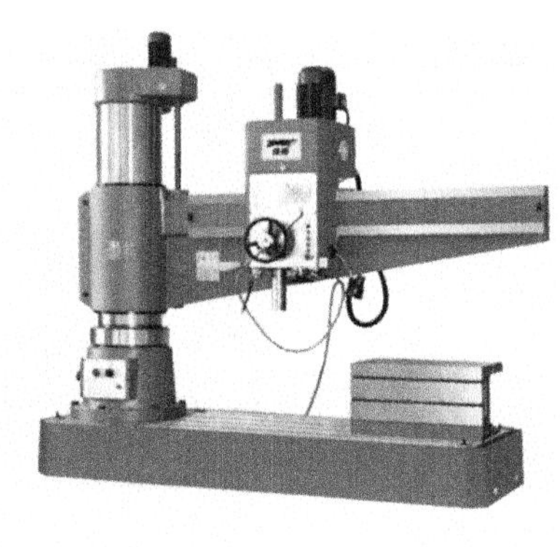

(b)

图 7-28　钻孔

(a) 深孔钻　(b) 摇臂钻床

(2) 扩、铰孔　扩、铰孔是孔加工的中间或终结工序，其成形运动与钻孔相似，主要是所用的刀具不同。

(3) 镗孔　用镗刀在镗床上完成的孔的加工。图 7-29 是一台卧式镗床，镗杆带动镗刀旋转是主运动；镗杆可以沿径向刀架进行刀位的调节，也可以沿轴向进行刀位的调节；主轴箱可以做垂直进给运动；工作台不仅可以纵向、横向移动，而且还能沿上滑座的轨道在水平面内转动，以适应加工互相呈一定角度的平面和孔。镗床特别适用于加工分布在不同位置上、孔距精度和相互位置精度要求都很高的孔系。在镗床上不仅能够镗孔，还可以进行钻孔、扩孔、铰孔、加工螺纹、铣成形面等(见图 7-30)。

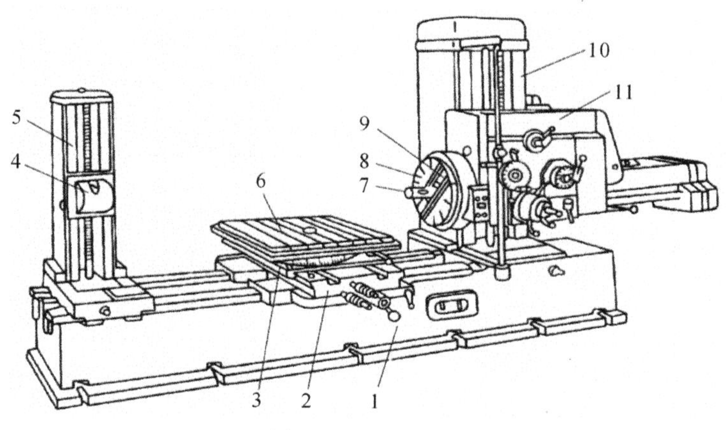

图 7-29　卧式镗床

1—床身；2—下滑座；3—上滑座；4—后支架；5—后立柱；6—工作台；7—镗轴；8—平旋盘；9—径向刀架；10—前立柱；11—主轴箱

(4) 拉孔　利用多刃复杂刀具，通过刀具相对于工件的直线运动完成加工工作。生产效率高，多用于成批生产。

(5) 挤孔　可以用挤刀，也可以用钢球挤孔。挤孔在获得尺寸公差等级的同时，可使孔壁硬化，同时也使被加工孔的表面粗糙度降低。

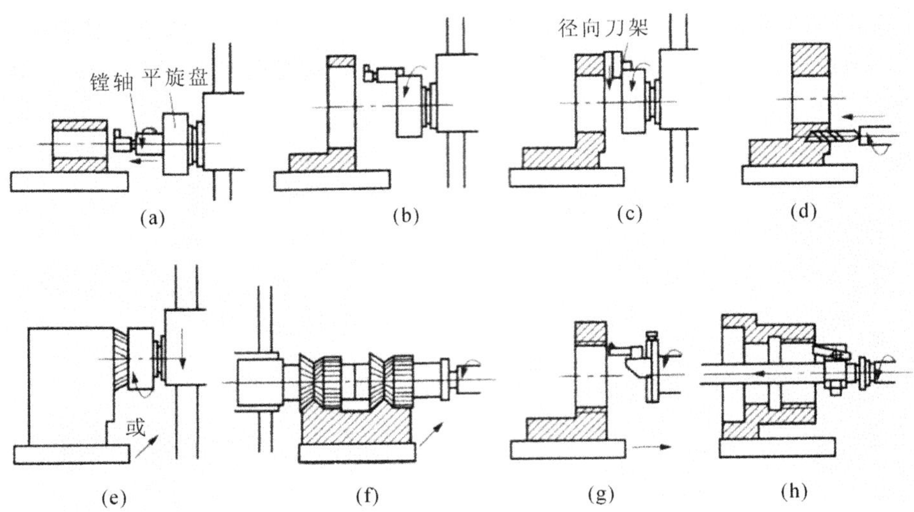

图 7-30　卧式镗床的主要加工表面

(a) 镗孔　(b) 扩孔　(c) 车平面　(d) 钻孔　(e) 铣平面(一)　(f) 铣平面(二)　(g) 加工螺纹(一)　(h) 加工螺纹(二)

(6) 磨孔　是高精度、淬硬内孔的主要加工方法。

7.2.2.2　孔的加工经济精度

孔的加工经济精度如表 7-2 所示。

表 7-2　孔的加工经济精度

加工方法		公差等级(IT)
钻孔及用钻头扩孔		11～12
扩孔	粗扩	12
	铸孔或冲孔后一次扩孔	11～12
	钻或粗扩后的精扩	9～10
铰孔	粗铰	9
	精铰	7～8
	细铰	7
镗孔	粗镗	11～12
	精镗	8～10
	高速镗	8
	细镗	6～7
	金刚镗	6
拉孔	粗拉铸孔或冲孔	7～9
	粗拉或钻孔后精拉孔	7
磨孔	粗磨	7～8
	精磨	6～7
	细磨	6

7.2.2.3　孔的加工方案分析

孔加工可以在车床、钻床、镗床、拉床或磨床上进行,大孔和孔系则常在镗床上加工。拟订孔的加工方案时,应考虑孔径的大小和孔的深度、精度和表面粗糙度等要求,还要考虑工件的材料、形状、尺寸、质量和批量,以及车间的具体生产条件(如现有加工设备等)。若在实体材料上加工孔(多属中、小尺寸的孔),必须先采用钻孔。若是对已经铸出或锻出的孔(多为中、大型孔)进行加工,则可直接采用扩孔或镗孔。

至于孔的精加工,铰孔和拉孔适于加工未淬硬的中、小直径的孔;中等直径以上的孔,可以采用精镗或精磨;淬硬的孔只能采用磨削。

在孔的精整加工方法中,珩磨多用于直径稍大的孔,研磨则对大孔和小孔都适用。

孔的加工条件与外圆面加工有很大的不同,刀具的刚度差,排屑、散热困难,切削液不易进入切削区,刀具易磨损。加工同样精度和表面粗糙度的孔,要比加工外圆面困难,成本也高。

图 7-31 给出了孔加工方案的框图,可以作为拟订加工方案的依据和参考。

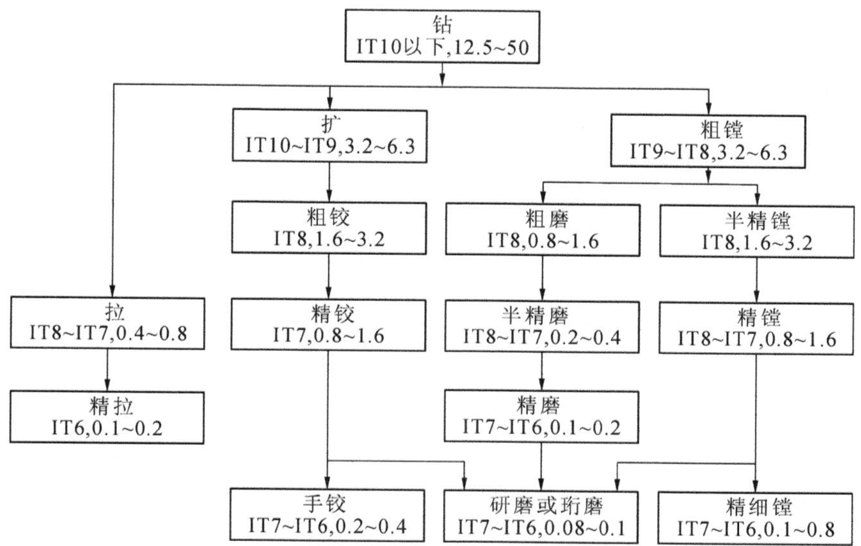

图 7-31　孔加工(在实体材料上)方案框图(图中“,”号后的数字为 Ra 值,单位为 μm)

(1) 在实体材料上加工孔的方案。

① 钻　用于加工 IT10 以下精度的孔。

② 钻—扩(或镗)　用于加工 IT9 精度的孔,当孔径小于 30 mm 时,钻孔后扩孔;若孔径大于 30 mm,采用钻孔后镗孔。

③ 钻—铰　用于加工直径小于 20 mm、IT8 精度的孔。

④ 钻—扩(或镗)—铰(或钻—粗镗—精镗,或钻—拉)　用于加工直径大于 20 mm、IT8 精度的孔。

⑤ 钻—粗铰—精铰　用于加工直径小于 12 mm、IT7 精度的孔。

⑥ 钻—扩(或镗)—粗铰—精铰(或钻—拉—精拉)　用于加工直径大于 12 mm、IT7 精度的孔。

⑦ 钻—扩(或镗)—粗磨—精磨　用于加工 IT7 精度并已经淬硬的孔。

IT6 精度孔的加工方案与 IT7 精度的孔基本相同,其最后工序要根据具体情况,分别采用精细唐、手铰、精拉、精磨、研磨或珩磨等精细加工方法。

(2) 铸(或锻)件上已铸(或锻)出的孔,可直接进行扩孔或镗孔,直径大于 100 mm 的孔,用镗孔比较方便。至于半精加工、精加工和精细加工,可参照在实体材料上加工孔的方案,例如粗镗—半精镗—精镗—精细镗、扩—粗磨—精磨—研磨(或珩磨)等。

7.2.3 平面的加工方法与分析

平面是盘形和板形零件的主要表面，也是箱体类零件的主要表面之一。根据平面所起的作用不同，大致可以分为如下几种：

(1) 非结合面，这类平面只是在外观或防腐蚀需要时才进行加工；

(2) 结合面和重要结合面，如零部件的固定连接平面等；

(3) 导向平面，如机床的导轨面等；

(4) 精密测量工具的工作面等。

由于平面的作用不同，其技术要求也不相同，所采用的加工方法和方案也不同。

7.2.3.1 平面的主要加工方法

与外圆面和孔不同，一般平面本身的尺寸公差等级要求不高。根据平面的技术要求以及零件的结构形状、尺寸、材料和毛坯的种类，结合具体的加工条件（如现有设备等），平面可分别采用车、铣、刨、磨、拉等方法加工。本节则着重介绍铣削这一加工方法。

铣削加工的工艺特点如下。

(1) 生产率较高　铣刀是典型的多齿刀具，铣削时有多个刀齿同时参加工作，且参与切削的切削刃较长。铣削的主运动是铣刀的旋转，有利于高速铣削。

(2) 容易产生振动　铣刀的刀齿切入和切出时会产生冲击，并将引起同时工作刀齿数的增减。在切削过程中，每个刀齿的切削层厚度随刀齿位置的不同而变化，引起切削层横截面面积变化。因此，在铣削过程中，铣削力是变化的，切削过程不平稳，容易产生振动，这也限制了铣削加工质量与生产效率的进一步提高。

(3) 刀齿散热条件较好　铣刀刀齿在切离工件的一段时间内，可以得到一定的冷却，散热条件较好。但是，切入和切出时热和力的冲击将加速刀具的磨损，甚至可能引起硬质合金刀片的碎裂。

铣削有周铣和端铣两种形式。用圆柱铣刀的圆周刀齿加工平面，称为周铣法，而根据铣刀切入时的切削速度方向与工件进给方向的异同，周铣又可以分为逆铣和顺铣两种，铣刀切削速度方向和工件进给方向相反时，这种铣削方式称为逆铣，如图 7-32(a)所示；反之，两者相同则称为顺铣，如图 7-32(b)所示。

逆铣时，每个刀齿的切削层厚度由零增加至最大值。由于铣刀刃口处总有圆弧存在，不是绝对尖锐的，所以在刀齿接触工件的初期，刀齿不能切入工件，而是在工件表面上挤压、滑行，使刀齿和工件之间的摩擦增大，加速刀具磨损，同时也使表面质量下降。顺铣时，每个刀齿的切削层厚度是由最大减小到零，没有逆铣时的刀齿滑行现象，加工硬化程度也大大减轻，已加工表面质量较高，刀具使用寿命也比逆铣时高。逆铣时，铣削力上抬工件；而顺铣时，铣削力将工件压向工作台，减少了工件振动的可能性，尤其在铣削薄而长的工件时更为有利。但是由于丝杠和螺母传动副有间隙，铣刀会带动工件和工作台窜动，使切削进给量不均匀，容易打刀。因此，如采用顺铣，必须要求铣床工作台进给丝杠螺母副有消除侧向间隙的机构。

铣削加工在铣床上进行，所用刀具为铣刀。加工小、中型工件，多用卧式或立式升降台式铣床（见图 7-33）。加工中、大型工件时，可以用工作台不升降式铣床（见图 7-34）。龙门铣床（见图 7-35）适用于加工大型工件或同时加工多个中小型工件。万能卧式升降台式铣床与卧式升降台式铣床的结构基本相似，区别是万能卧式升降台式铣床的悬梁可以拆除，换上立

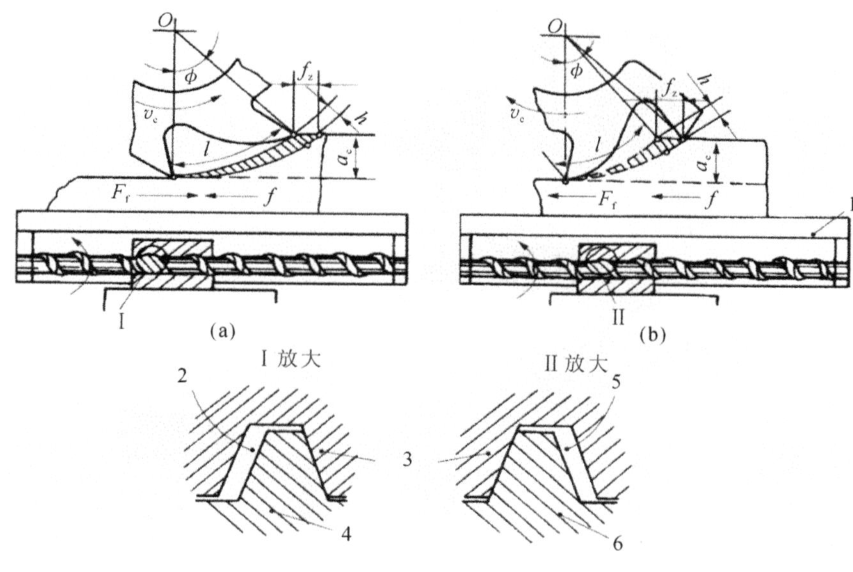

图 7-32　逆铣和顺铣

(a) 逆铣　(b) 顺铣

1—工作台；2—间隙；3—螺母(固定)；4，6—丝杠；5—间隙

式铣头或万能铣头，以扩大机床的加工范围，其主要结构如图 7-33 所示，其主运动是刀具的旋转运动。工作台 6 可以在互相垂直的三个方向上调整其位置，并可以在任一方向上实现进给运动。在床鞍 8 上有一个回转盘 7，可以绕垂直轴在±45°范围内调整角度，工作台在回转盘的导轨上移动，以便铣削各种角度的成形面。

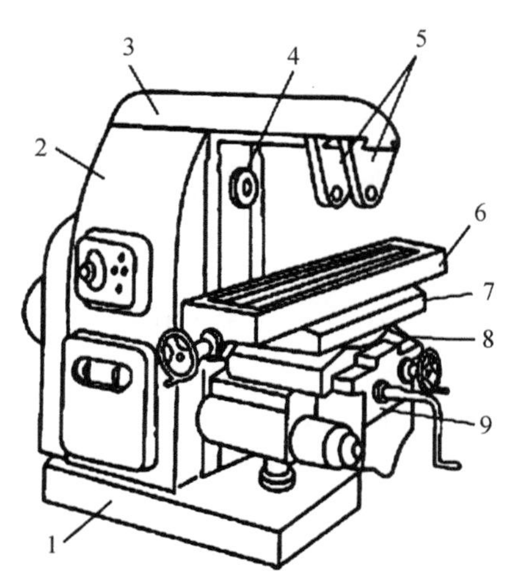

图 7-33　万能卧式升降台式铣床

1—底座；2—床身；3—悬梁；4—主轴；5—支架；6—工作台；7—回转盘；8—床鞍；9—升降台

图 7-34　工作台不升降式铣床

铣床除了能完成平面加工外，还可以加工各种沟槽、键槽、T 型槽、V 型槽、燕尾槽、螺纹、螺旋槽，以及齿轮、链轮、花键轴、棘轮等各种成形表面，使用锯片铣刀还可以进行切断等，如图 7-36 所示。数控铣床是采用铣削加工方式加工工件的数控机床，除了能够完成普通

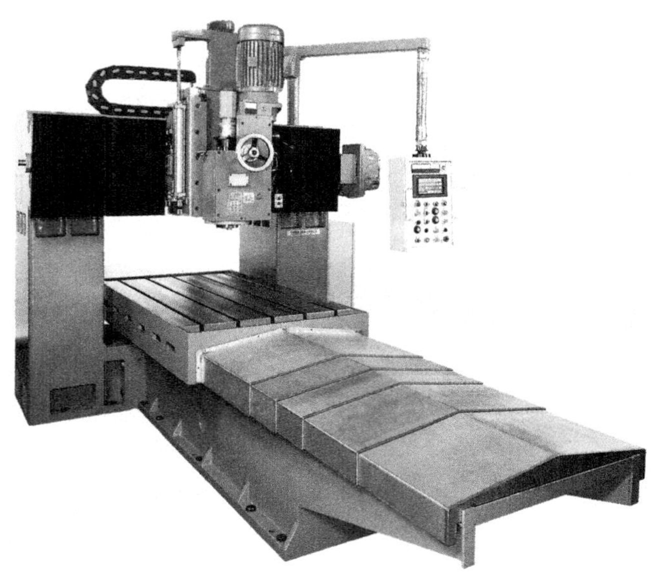

图 7-35　龙门铣床

铣床的加工范围，还可以实现变斜角类等复杂曲面加工。数控铣床所加工零件的尺寸公差等级可达 IT6～IT5，表面粗糙度值可达 1.6 μm。

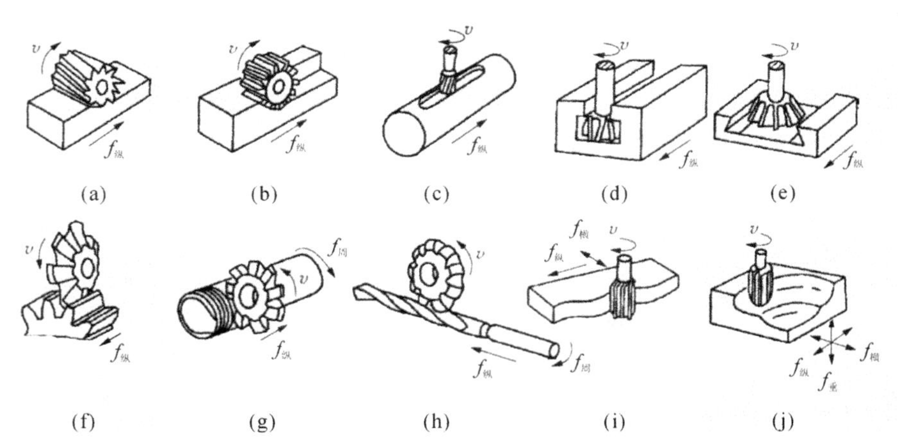

图 7-36　铣床加工的典型表面

(a) 铣平面　(b) 铣台阶　(c) 铣键槽　(d) 铣 T 型槽　(e) 铣燕尾槽
(f) 铣齿槽　(g) 铣螺纹　(h) 铣螺旋槽　(i) 铣形面(一)　(j) 铣形面(二)

对于平面的加工方法还有以下几种：

(1) 刨平面　对于牛头刨床，刨刀的直线运动是主运动，进给运动通常由工件完成；对于龙门刨床，工件的直线往复运动为主运动，进给运动通常由刀具完成。目前，牛头刨床已逐渐被各种铣床所代替，但龙门刨床仍广泛用于大件的平面加工。宽刀精刨工艺在一定条件下，可代替磨削或刮研工作。

(2) 插削　是内孔键槽的常用加工方法，其主运动通常为插刀的直线运动。

(3) 磨削平面　也可以分圆周磨和端面磨两大类。圆周磨由于砂轮和工件接触面积小，磨削区散热排屑条件好，加工精度较高；端面磨允许采用较大的磨削用量，可获得高的加工效率，但加工精度不如圆周磨。平面磨削一般作为精加工工序，安排在粗加工之后进行。由于缓进给磨削的发展，也可直接从毛坯磨削成成品。

（4）拉平面　平面拉刀相对于工件作直线运动，实现拉削加工。平面拉削是一种高精度和高效率的加工方法，适用于大批量生产。

7.2.3.2　平面的加工经济精度

平面的加工经济精度如表 7-3 所示。

表 7-3　平面的加工经济精度

加工方法		公差等级(IT)
刨削和圆柱铣刀及端面铣刀铣削	粗	11～14
	半精或一次加工	11～13
	精	10
	细	6～9
拉削	粗拉铸面及冲压表面	10～11
	精拉	6～9
磨削	粗	9
	半精或一次加工	7～9
	精	7
	细	5～6

7.2.3.3　平面的加工方案分析

根据平面的技术要求以及零件的结构形状、尺寸、材料和毛坯的种类，结合具体的加工条件（如现有设备等），平面可分别采用车、铣、刨、磨、拉等方法加工。要求更高的精密表面，可以用刮研、研磨等进行精整加工。回转体零件的端面，多采用车削和磨削加工；其他类型的平面，以铣削或刨削加工为主。拉削仅适用于在大批大量生产中加工技术要求较高且面积不太大的平面，淬硬的平面则必须用磨削加工。

图 7-37 给出了平面加工方案的框图，可以作为拟订加工方案的依据和参考。

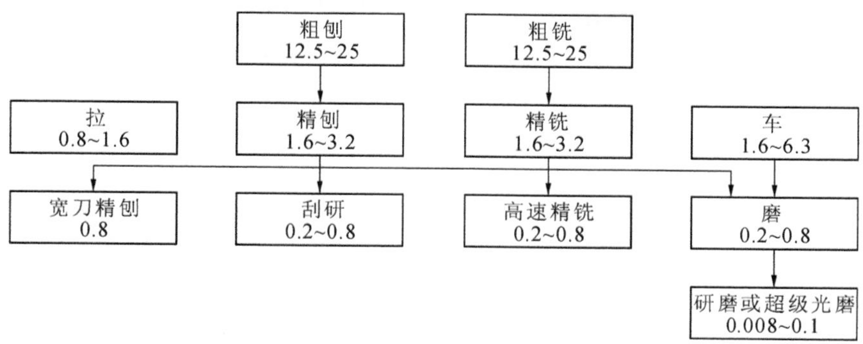

图 7-37　平面加工方案框图（图中数字为 Ra 值，单位为 μm）

（1）粗刨或粗铣　用于加工低精度的平面。

（2）粗铣（或粗刨）—精铣（或精刨）—刮研　用于精度要求较高且不淬硬的平面。若平面的精度较低可以省去刮研加工。当批量较大时，可以采用宽刀精刨代替刮研，尤其是加工大型工件上狭长的精密平面(如导轨面等)，车间缺少导轨磨床时，多采用宽刀精刨的方案。

(3) 粗铣(刨)—精铣(刨)—磨　多用于加工精度要求较高且淬硬的平面。不淬硬的钢件或铸铁件上较大平面的精加工往往也采用此方案，但不宜精加工塑性大的非铁金属工件。

(4) 粗铣—半精铣—高速精铣　最适合于高精度非铁金属工件的加工。若采用高精度高速铣床和金刚石刀具，铣削表面粗糙度 Ra 可达 0.008 μm 以下。

(5) 粗车—精车　主要用于加工轴、套、盘等类工件的端面。大型盘类工件的端面，一般在立式车床上加工。

7.2.4　成形面的加工方法与分析

带有成形面的零件，机器上用的也相当多，如内燃机凸轮轴上的凸轮、汽轮机的叶片、机床的把手等。螺纹面和齿轮齿形面也是一种成形面。

与其他表面相似，成形面的技术要求也包括尺寸公差等级、形位精度及表面质量等。但是，成形面往往是为了实现特定功能而专门设计的，因此其表面形状的要求是十分重要的。加工时，刀具的切削刃形状和切削运动，应首先满足表面形状的要求。

7.2.4.1　成形面的主要加工方法

一般的成形面可以分别用车削、铣削、刨削、拉削或磨削等方法加工，这许多加工方法可以归纳为如下两种基本方式。

1. 用成形刀具加工

用成形刀具加工即用切削刃形状与工件廓形相符合的刀具，直接加工出成形面(见图 7-38)、用成形铣刀铣成形面等。

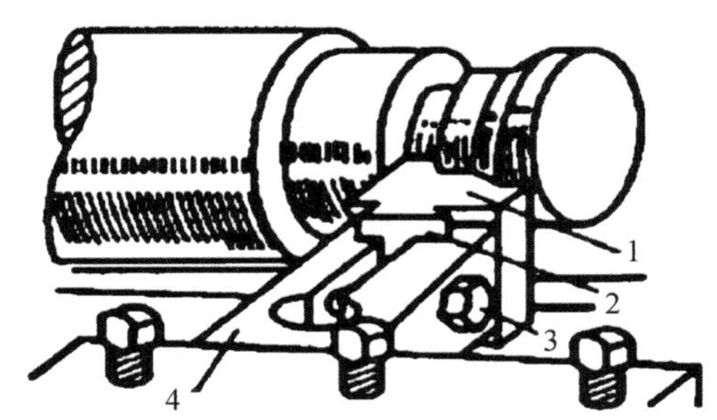

图 7-38　用成形车刀车成形面

1—成形刀；2—燕尾；3—夹紧螺钉；4—刀夹

用成形刀具加工成形面，机床的运动和结构比较简单，操作也简便，但是刀具的制造和刃磨比较复杂(特别是成形铣刀和拉刀)，成本较高。而且，这种方法的应用，受工件成形面尺寸的限制，不宜用于加工刚度差而成形面较宽的工件。

2. 利用刀具和工件作特定的相对运动加工

用靠模装置车削成形面(见图 7-39)就是其中的一种，还可以利用手动、液压仿形装置或数控装置等，来控制刀具与工件之间特定的相对运动。随着数控加工技术的发展及数控加工设备的广泛适用，用数控机床加工成形面，已成为主要的加工方法。而诸如活塞等具有异型面的零件也适合采用数控机床来进行加工。运用数控加工方法进行复杂异型面加工又称为软靠模法。根据异型面工件的型面进行编程，并以所编制的程序作为靠模，采用计算机控制刀具的高频微位移进给机构来进行加工。

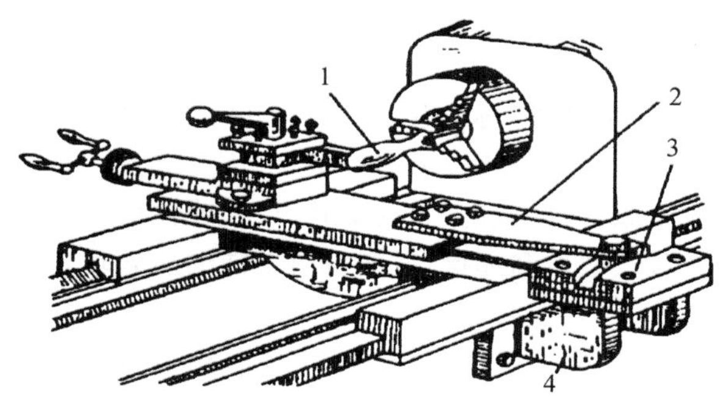

图 7-39　用靠模车成形面

1—工件；2—连板；3—靠模；4—托架

7.2.4.2　成形面的加工经济精度

成形面的加工经济精度如表 7-4 所示。

表 7-4　成形面的加工经济精度

加工方法		在直径上的形状误差/mm	
		经济的	可达到的
按样板用手靠出		0.2	0.06
用机床靠出		0.1	0.04
按划线刮及刨		2	0.4
按划线铣		3	1.6
在机床上用靠模铣	用机械控制	0.4	0.16
	用跟随系统	0.06	0.02
靠模车		0.24	0.06
成形刀车		0.1	0.02
仿形磨		0.04	0.02

7.3　典型零件切削加工工艺过程

实际生产中，由于零件的生产类型、材料、结构、形状、尺寸和技术要求等不同，针对某一零件，往往不是采用一种加工方法或单一设备就能完成的，而是要经过一定的工艺过程才能完成其加工。因此，不仅要根据零件的具体要求，更要结合现场的具体条件，对零件的各组成表面选择合适的加工方法，还要对比不同的工艺方案优劣，拟定较为合理的工艺过程，以便合理安排加工顺序，逐步地把零件加工出来。本章将以三类典型零件为例介绍工艺过程拟定方面的问题。

7.3.1　生产过程和工艺过程

7.3.1.1　生产过程和工艺过程

一台机器往往由几十个甚至成千上万个零件组成，其生产过程非常复杂。由原材料制成各种零件并装配成机器的全过程，称为生产过程，包括原材料的制备、运输、制造毛坯、切削加工、装配、检验及试车、油漆和包装等诸多环节。

生产过程中，直接改变原材料（或毛坯）的形状、尺寸或性能，使之变为成品的过程，称为工艺过程。例如毛坯的铸造、锻造和焊接，改变材料性能的热处理，零件的切削加工等，都属于工艺过程。

工艺过程又包括若干道工序。工序是指在一个工作地点对一个或一组工件所连续完成的那部分工艺过程。例如图 7-40 所示的半联轴器，其工艺过程可以分为如下三道工序。

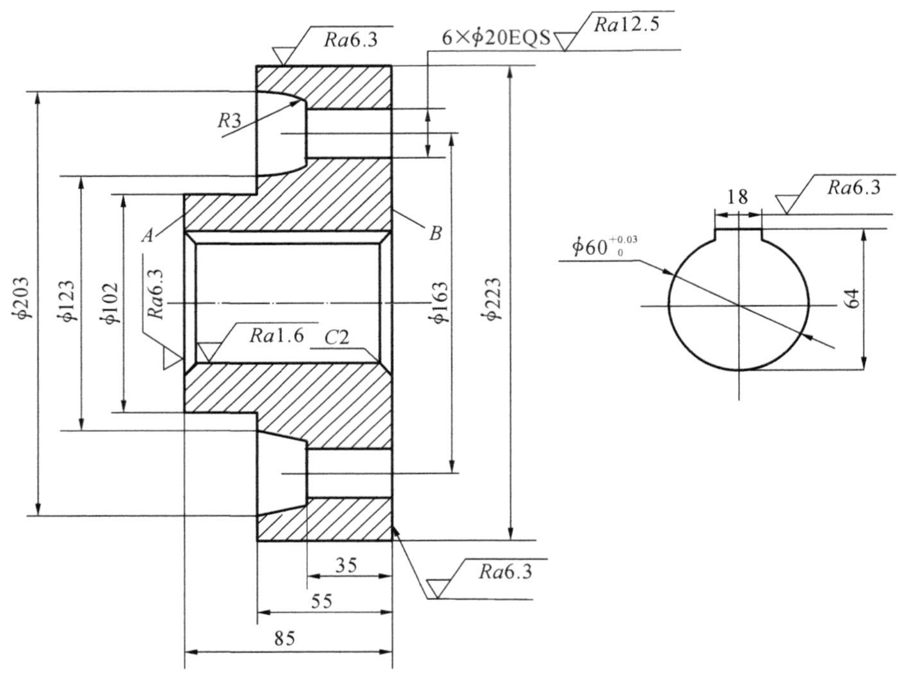

图 7-40　半联轴器

工序Ⅰ：在车床上车外圆，车端面，镗孔和内孔倒角。

工序Ⅱ：在钻床上钻 6 个 $\phi20$ 孔。

工序Ⅲ：在插床上插键槽。

在同一道工序中，工件可能要经过几次安装。如在工序Ⅰ中，一般可能要安装两次：

(1) 用三爪卡盘夹住 $\phi102$ 外圆，车端面 B，镗内孔 $\phi60^{+0.03}_{0}$，内孔倒角，车 $\phi223$ 外圆；

(2) 掉头用三爪卡盘夹住 $\phi223$ 外圆，车端面 A，内孔倒角。

如果零件的批量较大，可能将这两次安装中的加工任务分在两台车床上完成，变为两道工序。由此可见，零件的工艺过程与其生产类型有密切联系。

7.3.1.2　生产类型

根据产品零件的大小和生产纲领，机械制造生产一般可分为三种不同的生产类型。

1. 单件生产

单个制造，很少甚至不重复的生产某一零件，称为单件生产。例如产品试制及机修车间的零件修配，均属于单件生产。

2. 成批生产

成批制造或间隔重复进行相同零件的生产，称为成批生产。按照每批制造的零件的数量分为小批生产、中批生产和大批生产。单件生产与小批生产的工艺特点比较接近，同时大批生产和大量生产的工艺特点也比较接近，因此，成批生产一般常指中批生产。如一般机床制造厂多属成批生产。

3. 大量生产

当同一产品的制造数量很多，在同一地点，经常重复地进行一种零件的某一工序的生产，称为大量生产。

值得指出的是，不同的生产类型，所采用的加工方法、机床设备、工夹量具、毛坯以及对工人的技术要求有很大不同。

7.3.2 工艺规程的基本知识

为了保证产品质量、提高生产效率和经济效益，把根据具体生产条件拟定的较合理的工艺过程，用图表（或文字）的形式写成文件，就是工艺规程。它是生产准备、生产计划、生产组织、实际加工及技术检验等的重要技术文件，是进行生产活动的基础资料。本节仅介绍机械加工工艺规程的一些基本知识。

7.3.2.1 零件的工艺分析

首先要熟悉整个产品（如整台机器）的用途、性能和工作条件，结合装配图了解零件在产品中的位置、作用、装配关系及其精度等技术要求对产品质量和使用性能的影响。然后从加工的角度，对零件进行工艺分析，主要内容如下。

(1) 检查零件的图纸是否完整和正确　例如视图是否足够、正确，所标注的尺寸、公差、表面粗糙度和技术要求等是否齐全、合理，并要求分析零件主要表面的精度、表面质量和技术要求等在现有的生产条件下能否达到，以便采取适当的措施。

(2) 审查零件材料的选择是否恰当　零件材料的选择应立足于国内，尽量采用我国资源丰富的材料，不要轻易地选用贵重材料。另外还要分析所选的材料会不会使工艺变得困难和复杂。

(3) 审查零件结构的工艺性　零件的结构是否符合工艺性一般原则的要求，现有生产条件能否经济、高效且合格地加工出来。

如有问题，应向设计部门反馈，进行必要的修改与补充。

7.3.2.2 毛坯的选择及加工余量的确定

机械加工的加工质量、生产效率和经济效益，在很大程度上取决于所选用的毛坯。常用的毛坯类型有型材、铸件、锻件、冲压件和焊接件等。影响毛坯选择的因素很多，例如生产类型，零件的材料、结构和尺寸，零件的力学性能要求，加工成本等。毛坯结构的设计已在前面内容中作了详细介绍，本节仅介绍与毛坯结构尺寸有密切关系的加工余量。

1. 加工余量

为加工出合格零件，必须从毛坯上切去的那层材料，称为加工余量。加工的目的是为了去除上一工序所留下来的加工误差和表面缺陷，以保证获得所需要的精度和表面质量。加工余量分为工序余量和总余量。某工序中所需切除的那层材料，称为该工序的工序余量。从毛坯到成品总共需要切除的余量，称为总余量，它应等于各工序余量之和。

2. 工序余量的确定

毛坯上所留的加工余量不应过大或过小。过大，则费料、费工，增加工具的消耗，有时还不能保留工件最耐磨的表面层；过小，则不能保证切去工件表面的缺陷层，不能纠正上一道工序的加工误差，有时还会使刀具在不利的条件下切割，加剧刀具的磨损。

决定工序余量的大小时，应考虑在保证加工质量的前提下使余量尽可能地小。各工序的加工要求和条件不同，余量的选择也有所不同。一般来说，越是精加工，工序余量越小。

目前，确定加工余量的方法有如下几种。

(1) 经验法　由工人和技术人员根据经验和本厂的具体条件，利用经验确定各工序余量的大小。经验法确定的余量通常偏大，仅适用于单件小批生产。

(2) 查表法　即根据各种工艺手册中的有关表格，结合具体的加工要求和条件，确定各工序的加工余量。由于手册中的数据是大量生产实践和实验研究的总结和积累，所以对一般的加工都能适用。

(3) 计算法　对于重要零件或大批大量生产的零件，为了更精确地确定各工序的余量，则要分析影响余量的因素，列出公式，合理分配各工序余量的大小。

7.3.2.3　定位基准的选择

在机械加工中，无论采用哪种安装方法，都必须使工件在机床或夹具上正确定位，即合理选择定位基准和定位方法，以便保证被加工面的精度。

1. 工件的基准

在零件的设计和制造过程中，必须以零件上确定的一些点、线或面的位置为依据，称为基准。按照作用的不同，常把基准分为设计基准和工艺基准两类。

1) 设计基准

即设计时在零件图纸上所使用的基准。如图 7-41 所示，齿轮内孔、外圆和分度圆的设计基准是齿轮的轴线，两端面可以认为是互为基准。又如图 7-42 所示，表面 2、3 和孔 4 轴线的设计基准是表面 1；孔 5 轴线的设计基准是孔 4 的轴线。

2) 工艺基准

即在制造零件和装配机器的过程中所使用的基准。工艺基准又分为定位基准、度量基准和装配基准，它们分别用于工件加工时的定位、工件的测量检验和零件的装配。这里仅介绍加工时常用的定位基准。

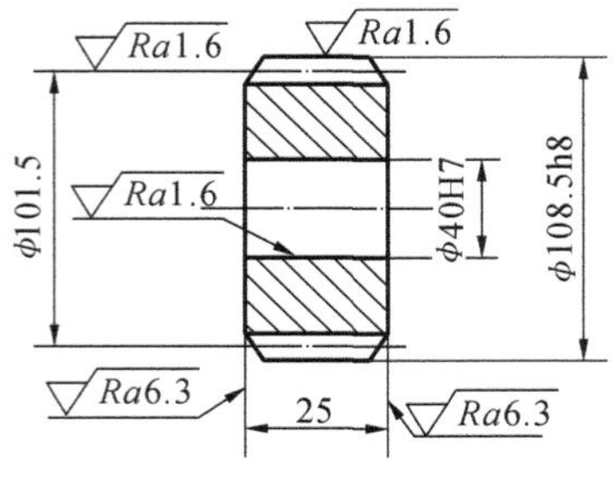

图 7-41　齿轮

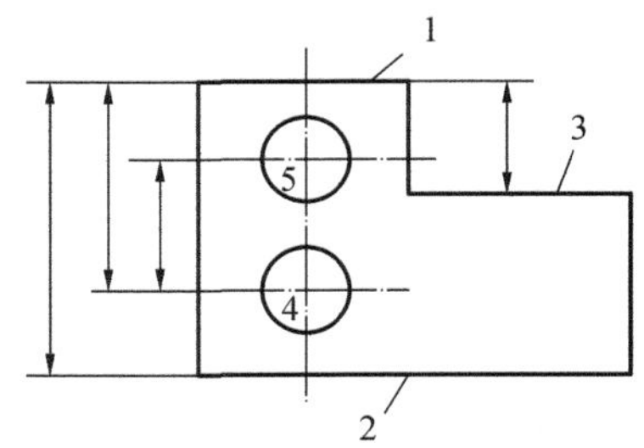

图 7-42　机座简图

例如，车削图 7-41 所示齿轮轮坯的外圆和左端面时，若用已经加工过的内孔将工件安装在芯轴上，则孔的轴线就是外圆和左端面的定位基准。通常，工件上作为定位基准的点或线，总是由具体表面来体现的，这个表面称为定位基准面。例如图 7-41 所示的齿轮孔的轴线，并不具体存在，而是由内孔表面来体现的，所以确切地说，齿轮内孔是加工外圆和左端面的定位基准面。

2. 定位基准的选择

合理选择定位基准，对保证加工精度、安排加工顺序和提高加工生产率有着重要的影响。从定位的作用来看，它主要是为了保证加工表面的位置精度。因此，选择定位基准的总原则，应该是从有位置精度要求的表面中进行选择。

1）粗基准的选择

对毛坯开始进行机械加工时，第一道工序只能以毛坯表面定位，这种基准面称为粗基准（或毛基准）。它应该保证所有加工表面都具有足够的加工余量，而且各加工表面对不加工表面具有一定的位置精度，其选择的具体原则如下。

（1）选取不加工的表面作为粗基准。如图 7-43 所示，以不加工的外圆表面作为粗基准，既可在一次安装中把绝大部分要加工的表面加工出来，又能够保证外圆面与内孔同轴以及端面与孔轴线垂直。

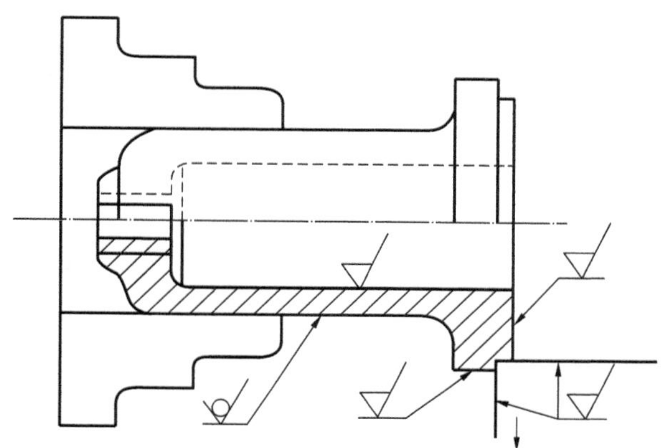

图 7-43　选取不加工表面作为粗基准

如果零件上有好几个不加工的表面，则应选择与加工表面相互位置精度要求高的表面作为粗基准。

（2）选取要求加工余量均匀的表面作为粗基准。这样可以保证加工作为粗基准的表面时，余量均匀。例如车床床身，要求导轨面耐磨性好，希望在加工时只切去较小而均匀的一层余量，使其表面保留均匀一致的金相组织和力学性能。若先选择导轨面作为粗基准，加工床腿的底平面（见图 7-44(a)），然后再以床腿的底平面为基准加工导轨面（见图 7-44(b)），就能达到此目的。

（3）对于所有表面都要加工的零件，应选择余量和公差最小的表面作为粗基准，以避免余量不足而造成废品。

（4）选取光洁、平整、面积足够大、装夹稳定的表面作为粗基准。

（5）粗基准只能在第一道工序中使用一次不应重复使用。这是因为，粗基准表面粗糙，在每次安装中的位置不可能一致，而使加工表面的位置超差。

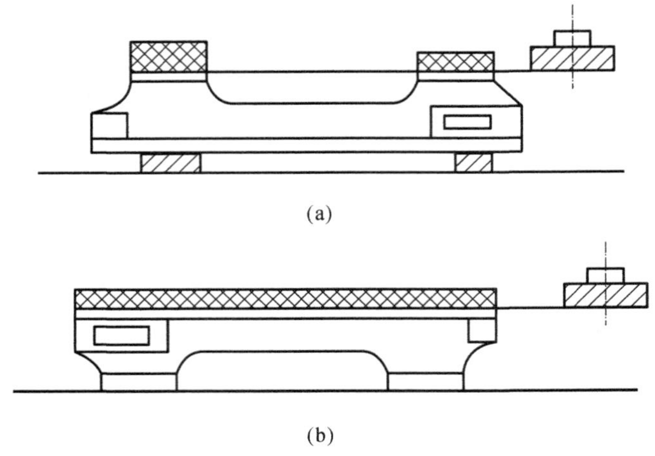

(a)

(b)

图 7-44　床身加工的粗基准

2）精基准的选择

在第一道工序之后，应当以加工过的表面作为定位基准，这种基准称为精基准（或光基准）。其选择原则如下。

（1）基准重合原则。就是尽可能选用设计基准作为定位基准，这样可以避免定位基准与设计基准不重合而引起的定位误差。例如图 7-45 所示的零件（简图），A 面是 B 面的设计基准，B 面是 C 面的设计基准。

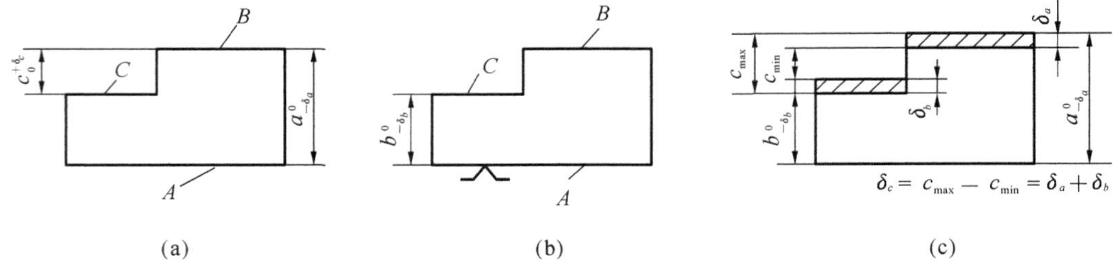

(a)　(b)　(c)

图 7-45　基准重合原则

以 A 面定位加工 B 面，直接保证尺寸 a，符合基准重合原则，不会产生基准不重合的定位误差。

若以 B 面定位加工 C 面，直接保证尺寸 c，也符合基准重合原则，影响精度的只有加工误差，只要把此误差控制在 δ_c 之内，就可以保证尺寸 c 的精度。但这种方法定位和加工皆不方便，也不稳固。

如果以 A 面定位加工 C 面，直接保证尺寸 b（见图 7-45(b)、(c)），这时设计尺寸 c 是由尺寸 a 和尺寸 b 间接得到的，它决定于尺寸 a 和 b 的加工精度。影响尺寸 c 精度的，除了加工误差 δ_b 之外，还有加工误差 δ_a，只有当 $\delta_b+\delta_a\leqslant\delta_c$ 时，尺寸 c 的精度才能得到保证。其中 δ_a 是由于基准不重合而引起的，故称为基准不重合误差。当 δ_c 一定时，由于 δ_a 的存在，势必减小 δ_b 的值，这将增加加工的难度。

由上述分析可知，选择定位基准时，应尽量使它与设计基准重合，否则必然会因基准不重合而产生定位误差，增加加工的困难，甚至会造成零件尺寸超差。

(2) 基准同一原则。位置精度要求较高的某些表面加工时，应尽可能选用同一的定位基准，这样有利于保证各加工表面的位置精度。例如，加工较精密的阶梯轴时，往往以中心孔为定位基准车削其他各表面，并在精加工之前还要修研中心孔，然后以中心孔定位，磨削各表面。这样有利于保证各表面的位置精度。

(3) 选择精度较高、安装稳定可靠的表面做精基准，而且所选的基准应使夹具结构简单，安装和加工工件方便。

在实际工作中，定位基准的选择要完全符合上述所有的原则，有时是很难做到的。因此，应根据具体情况，选出最有利的定位基准。

7.3.2.4　工艺路线的拟订

拟订工艺路线，就是把加工零件所需要的各个工序合理地安排出来，首先应根据零件的每个加工表面的技术要求，综合生产类型、材料性能及现有加工条件等因素，选择合理的加工方法，在此基础上合理地安排切削加工工序。

切削加工工序的先后次序对于零件的加工质量和技术经济效果有着重要的影响，除了"粗、精加工分开"的原则外，还应遵循如下原则。

(1) 基准面先加工　应首先加工精基准面，原因是该基准面要作为后续其他加工表面的定位面。

(2) 主要表面先加工　主要表面指零件上的工作表面和装配表面等，一般技术要求较高且加工工作量较大，因此应该先加工。键槽、螺钉孔、螺纹孔及其他非工作表面可安排后加工或者穿插在主要表面加工工序之间，但需安排在主要表面的精加工之前。

此外，切削加工过程中应综合考虑零件的生产类型、结构特点和加工性能等因素合理安排划线、热处理及其他辅助工序。如形状复杂的铸件、锻件和焊接件等，在单件小批生产时，加工前需安排划线工序，从而保证装夹和加工精度；为改善金属的组织和切削加工性能需在粗加工之前安排退火或正火等预备热处理工序；在精加工之前安排调制热处理工序；淬火或表面氮化等表面热处理工序则通常安排在工艺的后期；去毛刺、倒棱、清洗等工序应穿插在工艺过程中进行；零件的表面处理则通常安排在工艺过程的最后。

工艺过程拟订完成之后，通常要以图标或文字的形式将工艺过程编制成工艺文件。根据生产类型的不同，其繁简程度也有很大不同。对于单件小批生产，通常列出各工序的名称和顺序，概略地说明机械加工工艺路线，对于大批大量生产而言，要求每个零件的各加工工序都要有相应的工序文件，用以详尽说明本工序完成后的工件形状、尺寸、技术要求、装夹方式、刀具形状及位置等。

7.3.3　典型零件工艺过程

轴类零件通常用于支撑传动零件、传动扭矩、承受载荷，以及保证安装于轴上的零件具有一定的回转精度。按其结构特点一般分为光轴、阶梯轴、空心轴和异形轴等，其表面类型主要有外圆、内孔、圆锥、键槽、横向孔等。

现以图 7-46 所示传动轴的加工为例，说明在单件小批生产中一般轴类零件的工艺过程。

7.3.3.1　零件各主要部分的作用及技术要求

在 $\phi30_{-0.014}^{\ 0}$ 和 $\phi20_{-0.014}^{\ 0}$ 的轴段上装滑动齿轮，为传递运动和动力开有键槽；$\phi24_{-0.04}^{-0.02}$ 和 $\phi22_{-0.04}^{-0.02}$ 的两段为轴颈，支承于箱体的轴承孔中。表面粗糙度 Ra 皆为 0.8 μm。各圆柱

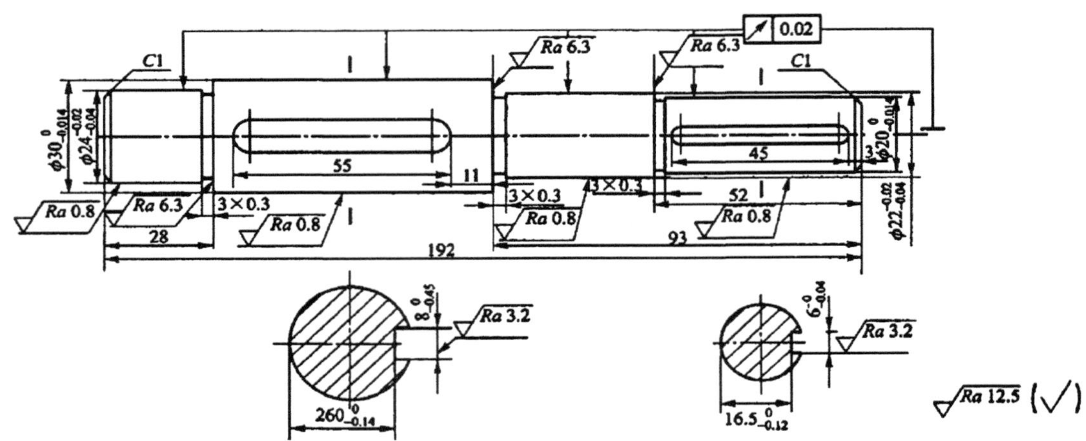

图 7-46　传动轴

配合表面对轴线的径向圆跳动允差为 0.02 mm。工件材料为 45 钢，淬火硬度为 40～45 HRC。

7.3.3.2　工艺分析

该零件的各配合表面除本身有一定的精度（相当于公差等级 IT7）和粗糙度要求外，对轴线的径向圆跳动还有一定的要求。根据对各表面的具体要求，可采用如下的加工方案：

粗车—半精车—热处理—粗磨—精磨

轴上的键槽，可以用键槽铣刀在立式铣床上铣出。

7.3.3.3　基准选择

为了保证各配合表面的位置精度，用轴两端的中心孔作为粗、精加工的定位基准。这样，既符合基准同一和基准重合的原则，也有利于生产率的提高。为了保证定位基准的精度和粗糙度，热处理后应修研中心孔。

7.3.3.4　工艺过程

该轴的毛坯用 ϕ35 圆钢料。在单件小批生产中，其工艺过程可按表 7-5 安排。

表 7-5　单件小批生产轴的工艺过程　（单位：mm）

工序号	工序名称	工序内容	加工简图	设备
Ⅰ	车	(1) 车一端面，钻中心孔； (2) 切断，长 194； (3) 车另一端面至长 192，钻中心孔	φ35 192 Ra 12.5 (√)	卧式车床

续表

工序号	工序名称	工序内容	加工简图	设备
Ⅱ	车	（1）粗车一端外圆分别至 $\phi 32 \times 104$、$\phi 26 \times 27$； （2）半精车该端外圆分别至 $\phi 30.4_{-0.1}^{0} \times 105$、$\phi 24.4_{-0.1}^{0} \times 28$； （3）车槽 $\phi 23.4 \times 3$； （4）倒角 $C1.2$； （5）粗车另一端外圆分别至 $\phi 24 \times 94$、$\phi 22 \times 51$； （6）半精车该端外圆分别至 $\phi 22.4_{-0.1}^{0} \times 93$、$\phi 20.4_{-0.1}^{0} \times 52$； （7）车槽分别至 $\phi 21.4 \times 3$、$\phi 19.4 \times 3$； （8）倒角 $C1.2$	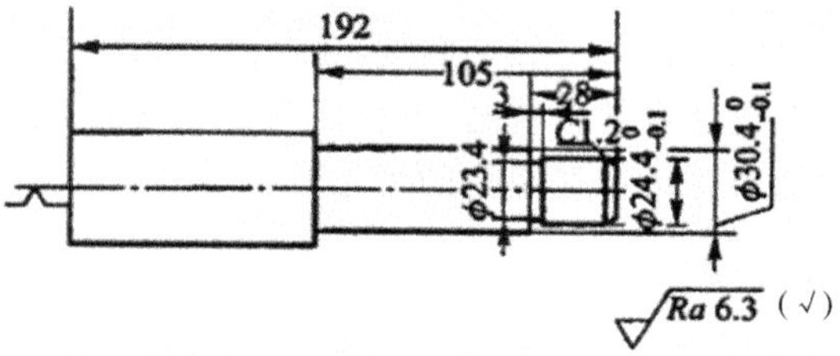 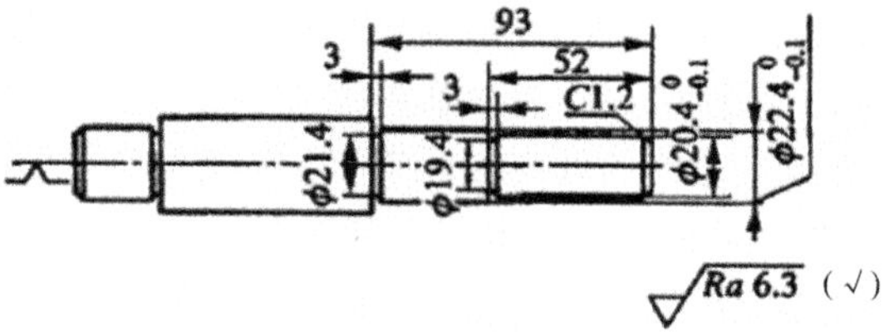	卧式车床
Ⅲ	铣	粗—精铣键槽分别至 $8_{-0.045}^{0} \times 26.2_{-0.09}^{0} \times 55$、$6_{-0.040}^{0} \times 16.7_{-0.07}^{0} \times 45$	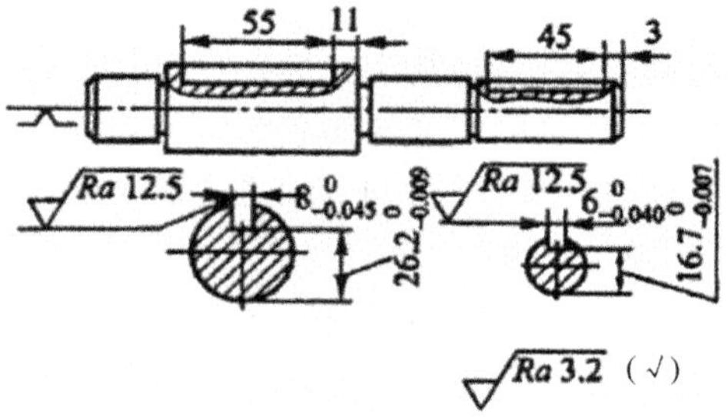	立式铣床
Ⅳ	热	淬火回火 40～45 HRC		
Ⅴ	（钳）	修研中心孔		钻床
Ⅵ	磨	（1）粗磨一端外圆分别至 $\phi 30.06_{-0.04}^{0}$、$\phi 24.06_{-0.04}^{0}$； （2）精磨该端外圆分别至 $\phi 30_{-0.014}^{0}$、$\phi 24_{-0.04}^{-0.02}$； （3）粗磨另一端外圆分别至 $\phi 22.06_{-0.04}^{0}$、$\phi 20.06_{-0.04}^{0}$； （4）精磨该端外圆分别至 $\phi 22_{-0.04}^{-0.02}$、$\phi 20_{-0.014}^{0}$	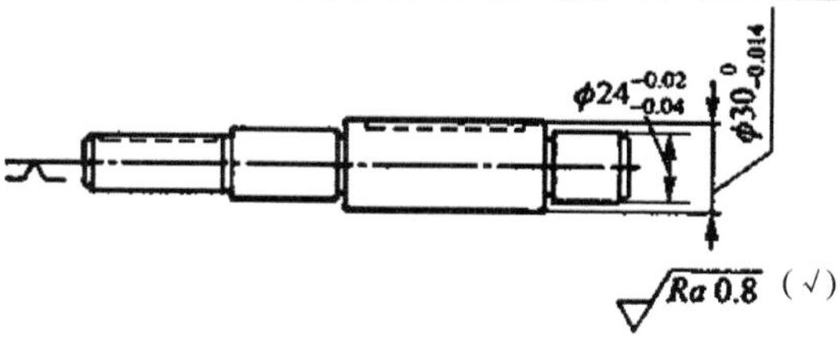 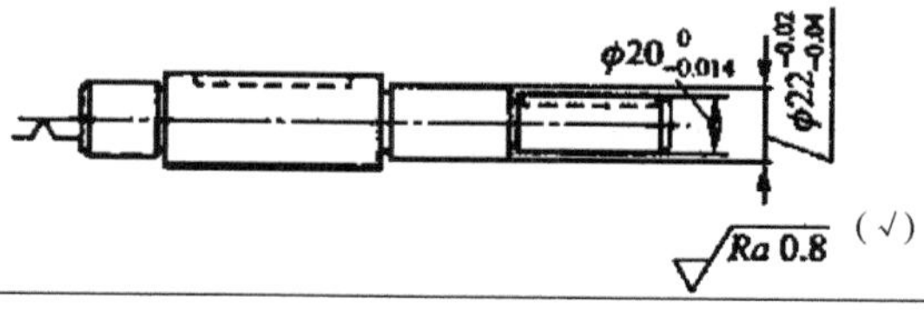	外圆磨床
Ⅶ	检	按图样要求检验		

注：① 加工简图中的粗实线为该工序加工表面；
② 加工简图中“⌒∧⌒”符号所指为定位基准。

7.4　零件结构的工艺性

零件本身的结构，对加工质量、生产效率和经济效益有着重要的影响。为了获得较好的经济效果，在设计零件结构时，不仅要考虑满足使用要求，还应当考虑是否能够制造和便于制造，也就是要考虑零件结构的工艺性。

7.4.1　概述

零件结构的工艺性，是指这种结构的零件被加工的难易程度。所谓零件结构的工艺性良好，是指所设计的零件，在保证使用要求的前提下能较经济、高效、合格地加工出来。因此零件的结构工艺性的好坏直接影响了零件的制造工艺过程，应在设计阶段给以足够的重视。

零件结构工艺性的好坏是相对的，它随着科学技术的发展和客观条件（如生产类型、设备条件等）的不同而变化。本节将就单件小批生产中对切削加工结构工艺性的一般原则及实例进行简要分析。

7.4.2　一般原则及实例分析

零件结构的工艺性，与其表面类型、加工方法和工艺过程有着密切联系。为了获得良好的工艺性，设计人员首先要了解和熟悉常见表面的加工方法、工艺特点以及工艺过程的基本知识等。在具体设计零件结构时，除考虑满足实用要求外，通常还应注意如下几项原则。

7.4.2.1　便于安装

便于安装就是便于准确地定位、可靠地夹紧。

（1）增加工艺凸台。刨削较大型工件时，往往把工件直接安装在工作台上。为了刨削上表面，工件安装时必须使加工面水平。如图 7-47(a)所示的零件较难安装，如果在零件上加一个工艺凸台（见图 7-47(b)），便容易安装找正。必要时，精加工后再把凸台切除。

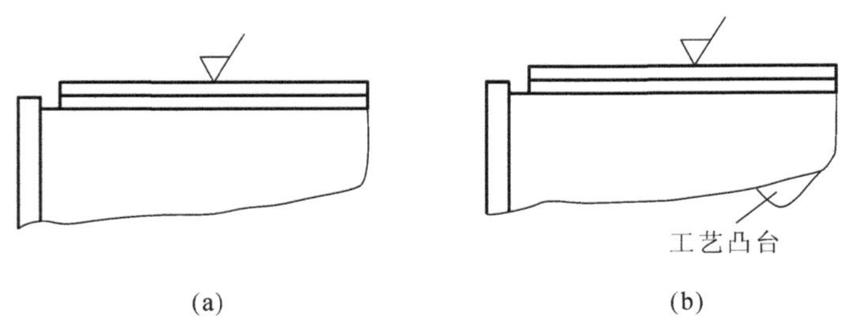

图 7-47　工艺凸台

(a) 较难安装　(b) 容易安装

（2）增设装夹凸缘或装夹孔。如图 7-48(a)所示的大平板，在龙门刨床或龙门铣床上加工上平面时，不便用压板、螺钉将它装架在工作台上。如果在平板侧面增设装夹用的凸缘或孔（见图 7-48(b)），便容易可靠地夹紧，同时也便于吊装和搬运。

（3）改变结构或增加辅助安装面。车床通常是用三爪卡盘、四爪卡盘来装夹工件的。图 7-49(a)所示的轴承盖要加工 $\phi120$ 外圆及端面。如果夹在 A 处，则一般卡爪伸出的长度不够，夹不到 A 处；如果夹在 B 处，又因为是圆弧面，与卡爪是点接触，不能将工件夹牢。因

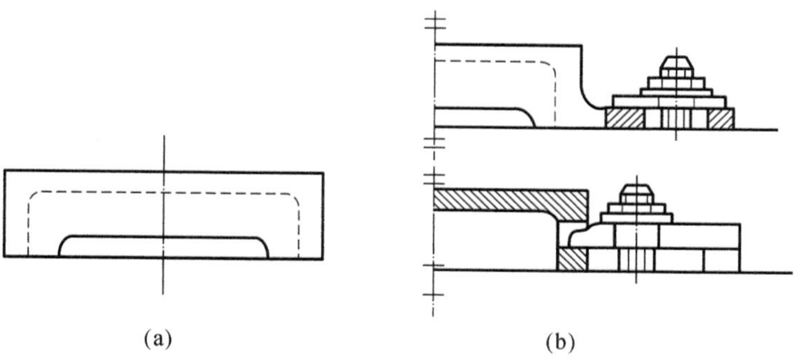

(a)　(b)

图 7-48　装夹凸缘和装夹孔

此，装夹不方便。若把工件改为图 7-49(b)所示的结构，使 C 处为一圆柱面，便容易夹紧。或在毛坯面上加出一个辅助安装面，如图 7-49(c)中之 D 处，用它进行安装，也比较方便。必要时，零件加工后再将这个辅助面切除(辅助安装面也称为工艺凸台)。

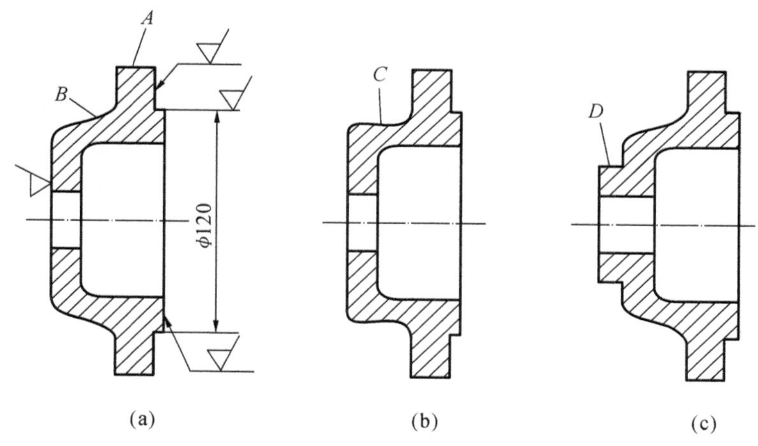

(a)　(b)　(c)

图 7-49　轴承盖结构的改进

7.4.2.2　便于加工和测量

(1) 刀具的引进和退出要方便。图 7-50(a)所示的零件，带有封闭的 T 型槽，T 型槽铣刀没法进入槽内，所以这种结构没法加工。如果把它改变成图 7-50(b)的结构，T 型槽铣刀可以从大圆孔中进入槽内，但不容易对刀，操作很不方便，也不便于测量。如果把它设计成开口的形状(见图 7-50(c))，则可方便地进行加工。

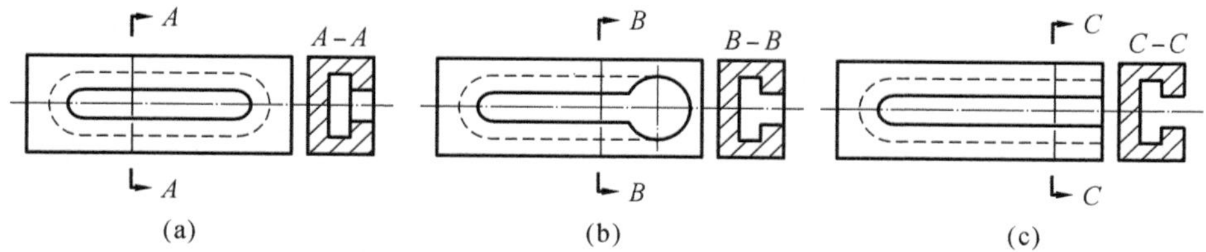

(a)　(b)　(c)

图 7-50　T 型槽结构的改进

(2) 尽量避免箱体内的加工面。箱体内安放轴承座的凸台(见图 7-51(a))的加工和测量是极不方便的。如果采用带法兰的轴承座，使它和箱体外面的凸台连接(见图 7-51(b))，则将箱体内表面的加工改为外表面的加工，带来很大方便。

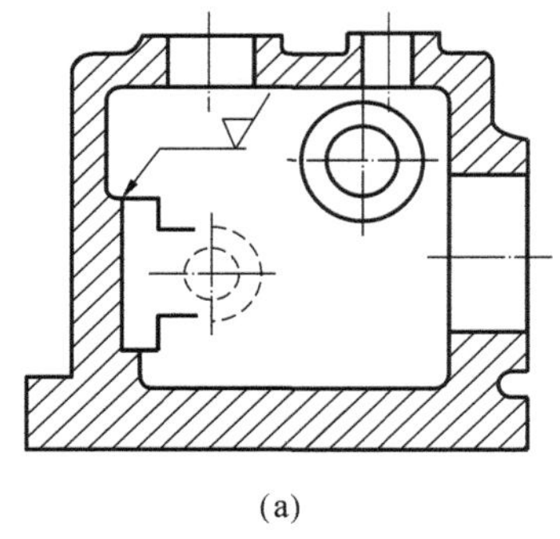
(a)

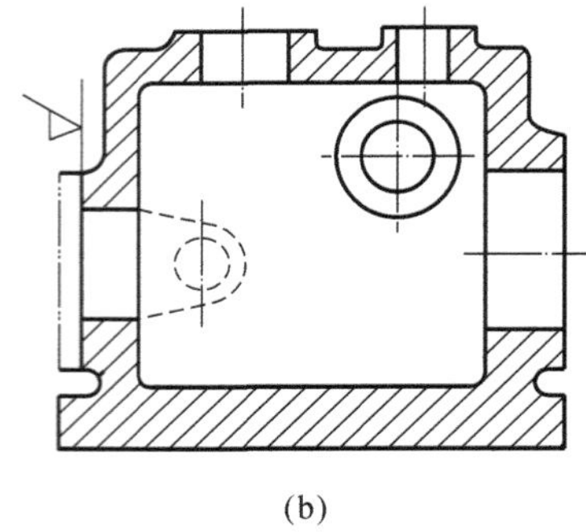
(b)

图 7-51　外加工面代替内加工面

再如图 7-52(a)所示结构，箱体轴承孔内端面需要加工，但比较困难。若改为图 7-52(b)所示结构，采用轴套，避免了箱体内端面与齿轮断面的接触，也省去了箱体内表面的加工。

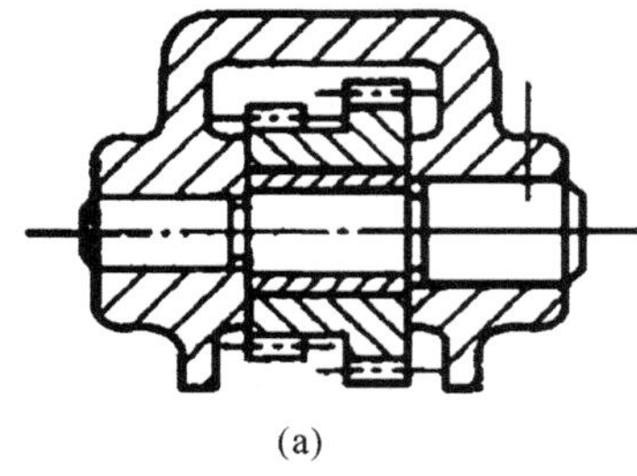
(a)

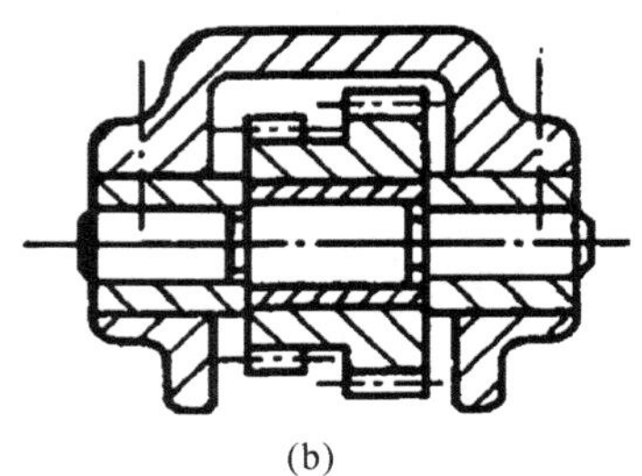
(b)

图 7-52　避免箱体内表面加工

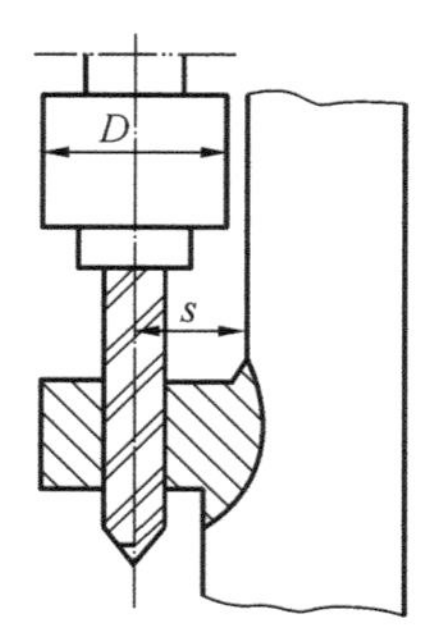

图 7-53　留够钻孔空间

(3) 凸缘上的孔要留出足够的加工空间。如图 7-53 所示，若孔的轴线距壁的距离 s 小于钻卡头大径 D 的一半，则难以进行加工。一般情况下，要保证 $s \geqslant D/2+(2\sim5)$mm，才便于加工。

(4) 尽可能避免弯曲的孔。图 7-54(a)所示零件上的孔很显然是不可能钻出的；改为图 7-54(b)所示的结构，中间那一段也是不能钻出的；改为图 7-54(c)所示的结构虽能加工出来，但还要在中间一段附加一个柱塞，是比较费工的。所以，设计时，要尽量避免弯曲的孔。

(5) 必要时，留出足够的退刀槽、空刀槽或越程槽等。为了避免刀具或砂轮与工件的某个部分相碰，有时要留出退刀槽、空刀槽或越程槽等。图 7-55 中，图(a)为车螺纹的退刀槽；图(b)为铣齿或滚齿的退刀槽；图(c)为插齿的空刀槽；图(d)、图(e)和图(f)分别为刨削、磨外圆和磨孔的越程槽。其具体尺寸参数可查阅《机械零件设计手册》等。

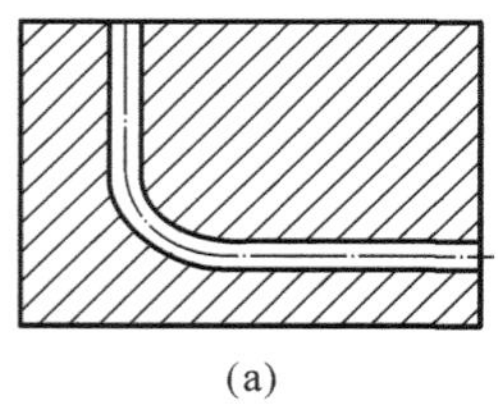
(a)

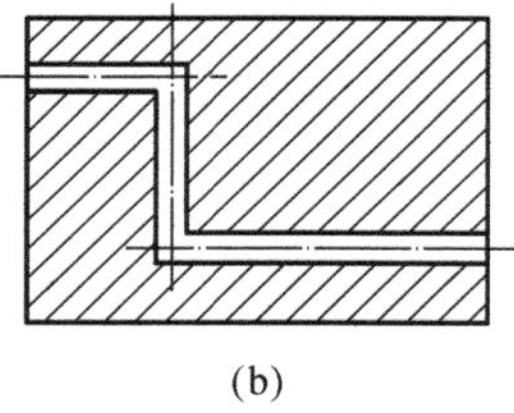
(b)

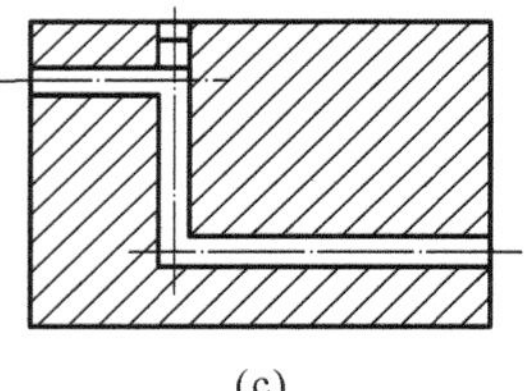
(c)

图 7-54　避免弯曲的孔

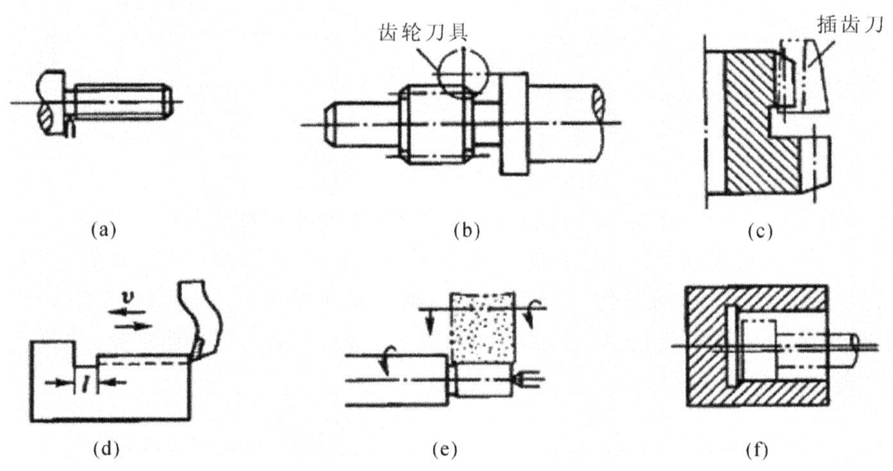

图 7-55 退刀槽、空刀槽和越程槽

7.4.2.3 利于保证加工质量和提高生产率

(1) 有相互位置精度要求的表面，最好能在一次安装中加工，这样既有利于保证加工表面间的位置精度，又可以减少安装次数及所用的辅助时间。

图 7-56(a)所示的轴套两端的孔需两次安装才能加工出来，若改为图 7-56(b)所示的结构，则可在一次安装中加工出来。

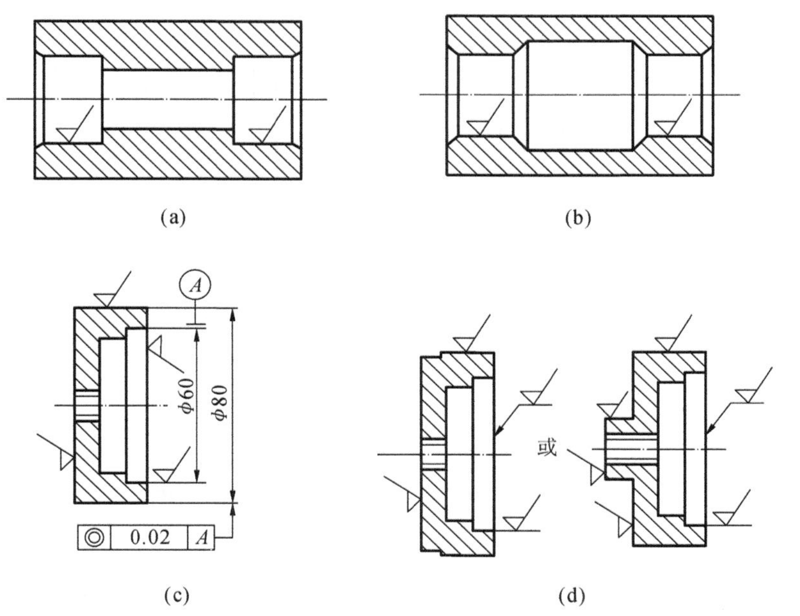

图 7-56 避免两次安装

图 7-56(c)所示的零件结构，外圆和内孔不能在一次安装中加工出来，难以保证同轴度要求。若改为图 7-56(d)所示的结构，则可以在一次安装中进行加工。

(2) 尽量减少安装次数。图 7-57(a)所示轴承盖上的螺孔是呈倾斜设计的，既增加了安装次数，又使钻孔和攻丝都不方便，不如改成图 7-57(b)所示的结构。

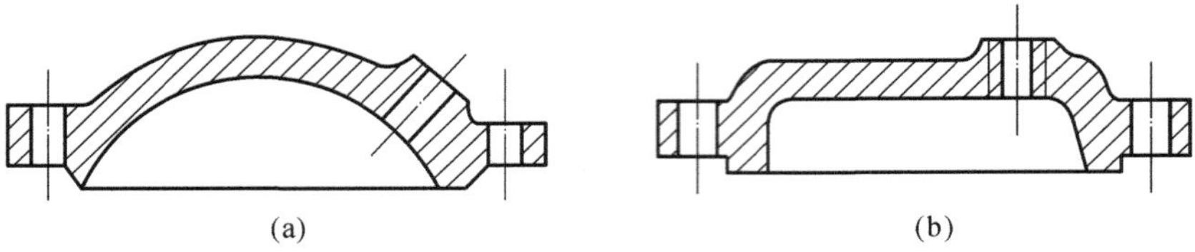

图 7-57　孔的方位应一致

(3) 要有足够的刚度，减少工件在夹紧力或切削力作用下的变形。

图 7-58(a)所示的薄壁套筒，在卡盘卡爪夹紧力的作用下容易变形，车削后形状误差较大。若改成图 7-58(b)所示的结构，可增加刚度，提高加工精度。又如图 7-59(a)所示的床身导轨，加工时切削力会使边缘挠曲，产生较大的加工误差。若增设加强肋板(见图 7-59(b))，则可大大提高其刚度。

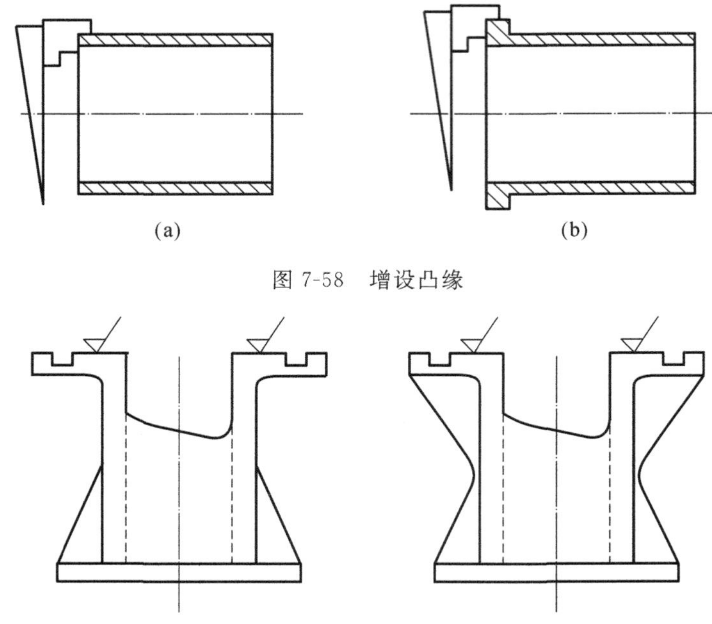

图 7-58　增设凸缘

图 7-59　增设加强肋板

(4) 孔的轴线应与其端面垂直。如图 7-60(a)所示的孔，由于钻头轴线不垂直于进口或出口的端面，钻孔时钻头很容易产生偏斜或弯曲，甚至折断。因此，应尽量避免在曲面或斜壁上钻孔，可以采用图 7-60(b)所示的结构。同理，轴上的油孔，应采用图 7-61(b)所示的结构。

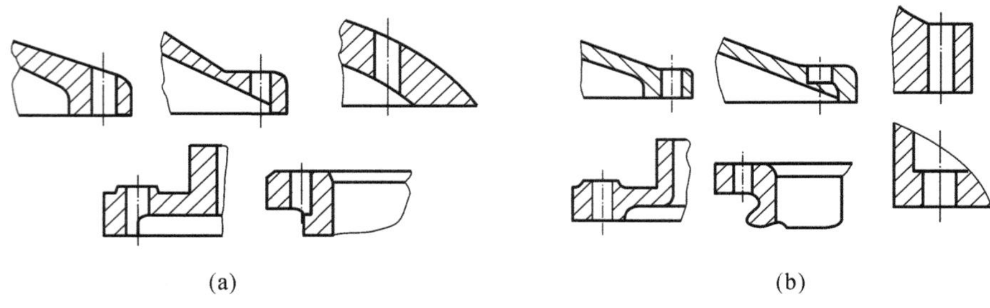

图 7-60　避免在曲面或斜壁上钻孔

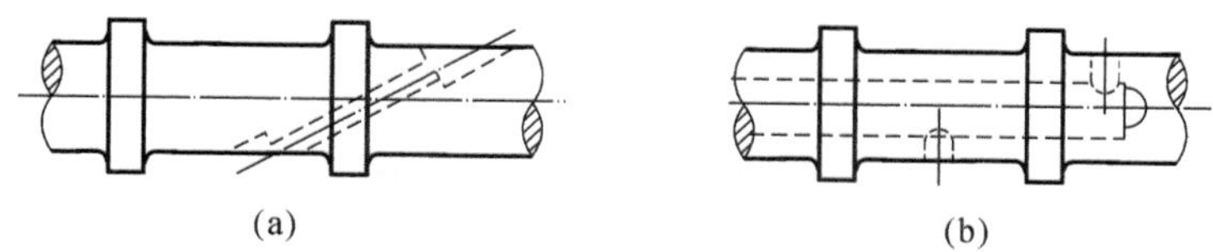

图 7-61　避免斜孔

(5) 同类结构要素应尽量统一。如加工图 7-62(a)所示的阶梯轴，其上的退刀槽、过渡圆弧、锥面和键槽时要用多把刀具，并增加了换刀和对刀次数。若改为图 7-62(b)所示的结构，既可减少刀具的种类，又可节省换刀和对刀等的辅助时间。

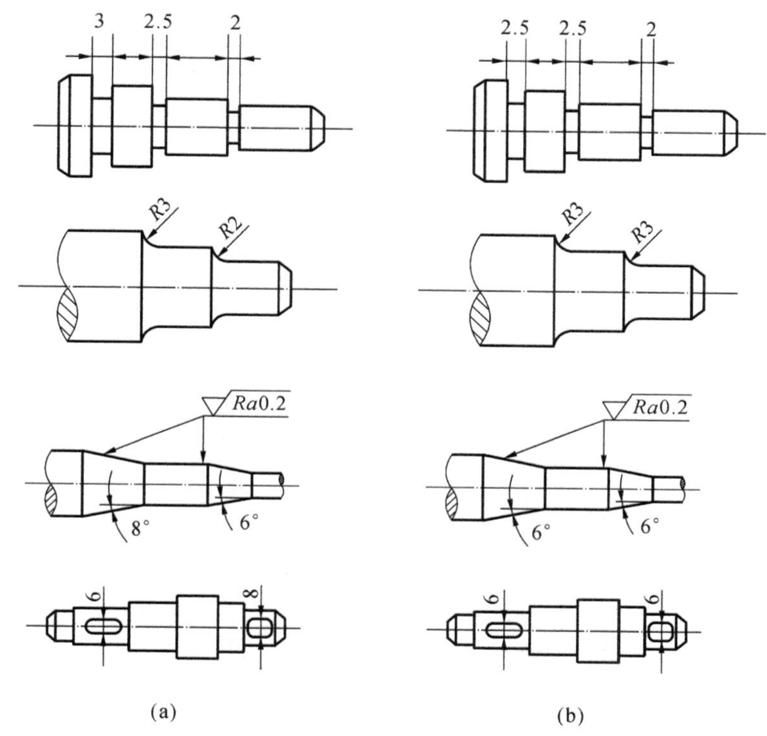

图 7-62　同类结构要素应统一

(6) 尽量减少加工量。例如：

① 采用标准型材　设计零件时，应考虑标准型材的利用，以便选用形状和尺寸相近的型材作坯料，这样可大大减少加工的工作量。

② 简化零件结构　图 7-63(b)中零件 1 的结构比图 7-63(a)中零件 1 的结构简单，可减少切削的工作量。

③ 减少加工面积　图 7-64(b)所示支座的底面与图 7-64(a)所示的结构相比，既可减少加工面积，又能保证装配时零件间很好地接合。

(7) 尽量减少走刀次数。铣牙嵌离合器时，由于离合器齿形的两侧面要求通过中心，呈放射形(见图 7-65)。这就使奇数齿的离合器在铣削加工时要比偶数齿的省工。如铣削一个五齿离合器的端面齿，只要五次分度和走刀就可以铣出(见图 7-65(a))。而铣一个四齿离合器，却要八次分度和走刀才能完成(见图 7-65(b))。因此，离合器设计成奇数齿为好。图上数字表示走刀次数。

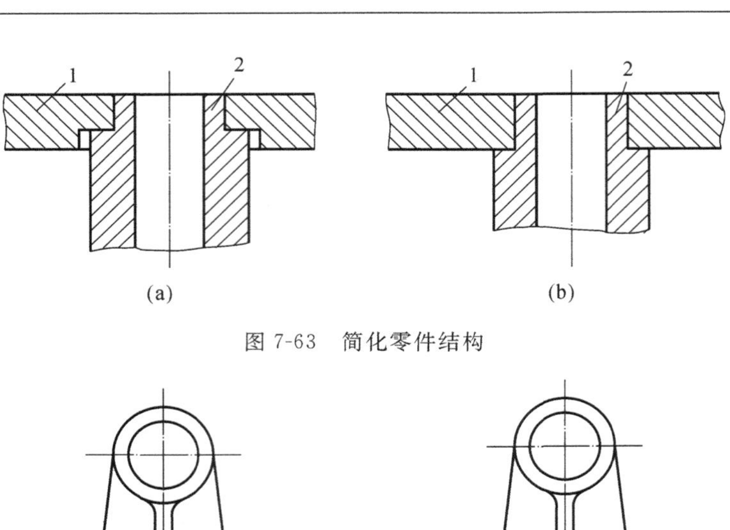

图 7-63　简化零件结构

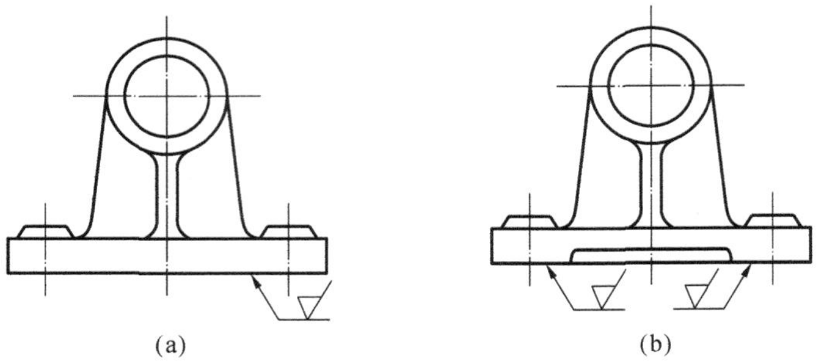

图 7-64　减少加工面积

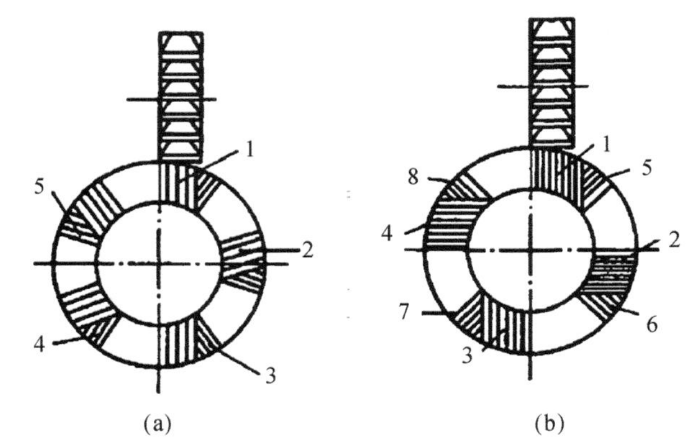

图 7-65　牙嵌离合器应采用奇数齿

如图 7-66(a)所示的零件，当加工这种具有不同高度的凸台表面时，需要逐一地将工作台升高或降低。如果把零件上的凸台设计得等高(见图 7-66(b))，则能在一次走刀中加工所有凸台表面。这样可节省大量的辅助时间。

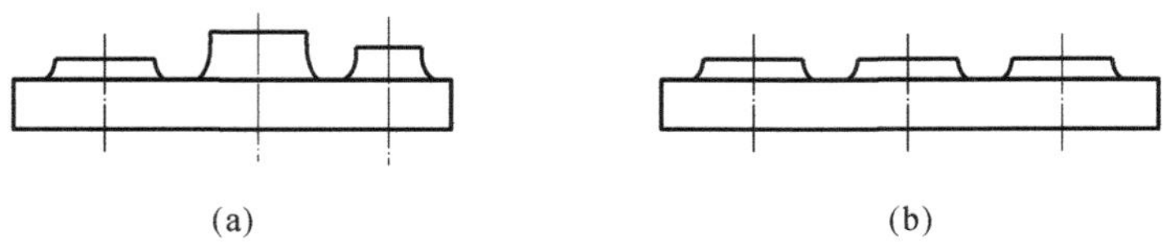

图 7-66　加工面应等高

(8) 便于多件一起加工。图 7-67(a)所示的拨叉，沟槽底部为圆弧形，只能单个地进行加工。若改为图 7-67(b)所示的结构，则可实现多件一起加工，利于提高生产效率。又如图 7-67(c)所示的齿轮，轮毂与轮缘不等高，多件一起滚齿时，刚度较差，并且轴向进给的行程增长。若改为图 7-67(d)所示的结构，既可增加加工时的刚度，又可缩短轴向进给的行程。

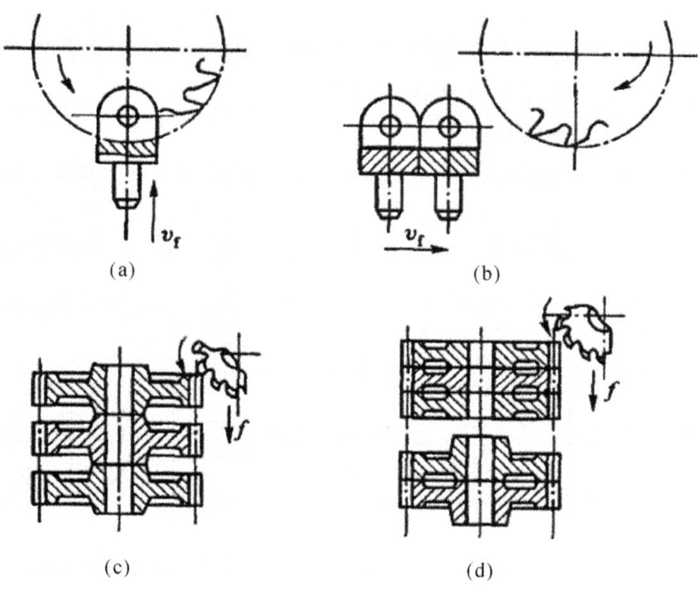

图 7-67　便于多件同时加工

7.4.2.4　提高标准化程度

(1) 尽量采用标准件　设计时，应尽量按国家标准、行业标准或企业标准选用标准件，以利于产品成本的降低。

(2) 应能使用标准刀具加工　零件上的结构要素如孔径及孔底形状、中心孔、沟槽宽度或角度、圆角半径、锥度、螺纹的直径和螺距、齿轮的模数等，其参数值应尽量与标准刀具相符，以便能使用标准刀具加工，避免设计和制造专用刀具，降低加工成本。

例如，当加工不通孔时，由一直径到另一直径的过渡最好做成与钻头顶角相同的圆锥面(见图 7-68(a))，因为与孔的轴线相垂直的底面或其他角度的锥面(见图 7-68(b))，将使加工复杂。

又如图 7-69(b)所示零件的凹下表面，可以用端铣刀加工，在粗加工后其内圆角必须用立铣刀清边，因此其内圆角的半径必须等于标准立铣刀的半径。如果设计成图 7-69(a)的形状，则很难加工出来。零件内圆角半径越小，所用立铣刀的直径越小，凹下表面的深度越大，所用立铣刀的长度也越大，加工越困难，加工费越高。所以在设计凹下表面时，圆角的半径越大越好，深度越小越好。

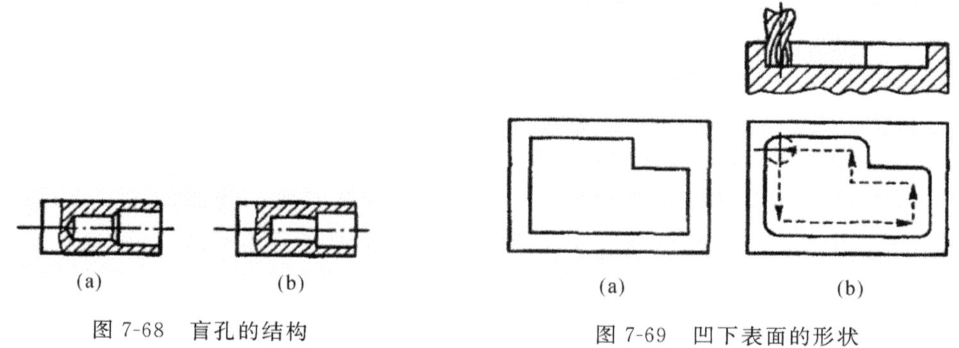

图 7-68　盲孔的结构

图 7-69　凹下表面的形状

7.4.2.5　合理地规定表面的精度等级和粗糙度

零件上不需要加工的表面，不要设计成加工面；在满足使用要求的前提下，表面的精度越低、粗糙度越大，越容易加工，成本也越低。所规定的尺寸公差、几何公差和表面粗糙度，应按国家标准选取，以便使用通用量具进行检验。

7.4.2.6　合理采用零件的组合

一般来说，在满足使用要求的条件下，所设计的机器设备，零件越少越好，零件的结构越简单越好。但是，为了加工方便，合理地采用组合件也是适宜的。例如轴带动齿轮旋转（见图 7-70(a)），当齿轮较小、轴较短时，可以把轴与齿轮做成一体（称为齿轮轴）。当轴较长、齿轮较大时，做成一体则难以加工，必须分成三件：轴、齿轮、键。分别加工后，装配到一起（见图 7-70(b)），这样加工很方便。所以，这种结构的工艺性是好的。

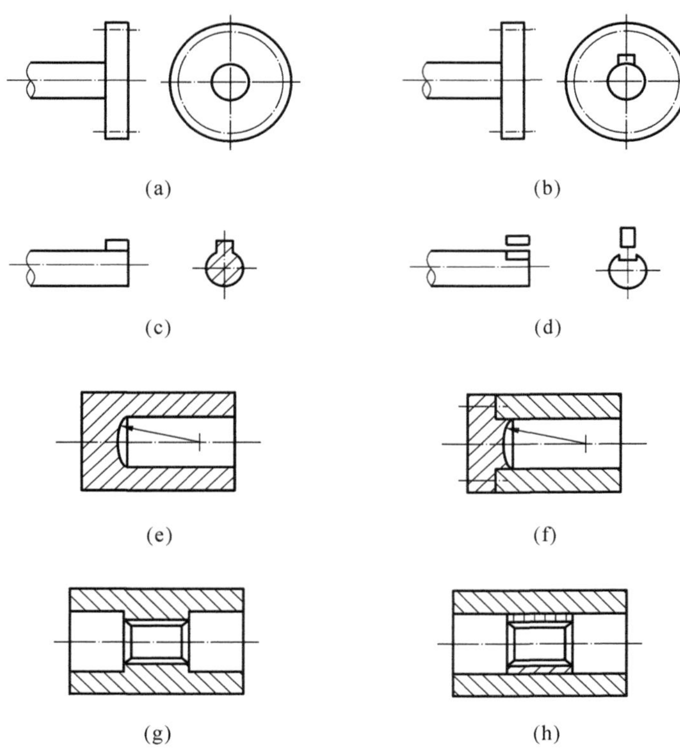

图 7-70　零件的组合

图 7-70(c)为轴与键的配合，如轴与键做成一体，则轴的车削是不可能的，必须分为两件（见图 7-70(d)），分别加工后再进行装配。

图 7-70(e)所示的零件，其内部的球面凹坑很难加工。如改为图 7-70(f)所示的结构，把零件分为两件，凹坑的加工变为外部加工，就比较方便。

又如图 7-70(g)所示的零件，滑动轴套中部的花键孔，加工是比较困难的。如果改为图 7-70(h)所示的结构，圆套和花键套分别加工后再组合起来，则加工比较方便。

需要说明的是，零件的结构工艺性是一个非常实际和重要的问题，上述原则和实例分析，只不过是一般原则和个别事例。设计零件时，应根据具体要求和条件，结合具体的加工条件和工艺水平，综合所掌握的工艺知识和实际经验，灵活地加以运用，以求设计出结构工艺性良好的零件。

引申知识点

一、刀具材料

刀具切削性能的优劣，取决于切削部分的材料、角度和结构。

1. 刀具材料的基本要求

由于刀具切削部分的材料在高温下工作，并承受较大的压力、摩擦、冲击和震动等，因此应具备良好的力学性能，如较高的硬度、足够的强度和韧度、较好的耐磨性、较高的耐热性，以及较好的工艺性。

目前尚没有一种刀具材料能全面满足上述要求。因此，必须了解常用刀具材料的性能和特点，以便根据工件材料的性能和切削要求，选用合适的刀具材料。

2. 常用的刀具材料

目前，在切削加工中常用的刀具材料有：碳素合金钢、合金工具钢、高速钢、硬质合金及陶瓷材料等。

碳素工具钢是含碳量较高的优质钢（含碳量为 0.7%～1.2%，如 T10A 等），淬火后硬度较高、价廉，但耐热性较差（见表 7-6）。在碳素工具钢中加入少量的 Cr、W、Mn、Si 等元素，形成合金工具钢（如 9SiCr 等），可适当减少热处理变形和提高耐热性（见表 7-6）。由于这两种刀具材料的耐热性较低，常用来制造一些切削速度不高的手工工具，如锉刀、锯条、铰刀等，较少用于制造其他刀具。目前生产中应用最广的刀具材料是高速钢和硬质合金，而陶瓷刀具主要用于精加工。

表 7-6 部分常用刀具材料的基本性能

刀具材料	代表牌号	硬度 HRA (HRC)	抗弯强度 R_{bb} /GPa	冲击韧度 α_K /(kJ/m²)	耐热性/℃	切削速度之比
碳素工具钢	T10A	81～83(60～64)	2.45～2.75	—	≈200	0.2～0.4
合金工具钢	9SiCr	81～83.5(60～64)	2.45～2.75	—	200～300	0.5～0.6
高速钢	W18Cr4V	82～87(62～69)	2.94～3.33	176～314	540～650	1.0
	W6Mo5Cr4V2Al	(67～69)	2.84～3.82	225～294	540～650	
硬质合金	K01(YG3)	≈91	≈1.2		≈900	
	K20(YG6)	≈89.5～91	≈1.42	19.2～39.2	800～900	≈4
	K30(YG8)	≈89	≈1.5		≈800	
	P01(YT30)	≈92.5	≈1.15	2.9～6.8	≈1000	
	P10(YT15)	89.5～92.5	≈1.20		900～1000	≈4.4
	P30(YT5)	≈89	≈1.4		≈900	
陶瓷	Al_2O_3 系 LT35	93.5～94.5	0.9～1.1	—	>1200	≈10
	Si_3N_4 系 HDM2	≈93	≈0.98	—		

（1）高速钢　它是含 W、Cr、V 等合金元素较多的合金工具钢。它的耐热性、硬度和耐磨性虽低于硬质合金，但强度和韧度却高于硬质合金，工艺性较硬质合金好，而且价格也比硬质合金低。普通高速钢如 W18Cr4V 是国内使用最为普遍的刀具材料，广泛地用于制造形状较为复杂的各种刀具，如麻花钻、铣刀、拉刀、齿轮刀具和其他成形刀具等。

（2）硬质合金　它是以高硬度、高熔点的金属碳化物（WC、TiC 等）作为基体，以金属钴等作为黏合剂，用粉末冶金的方法制成的一种合金。它的硬度高，耐磨性好，耐热性高，允许的切削速度比高速钢高数倍，但其强度和韧度均较高速钢低（见表 7-6），工艺性也不如高速钢。因此，硬质合金常制成各种形式的刀片，焊接或机械夹固在车刀、刨刀、端铣刀等的刀柄（刀体）上使用。国产的硬质合金一般分为五大类：① 由 WC 和 Co 组成，或添加 TaC、NbC 的钨钴类（K 类）；② 由 WC、TiC 和 Co 组成的钨钛钴类（P 类）；③ 由 WC 和 Co 组成，或添加少量 TiC（TaC、NbC）的钨钛钽（铌）类（M 类）；④ 由 WC 和 Co 组成，或添加少量 TaC、NbC 或 CrC 组成的钨铬钽（铌）类（N 类）；⑤ 由 WC 和 Co 组成，或添加少量 TaC、NbC 或 TiC 组成的钨钛钽（铌）类（S 类以及 H 类，两者在抗弯强度等指标上有不同）。

K 类硬质合金塑性较好，但切削塑性材料时，耐磨性较差，因此它适合于加工铸铁、青铜等脆性材料。常用的牌号有 K01、K20、K30 等，其中数字大的表示 Co 含量的百分比高。Co 的含量低者，较脆、较耐磨。

P 类硬质合金比 K 类硬度高、耐热性好，并且在切削韧性材料时较耐磨，但韧度较小，适合于加工钢件。常用的牌号有 P01、P10、P30 等，其中数字大的表示 TiC 含量低。TiC 的含量越高，韧度越小，而耐磨性和耐热性越高。

M 类硬质合金是在 K 类或 P 类合金的基础上加入钽或铌的碳化物，以此进一步提高了材料的常温硬度和高温硬度，通过细化的晶粒，提高了合金的抗扩散和抗氧化磨损能力，从而提高了材料的耐磨性。M 类硬质合金属于通用合金，适用于加工不锈钢、铸钢、锰钢、合金钢等。常用的牌号有 M01、M10、M20 等，牌号中数字越小，代表材料的耐磨性能越好而韧性越差。

除此之外，近年来由于被加工材料的种类不断增多，又增设了 3 类硬质合金，即主要用于切削高硬材料，如淬硬钢、冷硬铸铁等的 H 类硬质合金；用于切削耐热材料、高温合金等的 S 类硬质合金；用于切削非铁金属、非金属材料的 N 类硬质合金。表 7-6 中列举了部分常用刀具材料的基本性能。

（3）陶瓷材料　目前世界上生产的陶瓷刀具材料大致可分为氧化铝（Al_2O_3）系和氮化硅（Si_3N_4）系两大类，而且大部分属于前者。它的主要成分是 Al_2O_3。陶瓷刀片的硬度高，耐磨性好，耐热性高（见表 7-6），允许用较高的切削速度，加之 Al_2O_3 的价格低廉，原料丰富，因此很有发展前途。但陶瓷材料性脆、怕冲击，切削时容易崩刃，所以，如何提高其抗弯强度已成为各国研究工作的重点。近年来，各国已先后研究成功多种“金属陶瓷”。如我国制成的 SG34、DT35、HDM4、P2、T2 等牌号的陶瓷材料，其成分除了 Al_2O_3 外，还含有各种金属元素，抗弯强度比普通陶瓷刀片的高。

3. 其他新型刀具材料简介

随着科学技术和工业的发展，出现了一些高强度、高硬度的难加工材料，需要性能更好的刀具，所以国内外对新型刀具材料进行了大量的研究和探索。

（1）高速钢的改进　为了提高高速钢的硬度和耐热性，可在高速钢中增添新的元素。如我国制成的铝高速钢（如 W6Mo5Cr4V2Al 等），即增添了 Al 等元素，它的硬度达到 70 HRC，耐热性超过 600 ℃，属于高性能高速钢，又称超高速钢；也可以用粉末冶金法细化晶粒（碳化物晶粒 2～5 μm），消除碳化物的偏析，致使韧度大、硬度高，热处理时变形小，适合于制造各种高精度的刀具。

（2）硬质合金的改性　硬质合金的缺点是强度和韧度低，对冲击和振动敏感。改进的方法是增添合金元素和细化晶粒，例如加入碳化钽（TaC）或碳化铌（NbC）形成万能型硬质合金 M10（YW1）和 M20（YW2），既适合于加工铸铁等脆性材料，又适合于加工钢等塑性材料。

近年来还发展了涂层刀片，就是在韧度较好的硬质合金（K 类）基体表面，涂敷约 5 μm

厚的一层 TiC 或 TiN(氮化钛)或二者的复合材料，以提高其表层的耐磨性。

(3) 人造金刚石　人造金刚石硬度极高(接近 10000 HV，而硬质合金仅达 1000～2000 HV)，耐热性为 700～800 ℃。聚晶金刚石大颗粒可制成一般切削工具，单晶微粒主要制成砂轮或作研磨剂用。金刚石除可以加工高硬度而且耐磨的硬质合金、陶瓷、玻璃等之外，还可以加工非铁金属及其合金。但不宜于加工钢铁金属，这是由于铁和碳原子的亲和力较强，易产生黏结作用加快刀具磨损。

(4) 立方氮化硼(CBN)　是人工合成的又一种高硬度材料，硬度(7300～900 HV)，仅次于金刚石。但它的耐热性和化学稳定性都大大高于金刚石，能耐 1300～1500 ℃的高温，并且与钢铁金属的亲和力小。因此，它的切削性能好，不但适合非铁金属难加工材料的加工，也适合钢铁金属材料的加工。

CBN 和金刚石刀具的脆性大，故使用时机床刚性要好，主要用于连续切削，尽量避免冲击和振动。

二、常见切削刀具的种类和应用

刀具常按加工方式和具体用途，分为车刀、孔加工刀具、铣刀、拉刀、螺纹刀具和齿轮刀具等几大类型。

1. 车刀

车刀是金属切削加工中应用最广的一种刀具。它可以在车床上加工外圆、端平面、螺纹、内孔，也可用于车槽和切断等。机械夹固车刀由于切削性能稳定，工人不必磨刀，所以在现代生产中应用越来越多。

2. 孔加工刀具

孔加工刀具一般可分为两大类：一类是从实体材料上加工出孔的刀具，常用的有麻花钻、中心钻和深孔钻等；另一类是对工件上的已有孔进行再加工的刀具，常用的有扩孔钻、铰刀及镗刀等。各类常见孔加工刀具外形如图 7-71 所示。

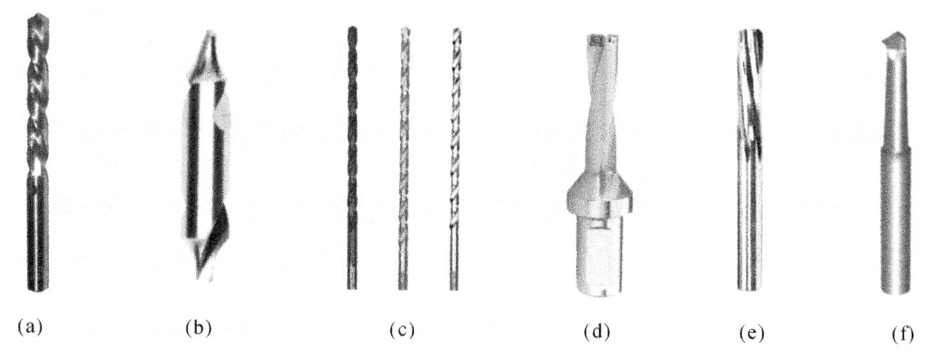

图 7-71　各类常见孔加工刀具

(a) 麻花钻　(b) 中心钻　(c) 深孔钻　(d) 扩孔钻　(e) 铰刀　(f) 镗刀

3. 铣刀

铣刀是一种应用广泛的多刃回转刀具，其种类很多(见图 7-72)。按用途分为以下几种。

(1) 加工平面用的，如圆柱平面铣刀、端铣刀等；

(2) 加工沟槽用的，如立铣刀、T 形刀和角度铣刀等；

(3) 加工成形表面用的，如球头铣刀和加工其他复杂成形表面用的铣刀。铣削的生产率一般较高，加工表面粗糙度较大。

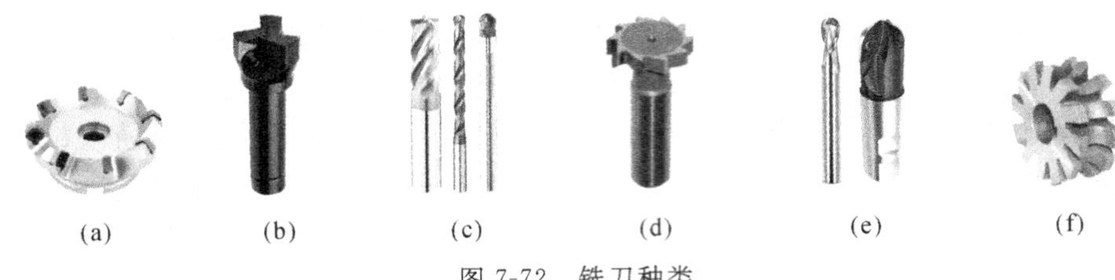

图 7-72　铣刀种类

(a) 平面铣刀　(b) 端铣刀　(c) 立铣刀　(d) T 型铣刀　(e) 球头铣刀　(f) 成形铣刀

4. 拉刀

拉刀是一种加工精度和切削效率都比较高的多齿刀具，广泛应用于大批量生产中，可加工各种内、外表面(见图 7-73)。拉刀按所加工工件表面的不同，可分为各种内拉刀和外拉刀两类。

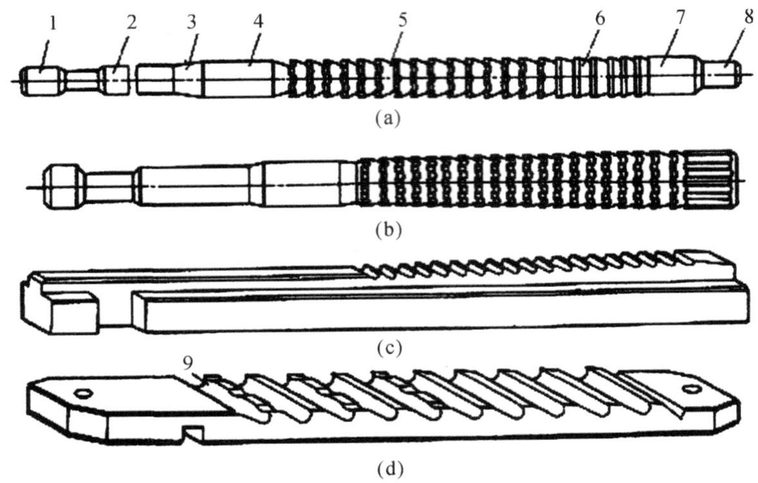

图 7-73　各种拉刀

(a) 圆孔拉刀　(b) 花键拉刀　(c) 键槽拉刀　(d) 平面拉刀

1—柄部；2—颈部；3—过渡锥；4—前导部；5—切削齿；6—校准齿；7—后导部；8—后托柄；9—刀齿

5. 螺纹刀具和齿轮刀具

螺纹刀具是用来加工零件表面螺纹的，它有多种形式。按照螺纹的种类、精度和生产批量的不同，可以采用不同的方法和螺纹刀具来加工螺纹。按加工方法不同，螺纹刀具可分为切削法和滚压加工法两大类。切削加工螺纹的刀具有：螺纹车刀，丝锥，板牙，螺纹铣刀，有自动开合的螺纹切头(见图 7-74(a))。滚压加工螺纹的刀具有：滚丝轮和搓丝板。

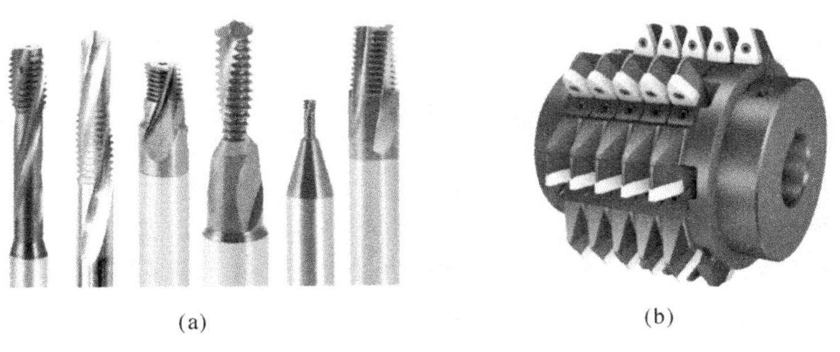

图 7-74　螺纹刀具与齿轮刀具

(a) 螺纹刀具　(b) 齿轮滚刀

齿轮刀具是用于加工齿轮齿形的刀具。按刀具的工作原理，齿轮分为成形齿轮刀具和展成齿轮刀具。常用的成形齿轮刀具有盘形齿轮铣刀和指形齿轮刀具等。常用的展成齿轮刀具有插齿刀、齿轮滚刀(见图 7-74(b))和剃齿刀等。

三、齿轮加工方法

齿轮是机器中传递运动和力的重要部件，在机械领域的用途极其广泛。齿轮加工的关键在于齿面加工，齿轮齿面的形状复杂且种类繁多，其加工方法主要可分为切削加工和砂轮磨削加工两种。前者加工效率高，加工精度较高，因此是目前广泛采用的齿面加工方法。后者主要用于齿面的精加工，效率较低。按照加工原理，可分为成型法和展成法两类。

1. 成形法

成形法也称仿形法，是采用与被切齿轮齿槽相符的成型刀具加工齿形的方法。用齿轮铣刀在普通铣床上加工齿轮是常用的成形法加工。铣完一个齿槽后，分度头将齿坯转过一定角度，再铣下一个齿槽，直到铣出所有的齿槽。

铣齿加工特点如下所述。

(1) 用普通的铣床设备，且刀具成本低。

(2) 生产效率低。每切完一齿要进行分度，占用辅助时间较多。

(3) 齿轮精度低，齿形精度只能达到 9～11 级。

2. 展成法

展成法是利用一对齿轮无侧隙啮合时两轮的齿廓互为包络线的原理加工齿轮的。加工时刀具与齿坯的运动就像是一对相互啮合的齿轮，最后刀具将齿坯切出渐开线齿廓。展成法加工齿轮时，只要刀具的模数和压力角相同，无论被加工齿轮的齿数是多少，都可以用同一把刀具来加工，这给生产带来了很大的方便，因此得到了广泛应用。

常见的齿轮加工机床主要有滚齿机、插齿机、剃齿机、珩齿机和磨齿机等。

滚齿机可加工直齿圆柱齿轮、斜齿圆柱齿轮和蜗轮。其特点为适应性好，生产效率高、齿轮齿距误差小，但齿廓表面粗糙度较差。

插齿加工主要用于加工直齿圆柱内、外齿轮或多联齿轮，内外花键等。其特点为齿形精度高、获得的齿廓表面粗糙度较小，但生产效率低，加工斜齿轮很不方便，且不能加工蜗轮。

剃齿、珩齿和磨齿等加工方法均属于齿面精加工方法。

剃齿常用于未淬火圆柱齿轮的精加工，生产效率很高，在成批和大量生产中得到广泛应用。

珩齿的加工原理与剃齿相同，主要对淬硬齿形进行精加工，用于去除热处理后齿面上的氧化皮，减小轮齿表面粗糙度，生产效率高，一般用于大量加工 8～6 级精度的淬火齿轮。

磨齿加工主要用于对高精度齿轮或淬硬的齿轮进行齿形的精加工。一般条件下，加工齿轮精度可达 6～4 级，表面粗糙度 Ra 可达 0.8～0.2 μm。由于磨齿采用砂轮与工件强制啮合的运动方式，不仅修正齿轮误差的能力强，而且特别适合加工齿面硬度很高的齿轮。但是由于设备结构复杂，调整困难，一般磨齿加工效率较低，加工成本高，因此，磨齿主要用于加工精度要求很高的硬齿面齿轮。

复习思考题

1. 试说明下列加工方法的主运动和进给运动：(1) 车外圆面；(2) 在车床上镗孔；(3) 钻孔；(4) 铣平面；(5) 车成形面。

2. 车外圆时，已知工件转速 $n=320\ \mathrm{r/min}$，车刀进给速度 $v_f=64\ \mathrm{mm/min}$，其他条件如图 7-26 所示，试求切削速度 v_c、进给量 f、背吃刀量 a_p。

3. 简述车刀前角、后角、主偏角、副偏角和刃倾角的作用。

4. 试分析车外圆时各切削分力的作用与影响。

5. 车外圆时，工件转速 $n=360\ \mathrm{r/min}$，切削速度 $v_c=150\ \mathrm{m/min}$，此时测得电动机功率 $P_E=3\ \mathrm{kW}$。设机床传动效率 $\eta=0.8$，试求工件直径 d_w 和切削力 F_c。

6. 切削温度的含义是什么？它在刀具上是如何分布的？影响切削温度的主要因素有哪些？

7. 外圆面和孔的加工方法分别都有哪些？当材料、尺寸、精度和表面粗糙度的要求相同时，哪一个更困难？原因是什么？

8. 铣削为什么比其他加工方法容易产生振动？用周铣法铣平面时，从理论上分析，顺铣和逆铣相比有哪些优点？试分析顺铣和逆铣的工艺特征。

9. 各类机床中能加工外圆、孔及平面的机床有哪些？简述它们各自的经济精度和适用范围。

10. 生产类型有哪几种？不同生产类型对零件的工艺过程有哪些主要影响？

11. 图 7-75 所示小轴 30 件，毛坯为 $\phi32\times104$ 的圆钢料，若用两种方案加工：

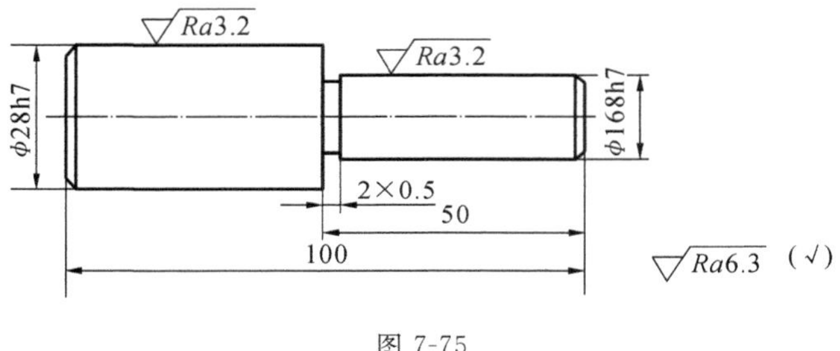

图 7-75

(1) 先整批车出 $\phi28$ 一端的端面和外圆，随后仍在该台车床上整批车出 $\phi16$ 一端的端面和外圆；

(2) 在一台车床上逐件进行加工，即每个工件车好 $\phi28$ 的一端后，立即掉头车 $\phi16$ 的一端。

试问这两种方案分别是几道工序？哪种方案较好？为什么？

12. 下列各种情况下，零件加工的总余量分别应取较大值还是取较小值？为什么？

(1) 大批大量生产；

(2) 零件的结构和形状复杂；

(3) 零件的精度要求高，表面粗糙度小。

13. 什么是基准？粗基准和精基准的选择原则各有哪些？加工轴类零件时，通常以什么作为统一的精基准？

14. 试拟定图 7-76 所示零件在单件小批生产中的工艺过程。

15. 设计零件时，考虑零件结构工艺性的一般原则有哪几项？

16. 为什么孔的轴线应尽量与其端面垂直？为什么要尽量减少加工时的安装次数？为什么要尽量避免箱体内的加工面？

17. 为什么要考虑尽量用标准刀具加工，用通用量具检验？

18. 虽然一台机器的零件数量越少越好，但设计时经常采用组合件的原因是什么？

19. 从切削加工的结构工艺性考虑，试改进题图 7-77 所示零件的结构。

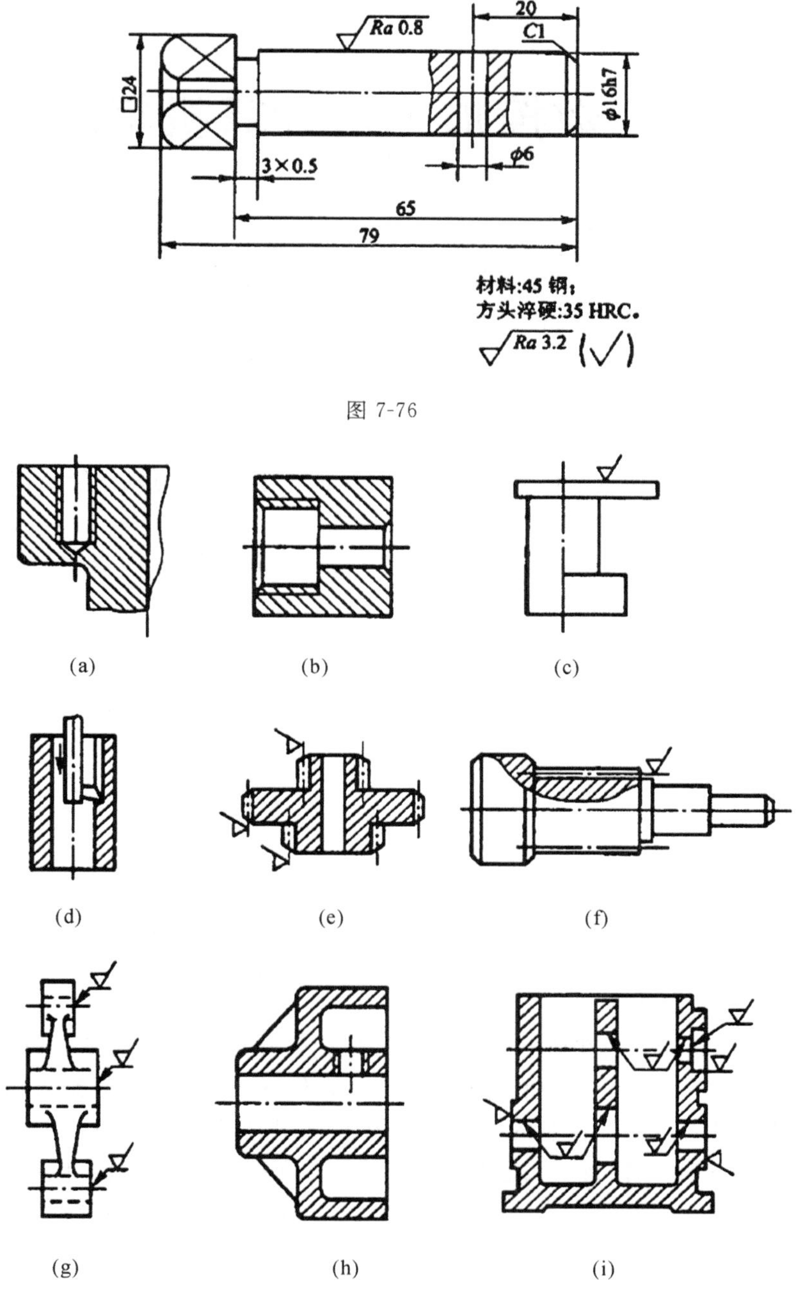

图 7-76

(a)　(b)　(c)
(d)　(e)　(f)
(g)　(h)　(i)

图 7-77

(a) 攻螺纹　(b) 车内螺纹　(c) 铣上平面　(d) 插不通槽　(e) 三联齿轮插齿
(f) 齿轮轴滚齿　(g) 滑套铣端面　(h) 轮毂钻孔攻螺纹　(i) 箱体镗孔

第8章 数控加工与计算机辅助制造

数控技术是用数字信号指令来实现一台或多台机械设备动作控制的技术。数控(numerical control,NC)来源于数字电子技术中的数字控制。随着计算机技术的发展与成熟,现代数控一般是以计算机为核心的控制(computerized numerical control,CNC),因此其数控功能由包含硬件线路和计算机软件共同来实现。完整一套实现软硬件自动化控制的装备就是数控系统。

数控系统利用数字化信息并采用数字控制技术对机床运动轨迹和机床工作状态进行控制,包括主轴、刀具和工作台的位置、角度、速度等机械量,以及与机械能量流向有关的开关量。简单来说,机床配备了数控系统就成为数控机床。

数控加工泛指在数控机床上(数控车床、数控铣床、加工中心等)进行工件的加工。数控加工是计算机技术、自动化技术与机械加工技术的高度融合。

8.1 数控机床及数控加工工艺特点

8.1.1 数控机床

机床是制造业的加工母机。它为国民经济各个部门提供装备和手段,具有无限放大的经济与社会效应。随着电子和信息等技术的发展,世界机床业已进入了以数字化制造技术为核心的时代,数控机床就是重要的代表产品。数控机床在制造业,特别是在汽车、航空航天及军事工业中被广泛地应用。

1948年,美国帕森公司在研制加工直升机螺旋桨叶片轮廓用检查样板的机床时,首先提出数字化控制机床的设想。在麻省理工学院的合作下,于1952年研制成功了世界上第一台具有三轴直线插补且连续控制的立式数控铣床,标志着世界上第一台数控机床诞生。经过半个多世纪的发展,数控技术无论在硬件和软件方面都有飞速发展。电子器件上,从电子管跨越到超大规模集成电路。从计算机发展看,微型计算机的应用为普及数控机床创造了有利条件。

欧美日等工业发达国家已先后完成了数控机床产业化进程。中国从20世纪80年代开始快速起步,迄今数控机床的应用也已经非常普及。目前我国正处在从制造大国转向制造强国发展的阶段。发展高端数控机床是我国制造业提升水平迈向尖端制造不可或缺的重要途径。

数控机床的组成主要包括:数控装置、伺服系统、检测系统、机床本体以及辅助装置等。图8-1为数控车床的外观图,图8-2为数控机床加工原理图。

1. 数控装置

数控装置是数控机床的核心,一般由输入装置、存储器、控制器、运算器和输出装置组

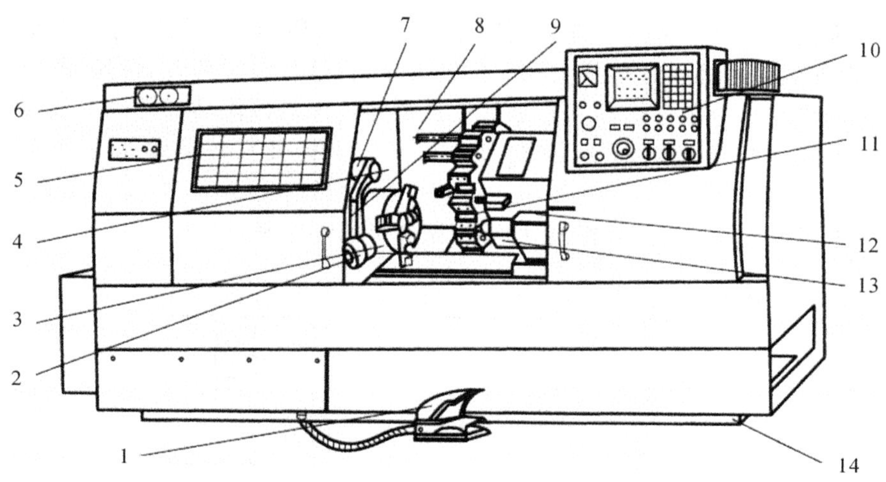

图 8-1　数控车床

1—脚踏开关；2—对刀仪；3—主轴卡盘；4—主轴箱；5—机床防护门；6—压力表；7—对刀仪防护罩；8—导轨防护罩；9—对刀仪转臂；10—操作面板；11—回转刀架；12—尾座；13—滑板；14—床身

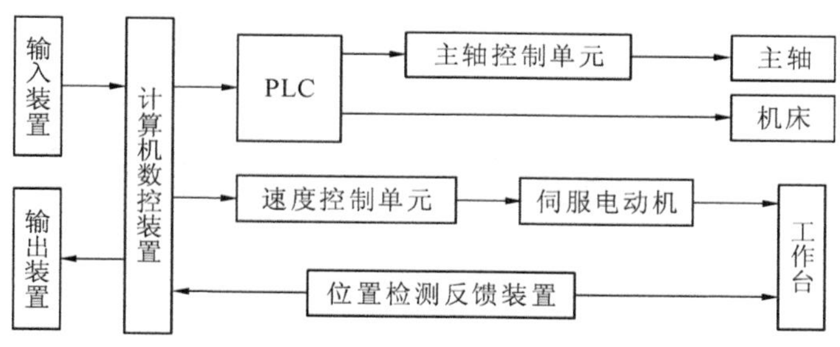

图 8-2　数控机床加工原理

成。在 CNC 时代，数控装置可以看作是由 CPU、存储器、总线、功能部件和相应软件组成的专用计算机。数控装置的作用是程序译码、轨迹计算、插补计算、刀具补偿计算以及向各坐标的伺服驱动系统发送速度和位移命令等。

数控装置的主要功能如下：

① 多轴联动、多坐标控制，实现轨迹计算。

② 多种函数插补计算：直线插补、圆弧插补、抛物线插补等。

③ 多种程序输入功能。

④ 信息转换功能：公制/英制、绝对值/增量值、坐标变换等。

⑤ 补偿功能：刀具长度补偿、刀具半径补偿、螺距误差补偿等。

⑥ 多种加工方式选择。

⑦ 故障自诊断功能。

⑧ 显示功能：字符、轨迹、平面图形、三维动态图形。

⑨ 通信和联网功能。

目前国内最流行的机床控制系统有日本发那科（FANUC）数控系统和德国西门子（SIEMENS）数控系统，还有德国海德汉（Heidenhain）数控系统、西班牙发格（FAGOR）数控系统、中国华中数控系统、中国广州数控系统等。

2. 伺服系统

数控机床伺服系统通常是指进给伺服系统，以机床移动部件位置为控制量的自动控制系统，它根据数控系统插补运算生成的位置指令，将信号进行调解、转换、放大后驱动伺服电动机带动机床执行部件运动。它是数控系统和机床机械传动部件间的连接环节。它将插补信号变换为机床进给运动，直接反映了机床坐标轴跟踪运动指令和实际定位的性能。

数控机床伺服系统分为开环控制，闭环控制和半闭环控制，如图 8-3 所示。

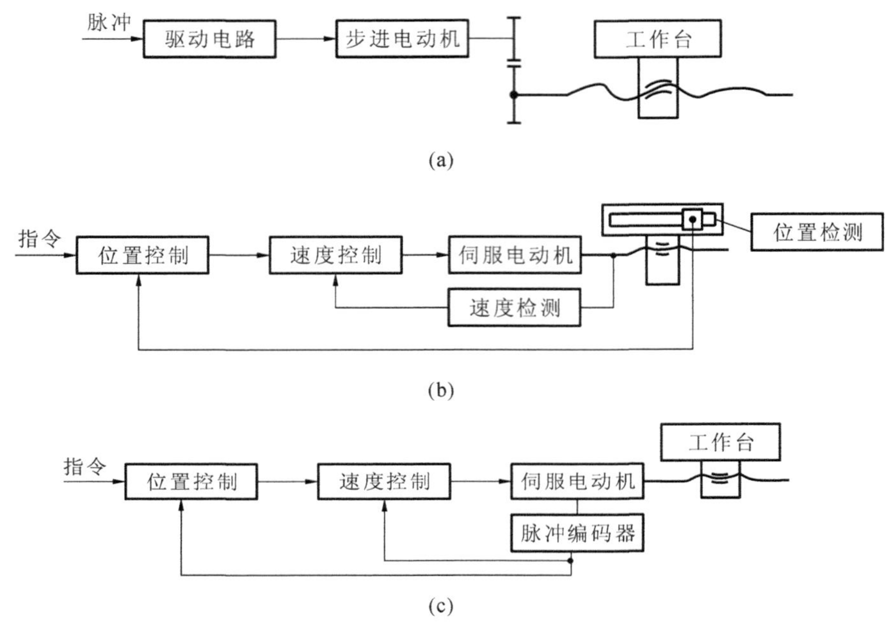

图 8-3　数控机床伺服系统

(a) 开环控制　(b) 闭环控制　(c) 半闭环控制

开环数控系统没有位置检测反馈回路的控制系统，以步进电动机或电液脉冲马达为驱动部件。其优点是控制简单，调试维修方便，价格低廉。缺点是控制精度低，运动速度低，驱动力矩小。所以应用于精度不高的经济型数控机床或普通机床的数控改造。

闭环数控系统带有位置检测反馈回路，位置检测装置直接安装在机床移动部件上，其特点如下：以直流电动机或交流电动机为驱动部件；可以自动补偿电气控制误差和机械传动链的机械传动误差。其优点是控制精度高，运动速度高，驱动力矩大。缺点是控制复杂，稳定性不好，调试维修困难，价格高。所以应用于高精度数控机床。

半闭环数控系统带有位置检测反馈回路，位置检测装置安装在电动机轴端检测角位移，其特点如下：以直流电动机或交流电动机为驱动部件；可自动补偿电气控制误差，但不能自动补偿机械传动链的机械传动误差。该系统的控制精度、稳定性、调试维修的复杂性和价格都介于开环系统和全闭环系统之间。

3. 检测系统

位置测量装置是由检测元件(传感器)和信号处理装置组成的。作用是实时测量执行部件的位移信号，并变换成位置控制单元所要求的信号形式，将运动部件现实位置反馈到位置控制单元，以实施闭环或半闭环控制。

检测装置常用光栅尺、磁栅尺、感应同步器、激光干涉仪、脉冲编码器等。信号转换的原理多用光电效应、光栅效应、电磁感应原理等。

4. 机床本体

机床本体主要包括主运动部件、进给运动部件、执行部件和基础部件。

5. 辅助装置

数控机床配置辅助装置用于配合零件加工。包括对刀仪、自动编程器、自动排屑器、物料储运及上下料装置、切削液处理装置、气动液动装置等。

8.1.2　数控机床坐标系统

数控机床的坐标系是为了确定工件在机床中的位置，机床运动部件的特殊位置和运动范围。根据标准 GB/T 19660-2005/ISO 841:2001，机床坐标系简述如下：

(1) 数控机床的坐标系采用右手笛卡儿直角坐标系，如图 8-4 所示。

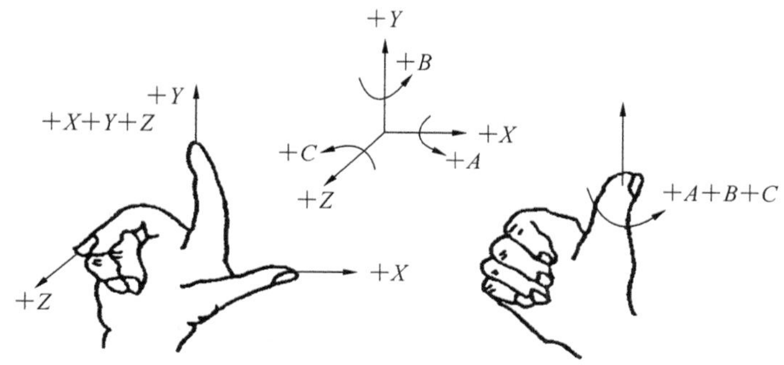

图 8-4　右手笛卡儿直角坐标系

(2) 对于数控机床的进给运动，无论是刀具运动还是工作台运动，都规定以刀具运动来确定坐标轴的方向。

(3) 规定坐标轴正方向是远离工件的运动方向。

(4) 直线移动坐标轴分别用 X、Y、Z 表示。X、Y、Z 三者的关系及其正方向用右手法则判定。

Z 轴：Z 轴平行于机床的主轴，从工件到刀架的方向定为 $+Z$ 轴方向。

X 轴：X 轴应是水平方向。

对于刀具旋转的机床(例如镗床、铣床和磨床等)，Z 轴为水平时，朝 Z 轴正方向看时，X 轴正方向应指向右方。当 Z 轴为垂直单立柱机床时，从机床的前面朝立柱看时，X 轴正方向应指向右方。Z 轴为垂直龙门式机床时，从主要主轴朝左手立柱看时，X 轴正方向应指向右方。

对于工件旋转的机床(例如车床)，X 轴应是径向且平行于横刀架，其正方向应是离开旋转轴的方向。

Y 轴：Y 轴正方向应由右手坐标系确定。图 8-5 分别是数控车床和数控铣床的坐标系。

(5) 绕直线轴 X、Y 和 Z 回转的轴分别定义为 A、B 和 C 轴。根据右手螺旋定则，当拇指指向 X、Y 和 Z 任意轴的正向时，其余四指的旋转方向即为 A、B 和 C 轴的正方向。

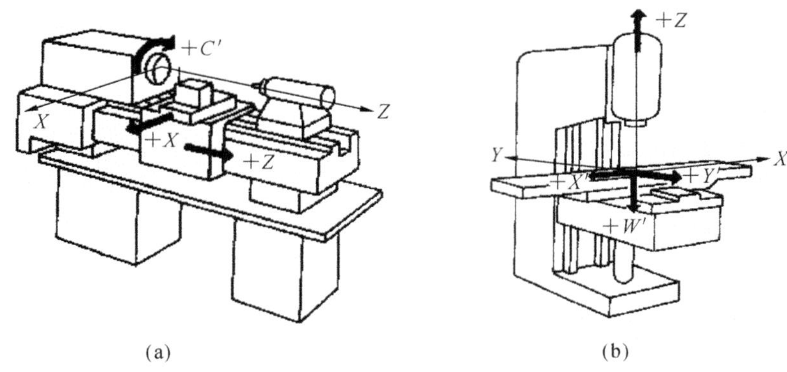

图 8-5　数控车床和数控铣床坐标系

8.1.3　数控加工方法及特点

1. 数控加工方法

从工艺方法角度，数控加工与非数控加工没有本质的区别，也分三大类。

(1) 金属切削类数控机床。例如数控车床、数控铣床、数控磨床、数控滚齿机等。

(2) 金属成形类数控机床。例如数控压力机、数控剪板机。

(3) 特种加工类数控机床。例如数控电火花线切割机床、数控激光加工机床等。

2. 数控加工特点

(1) 适应性强　数控机床加工的最大特点是通过编写程序进行生产加工。由于有灵活的程序，所以采用数控机床加工可以适应市场快速和多变的要求。在中小批量情况下仍然能够保持高效率的生产。

(2) 扩大了加工范围　数控机床能完成多种复杂型面的加工。例如航空螺旋桨、汽车和家用电器模具的曲面、人工牙齿及假肢骨关节等。

(3) 生产率高　数控机床加工生产率比普通机床提高几倍到几十倍，而且功能复合程度高。尤其在使用带有刀具库和自动换刀装置的加工中心时，工件一次装夹就能够完成面、孔、槽等多项加工任务。

(4) 劳动条件好，加工质量稳定　机床依据数控指令加工零件，可以最大限度地消除操作者的人为误差。减轻了操作者的体力劳动强度。除了装卸零件、更换刀具外，操作者的主要劳动是编写和输入调试程序。

(5) 便于自动化生产　数控系统本身就是一个专用计算机，网络技术可使信息远程交互，进行无人生产。数控机床完全适合现代化的生产和管理模式。

8.1.4　加工中心

加工中心(machining center，MC)是带有刀具库和自动换刀装置的一种高度自动化的多功能数控机床。工件在加工中心上经一次装夹，能对两个以上的表面完成多种工序的加工，并且有多种换刀或选刀功能，从而使生产效率大大提高。加工中心是 1958 年由美国卡尼-特雷克公司首先研制成功的。它在数控卧式镗铣床的基础上增加了自动换刀装置，从而实现了工件一次装夹即可进行铣削、钻削、镗削、铰削和攻螺纹等多种工序的集中加工。加工中心发展到现在，效率和加工精度越来越高，综合的加工能力也越来越强。但是由于工序集中也带来不少问题：

(1) 粗加工后直接进入精加工阶段，工件的温升来不及回复，冷却后尺寸变动，影响零件精度。

(2) 工件由毛坯直接加工为成品，一次装夹中金属切除量大、几何形状变化大，没有释放应力的过程，加工完了一段时间后内应力释放，使工件变形。

(3) 切削不断屑，切屑的堆积、缠绕等会影响加工的顺利进行及零件表面质量，甚至使刀具损坏、工件报废。

(4) 装夹零件的夹具必须满足既能承受粗加工中较大的切削力，又能在精加工中精确定位的要求，而且零件夹紧变形要小。

加工中心与数控铣床、数控镗床的组成部分相同，区别在于加工中心具有刀具库和自动交换刀具的功能。刀具库有盘式、链式及鼓轮式几种类型：

(1) 盘式刀库 刀具呈环行排列，空间利用率低，容量不大但结构简单。

(2) 链式刀库 结构紧凑，容量大，链环的形状也可随机床布局制成各种形式，应用较为广泛。

(3) 鼓轮式或格子式刀库 占地小，结构紧凑，容量大，但选刀、取刀动作复杂，多用于柔性制造系统集中供刀系统。

8.2 数控加工编程基础

8.2.1 加工程序格式

加工程序由程序名、程序内容和程序结束指令组成。程序内容由许多程序段组成，每个程序段由一个或多个指令组成，它表示数控机床要完成的全部动作。例如：

O0010;程序名

N10 G92 X0 Y0 Z200.0;

N20 G90 G00 X40.0 Y60.0 S500 M03;

N30 G01 X20.0 Y50.0 F150;

……

N90 M30;程序结束

程序名：由地址码O和四位数字组成。每一个独立的程序都应有程序号，它可作为识别、调用该程序的标志。不同的数控系统，程序号地址码采用不同的符号。例如FANUC系统用字母O，而西门子系统用%。编程时应根据说明书的规定使用，否则系统将不接受。

8.2.2 程序段格式

程序段格式指程序段中指令字的排列顺序和表达方式。目前数控系统广泛采用的是字地址程序段格式。这在国际标准ISO6983-I-2009和国家标准GB/T 8870.1—2012(自动化系统与集成 机床数字控制 程序格式和地址字定义 第1部分：点位、直线运动和轮廓控制系统的数据格式)作了具体规定。

字地址程序段的一般格式为：

N_G_X_Y_Z_F_S_T_M_;

其中：N 为程序段号字；G 为准备功能字；X、Y、Z 为坐标功能字；F 为进给功能字；S 为主轴转速功能字；T 为刀具功能字；M 为辅助功能字。最后用“;”表示程序段结束（有的系统用 LF、CR 等符号表示）。

例如：N30 G01 X20.0 Y50.0 Z200 F150 S500 M03;

8.2.3 加工指令举例

标准对数控系统定义了两大指令集。100 个 G 指令（准备功能指令）和 100 个 M 指令（辅助功能指令）。下面给出几个简单示例。

(1) 快速定位 G00

格式：G00 X __ Y __ Z __;

参数说明：X、Y、Z 为终点坐标；G00 一般用于加工前快速定位或加工后快速退刀。快速移动速度由机床参数“快移进给速度”对各轴分别设定。

(2) 直线进给 G01

格式：G01 X __ Y __ Z __ F __;

参数说明：X、Y、Z 为终点坐标；F 为进给速度。

G01 指令使刀具以联动的方式，按 F 规定的合成进给速度，从当前位置按直线路线移动到程序段指令的终点。G01 指令常用于切削直线段。

(3) 圆弧进给 G02/G03

格式一（给出半径方式）：G02/G03 X __ Y __ R __ F __;

格式二（给出圆心方式）：G02/G03 X __ Y __ I __ J __ F __;

G02 是顺时针圆弧插补；G03 是逆时针圆弧插补。

参数说明：X、Y 为圆弧终点在工件坐标系中的坐标；R 为圆弧半径；I、J 为圆心相对于圆弧起点的增加量（等于圆心的坐标减去圆弧起点的坐标）；F 为被编程的两个轴的合成进给速度。

(4) 绝对值编程 G90 与相对值编程 G91

格式：G90/G91;

G90 使得数控系统采取绝对值编程，每个编程坐标轴上的编程值是相对于程序原点的。当图样尺寸由一个固定基准给定时，采用绝对方式编程较为方便。G90 为缺省值。

G91 使得数控系统采取相对值编程，每个编程坐标轴上的编程值是相对于前一位置而言的，该值等于沿轴移动的距离。当图样尺寸是以轮廓顶点之间的间距给出时，采用这种方式编程较为方便。

(5) 坐标系设定 G92

格式：G92 X __ Y __ Z __;

参数说明：X __ Y __ Z __是对刀点到工件坐标系原点的有向距离。

当执行 G92 X __a__ Y __b__ Z __c__;指令后，就建立了一个使刀具当前点坐标值为(a，b，c)的坐标系。数控系统使刀具在这个坐标系中按程序进行加工。执行该指令刀具并不产生运动，只建立一个坐标系。

(6) 主轴正转、反转、停止 M03、M04、M05

M03、M04 可使主轴正、反转，与同段程序其他指令一起开始执行。M05 指令可使主轴在该程序段其他指令执行完成后停止转动。

(7) 冷却液开、关 M08、M09

M08 表示开启冷却液，M09 表示关闭冷却液。

（8）程序结束指令 M02 和 M30

M02 和 M30 功能基本相同。

M02 一般放在主程序的最后一个程序段中。当执行到 M02 指令时，机床的主轴、进给、冷却液全部停止，加工结束。M30 指令除了以上功能外，还兼有使程序返回到该零件程序头的作用。

使用 M30 的程序结束后，若要重新执行该程序，只需再次按操作面板上的“循环启动”键即可。而使用 M02 的程序结束后，若要重新执行该程序，就得重新调用该程序。

8.2.4　编程示例

图 8-6 所示为圆弧插补指令应用实例。

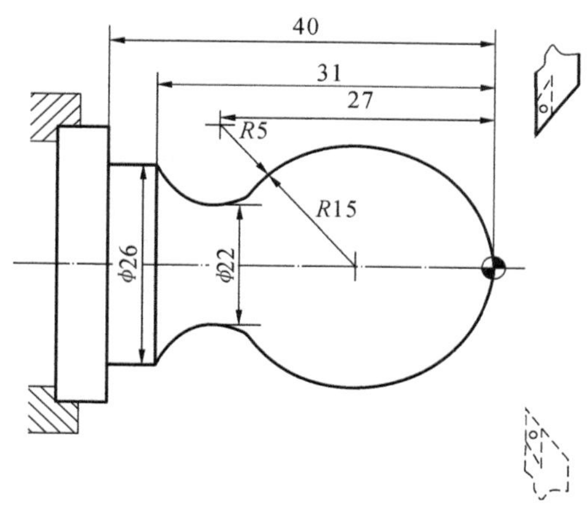

图 8-6　圆弧插补指令应用实例

```
O0002
N10 G92 X40 Z5             ;设定加工坐标系
N20 G00 X0 S400 M03        ; 刀具沿着径向到达工件轴心线，主轴以 400 r/min 正转
N30 G01 Z0 F60             ;刀尖接触工件毛坯
N40 G03 X24 Z—24 R15       ;加工 R15 圆弧段
N50 G02 X26 Z—31 R5        ;加工 R5 圆弧段
N60 G01 Z—40               ;加工 ϕ26 外圆
N70 X40                    ;加工端面并径向退刀
N80 G00 Z5 M05             ;退回到对刀点，主轴停止转动
N90 M30                    ;程序结束
```

8.3　数控加工与 CAM

8.3.1　几个 CAX 相关概念简介

1. 计算机辅助设计（computer-aided design，CAD）

计算机辅助设计是一种将人和计算机的最佳特性结合起来以辅助产品设计与分析的技

术，是综合计算机与工程设计方法的一门新兴学科。

CAD 技术始于 20 世纪 60 年代初期。美国 I. Sutherland 首先提出用光笔在计算机屏幕上选取、定位图形要素的 Sketch-pad 系统，以及在计算机中区分轮廓线、中心线、尺寸线、剖面线的分层表示方法。之后，美国通用汽车公司和洛克希德飞机公司等先后在 IBM 大型计算机上开发出用于机械设计的 CAD 软件。20 世纪 70 年代，出现了将 CAD 硬件与软件配套交付用户使用的"交钥匙系统"，使 CAD 技术在机械与电子行业获得广泛应用。20 世纪 80 年代，工程工作站及网络系统的发展促进了 CAD 技术的快速发展和更普遍的应用。进入 20 世纪 90 年代，由于个人计算机性能的不断提高以及 CAD 软件功能的不断完善，CAD 技术已经全面普及，并向更高层次继续发展。

目前，CAD 技术在产品或工程设计中的应用主要包括：绘制平面、立体工程图，建立图形及符号库，参数化设计，生成设计文档及报表等。如美国 Autodesk 公司开发的 AutoCAD 是一种通用的 CAD 软件，它以普通微型计算机（简称微型机、微机）为运行平台，价格便宜，简单易用，常被中小企业所采用。

2. 计算机辅助工程分析（computer aided engineering，CAE）

计算机辅助工程分析是指设计人员在工程产品生产以前借助计算机对其设计方案进行精确的试验、分析和论证的一种近似数值分析方法。CAE 从 20 世纪 60 年代初在工程上开始应用到今天，已经历了 50 多年的发展历史，其理论和算法都经历了从蓬勃发展到日趋成熟的过程，现已成为工程和产品结构分析中（如航空、航天、机械、土木结构等领域）必不可少的数值计算工具。CAE 的内容主要集中在有限元分析、优化设计、仿真等方面。

1）有限元分析

有限元法的基本原理是将一个复杂连续形体的求解区域离散为有限个形状简单的子区域（即单元），再将连续形体的场变量（如应力、应变、压力、温度等）求解问题简化为有限个单元节点上场变量值的求解。

有限元分析的商用软件很多，具有代表性的包括 ANSYS、NASTRAN、ABAQUS、ASKA 等。

2）优化设计

优化设计是以数学规划论为理论基础，以计算机为工具，按预定的设计目标在一定的工程条件约束下求得最满意的设计方案。目前优化方法很多，机械优化设计大多为非线性规划问题，常用的方法有一维搜索法、二次插值法、坐标轮换法、随机试验法、鲍威尔法、变尺度法等。现已有一些优化设计软件问世，如常用优化方法库（OPM）等。

3）仿真

仿真是以建模为基础、以计算机为工具，对产品设计和制造过程进行模拟的工程分析方法。它可以代替一些实际的验证工作，以便及早发现问题，在实际生产前进行修改和改进，从而避免了在研制时的损失，节约成本，保证了产品的质量和周期。

3. 计算机辅助工艺过程设计（computer aided process planning，CAPP）

计算机辅助工艺过程设计是指用计算机辅助人来编制零件的加工工艺规程。计算机辅助工艺过程设计不仅可以从根本上解决人工设计效率低、周期长、成本高的问题，而且可以提高工艺过程设计的质量，并有利于实现工艺过程设计的优化和标准化。计算机辅助工艺过程设计可以使工艺设计人员从烦琐重复的工作中解放出来，集中精力去提高产品质量和工艺水平。此外，计算机辅助工艺过程设计还是连接 CAD 和 CAM 系统的桥梁，是发展计算机集成制造不可缺少的关键技术。

CAPP 的设计方法有两种:一种是以成组技术(GT)为基础的派生式 CAPP,主要包括派生法和检索法;另一种是依靠事先规定的逻辑决策,利用规定的加工要求和逻辑原则自动生成零件的工艺过程的创成型 CAPP,它属于人工智能型的设计方法。

我国 CAPP 技术从 20 世纪 80 年代初开始起步,主要在高等学校研究、开发和探索,90 年代后期才真正进入实际应用。目前,以交互式技术为基础、以大型数据库为平台、以工艺数据为核心的 CAPP 产品已经比较成熟,并已经成为 ERP 成功运行的支撑技术。国外在 CAPP 方面可能由于加工工艺的个性问题,所以并未开发出商用软件,国内 CAPP 的主要产品包括天河 CAPP、开目 CAPP、西工大 CAPP、大天 CAPP、思普 CAPP 和山大华特 CAPP 等。

4. 计算机辅助制造(computer-aided manufacturing,CAM)

计算机辅助制造,是利用计算机系统,通过计算机与生产设备直接的或间接的联系,去规划、设计、管理和控制产品的生产制造过程。在现代生产过程中,凡采用计算机对生产设备进行控制、管理、生产出产品的,都可称为计算机辅助制造。比如,利用可编程序控制器(PLC)对注塑机进行控制;利用 CNC 数控系统对数控机床进行零件的数控加工。其中,可编程序控制器作为较成熟的一种工业控制微机系统已广泛应用于生产过程自动化领域中,是 CAM 技术的一部分。而计算机数控技术(CNC)则是计算机辅助制造在机械制造业的集中体现。

CAM 整个应用过程是利用计算机来进行生产设备管理控制和操作的过程。它的输入信息是零件的工艺路线和工序内容,输出信息是刀具加工时的运动轨迹(刀位文件)和数控程序。CAM 系统一般具有数据转换和过程自动化两方面的功能。

目前常用的 CAM 系统有 MasterCAM、SurfCAM 等。

8.3.2　CAD/CAM 集成

电子计算机的出现为设计制造手段诸多方面带来了信息技术革命,其中计算机辅助设计制造发展迅猛。为了充分发挥 CAD/CAM 集成系统硬件的功能,必须有功能强大的软件作为支撑。随着 CAD/CAM 系统功能的不断增强,CAD/CAM 起的作用越来越大。

目前数控加工已经成为计算机辅助制造的主体。数控编程是从零件图到获得数控加工程序的全过程,其主要任务是计算加工轨迹中的刀位点。当被加工零件的形状复杂、刀位点数据量很大的时候,手工编程就显得十分困难。

为了解决数控加工中程序编制困难这个问题,20 世纪 50 年代,麻省理工学院设计了专门用于机械零件数控加工程序编制的语言 APT(automatically programmed tool)。APT 采用语言定义零件几何形状。采用 APT 语言编制数控程序,使数控加工编程从面向机床指令上升到了面向几何元素。但是,复杂的几何形状依然难以描述,并且缺乏几何直观性;难以和 CAD 有效连接;不容易做到高度的集成化。

目前以 CAD 的 3D 建模为基础,基于图形图像的自动编程占据领先地位。它首先从法国达索飞机公司出现,称为 CATIA。随后世界各国很快出现和发展了 Unigraphics、Pro/Engineer 等 CAD/CAM 系统集成软件系统。这些功能相似的自动编程系统的共同点是从建立零件的 3D 几何模型开始。以内部统一的数据格式直接从 CAD 系统获取产品几何模型,或者通过中性文件从其他 CAD 系统获取产品几何模型。在 3D 几何模型基础上,经过工艺参数配置、计算机切削仿真、后处理等,最后自动形成数控加工程序。

引申知识点

无人车间

随着劳动力成本的不断上涨以及自动化技术的高度发展，众多制造企业将目光投向了无人车间。无人车间又称为自动化车间、全自动化车间，是指全部生产活动由电子计算机进行控制，生产现场配有机器人而无须配备工人的车间。

目前，工业机器人已经广泛应用于各个领域，如汽车及零部件制造、机械加工、电子、橡塑、食品工业、木材与家具制造等，使得“车间无人”不再是空想。但是，无人车间的成功运行还有赖于控制系统，就像人的大脑一样，控制系统决定着无人车间的生产质量和生产效率。对于制造业而言，无人车间的灵魂就是数控系统。

在生产时，工人将毛坯送到车间门口，通过码垛机将毛坯搬运到送料车上，送料车根据总机呼叫进入放料区域，再通过码垛机把料盘送到旋转传送带上。第一台机器人从传送带取出毛坯将其放置到第一台数控设备内进行加工，完毕后机器人将材料取出，同时放入未加工产品，把第一道工序加工完的产品放入自动测量仪上进行测量，合格产品放入下一工序，不合格产品放入不合格区，同时，测量仪将测量结果告知数控机床，进行磨耗误差补偿。后续加工按此流程进行逐一传送。当总机通知进行产品清空时，机器人把设备加工完的产品全部取出到料道中，并告知机床加工终止，机器人进入休眠状态。

在整个生产过程中，数控系统根据生产线的逻辑流程规划，实现机器人与总机之间的信号交换，实时反馈系统的加工状态和产品的加工数据，便于总机统一管理。同时进一步优化PLC设计，设置一系列安全保护功能，确保生产线可以安全可靠地进行生产作业。此外，数控系统可以通过自带的伺服自动调整功能、有效的增益调整工具，对机床性能及加工产品的光洁度进行控制，使其达到最佳控制特性，并且通过求取控制回路中的惯量数值、带宽和增益值，将相关的增益参数自动算出并且传入伺服放大器中，使伺服系统发挥最大效能，并通过共振抑制功能，对机台产品的共振点进行自动捕捉滤波处理，使机台运行更加平稳。

复习思考题

1. 什么是数控机床？其组成是什么？
2. 什么是开环和闭环控制？
3. 数控机床的加工特点是什么？
4. 数控机床的 Z 轴和 C 轴是怎样定义的？
5. 什么是程序段？
6. 常见的计算机辅助软件有哪些？

第9章 特种加工

18世纪70年代发明了蒸汽机，在长达150多年的时间里主要靠机械切削加工完成零件制造。第二次世界大战以后，由于材料科学的发展和激烈的市场竞争、发展尖端国防及科学研究的需要，产品要求具有很高的强度质量比和性能价格比，并朝着高速度、高精度、高可靠性、耐蚀、耐高温高压、大功率、尺寸大小两极分化的方向发展。于是，随着新颖制造技术的进一步发展，人们就从广义上来定义特种加工。

所谓特种加工，是一种利用电、磁、声、光、化学等能量单独或选择几种能量的复合形式对金属或非金属材料进行加工，从而实现材料被去除、堆积、变形、改变性能或被镀覆等的非传统加工的方法。

1.特种加工的本质特点和应用

特种加工不同于传统的机械切削方法，即加工过程中工件与所用工具之间没有明显的切削力，可以有工具也可以无工具，工具材料的硬度也可低于工件材料的硬度。

正因为特种加工工艺具有上述特点，所以就总体而言，特种加工可以加工任何硬度、强度、韧度、塑性的金属或非金属材料，且专长于加工复杂、微细表面和低刚度零件。同时，有些方法还可用于进行超精加工、镜面光整加工和纳米级加工。

2.特种加工的分类

一般按照能量来源和作用形式分类，特种加工方法有电火花加工（如电火花成形加工和电火花线切割加工）、电化学加工（如电解加工、电解磨削、电解研磨、电铸、涂镀）、高能束加工（如激光加工、电子束加工、离子束加工、等离子弧加工）、物料切蚀加工（如超声加工、磨料流加工、液体喷射加工）及化学加工（如化学铣削、化学抛光、光刻）、复合加工（如电化学电弧加工、电解电化学机械磨削）和快速成形等。

尽管特种加工优点突出，应用日益广泛，但是各种特种加工的能量来源、作用形式、工艺特点却不尽相同，而且各自还具有一定的局限性。为了更好地应用和发挥各种特种加工的最佳功能及效果，必须依据工件材料、尺寸、形状、精度、生产率、经济性等情况作具体分析，合理选择特种加工方法。

下面介绍几种常用的特种加工方法。

9.1 电火花加工

1943年，苏联科学家在研究开关触点遭受火花放电腐蚀损坏的现象和原因时，发现电火花的瞬时高温可使局部的金属熔化、汽化而被蚀除掉，从而开创了电火花加工。电火花加工是在一定的介质中，通过工件和工具电极间的脉冲火花放电，使工件材料熔化、汽化而被去除或在工件表面进行材料沉积的加工方法。

9.1.1 电火花加工机理

电火花加工基于电火花腐蚀原理，是在工具电极与工件电极相互靠近时，极间形成脉冲性火花放电，在电火花通道中产生瞬时高温，使金属局部熔化，甚至汽化，从而将金属蚀除下来。这个蚀除过程大体分为以下 4 个阶段。

1. 极间介质的电离、击穿，形成放电通道

如图 9-1(a)所示，工具电极与工件电极缓缓靠近，极间的电场强度增大，由于两电极的微观表面是凹凸不平的，因此在两极间距离最近的 A、B 处电场强度最大，温度最高。此处首先达到击穿电压，形成放电通道。

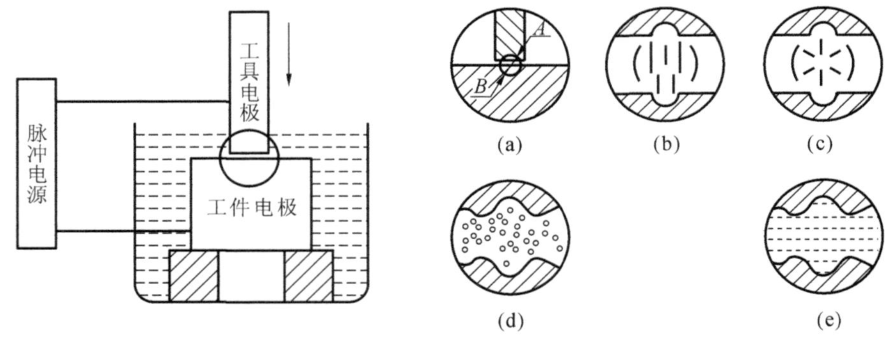

图 9-1　电火花加工原理

2. 电极材料的熔化、汽化热膨胀

如图 9-1(b)、(c)所示，液体介质被电离、击穿，形成放电通道后，通道间带负电的粒子奔向正极，带正电的粒子奔向负极，粒子间相互撞击，产生大量的热能，使通道瞬间达到很高的温度。通道高温首先使工作液汽化，然后高温向四周扩散，使两电极表面的金属材料开始熔化直至沸腾汽化。汽化后的工作液和金属蒸气瞬间体积猛增，形成了爆炸的特性。所以在观察电火花加工时，可以看到工件与工具电极间有冒烟现象，并听到轻微的爆炸声。

3. 电极材料的抛出

如图 9-1(d)所示，正负电极间产生的电火花现象，使放电通道产生高温高压。通道中心的压力最高，工作液和金属汽化后不断向外膨胀，形成内外瞬间压力差，高压力处的熔融金属液体和蒸汽被排挤，抛出放电通道，大部分被抛入到工作液中。仔细观察电火花加工，可以看到橘红色的火花四溅，这就是被抛出的高温金属熔滴和碎屑。

4. 极间介质的消电离

如图 9-1(e)所示，加工液流入放电间隙，将电蚀产物及残余的热量带走，并恢复绝缘状态。若电火花放电过程中产生的电蚀产物来不及排除和扩散，产生的热量将不能及时传出，使该处介质局部过热，局部过热的工作液高温分解、积炭，使加工无法继续进行，并烧坏电极。因此，为了保证电火花加工过程的正常进行，在两次放电之间必须有足够的时间间隔让电蚀产物充分排出，恢复放电通道的绝缘性，使工作液介质消电离。

步骤(1)～(4)在一秒内约数千次甚至数万次地往复式进行，即单个脉冲放电结束，经过一段时间间隔(即脉冲间隔)使工作液恢复绝缘后，第二个脉冲又会作用到工具电极和工件上，又会在当时极间距离相对最近或绝缘强度最弱处击穿放电，蚀出另一个小凹坑。这样以相当高的频率连续不断地放电，工件不断地被蚀除，故工件加工表面将由无数个相互重叠的

小凹坑组成，如图 9-2 所示。所以电火花加工是大量的微小放电痕迹逐渐累积而成的去除金属的加工方式。

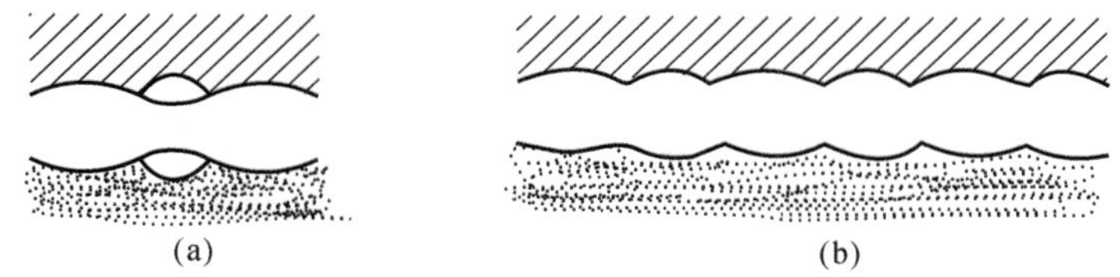

图 9-2　电火花表面局部放大图
(a) 单脉冲放电凹坑　(b) 多脉冲放电凹坑

9.1.2　电火花加工机床

电火花加工机床是用电火花加工方法加工工件的特种加工机床。根据机床电极或所加工零件的不同，电火花加工机床有电火花成形机床，电火花展成加工机床，电火花线切割机床，电火花磨床，电火花铣床，电火花轧辊毛化机床，电火花强化机等。

电火花加工机床主要由机床本体、脉冲电源、自动进给调节系统、工作液循环过滤系统、数控系统等部分组成，如图 9-3 所示。

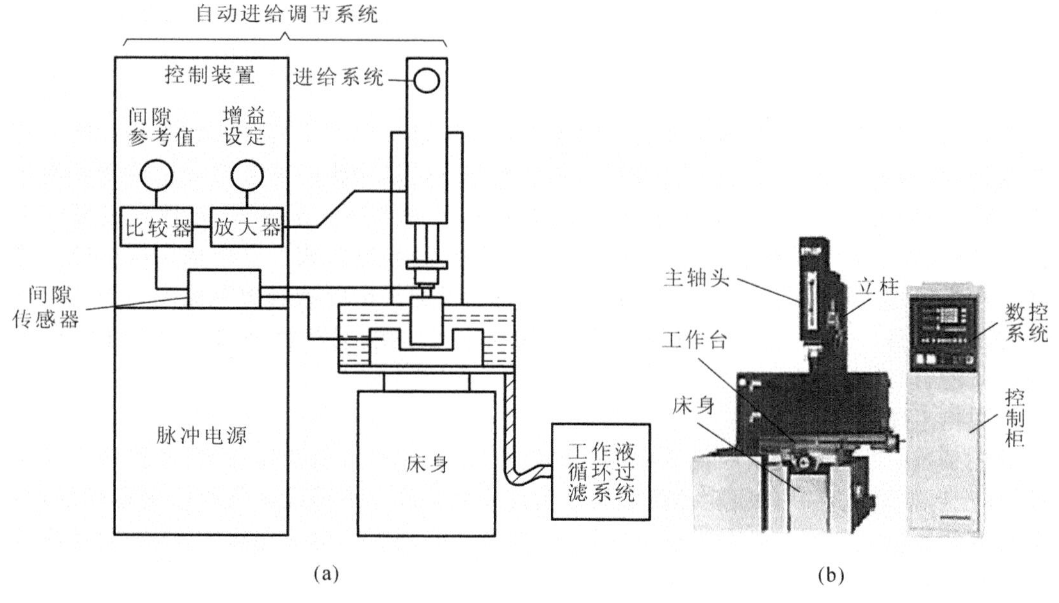

图 9-3　电火花加工机床
(a) 原理图　(b) 实物图

1. 机床本体

机床本体主要由床身、立柱、主轴头（线切割是丝架）及附件、工作台等部分组成，是用以实现工件和工具电极的装夹固定和运动的机械系统。床身、立柱（线切割是丝架）是电火花机床的骨架，起着支承和定位的作用。坐标工作台带动工件运动应具有很高的坐标精度和运动精度，而且要求运动灵敏、轻巧。因为电火花加工宏观作用力极小，所以对机械系统的强度无严格要求，但为了避免变形和保证精度，要求具有必要的刚度。主轴头下面装夹的电极是自动调节系统的执行机构，其质量的好坏将影响到进给系统的灵敏度及加工过程的稳定性，进而影响工件的加工精度。

2. 脉冲电源

在电火花加工过程中，脉冲电源的作用是把工频正弦交流电转变成频率较高的单向脉冲电流，向工件和工具电极间的加工间隙提供所需要的放电能量以蚀除金属。脉冲电源的性能直接关系到电火花加工的速度、表面质量、加工精度、工具电极损耗等工艺指标。线切割加工脉冲电源的脉宽较窄（2～60 μs），单个脉冲能量、平均电流一般较小（1～5 A），所以线切割总是采用正极性加工（工件接正极，电极丝接负极）。

3. 自动进给调节系统

电火花成形加工的自动进给调节系统，主要包含伺服进给系统和参数控制系统。伺服进给系统主要用于控制放电间隙的大小，而参数控制系统主要用于控制电火花成形加工中的各种参数（如放电电流、脉冲宽度、脉冲间隔等），以便能够获得最佳的加工工艺指标等。

在电火花成形加工中，电极与工件必须保持一定的放电间隙。工件不断被蚀除，电极也不断地损耗，故放电间隙将不断扩大。如果电极不及时进给补偿，放电过程会因间隙过大而停止。反之，间隙过小又会引起拉弧烧伤或短路，这时电极必须迅速离开工件，待短路消除后再重新调节到适宜的放电间隙。在实际生产中，放电间隙变化范围很小，且与加工标准、加工面积、工件蚀除速度等因素有关，因此很难靠人工进给，也不能像钻削那样采用“机动”、等速进给，而必须采用伺服进给系统。这种不等速的伺服进给系统也称为自动进给调节系统。

4. 工作液循环过滤系统

工作液循环过滤系统是为了及时去除电火花加工过程中产生的固态蚀除物。电火花加工中的蚀除产物，一部分以气态形式抛出，其余大部分是以球状固体微粒分散地悬浮在工作液中，直径一般为几微米。随着电火花加工的进行，蚀除产物越来越多，充斥在电极和工件之间，或黏在电极和工件的表面上。蚀除产物的聚集，会与电极或工件形成二次放电。这就破坏了电火花加工的稳定性，降低了加工速度，影响了加工精度和表面粗糙度。为了改善电火花加工的条件，一种办法是使电极振动，以加强排屑作用；另一种办法是对工作液进行强迫循环过滤，以改善间隙状态。

5. 数控系统

数控系统是根据计算机存储器中存储的控制程序，执行数值控制功能，使机床完成工作运动，并配有接口电路和伺服驱动装置的专用计算机系统。根据机床的数控坐标轴的数目，目前常见的数控机床有三轴数控电火花机床、四轴三联动数控电火花机床、四轴联动或五轴联动甚至六轴联动电火花加工机床。

9.1.3 电火花加工中的一些基本规律

电火花加工的效率和质量与很多因素有关，下面主要介绍一些基本规律。

1. 影响加工速度的主要因素

线切割加工中的切割速度是指在保证一定的表面粗糙度的切割过程中，单位时间内电极丝中心线在工件上切过的面积的总和，单位为 mm^2/min。电火花成形加工的加工速度，是指在一定电规准下，单位时间内工件被蚀除的体积 V 或质量 m。一般常用体积加工速度 $v_w=V/T$（单位为 mm^3/min）来表示，有时为了测量方便，也用质量加工速度 $v_m=m/t$（单位为 g/min）表示。

1）电规准的影响

所谓电规准，是指电火花加工时选用的电加工参数，主要有脉冲宽度 t_i（μs）、脉冲间隙 t_o（μs）及峰值电流 I_p 等参数。图 9-4 展示了脉冲电源为空载、火花放电、电弧放电、过渡电弧放电、短路时电压和电流的波形图。脉冲宽度是加到电极和工件上放电间隙两端的电压脉冲的持续时间。在火花放电时它是由放电时间 t_e（也称电流脉宽）和击穿延时 t_d 两段组成。t_i 和 t_e 对电火花加工的生产率、表面粗糙度和电极损耗有很大影响，实际起作用的是电流脉宽 t_e。脉冲间隔是两个电压脉冲之间的间隔时间。间隔时间过短，放电间隙来不及消电离和恢复绝缘，容易产生电弧放电，烧伤电极和工件；脉冲间隔选得过长，将降低加工生产率。加工面积、加工深度较大时，脉冲间隔也应稍大。$\hat{i}_e$ 是间隙火花放电时脉冲电流的最大值（瞬时）。$\hat{i}_s$ 为短路峰值电流。

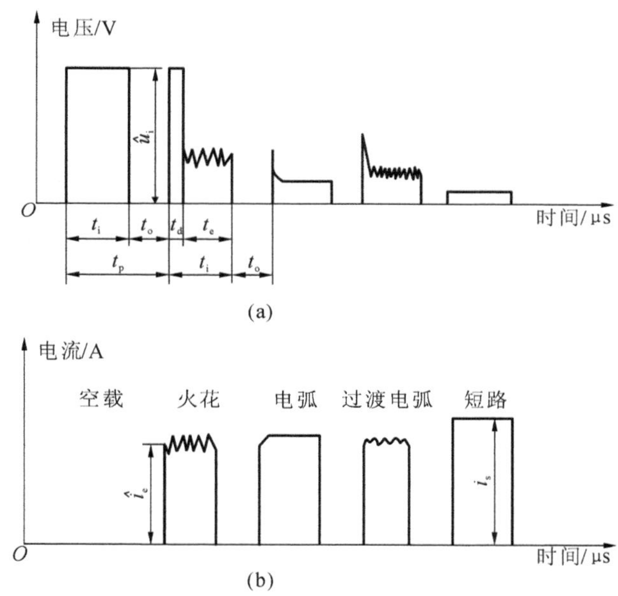

图 9-4　脉冲参数与脉冲电压、电流波形

单个脉冲能量的大小是影响加工速度的重要因素。所以，当其他参数不变时，增加脉冲宽度，或减少脉冲间隔，或提高峰值电流，加工速度均随之增加。因为加大脉冲宽度或峰值电流，等于加大单个脉冲能量，所以加工速度也就提高了（见图 9-5 峰值电流与加工速度的关系）。但若脉冲宽度或峰值电流过大（即单个脉冲放电能量很大），加工速度反而下降（见图 9-6 电流脉宽与加工速度的关系）。这是因为单个脉冲能量虽然增大，但转换的热能有较大部分散失在电极与工件之中，不起蚀除作用。同时，在其他加工条件相同时，随着脉冲能量过分增大，蚀除产物增多，排气排屑条件恶化，间隙消电离时间不足导致拉弧，加工稳定性变差等。因此加工速度反而降低。

在脉冲宽度一定的条件下，若脉冲间隔减小，则加工速度提高（见图 9-7）。这是因为脉冲间隔减小导致单位时间内的工作脉冲数目增多、加工电流增大，故加工速度提高；但若脉冲间隔过小，会因放电间隙来不及消电离引起加工稳定性变差，导致加工速度降低。

在脉冲宽度一定的条件下，为了最大限度地提高加工速度，应在保证稳定加工的同时，尽量缩短脉冲间隔时间。带有脉冲间隔自适应控制的脉冲电源，能够根据放电间隙的状态，在一定范围内调节脉冲间隔的大小，这样既能保证稳定加工，又可以获得较大的加工速度。

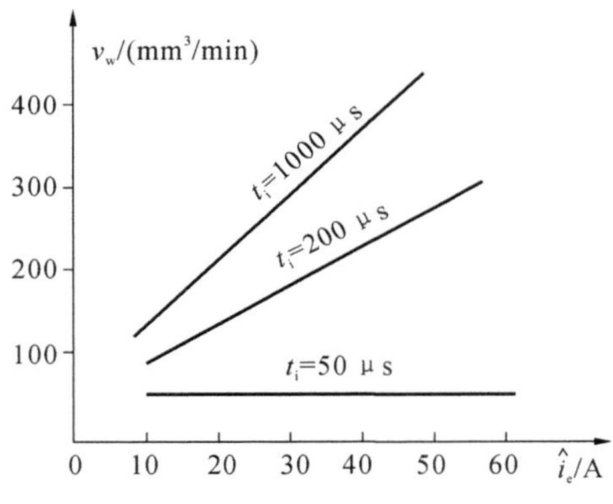

图 9-5 峰值电流与加工速度的关系曲线

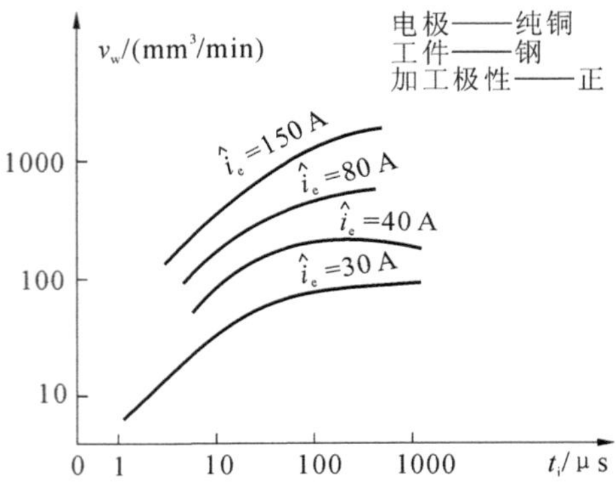

图 9-6 电流脉宽与加工速度的关系曲线

2）其他非电参数的影响

（1）加工面积的影响

图 9-8 是加工面积与加工速度的关系曲线。由图可知，加工面积较大时，它对加工速度没有多大影响。但若加工面积小到某一临界面积时，加工速度会显著降低，这种现象叫做“面积效应”。因为加工面积小，在单位面积上脉冲放电过分集中，致使放电间隙的电蚀产物排除不畅，同时会产生气体排除液体的现象，造成放电加工在气体介质中进行，因而大大降低加工速度。

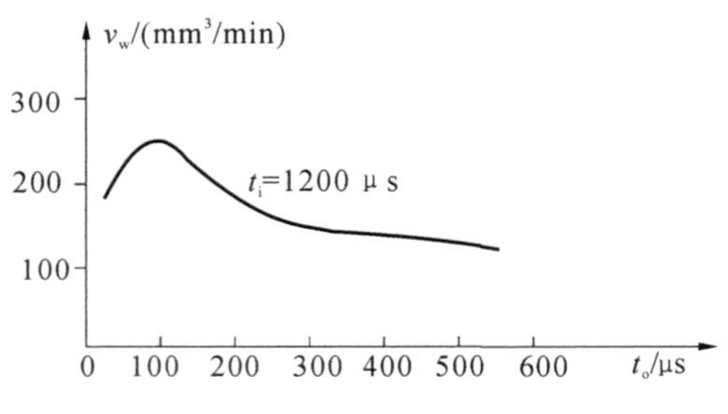

图 9-7 脉冲间隔与加工速度的关系曲线

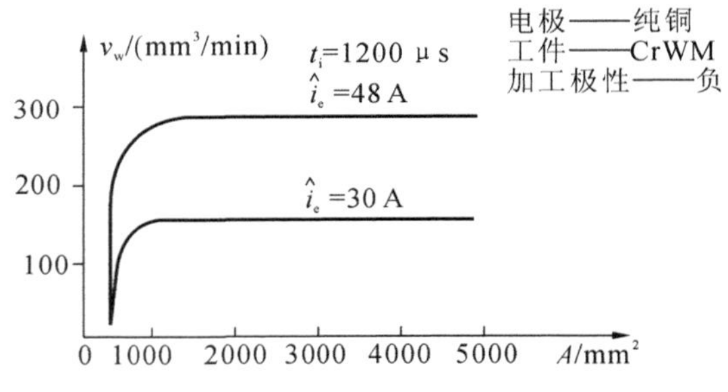

图 9-8 加工面积与加工速度的关系曲线

从图 9-8 可看出，峰值电流不同，最小临界加工面积也不同。因此，确定一个具体加工对象的电参数时，首先必须根据加工面积确定工作电流，并估算所需的峰值电流。

（2）电极材料、加工极性及电极丝状态的影响

在电参数选定的条件下，采用不同的电极材料与加工极性，加工速度也大不相同。由图 9-9 可知，采用石墨电极，在同样的加工电流时，正极性比负极性加工速度高。在加工中选择极性，不能只考虑加工速度，还必须考虑电极损耗。如用石墨做电极时，正极性加工比负极性加工速度高，但在粗加工中，电极损耗会很大。故在不计电极损耗的通孔加工、取折断工具等情况下，用正极性加工；而在用石墨电极加工型腔的过程中，常采用负极性加工。

从图 9-9 还可看出，在同样的加工条件和加工极性的情况下，采用不同的电极材料，加工速度也不相同。例如，中等脉冲宽度、负极件加工时，石墨电极的加工速度高于铜电极的加工速度。在脉冲宽度较窄或很宽时，铜电极加工速度高于石墨电极。此外，采用石墨电极加工的最大加工速度，比用铜电极加工的最大加工速度的脉冲宽度要窄。

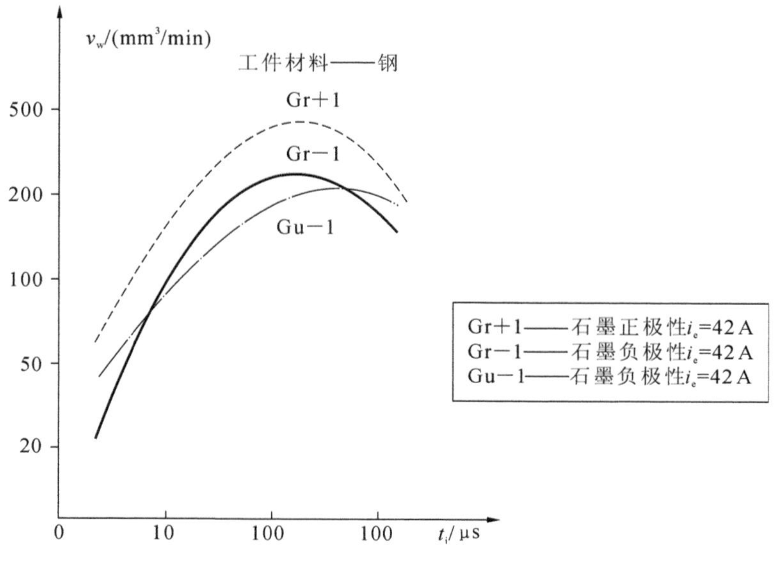

图 9-9　电极材料和加工极性对加工速度的影响

由上所述，电极材料对电火花加工非常重要，正确选择电极材料是电火花加工需要考虑的首要问题。目前常用的电极材料有紫铜(纯铜)、黄铜、钢、石墨、铸铁、银钨合金、铜钨合金等。这些材料的性能如表 9-1 所示。

表 9-1　电极材料性能

电极材料	电加工性能		机加工性能	说　　明
	稳定性	电极损耗		
钢	较差	中等	好	在选择电规准时注意加工稳定性
铸铁	一般	中等	好	为加工冷冲模时常用的电极材料
黄铜	好	大	尚好	电极损耗太大
紫铜	好	较大	较差	磨削困难，难与凸模连接后同时加工
石墨	尚好	小	尚好	机械强度较差，易崩角
铜-钨合金	好	小	尚好	价格高，在深孔、直壁孔、硬质合金模具加工中使用
银-钨合金	好	小	尚好	价格高，使用量较少

目前电火花线切割加工使用的电极丝材料有钼丝、钨丝、钨钼合金丝、黄铜丝、铜钨丝等。采用钨丝加工时，可获得较高的加工速度，但放电后丝质易变脆，容易断丝，故应用较少，只在慢走丝弱规准加工中尚有使用。钼丝比钨丝熔点低，抗拉强度低，但韧度高，在频繁的急热急冷变化过程中，丝质不易变脆、不易断丝。钨钼丝(钨、钼各占 50%的合金)加工效果比前两种都好，它具有钨、钼两者的特性，使用寿命和加工速度都比钼丝高。铜钨丝有较好的加工效果，但抗拉强度差些，价格比较高，来源较少，故应用较少。采用黄铜丝做电极丝时，加工速度较高，加工稳定性好，但抗拉强度差，损耗大。

目前，快走丝线切割加工中广泛使用钼丝作为电极丝，慢走丝线切割加工中广泛使用直径为 0.1 mm 以上的黄铜丝作为电极丝。

电极丝的直径是根据加工要求和工艺条件选取的。在加工要求允许的情况下，可选用直径大些的电极丝。直径大，抗拉强度大，承受电流大，可采用较强的电规准进行加工，能够提高输出的脉冲能量，提高加工速度。同时，电极丝粗，切缝宽，放电产物排除条件好，加工过程稳定，能提高脉冲利用率和加工速度。若电极丝过粗，则难加工出内尖角工件，降低了加工精度，同时切缝过宽使材料的蚀除量变大，加工速度也有所降低；若电极丝直径过小，则抗拉强度低，易断丝，而且切缝较窄，放电产物排除条件差，加工经常出现不稳定现象，导致加工速度降低。细电极丝的优点是可以得到较小半径的内尖角，加工精度能相应提高。表 9-2是常见的几种直径的钼丝的最小拉断力。快走丝一般采用 0.10～0.25 mm 的钼丝。

表 9-2　常见几种直径的钼丝的最小拉断力

丝径/mm	最小拉断力/N
0.06	2～3
0.08	3～4
0.10	7～8
0.13	12～13
0.15	14～16
0.18	18～20
0.22	22～25

电极丝张力对加工速度也有影响如图 9-10 所示。因此，在多次线切割加工中，往往粗加工时电极丝的张力稍微调小，以保证不断丝，在精加工时稍微调大，以减小电极丝抖动的幅度来提高加工精度。

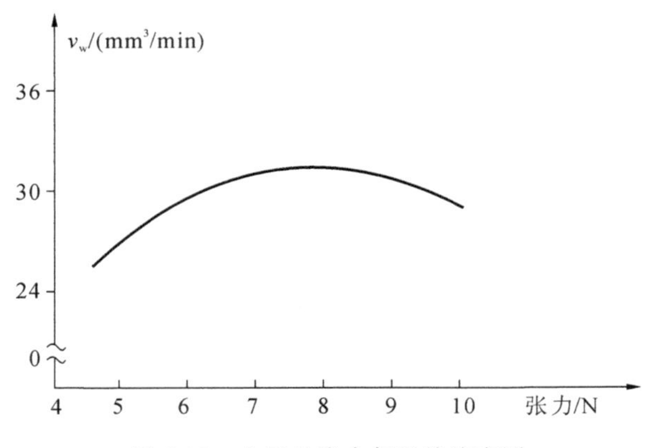

图 9-10　电极丝张力与进给速度图

(3) 工件材料的影响

在同样加工条件下，选用不同工件材料，加工速度也不同。这主要取决于工件材料的物理性能(熔点、沸点、比热、导热系数、熔化热和汽化热等)。

一般说来，工件材料的熔点、沸点越高，比热、熔化热和汽化热越大，加工速度越低，即越难加工。如加工硬质合金钢比加工碳素钢的速度要低 40%～60%。对于导热系数很高的工件，虽然熔点、沸点、熔化热和汽化热不高，但因热传导性好，热量散失快，加工速度也会降低。

在慢速走丝方式、煤油介质情况下，加工铜件过程稳定，加工速度较快。加工硬质合金等高熔点、高硬度、高脆性材料时，加工稳定性及加工速度都比加工铜件低。加工钢件，特别是不锈钢、磁钢和未淬火或淬火硬度低的钢等材料时，加工稳定性差，加工速度低，表面粗糙度也大。

在快速走丝方式、乳化液介质的情况下，加工铜件、铝件时，加工过程稳定，加工速度快。加工不锈钢、磁钢、未淬火或淬火硬度低的高碳钢时，加工稳定性差些，加工速度也低，表面粗糙度也差。加工硬质合金钢时，加工比较稳定，加工速度低，但表面粗糙度小。

(4) 工作液的影响

在电火花加工中，工作液的种类、黏度、清洁度对加工速度有影响。就工作液的种类来说，其他条件不变的情况下，加工速度由快到慢的大致顺序是：高压水＞(煤油＋机油)＞煤油＞酒精水溶液。

目前，电火花成形加工多采用油类做工作液。机油黏度大、燃点高，用它做工作液有利于压缩放电通道，提高放电的能量密度，强化电蚀产物的抛出效果，但黏度大，不利于电蚀产物的排出，影响正常放电；煤油黏度低，流动性好，排屑条件较好。在粗加工时，要求速度快，放电能量大，放电间隙大，故常选用机油等黏度大的工作液；在中、精加工时，放电间隙小，往往采用煤油等黏度小的工作液。

快走丝线切割机床的工作液有煤油、去离子水、乳化液、洗涤剂液、酒精溶液等。但由于煤油、酒精溶液加工时加工速度低、易燃烧，现已很少采用。目前，快走丝线切割工作液广泛采用的是乳化液，其加工速度快。慢走丝线切割机床采用的工作液是去离子水和煤油。

其他影响加工速度的因素还很多，如冷却液的流速，电动机的抬刀方法均会影响排屑状况，从而影响加工速度。

2. 影响表面粗糙度的主要因素

电火花加工表面粗糙度的形成与切削加工不同，它是由若干个电蚀小凹坑组成的，能存润滑油，其耐磨性比同样粗糙度的机加工表面要好。在相同表面粗糙度的情况下，电火花加工表面比机加工表面亮度低。

电火花加工工件表面的凹坑大小与单个脉冲放电能量有关，单个脉冲能量越大，则凹坑越大。若把表面粗糙度简单地看成与电蚀凹坑的深度成正比，则电火花加工表面粗糙度随单个脉冲能量的增加而增大。

在一定的脉冲能量下，不同的工件电极材料表面粗糙度大小不同，熔点高的材料表面粗糙度要比熔点低的材料小。

工具电极表面的粗糙度的大小也影响工件的加工表面粗糙度。例如，石墨电极表面比较粗糙，因此它加工出的工件表面粗糙度也大。

干净的工作液有利于得到理想的表面粗糙度。因为工作液中含蚀除产物等杂质越多，越容易发生积炭等不利状况，从而影响表面粗糙度。

3. 影响加工精度的主要工艺因素

电火花加工精度包括尺寸公差等级和仿型精度(或形状精度)。加工精度是一项综合指标。切割轨迹的控制精度，机械传动精度，工件装夹定位精度以及脉冲电源参数的波动，电极的精度、损耗与运动，工作液脏污程度的变化，加工操作者的熟练程度等对加工精度均有影响。这里介绍三种影响因素。

1）放电间隙

电火花加工中，工具电极与工件间存在着放电间隙，因此工件的尺寸、形状与工具并不一致。如果加工过程中放电间隙是常数，根据工件加工表面的尺寸、形状可以预先对工具尺寸、形状进行修正。但放电间隙是随电参数、电极材料、工作液的绝缘性能等因素变化而变化的，从而影响了加工精度。

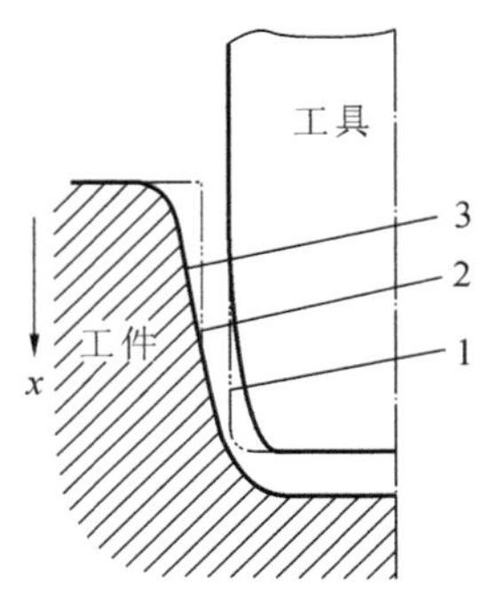

图 9-11　电火花加工所产生的斜度
1—电极无损耗时的工具轮廓线；
2—电极有损耗时而不考虑二次放电时的工件轮廓线；
3—实际工件轮廓线

间隙大小对形状精度也有影响，间隙越大，则复制精度越差，特别是对复杂形状的加工表面。如电极为尖角时，而由于放电间隙的等距离，工件则为圆角。因此，为了减少加工尺寸误差，应该缩小放电间隙。另外还必须尽可能使加工过程稳定，放电间隙在精加工时一般为 0.01～0.1 mm，粗加工时为 0.5 mm 以上（单边）。

2）加工斜度

电火花加工时，产生斜度的情况如图 9-11 所示。由于工具电极下面部分加工时间长，损耗大，因此电极变小，而入口处由于电蚀产物的存在，易发生因电蚀产物的介入而再次进行的非正常放电，因而产生加工斜度。

电极丝往复运动会造成斜度。电极丝上下运动时，电极丝进口处与出口处的切缝宽窄不同（见图 9-12(a)）。宽口是电极丝的入口处，窄口是电极丝的出口处。故当电极丝往复运动时，在同一切割表面电极丝进口与出口的高低不同。图 9-12(b)是切缝剖面示意图，电极丝的切缝不是直壁缝，入口处宽、出口处窄。这也是往复走丝工艺的特性之一。

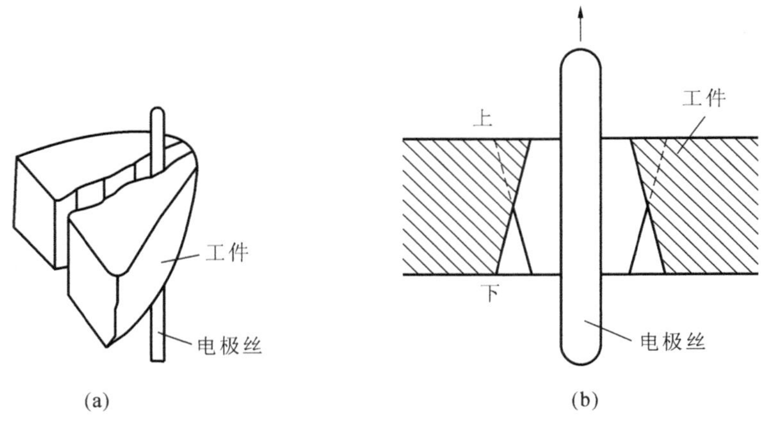

图 9-12　电极丝运动引起的斜度
(a) 进口处与出口处的切缝宽窄不同　(b) 切缝剖面示意图

3）工作液的注入方式和注入方向

电火花线切割工作液的注入方式有浸泡式、喷入式和浸泡喷入复合式。工作液的喷入方向分单向和双向两种。无论采用哪种喷入方向，在电火花线切割加工中，因切缝狭小、放电区域介质液体的介电系数不均匀，所以放电间隙也不均匀，并且导致加工面不平、加工精度不高。

若采用单向喷入工作液，入口部分工作液纯净，出口处工作液杂质较多，这样会造成加工斜度（见图 9-13(a)）；若采用双向喷入工作液，则上下入口较为纯净，中间部位杂质较多，介电系数低，这样造成鼓形切割面(见图 9-13(b))。工件越厚，这种现象越明显。

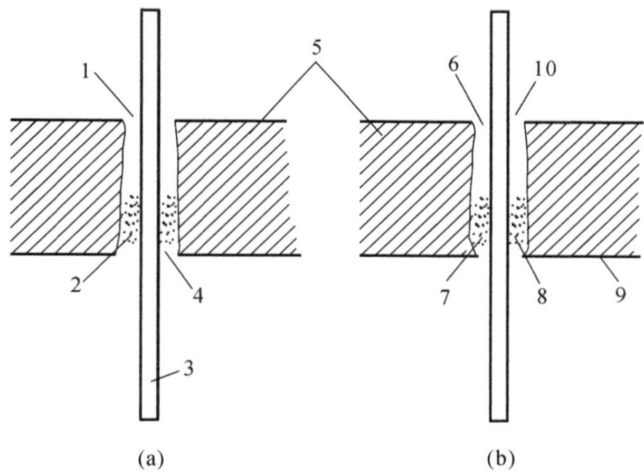

图 9-13 工作液喷入方式对线切割加工精度的影响

(a) 单相喷入方式 (b) 双向喷入方式

1,6,8—工作液入口；2,9—杂质；3—电极丝；5—工件；4,7,10—工作液出口

4. 电参数对工艺指标的影响

1) 放电峰值电流 $\hat{i}_e$ 对工艺指标的影响

放电峰值电流增大，单个脉冲能量增多，工件放电痕迹增大，故切割速度迅速提高，表面粗糙度增大，电极丝损耗增大，加工精度有所下降。因此第一次切割加工及加工较厚工件时取较大的放电峰值电流。

放电峰值电流不能无限增大，当其达到一定临界值后，若再继续增大峰值电流，则加工的稳定性会变差，加工速度明显下降，甚至断丝。

2) 脉冲宽度 t_i 对工艺指标的影响

在其他条件不变的情况下，增大脉冲宽度 t_i，切割加工的速度提高，表面粗糙度变大。这是因为当脉冲宽度增加时，单个脉冲放电能量增大，放电痕迹会变大。同时，随着脉冲宽度的增加，电极丝损耗也变大。因为脉冲宽度增加，正离子对电极丝的轰击加强，结果使得接负极的电极丝损耗变大。在峰值电流一定的情况下，随着脉冲宽度的减小，成形电极损耗增大。脉冲宽度越窄，成形电极损耗上升的趋势越明显。所以精加工时的成形电极损耗比粗加工时的电极损耗大。

3) 脉冲间隔 t_o 对工艺指标的影响

在其他条件不变的情况下，减小脉冲间隔 t_o，脉冲频率将提高，所以单位时间内的放电次数增多，平均电流增大，从而提高了切割速度。

脉冲间隔 t_o 在电火花加工中的主要作用是消电离和恢复液体介质的绝缘。脉冲间隔 t_o 不能过小，否则会影响电蚀产物的排出和火花通道的消电离，导致加工稳定性变差和加工速度降低，甚至断丝。当然，也不是说脉冲间隔 t_o 越大，加工就越稳定。脉冲间隔过大会使加工速度明显降低，严重时不能连续进给，加工变得不稳定。

在电火花成形加工中，脉冲间隔的变化对加工表面粗糙度影响不大。在线切割加工中，在其余参数不变的情况下，脉冲间隔减小，线切割工件的表面粗糙度稍有增大。这是因为一般电火花线切割加工用的电极丝直径都在 0.25 mm 以下，放电面积很小，脉冲间隔的减小导致平均加工电流增大，由于面积效应的作用，致使加工表面粗糙度增大。

实践表明，在加工中改变电参数对工艺指标的影响很大，必须根据具体的加工对象和要求，综合考虑各因素及其相互影响关系，选取合适的电参数，既优先满足主要加工要求，又同时注意提高各项加工指标。一般来说，主要采用两种方法来处理：第一，先主后次，如在用电火花加工去除断在工件中的钻头、丝锥时，应优先保证速度，因为此时工件的表面粗糙度、电极损耗已经不重要了。加工精密小零件时，精度和表面粗糙度是主要指标，加工速度是次要指标，这时选择电参数主要满足尺寸公差等级高、表面粗糙度小的要求。又如加工中、大型零件时，对尺寸的精度和表面粗糙度要求低一些，故可选较大的加工峰值电流、脉冲宽度，尽量获得较高的加工速度。此外，不管加工对象和要求如何，还需选择适当的脉冲间隔，以保证加工稳定进行，提高脉冲利用率；第二，采用各种手段，兼顾各方面。其中常见的方法有如下几种。

(1) 粗、中、精逐挡过渡式加工方法。

粗加工用以蚀除大部分加工余量，使型腔按预留量接近尺寸要求；中加工用以提高工件的表面粗糙度，并使型腔基本达到要求，一般加工量不大；精加工主要保证最后加工出的工件达到要求的尺寸公差等级和表面粗糙度。中、精加工中，虽然工具电极的相对损耗大，但加工量极小，故工具电极的绝对损耗极小。

(2) 先用机械加工去除大量的材料，再用电火花加工保证加工精度和加工质量。

电火花成形加工的材料去除率还不能与机械加工相比。因此，有必要先用机械加工方法去除大部分加工量，使各部分余量均匀，从而大幅度提高工件的加工效率。

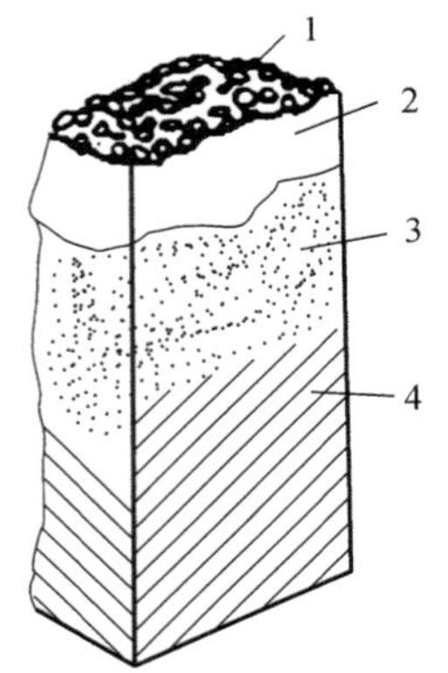

图 9-14　电火花加工表面变化层

1—加工表面微观形貌；2—熔化层；3—热影响层；4—基体金属

(3) 采用多电极。

在加工中及时更换电极，当电极绝对损耗量达到一定程度时，及时更换，以保证良好的加工质量。

5. 电火花加工表面变化层和力学性能

1) 表面变化层

在电火花加工过程中，工件在放电瞬时的高温和工作液迅速冷却的作用下，表面层发生了很大变化。这种表面变化层的厚度在 0.01～0.5 mm 之间，一般将其分为熔化层和热影响层，如图 9-14 所示。

(1) 熔化层。

熔化层位于电火花加工后工件表面的最上层，它被电火花脉冲放电产生的瞬时高温所熔化，又受到周围工作液介质的快速冷却作用而凝固。对于碳钢来说，熔化层在金相照片上呈现白色，故又称为白层。白层与基体金属完全不同，是一种树枝状的淬火铸造组织，与内层的结合不是很牢固。熔化层中有渗碳、渗金属、气孔及其他夹杂物。熔化层厚度随脉冲能量增大而变厚，一般为 0.01～0.1 mm。

(2) 热影响层。

热影响层位于熔化层和基体之间，与焊接接头的热影响区相似，与基体没有明显的界线。由于加工材料及加工前的热处理状态及加工脉冲参数的不同，热影响层的变化也不同。对淬火钢将产生二次淬火区、高温回火区和低温回火区；对未淬火钢而言主要是产生淬火区。

(3) 显微裂纹。

电火花加工中，加工表面层受高温作用后又迅速冷却而产生残余拉应力。在脉冲能量较大时，表面层甚至出现细微裂纹，裂纹主要产生在熔化层，只有脉冲能量很大时才扩展到热影响层。不同材料对裂纹的敏感性也不同，硬脆材料容易产生裂纹。由于淬火钢表面残余拉应力比未淬火钢大，故淬火钢的热处理质量不高时，更容易产生裂纹。脉冲能量对显微裂纹的影响是非常明显的。脉冲能量越大，显微裂纹越宽越深；脉冲能量很小时，一般不会出现显微裂纹。

2）表面变化层的力学性能

（1）显微硬度及耐磨性。

工件在加工前由于热处理状态及加工中的脉冲参数不同，加工后的表面层显微硬度变化也不同。加工后表面层的显微硬度一般比较高，但由于加工电参数、冷却条件及工件材料热处理状况不同，有时显微硬度会降低。一般来说，电火花加工表面外层的硬度比较高，耐磨性好。但对于滚动摩擦，由于是交变载荷，尤其是干摩擦，因熔化层和基体结合不牢固，容易剥落而磨损，因此，有些要求较高的模具需要把电火花加工后的表面变化层预先研磨掉。

（2）残余应力。

电火花表面存在着由于瞬时先热后冷作用而形成的残余应力，而且大部分表现为拉应力。残余应力的大小和分布，主要与材料在加工前热处理的状态及加工时的脉冲能量有关。因此对表面层质量要求较高的工件，应尽量避免使用较大的加工规准，同时在加工中一定要注意工件热处理的质量，以减少工件表面的残余应力。

（3）疲劳性能。

电火花加工后，工件表面变化层金相组织的变化，会使疲劳性能比机械加工表面低许多倍。采用回火处理、喷丸处理甚至去掉表面变化层，将有助于降低残余应力或使残余拉应力转变为压应力，从而提高其疲劳性能。采用小的加工规准是减小残余拉应力的有力措施。

9.2　电化学加工

电化学加工(electrochemical making)是利用金属在外电场作用下的高速局部阳极溶解，阴极沉积实现电化学反应，对金属材料进行加工的方法。

从机理上分，电化学加工有三种不同的类型。第一类是利用电化学反应过程中的阳极溶解来进行加工，主要有电解加工和电化学抛光等；第二类是利用电化学反应过程中的阴极沉积来进行加工，主要有电镀、电铸等；第三类是利用电化学加工与其他加工方法相结合的电化学复合加工工艺进行加工，目前主要有电解磨削、电化学阳极机械加工(其中还含有电火花放电作用)。

从工艺应用上分：电化学加工有用于表面加工的电化学抛光、电镀、电刻蚀等方法；有用于改变零件形状和尺寸的电解加工、电铸成形、电解磨削、电解放电加工等方法；还有用于提炼金属的电解冶炼等方法。下面详细介绍电解加工、电铸成形和电解磨削。

9.2.1　电解加工

1. 电解加工的原理

电解加工是利用金属在电解液中的“电化学阳极溶解”来将工件成形的。如图 9-15 所示，在工件(阳极)与工具(阴极)之间接上直流电源，使工具阴极与工件阳极间保持较小的加工间隙(0.1～0.8 mm)，间隙中通过高速流动的电解液。这时，工件阳极开始溶解。开始时，两极之间的间隙大小不等，间隙小处的电流密度大，阳极金属去除速度快；而间隙大处的电流密度小，去除速度慢。

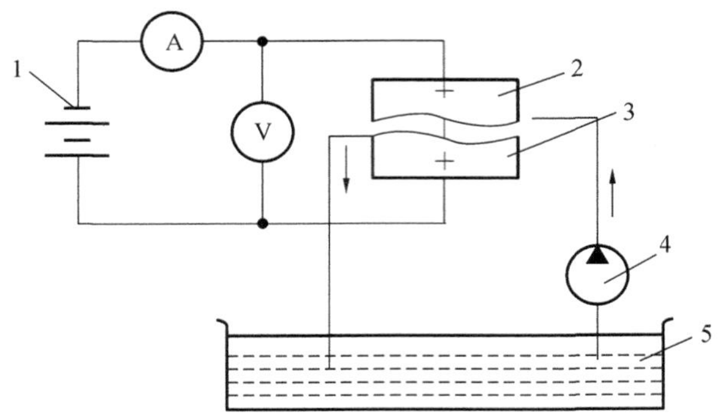

图 9-15　电解加工原理图

1—直流电源；2—工具电极；3—工件阳极；4—电解液泵；5—电解液

随着工件表面金属材料的不断溶解，工具阴极不断地向工件进给，溶解的电解产物不断地被电解液冲走，工件表面也就逐渐被加工成接近于工具电极的形状，如此下去直至将工具的形状复制到工件上。

电解加工与其他加工方法相比较，具有下列特点：

(1) 能加工各种硬度和强度的材料。只要是金属，不管其硬度和强度多大，都可加工。

(2) 生产率高，为电火花加工的 5～10 倍。在某些情况下，比切削加工的生产率还高，且加工生产率不直接受加工精度和表面粗糙度的限制。

(3) 表面质量好，电解加工不产生残余应力和变质层，又没有飞边、刀痕和毛刺。在正常情况下，表面粗糙度 Ra 可达 0.2～1.25 μm。

(4) 阴极工具在理论上不损耗，基本上可长期使用。

电解加工当前存在的主要问题是加工精度难以严格控制，尺寸公差等级一般只能达到 0.15～0.30 mm。此外，电解液对设备有腐蚀作用，电解液的处理也较困难。

2. 电解加工设备

电解加工的基本设备包括直流电源、机床及电解液系统三大部分，电解加工系统如图 9-16 所示。

1) 直流电源

电解加工常用的直流电源为硅整流电源和晶闸管整流电源。晶闸管整流电源比硅整流电源的调节灵敏度高，稳压精度高、效率高，但是可靠性稍差。国内生产中多采用硅整流电源，国外普遍采用晶闸管电源。

2) 机床

电解加工机床的任务是安装夹具、工件和阴极工具，并实现其相对运动，传送电和电解液。电解加工过程中虽没有机械切削力，但电解液对机床主轴和工作台也存在作用力，因此要求机床有足够的刚度；要保证进给系统的稳定性，如果进给速度不稳定，阴极相对工件的各个截面的电解时间就不同，影响加工精度；电解加工机床经常与具有腐蚀性的工作液接触，因此机床要有好的防腐措施和安全措施。

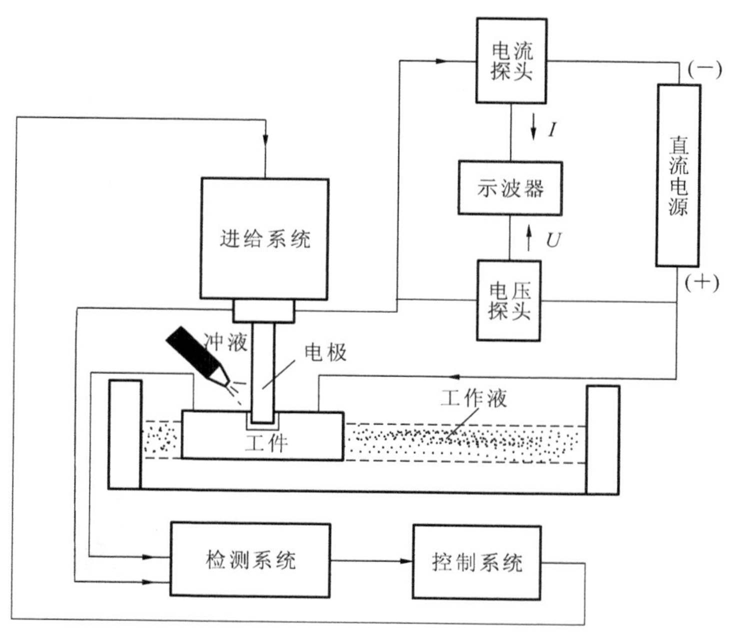

图 9-16　电解加工系统

3）电解液系统

在电解加工过程中，电解液不仅作为导电介质传递电流，而且在电场的作用下进行化学反应，使阳极溶解能顺利而有效地进行，这一点与电火花加工的工作液的作用是不同的。同时电解液也担负着及时把加工间隙内产生的电解产物和热量带走的任务，起到更新和冷却的作用。

电解液可分为中性盐溶液、酸性盐溶液和碱性盐溶液三大类。其中中性盐溶液的腐蚀性较小，使用时较为安全，故应用最广。常用的电解液有 NaCl、$NaNO_3$、$NaClO_3$ 三种。

NaCl 电解液价廉易得，对大多数金属而言，其导电效率均很高，加工过程中损耗小并可在低浓度下使用，应用很广。其缺点是电解能力强，使得离阴极工具较远的工件表面也被电解，成形精度难以控制，复制精度差；对机床设备腐蚀性大，故适用于加工速度快而精度要求不高的工件加工。

质量分数低于 30％的 $NaNO_3$ 电解液对设备、机床腐蚀性很小，使用安全。但生产效率低，需较大电源功率，故适用于成形精度要求较高的工件加工。

$NaClO_3$ 电解液的散蚀能力小，故加工精度高，对机床、设备等的腐蚀很小，广泛地应用于高精度零件的成形加工。然而，$NaClO_3$ 是一种强氧化剂，虽不自燃，但遇热分解的氧气能助燃，因此使用时要注意防火安全。

3. 电解加工应用

电解加工主要应用在孔加工和复杂成形模具和零件中，例如汽车、拖拉机连杆等各种型腔锻模，航空、航天发动机的扭曲叶片，汽轮机定子、转子的扭曲叶片，炮筒内管的螺旋“膛线”（来复线），齿轮、液压件内孔的电解去毛刺、倒圆、扩孔及抛光等。图 9-17 是用电解加工整体叶轮，叶轮上的叶片是采用套料法逐个加工的。加工完一个叶片，退出阴极，经分度后再加工下一个叶片。

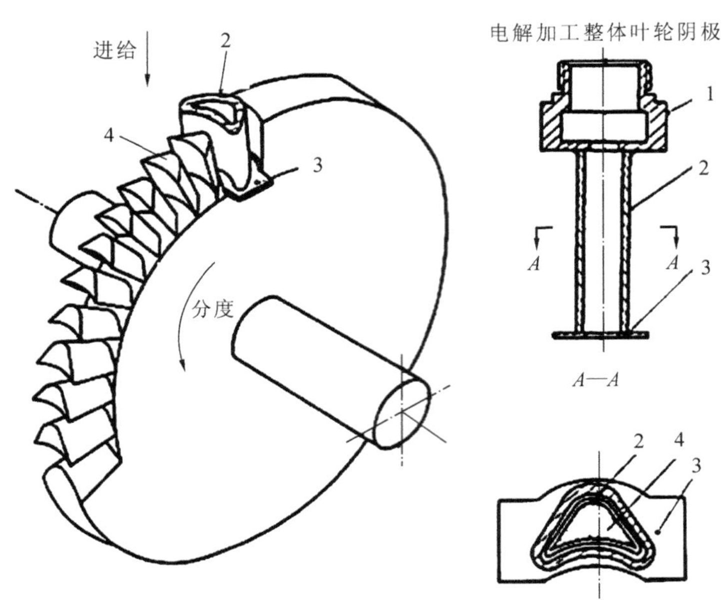

图 9-17　电解加工整体叶轮

1—阴极上部；2—空心套管；3—阴极片；4—叶片

9.2.2　电铸成形

1. 电铸成形原理

与大家熟知的电镀原理相似，电铸成形是利用电化学过程中的阴极沉积现象来进行成形加工的，即在原模上通过电化学方法沉积金属，然后分离以制造或复制金属制品。两者都可以复制复杂、精细的表面。但电铸与电镀又有不同之处，电镀时要求得到与基体结合牢固的金属镀层，以达到防护、装饰等目的。而电铸则要电铸层与原模分离，其厚度也远大于电镀层。

电铸原理如图 9-18 所示，在直流电源的作用下，金属盐溶液中的金属离子在阴极获得电子而沉积在阴极母模的表面。阳极的金属原子失去电子而成为正离子，源源不断地补充到电铸液中，使溶液中的金属离子浓度保持基本不变。当母模上的电铸层达到所需的厚度时取出，将电铸层与型芯分离，即可获得型面与型芯凹、凸相反的电铸模具型腔零件的成形表面。电铸时间很长，所以必须设置恒温控制设备。它包括加热设备(加热玻璃管、电炉等)和冷却设备(水泵或冷冻机等)。

2. 电铸成形特点

(1) 复制精度高，可以做出机械加工不可能加工出的细微形状(如微细花纹、复杂形状等)，表面粗糙度 Ra 可达 0.1 μm，一般不需抛光即可使用。

(2) 母模材料不限于金属，有时还可用制品零件直接作为母模。

(3) 表面硬度可达 35～50 HRC，所以电铸型腔使用寿命长。

(4) 电铸可获得高纯度的金属制品，如电铸铜，它纯度高，具有良好的导电性能，十分有利于电加工。

(5) 电铸时，金属沉积速度缓慢，制造周期长，如电铸镍一般需要一周左右。

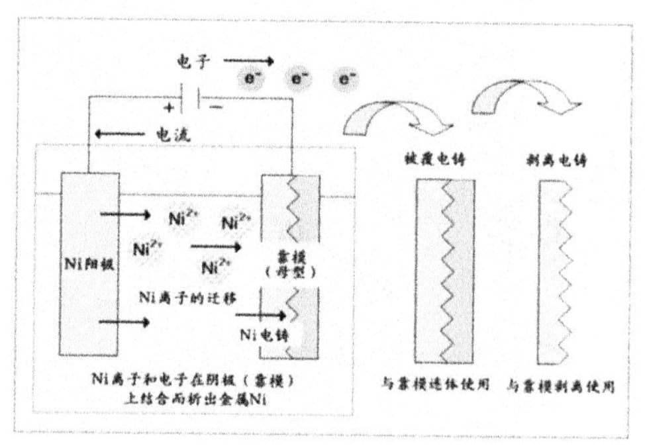

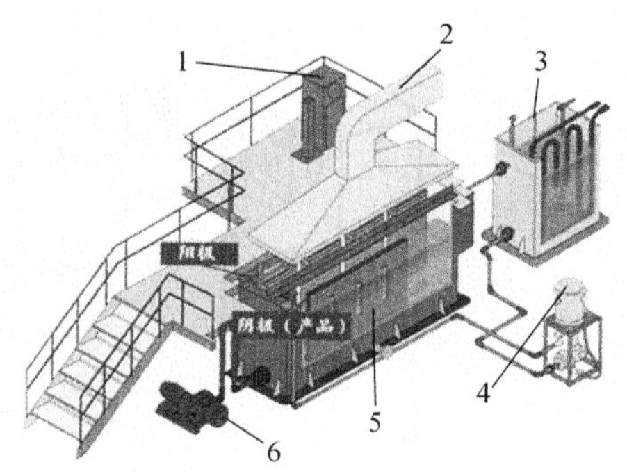

图 9-18　电铸成形的原理图

1—整流器；2—管道；3—循环槽（水位的控制）；4—过滤器；5—电铸槽；6—水泵

（6）电铸层厚度不易均匀，且厚度较薄，仅为 4～8 mm。电铸层一般都具有较大的应力，所以大型电铸件变形显著，且不易承受大的冲击载荷。这样，就使电铸成形的应用受到一定的限制。

电铸技术从发明至今，已经从简单的铜、镍、铁金属电铸发展为现在的高强合金电铸、纳米电铸以及复合材料电铸等许多新型材料电铸。随着物理化学、材料学、机械工程、电工学、环境科学等学科的不断发展，必将进一步促进电铸技术的发展。

9.2.3　电解磨削

1. 电解磨削加工原理

电解磨削是电解加工的一种特殊形式，是电解与机械的复合加工方法。它是靠金属的溶解（占 95%～98%）和机械磨削（占 2%～5%）的综合作用来实现加工的。

如图 9-19 所示，磨轮（砂轮）不断旋转，磨轮上凸出的砂粒与工件接触，未接触部分形成磨轮与工件间的电解间隙。电解液不断供给，磨轮在旋转中，将工件表面由电化学反应生成的钝化膜除去，继续进行电化学反应，如此反复不断，直到加工完毕。

电解磨削的阳极溶解机理与普通电解加工的阳极溶解机理是相同的。不同之处在于：电解磨削中，阳极钝化膜的去除是靠磨轮的机械加工去除的，电解液腐蚀力较弱；而一般电解加工中的阳极钝化膜的去除，是靠高电流密度去破坏（不断溶解）或靠活性离子（如氯离子）进行活化，再由高速流动的电解液冲刷带走的，效率低。

2. 电解磨削加工特点

电解磨削广泛应用于平面磨削、成形磨削和内外圆磨削。图 9-20 为电解成形磨削示意图，导电磨轮的外圆圆周按需要的形状进行预先成形，然后进行电解磨削。

（1）磨削力小，生产率高。这是由于电解磨削具有电解加工和机械磨削加工的优点。

（2）加工精度高，表面加工质量好。因为电解磨削加工中，一方面工件尺寸或形状是靠磨轮刮除钝化膜得到的，故能获得比电解加工好的加工精度；另一方面，材料的去除主要靠电解加工，加工中产生的磨削力较小，不会产生磨削毛刺、裂纹等现象，故加工工件的表面质量好。

（3）设备投资较高。电解磨削机床需加电解液过滤装置、抽风装置、防腐处理设备等。

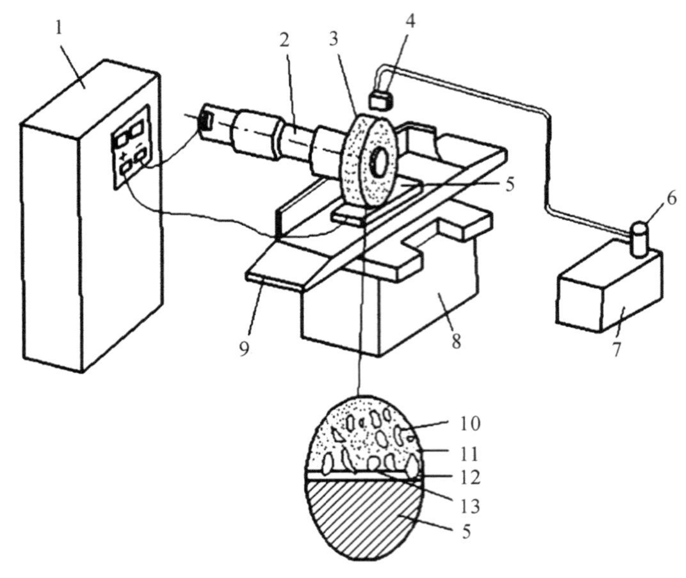

图 9-19 电解磨削加工原理图

1—直流电源；2—绝缘主轴；3—磨轮；4—电解液喷嘴；5—工件；6—电解液泵；7—电解液箱；8—机床本体；9—工作台；10—磨料；11—结合剂；12—电解间隙；13—电解液

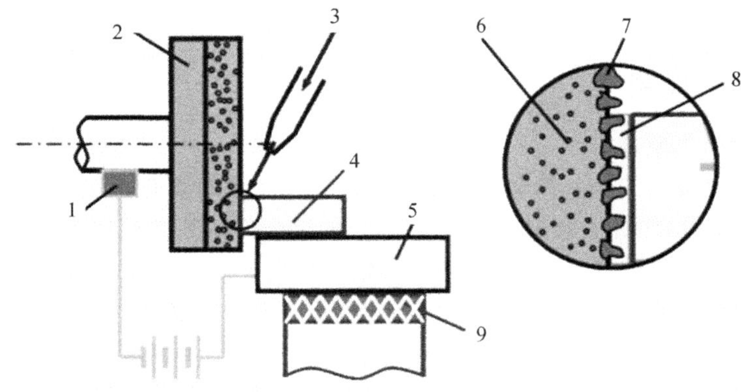

图 9-20 电解成形磨削示意图

1—电刷；2—导电磨轮；3—电解液；4—工件；5—工作台；6—导电基体；7—磨料；8—阳极膜；9—绝缘板

9.3 激光加工

激光拥有强度高、单色性好、相干性好和方向性好这些特性，适合进行材料加工。激光加工技术是对传统加工技术的一次革命，对国民经济的发展起着巨大的推动作用。当代激光加工技术已应用到快速成形、切割、打孔、打标、焊接、熔覆、划线、热处理等领域。

9.3.1 激光加工机理与设备

1. 激光加工的原理与特点

由于激光的发散角小和单色性好，理论上可以聚焦到尺寸与光的波长相近的（微米甚至亚微米）小斑点上，加上它本身强度高，故可以使其焦点处的功率密度达到 107～1011 W/cm^2，温度可达 10000 ℃以上。在这样的高温下,任何材料都将瞬时急剧熔化和汽化,并爆炸性地高速喷射出来,同时产生方向性很强的冲击。因此,激光加工(见图 9-21)是工件在光热效应下产生高温熔融和受冲击波抛出的综合过程。

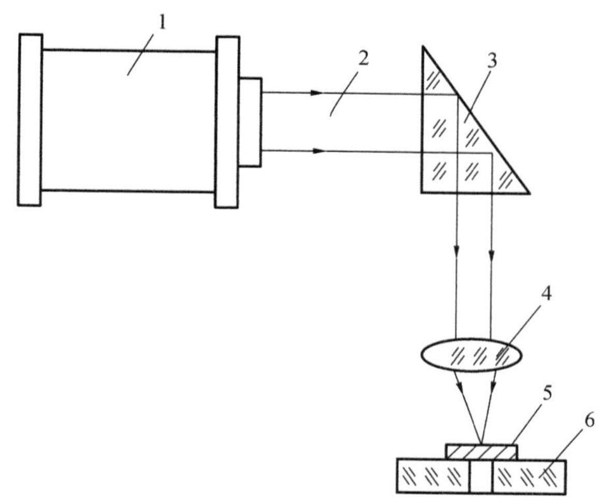

图 9-21 激光加工示意图

1—激光器;2—激光束;3—全反射棱镜;4—聚焦物镜;5—工件;6—工作台

几乎对所有的金属和非金属材料都可以进行激光加工。因激光能聚焦成极小的光斑,所以可进行微细和精密加工,如微细窄缝和微型孔的加工。可用反射镜将激光束送往远离激光器的隔离室或其他地点进行加工。加工时不需用刀具,属于非接触加工,无机械加工变形。无须特殊环境,便于自动控制连续加工,加工效率高,加工变形和热变形小。

2. 激光加工的设备

激光加工的基本设备由激光器、导光聚焦系统和加工机(激光加工系统)三部分组成。

1) 激光器

激光器是激光加工的重要设备,它的任务是把电能转变成光能,产生所需要的激光束。按工作物质的种类可分为固体激光器、气体激光器、液体激光器和半导体激光器四大类。由于氦氖激光器所产生的激光不仅容易控制,而且方向性、单色性及相干性都比较好,因而在机械制造的精密测量中被广泛采用。而在激光加工中则要求输出功率与能量大,所以,目前多采用二氧化碳气体激光器及红宝石、钕玻璃、YAG(掺钕钇铝石榴石)等固体激光器。

2) 导光聚焦系统

根据被加工工件的性能要求,光束经放大、整形、聚焦后作用于加工部位,这种从激光器输出窗口到被加工工件之间的装置称为导光聚焦系统。

3) 激光加工系统

激光加工系统主要包括床身、能够在三维坐标范围内移动的工作台及机电控制系统等部件。

9.3.2 典型激光加工

1. 典型激光加工

激光加工凭借其优良的性能已应用到制造业的很多领域,如用于表面改性技术的激光熔敷、用于焊接工艺的激光焊、用于3D打印技术的选择性激光烧结等。这里简单介绍激光打孔、激光切割、激光打标和激光存储等激光加工方法。

1）激光打孔

随着近代工业技术的发展，硬度大、熔点高的材料应用越来越多，并且常常要求在这些材料上打出又小又深的孔，例如，钟表或仪表的宝石轴承，钻石拉丝模具，化学纤维的喷丝头以及火箭或柴油发动机中的燃料喷嘴等。这类加工任务，用常规的机械加工方法很困难，有的甚至是不可能的，而用激光打孔，则能比较好地完成任务。

激光打孔中，要详细了解打孔的材料及打孔要求。从理论上讲，激光可以在任何材料的不同位置，打出浅至几微米、深至二十几毫米以上的小孔，但具体到某一台打孔机，它的打孔范围是有限的。所以，在打孔之前，最好要对现有的激光器的打孔范围进行充分的了解，以确定能否打孔。

激光打孔的质量主要与激光器输出功率和照射时间、焦距与发散角、焦点位置、光斑内能量分布、照射次数及工件材料等因素有关。在实际加工中应合理选择这些工艺参数。

2）激光切割

激光切割的原理与激光打孔相似，但工件与激光束要相对移动。在实际加工中，采用工作台数控技术，可以实现激光数控切割。激光切割大多采用大功率的CO_2激光器，对于精细切割，也可采用YAG激光器。激光切割过程中，影响激光切割参数的主要因素有激光功率、吹气压力、材料厚度等。

激光可以切割金属，也可以切割非金属。在激光切割过程中，由于激光对被切割材料不产生机械冲击和压力，再加上激光切割切缝小，便于自动控制，故在实际中常用来加工玻璃、陶瓷和各种精密细小的零部件。

3）激光打标

激光打标是指利用高能量的激光束照射在工件表面，光能瞬时变成热能，使工件表面迅速汽化蒸发，从而在工件表面刻出任意所需要的文字和图形，以作为永久防伪标志。

激光打标的特点是非接触加工，可在任何异形表面标刻，工件不会变形和产生内应力，适合金属、塑料、玻璃、陶瓷、木材、皮革等各种材料；标记清晰、永久、美观，并能有效防伪；标刻速度快，运行成本低，无污染，可显著提高被标刻产品的档次。

激光打标广泛应用于电子元器件、汽（摩托）车配件、医疗器械、通信器材、计算机外围设备、钟表等产品和烟酒食品防伪等行业。

4）激光存储

激光存储是利用激光进行视频、音频、文字资料、计算机信息等的存取。激光电视唱片的制作可分为原版录制和复制两个过程。在原版录制时，是将镀有薄金属膜的玻璃圆盘旋转，经调制的激光束相应地沿着玻璃圆盘的半径方向缓慢地由内向外移动，激光束便相应地熔化金属层，将图像与声音记录下来。

9.4　电子束加工与离子束加工

电子束加工与离子束加工都属于高能束加工。电子束和离子束均需要在真空环境中运行，实现对工件的加工。由于电子与离子的属性不同，两种加工方法在应用方面差别很大。

9.4.1　电子束加工

1. 电子束加工机理

电子束加工是利用高速电子的冲击动能来加工工件的，如图 9-22 所示。在真空条件下具有很高速度和能量的电子束从电子枪中发出，通过聚焦系统聚焦到被加工材料上，电子的动能绝大部分转变为热能，使材料局部瞬时熔融、汽化蒸发而去除。

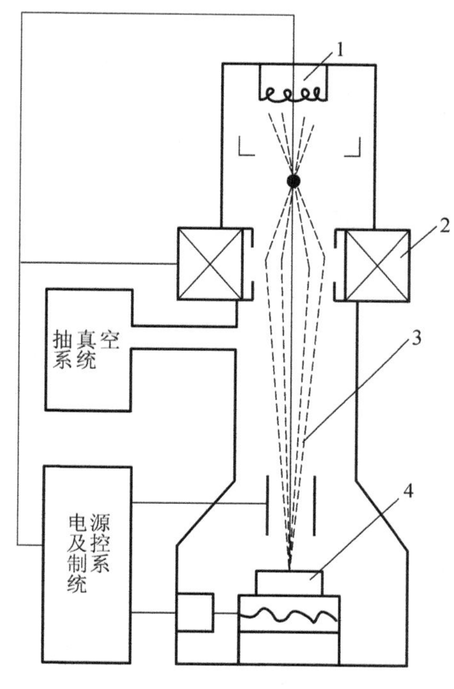

图 9-22　电子束加工原理图

1—电子枪系统；2—聚焦系统；3—电子束；4—工件

控制电子束能量密度的大小和能量注入时间，就可以达到不同的加工目的。如只使材料局部加热就可进行电子束热处理；使材料局部熔化就可以进行电子束焊接；提高电子束能量密度，使材料熔化和汽化，就可进行打孔、切割等加工；利用较低能量密度的电子束轰击高分子材料时产生化学变化的原理，可进行电子束光刻加工。

2. 电子束加工特点及应用

电子束能够极其细微地聚焦(可达 1～0.1 μm)，故可进行微细加工。由于电子束能量密度高，可使任何材料瞬时熔化、汽化且机械力的作用极小，不易产生变形和应力，故能加工各种力学性能的导体、半导体和非导体材料，加工材料的范围广。电子束加工在真空中进行，污染少，加工表面不易被氧化，但需要整套的专用设备和真空系统，价格较贵，故在生产中受到一定程度的限制。

由于上述特点，电子束加工常应用于加工微细小孔、异形孔(见图 9-23)及特殊曲面。图 9-24所示为电子束加工的曲面和弯孔。电子束在磁场中受力，在工件内部弯曲，工件同时移动，即可加工曲面(a)；随后改变磁场极性，即可加工曲面(b)；在工件实体部位内加工，即可得到弯槽(c)；当工件固定不动，先后改变磁场极性，二次加工，即可得到一个入口、两个出口的弯孔(d)。拉制电子束速度和磁场强度，即可控制曲率半径。

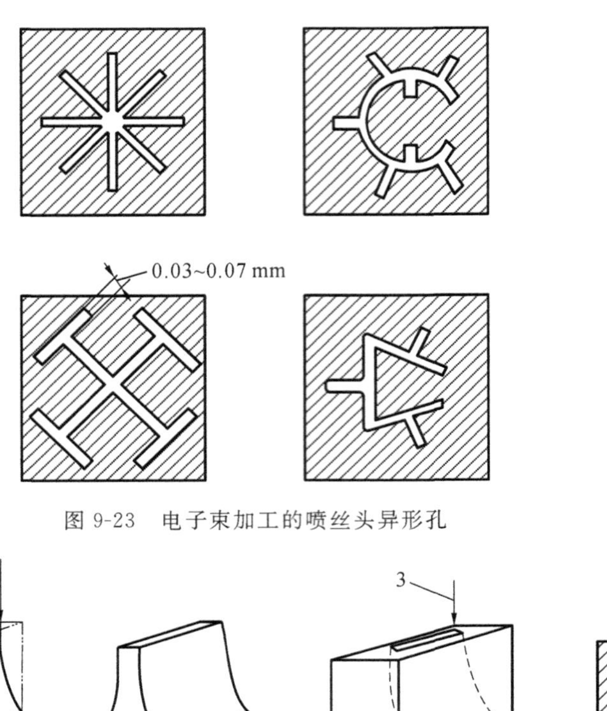

图 9-23　电子束加工的喷丝头异形孔

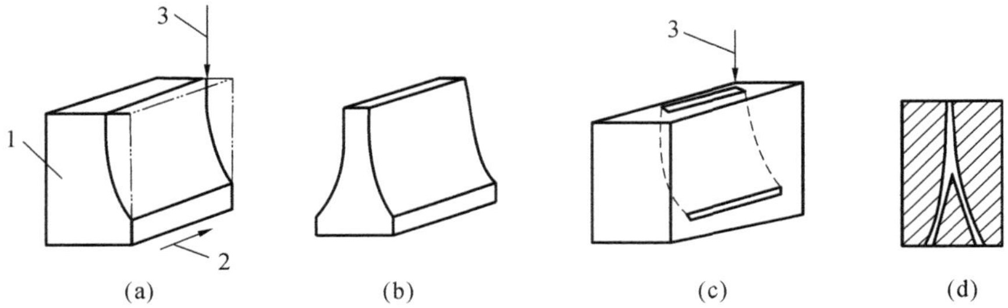

(a)　(b)　(c)　(d)

图 9-24　电子束加工的曲面和弯孔

1—工件;2—工件运动方向;3—电子束

9.4.2　离子束加工

1. 离子束加工

离子束加工是目前特种加工中最精密、最微细的加工。离子刻蚀可达纳米级精度,离子镀膜可控制在亚微米级精度,离子注入的深度和浓度亦可精确地控制。它在高真空中进行,污染少,特别适宜于对易氧化的金属、合金和半导体材料进行加工。离子束加工是靠离子轰击材料表面的原子来实现的,是一种微观作用,所以加工应力和变形极小,适宜于对各种材料和低刚度零件进行加工。

离子束加工是在真空条件下,将离子源产生的离子束经过加速、聚焦后投射到工件表面的加工部位以实现加工的。与电子束加工相比,离子带正电荷,其质量比电子大数千倍乃至数万倍,故在电场中加速较慢,但一旦加至较高速度,就比电子束具有更大的撞击动能。离子束加工的物理基础是离子束射到材料表面时所发生的撞击效应、溅射效应和注入效应。所以,离子束加工常分为四类,分别是离子刻蚀、离子溅射沉积、离子镀(又称离子溅射辅助沉积)、离子注入。

2. 常见离子束加工方法

1) 刻蚀加工

离子刻蚀是指离子轰击工件,将工件表面的原子逐个剥离,又称离子铣削,其实质是一种原子尺度的切削加工。当离子束轰击工件，入射离子的动量传递到工件表面的原子，传递能量超过了原子间的键合力时，原子就从工件表面撞击溅射出来，达到刻蚀的目的。离子刻蚀用于加工陀螺仪空气轴承和动压马达上的沟槽，分辨率高，精度、重复一致性好。离子束刻蚀应用的另一个方面是刻蚀高精度的图形，如集成电路、声表面波器件、光电器件和光集成器件等微电子学器件亚微米图形。图 9-25 为动压马达止推板上的弯槽，槽线深度的尺寸为微米级。

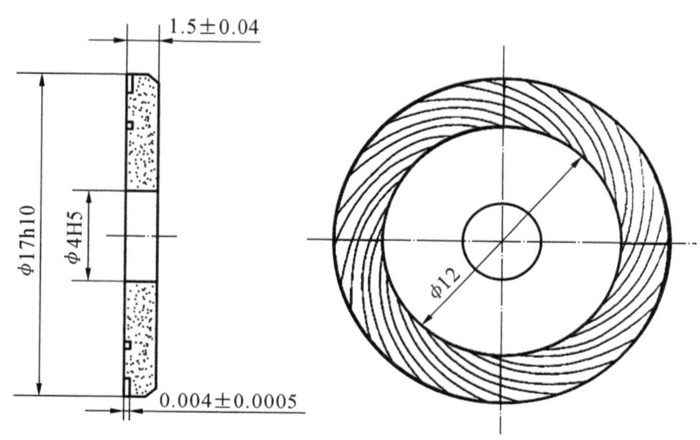

图 9-25 动压马达止推板上的弯槽

2）镀膜加工

离子镀膜加工有溅射沉积和离子镀两种。离子溅射沉积是离子轰击靶材，将靶材原子击出，沉积在靶材附近的工件上，使工件表面镀上一层薄膜。离子镀是指离子束同时轰击靶材和工件表面，目的是为了增强膜材与工件基材之间的结合力。离子镀膜附着力强、膜层不易脱落。这首先是由于镀膜前离子以足够高的动能冲击基体表面，清洗掉表面的污物和氧化物，从而提高了工件表面的附着力。其次是镀膜刚开始时，由工件表面溅射出来的基材原子，有一部分会与工件周围气氛中的原子和离子发生碰撞而返回工件。这些返回工件的原子与镀膜的膜材原子同时到达工件表面，形成了膜材原子和基材原子的共混膜层。而后，随膜层的增厚，逐渐过渡到单纯由膜材原子构成的膜层。混合过渡层的存在，可以减少由于膜材与基材两者膨胀系数不同而产生的热应力，增强了两者的结合力，使膜层不易脱落，镀层组织致密，针孔气泡少。

离子镀已用于镀制润滑膜、耐热膜、耐蚀膜、耐磨膜、装饰膜和电气膜等。用离子镀方法在切削工具表面镀氮化钛、碳化钛等超硬层，可以提高刀具的耐用度。离子镀的可镀材料广泛，可在金属或非金属表面上镀制金属或非金属材料，如各种合金、化合物、某些合成材料、半导体材料、高熔点材料等。

3）离子注入加工

离子注入加工是将所要注入的元素进行电离，并将正离子分离和加速，形成具有数十万电子伏特的高能离子流，轰击工件表面，离子因动能很大，被打入表层内，其电荷被中和，成为置换原子或晶格间隙原子，被留于表层中，使材料的化学成分、结构、性能产生变化。以能够提高材料的耐蚀性能，改善材料的耐磨性能，提高材料的硬度，改善材料的润滑性能等为目的。

9.5　超声加工

几十年来，超声加工（包括复合加工）的发展较为迅速，其工艺技术在深小孔加工、难加工材料加工方面有较广泛的应用，尤其是在难加工材料领域解决了许多关键性的工艺问题，取得了良好的效果。

9.5.1　超声加工机理与设备

1. 超声加工机理

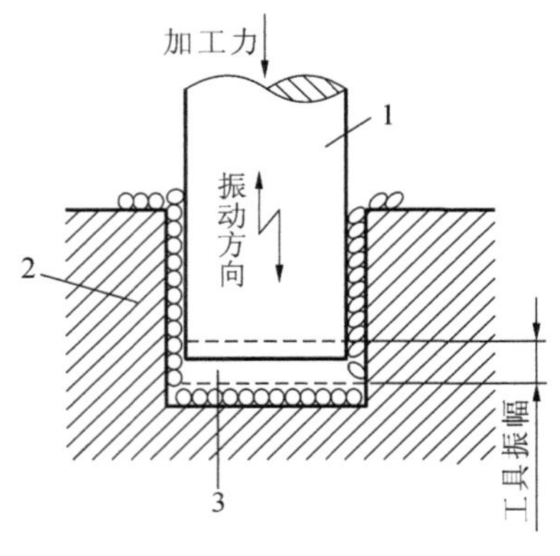

图 9-26　超声加工原理图

1—工具；2—工件；3—磨料＋工作液

超声加工是利用振动频率超过 16000 Hz 的工具头，通过悬浮液磨料对工件进行成形加工的一种方法，其加工原理如图 9-26 所示。

当工具以 16000 Hz 以上的振动频率作用于悬浮液磨料时，磨料便以极高的速度强力冲击加工表面；同时由于悬浮液磨料的搅动，使磨粒以高速度抛磨工件表面；此外，磨料液受工具端面的超声振动而产生交变的冲击波和“空化现象”。所谓空化现象，是指当工具端面以很大的加速度离开工件表面时，加工间隙内形成负压和局部真空，在磨料液内形成很多微空腔；当工具端面以很大的加速度接近工件表面时，空泡闭合，引起极强的液压冲击波，从而使脆性材料产生局部疲劳，引起显微裂纹。超声波空化现象的过程如图 9-27 所示。存在于液体中的微小气泡（空化核）在超声波的作用下振动、生长并不断聚集声场能量，当能量达到某个阈值时，气泡将迅速膨胀，然后突然闭合，在气泡闭合时产生冲击波，这种膨胀、闭合、振荡等一系列动力学过程称为超声波空化作用。

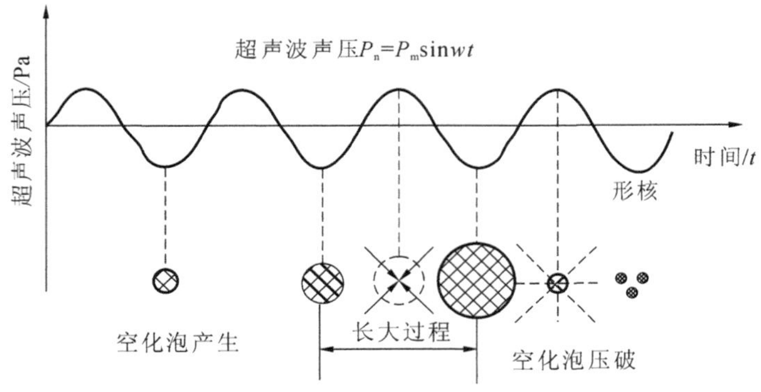

图 9-27　超声波空化现象的过程

这些因素使工件的加工部位材料粉碎破坏，随着加工的不断进行，工具的形状就逐渐“复制”在工件上。由此可见，超声加工是磨粒的机械撞击和抛磨作用以及超声波空化作用的综合结果，磨粒的撞击作用是主要的。因此，材料越硬脆，越易遭受撞击破坏，越易进行超声加工。

2. 超声加工设备

超声加工设备如图 9-28 所示。尽管不同功率大小、不同公司生产的超声加工设备在结构形式上各不相同,但一般都由超声波发生器、超声振动系统(声学部件)、机床本体和磨料工作液循环系统等部分组成。

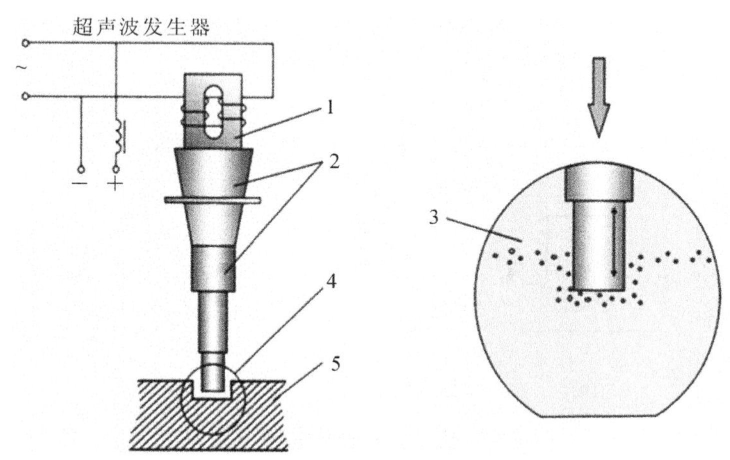

图 9-28 超声加工设备

1—超声换能器;2—变幅杆;3—磨料悬浮液;4—工具;5—工件

1) 超声波发生器

超声波发生器是产生超声频振荡的电器装置。其作用是将低频交流电转变为具有一定功率输出的超声频电振荡,以供给工具往复运动和加工工件的能量。

2) 声学部件

声学部件的作用是将高频电能转换成机械振动,并以波的形式传递到工具端面。声学部件主要由换能器、变幅杆及工具组成。换能器的作用是把超声频电振荡信号转换为机械振动;变幅杆的作用是将振幅放大的变截面杆件。由于换能器材料的伸缩变形量很小,在共振情况下也超不过 0.005～0.01 mm,而超声加工却需要 0.01～0.1 mm 的振幅,因此必须用上粗下细(按指数曲线设计)的变幅杆放大振幅。变幅杆应用的原理是:通过变幅杆的每一截面的振动能量是不变的,所以随着截面积的减小,振幅就会增大。加工中工具头与变幅杆相连,其作用是将放大后的机械振动作用于悬浮液磨料对工件进行冲击。工具材料应选用硬度和脆性不很大的韧性材料,如 45 钢,这样可以减少工具的相对磨损。工具的尺寸和形状取决于被加工表面,它们相差一个加工间隙值(略大于磨料直径)。

3) 机床本体和磨料工作液循环系统

超声加工机床的本体一般很简单,包括支撑声学部件的机架、工作台面以及使工具以一定压力作用在工件上的进给机构等;磨料工作液是磨料和工作液的混合物。常用的磨料有碳化硼、碳化硅、氧化硒或氧化铝等;常用的工作液是水,有时用煤油或机油。磨料的粒度大小取决于加工精度、表面粗糙度及生产率的要求。

9.5.2 超声加工的特点与应用

超声加工适合于加工各种硬脆材料,特别是某些不导电的非金属材料,也可以加工淬火钢和硬质合金等材料,但效率相对较低。加工时宏观切削力很小,不会引起变形、烧伤,表面

粗糙度 Ra 很小，可达 0.2 μm，加工精度可达 0.05～0.02 mm，而且可以加工薄壁、窄缝、低刚度的零件。加工机床结构和工具均较简单，操作维修方便。

超声加工的生产率虽然比电火花、电解加工的低，但其加工精度和表面粗糙度都比它们好，而且能加工半导体、非导体的脆硬材料，如玻璃、陶瓷、石英、宝石、锗、硅甚至金刚石等。在实际生产中，超声波广泛应用于型腔孔加工（见图 9-29）、切割加工（见图 9-30）、清洗、去毛刺等方面，也可以对零件进行抛光、研磨、刻印、焊接等。

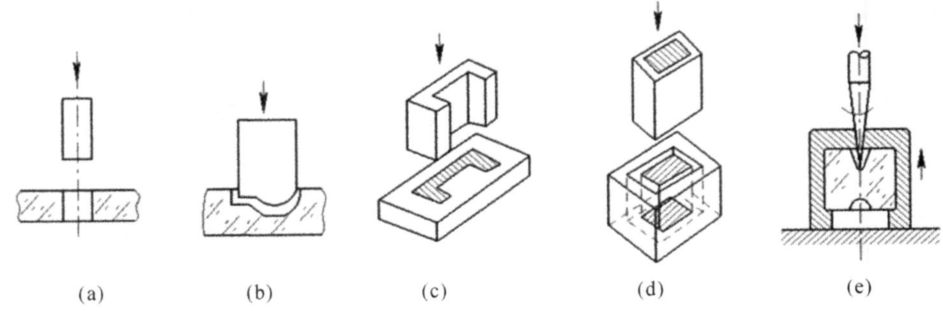

图 9-29　超声加工的型孔、腔孔类型

(a) 加工圆孔　(b) 加工型腔　(c) 加工异形孔　(d) 套料加工　(e) 加工微细孔

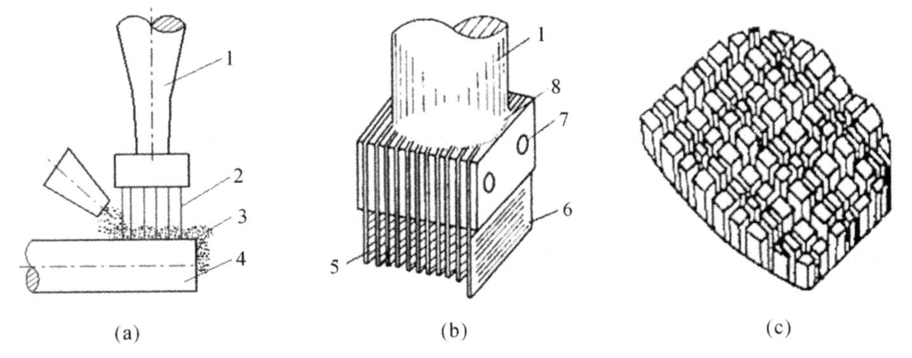

图 9-30　超声波切割加工

(a) 超声切割单晶硅片示意图　(b) 工具　(c) 切割成的陶瓷模块

1—变幅杆；2—工具；3—磨料液；4—工件（单晶硅）；5—软钢刀片；6—导向片；7—铆钉；8—焊缝

9.6　3D 打印技术

3D 打印（3D Printing）技术是利用光、热、电等物理手段（常用的是激光）实现材料的转移与堆积。以三维实体模型为驱动，通过连续的物理层叠加，逐层增加材料来生成零件的制造技术，与传统的去除材料加工技术不同，因此又称为添加制造（additive manufacturing，AM）。3D 打印技术可以实现用一台计算机、一台机床轻松完成复杂精细结构的制造，对于个性化的中小型零件的制造特别方便。自 1892 年提出分层制造的理论，到 1988 年第一台商用快速成形机问世，1996 年媒体第一次把快速成形机称为 3D 打印机，至今该技术已经应用到生物医学、建筑、服装、食品行业中，它具有一种迅猛发展的趋势。

9.6.1 3D打印技术概述

1.3D打印的工作原理与工艺流程

3D打印技术是采用离散/堆积成形的原理(分层制造,逐层叠加),由CAD模型直接驱动的快速制造任意复杂形状三维实体的技术总称。

采用快速成形技术不需要刀具、磨具、工装和模样,只需先设计出零件的三维CAD模型(见图9-31(a)),再利用CAD软件对零件模型进行离散化处理(见图9-31(b))。然后使用CAM软件对零件模型进行切片分层,就得到一系列的二维薄切片(见图9-31(c)),目前3D打印技术每层厚度可以达到0.1 mm,当然也有部分打印机如Objet Connex系列还有三维Systems' Project系列可以打印出16 μm薄的一层,不过在弯曲的表面可能会比较粗糙,最后将每层切片的几何信息和生成该切片的最佳扫描路径(见图9-31(d))信息直接存入控制数控系统的命令文件中,由此便可经数控执行机构扫描加工出各层二维薄片,再经逐层连接就可生成立体零件。

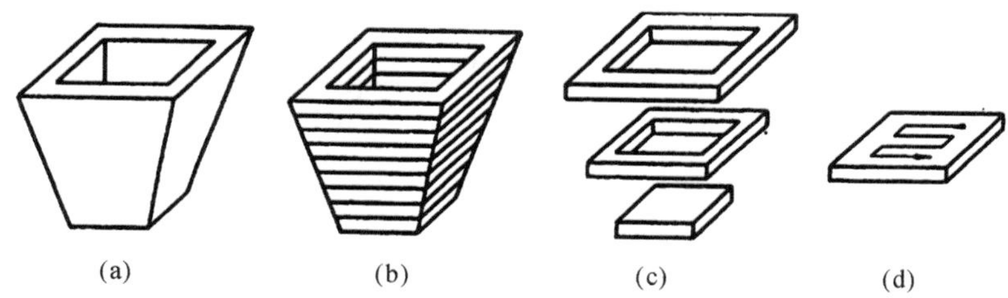

图9-31 快速成形制造与CAD/CAM系统

(a) 三维零件模型 (b) 离散后的三维模型

(c) 二维切片图 (d) CAM软件生成对零件离散化进行切片最佳扫描路径

2.3D打印技术的特点

(1) 数字制造

借助CAD等软件将产品结构数字化,驱动机器设备将原材料加工制造成器件;数字化文件还可借助网络进行传递,实现异地分散化制造的生产模式。

(2) 降维制造(分层制造)

即把三维结构的物体先分解成二维层状结构,逐层累加形成三维物品。因此,原理上3D打印技术可以制造出任何复杂的结构,而且制造过程更加柔性化。

(3) 堆积制造

从下而上的堆积方式对于实现非均质材料功能梯度的器件更有优势。

(4) 直接快速制造

任何高性能难成形的部件均可通过打印方式一次性直接制造出来,不需要通过组装拼接等复杂过程来实现。制造工艺流程短,可在设计现场全自动制造。因此,制造更快速、更高效。

9.6.2 3D打印技术分类

目前,根据打印所用材料及生成片层方式的不同,实现方法有以下几种。

(1) 对颗粒或者粉体材料的熔化或软化形成零件,如选择性激光烧结(selective laser sintering,SLS)、熔融沉积成形(fused deposition modeling,FDM)和无木模铸形制造

(patternless casting manufacturing),其中无木模铸形制造是用干砂逐层黏接成可用于铸造的砂型的成形加工方法。

(2) 对液体材料固化加工的方法,如立体光固化成形(stereo lithography prototyping)、紫外线固化(ultra-violetcuring)和低温沉积冷冻成形(low temperature freezing machining)。

(3) 把板材逐层结合成形,如叠层实体制造(laminated object manufacturing,LOM)和金属板材数控无模渐进成形(sheet metal CNC dieless incremental forming),后者是计算机控制专用压头使金属板材实现逐次渐进塑性变形的加工方法。

下面介绍几种当下应用广泛的 3D 打印技术。

1. 选择性激光烧结(SLS)

选择性激光烧结成形是利用激光直接照射于粉末材料上,使之固化而叠加成形的方法。如图 9-32 所示,加工时,首先将粉末预热到稍低于其熔点的温度,然后用平整滚将粉末铺平;激光束在计算机控制下根据分层截面信息进行有选择地烧结,一层完成后再进行下一层烧结,全部烧结完后去掉多余的粉末,可以得到一个烧结好的零件。

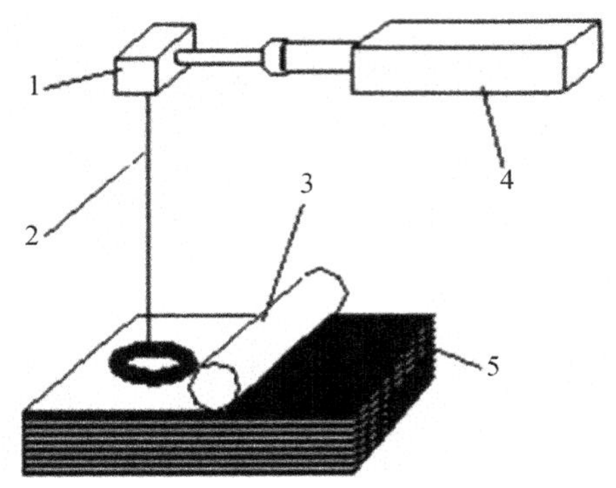

图 9-32　SLS 技术原理图

1—扫描镜;2—激光束;3—平整滚;4—激光器;5—粉末

SLS 工艺与光固化工艺都需要借助激光将物质固化为整体。不同的是,SLS 工艺使用的是红外激光束对一层层的固态粉末材料,进行选择性局部烧结成形,而光固化工艺通常采用紫外线照射液态聚合物使其固化,如光敏树脂成形获得零件的原型。SLS 工艺的粉床上未被烧结部分成为烧结部分的支撑结构,因而无需考虑支撑系统,较光固化工艺简单。

适用于该方法的材料除石蜡和聚合物粉末(如 ABS 塑料,PVC,聚氨酯、尼龙、聚丙烯粉末)外,还有金属、陶瓷等,因此 SLS 方法与其他快速成形方法相比,突出的优点是能加工出最坚硬的原型或零件,还可以在一个零件顶部再造一个零件,这正是 SLS 优于固化加工、LOM 之处。目前,主要用于小批量制造模具及 EDM 电极等,但用该技术生产的零件表面粗糙度较大。为了提高原型强度,SLS 的材料研究方向主要集中在金属和陶瓷领域。

2. 熔融沉积成形(FDM)

熔融沉积成形利用热塑性材料的热熔性、黏结性,在计算机控制下层层堆积成形的加工方法。因为它实现起来相对容易,是目前应用最广泛的一种 3D 打印技术,很多消费级 3D 打印机都是采用的这种工艺。其加工原理如图 9-33 所示。

丝状材料由送丝机构送进喷头并在喷头内加热呈熔融状态。喷头在计算机控制下沿零件截面轮廓和填充轨迹运动的同时将熔融材料挤出,材料迅速固化并与周围材料黏结,一层层地堆积,制造出原型或零件。FMD 方法加工过程干净,无材料浪费,制造薄壁空心零件时

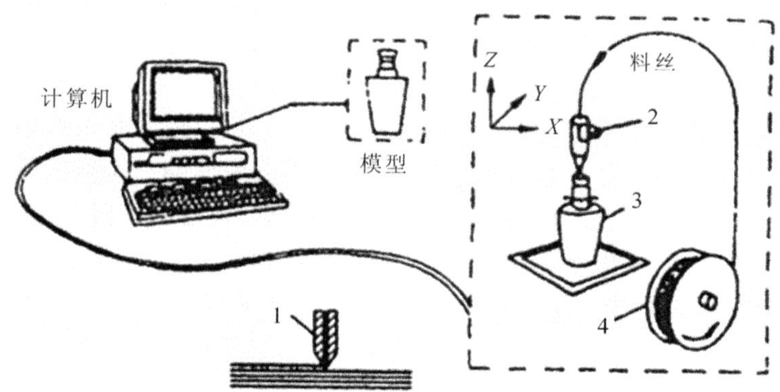

图 9-33　FDM 加工原理图

1,2—喷头;3—原型件;4—丝轮

速度较快,材料价格相对较低,性价比较高。目前,主要用于模具制造和医疗产品的加工。

3. 叠层实体制造(LOM)

叠层实体制造是利用激光切割薄形材料并使之叠加成形的加工方法。常见的薄形材料有纸、聚合物、金属等材料。在层片叠加制造工艺中,机器会将单面涂有热溶胶的箔材通过热压辊加热,热溶胶在加热状态下可产生黏性,所以由纸、陶瓷箔、金属箔等构成的材料就会黏结在一起。

LOM 技术原理图如图 9-34 所示。成形机顶部装有可沿 x-y 轴运动的激光器。上方的激光器按照 CAD 模型分层数据,用激光束将材料切割成所制零件的内外轮廓,然后再铺上新的一层材料,通过热压装置将其与下面的已切割层黏合在一起,激光束再次切割。重复这个过程,直至完成整个零部件打印。不难发现,LOM 工艺还是有传统切削的影子。只不过它不是用大块原材料进行整体切削,而是将原来的零部件模型分割为多层,然后进行逐层切削。

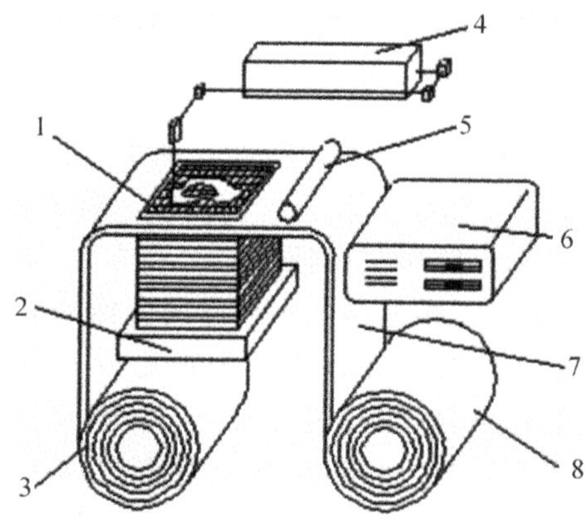

图 9-34　LOM 技术原理图

1—加工平面;2—升降台;3—收料轴;4—CO_2 激光器;5—热压辊;6—控制计算机;7—料带;8—供料轴

不难发现,LOM 工艺还是有传统切削的影子。只不过它不是用大块原材料进行整体切削,而是将原来的零部件模型分割为多层,然后进行逐层切削。

4. 三维印刷工艺(3D printing,3DP)

三维印刷,也称三维打印。1989 年,麻省理工学院的 Emanuel M. Sachs 和 John S.

Haggerty 等在美国申请了三维印刷技术的专利，之后 Emanuel M. Sachs 和 John S. Haggerty 又多次对该技术进行完善，并最终形成了今天的三维印刷工艺。

从工作方式来看，三维印刷与传统二维喷墨打印最接近。与 SLS 工艺一样，3DP 也是通过将粉末黏结成整体来制作零部件，不同之处在于，它不是通过激光熔融的方式黏结，而是通过喷头喷出的黏结剂。喷头在电脑控制下，按照模型截面的二维数据运行，选择性地在相应位置喷射黏结剂，最终构成层。在每一层黏结完毕后，成形缸下降一个等于层厚度的距离，供粉缸上升一段高度，推出多余粉末，并由铺粉辊推到成形缸，铺平后再被压实。如此循环，直至完成整个物体的黏结。图 9-35 所示为 3DP 技术原理图。

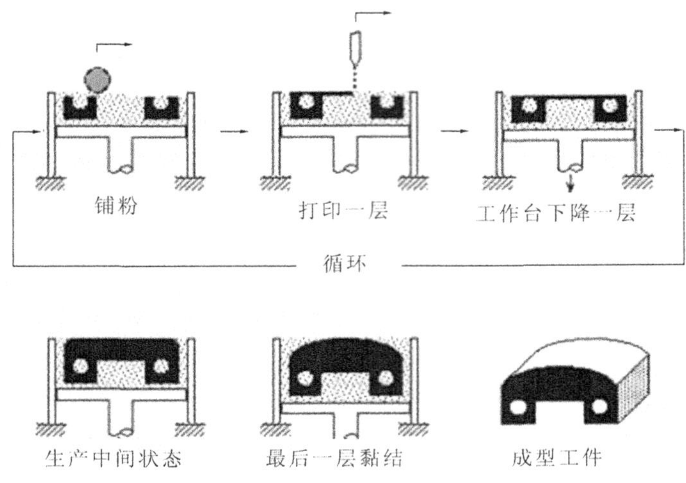

图 9-35　3DP 技术原理图

引申知识点

1. 微细加工

从广义的角度来说，切削加工、磨料加工、电火花加工、电解加工、化学加工、超声加工、微波加工、等离子加工、外延生长、激光加工、电子束加工、离子束加工、光刻加工、电铸加工等都属于微细加工。微细加工和一般加工在精度的表示方法、微观机理、加工特征等方面有不同点。一般加工时，精度是用加工误差与加工尺寸的比值来表示的。在微细加工时，精度是用尺寸的绝对值来表示的。一般加工允许的吃刀量比较大，切屑比较大；微细加工时，由于强度和刚度都不允许有大的吃刀量，因此切屑很小。当吃刀量小于材料晶粒直径时，切削就得在晶粒内进行。一般加工多以尺寸、形状、位置精度为加工特征，微细加工却以分离或结合原子、分子为加工对象，以电子束、离子束、激光束三束加工为基础，采用沉积、刻蚀、溅射、蒸镀等手段进行各种处理。

2. 敢于挑战

一般认为，绝缘性工作液（如煤油或去离子水等）在电火花加工中是不可替代的，其在加工中所起的冷却、排屑和压缩放电通道等作用使电火花加工得以稳定、可靠地进行。但液中放电加工也同样带来了加工设备庞大复杂、电极损耗较大以及残液、废气造成环境污染等显而易见的缺点。电火花加工是否可以在气体中进行呢?

日本东京农工大学的国枝正典教授打破了禁锢人们达半个世纪之久的传统观念,即工作液是电火花加工中必不可少的要求之一,创造性地提出了干式电火花铣削加工的方法。(干式)气中电火花加工,是指在放电加工的过程中,用高速气体流替代传统的加工液,实现加工间隙内加工屑的排出并起冷却作用的一种新型加工方法。

复习思考题

1. 简述电火花成形加工与电火花线切割加工的区别(从原理、电极、产品形状及应用方面阐述)。

2. 电火花加工的物理本质是什么?

3. 在实际加工中如何处理加工速度、电极损耗、表面粗糙度之间的矛盾关系?

4. 简述电化学加工的基本原理。

5. 本章介绍了电解磨削复合加工方法,请结合其他各章所学的工艺方法,说出两种以上复合加工方法及其优缺点。

6. 阐述电子束加工和离子束加工在原理上和应用范围上的异同。

7. 试对常用的几种 3D 打印技术做优缺点比较。

8. 试举例说明激光加工的基本原理与加工过程。

9. 从“水滴石穿”到高压水射流切割,对于加工方法的创新,我们能从中得到怎样的启示?

参考文献

[1] 张策.机械工程简史[M].北京:清华大学出版社,2015.

[2] 杰里米·里夫金.第三次工业革命:新经济模式如何改变世界[M].张体伟,孙豫宁,译.北京:中信出版社,2012.

[3] 徐滨士,朱绍华,刘世参.材料表面工程技术[M].哈尔滨:哈尔滨工业大学出版社,2014.

[4] 姜银方,王宏宇.现代表面工程技术[M].北京:化学工业出版社,2014.

[5] 吕广庶,张远明.工程材料及成形技术基础[M].北京:高等教育出版社,2001.

[6] 邓文英,郭晓鹏.金属工艺学(上册)[M].5版.北京:高等教育出版社,2008.

[7] 骆莉,卢记军.机械制造工艺基础[M].武汉:华中科技大学出版社,2006.

[8] 王先逵.表面工程技术[M].北京:机械工业出版社,2008.

[9] 鞠鲁粤.工程材料与成形技术基础[M].北京:高等教育出版社,2004.

[10] 凌爱林.工程材料[M].天津:天津大学出版社,2009.

[11] 王顺兴.金属热处理原理与工艺[M].哈尔滨:哈尔滨工业大学出版社,2009.

[12] 阮建明,黄培云.粉末冶金原理[M].北京:机械工业出版社,2012.

[13] 严彪,吴菊清,李祖德,等.现代粉末冶金手册[M].北京:化学工业出版社,2013.

[14] 陈振华.现代粉末冶金技术[M].北京:化学工业出版社,2013.

[15] 陈振华,陈鼎.现代粉末冶金原理[M].北京:化学工业出版社,2013.

[16] 刘军,佘正国.粉末冶金与陶瓷成型技术[M].北京:化学工业出版社,2005.

[17] 张华诚.粉末冶金实用工艺学[M].北京:冶金工业出版社,2004.

[18] 孙康宁,张景德.现代工程材料成形与机械制造基础[M].2版.北京:高等教育出版社.

[19] 周旭光.特种加工技术[M].西安:西安电子科技大学出版社,2011.

[20] 刘晋春,白基成,郭永丰.特种加工[M].北京:机械工业出版社,2008.

[21] 王彤,陈玉全,国枝正典.气中电火花线切割加工技术研究[J].机械工程学报,2003.

[22] 李勇.微细电加工应用技术研究[J].电加工与模具,2009.

[23] 林江.工程材料及机械制造基础[M].北京:机械工业出版社,2013.

[24] 杨瑞成,郭铁明,陈奎,等.工程材料[M].北京:科学出版社,2012.

[25] 骆志斌.金属工艺学[M].5版.北京:高等教育出版社,2000.

[26] 卞洪元.金属工艺学[M].3版.北京:北京理工大学出版社,2013.

[27] 朱张校,姚可夫.工程材料[M].4版.北京:清华大学,2009.

[28] 崔占全,孙振国.工程材料[M].3版.北京:机械工业出版社,2013.

[29] 童幸生,徐翔,胡建华.材料成型及机械制造工艺基础[M].武汉:华中科技大学出版社,2002.

[30] 邓文英.金属工艺学[M].3 版.北京:高等教育出版社,1991.

[31] 郝兴明.金属工艺学[M].北京:国防工业出版社,2012.

[32] 杜素梅.机械制造基础[M].北京:国防工业出版社,2012.

[33] 周世权,田文峰.机械制造工艺基础[M].2 版.武汉:华中科技大学出版社,2010.

[34] 于爱兵.材料成型技术基础[M].北京:清华大学出版社,2010.

[35] 冯旻,刘艳杰,高郁.机械工程材料及热加工[M].2 版.哈尔滨:哈尔滨工业大学出版社,2009.

[36] 孙广平.材料成形技术基础[M].北京:国防工业出版社,2007.

[37] 吕烨.热加工工艺基础与实习[M].北京:高等教育出版社,2004.

[38] 王润孝.先进制造技术导论[M].北京:科学出版社,2004.

[39] 侯旭明.工程材料及成型工艺[M].北京:化学工业出版社,2003.

[40] 邓文英,宋力宏.金属工艺学(下册)[M].5 版.北京:高等教育出版社,2008.

[41] 张鹏,孙有亮.机械制造技术基础[M].北京:北京大学出版社,2009.

[42] 张世昌,李旦,高航.机械制造技术基础[M].2 版.北京:高等教育出版社,2007.

[43] 罗继相,王志海.金属工艺学[M].北京:高等教育出版社,2009.

[44] 王睿鹏.现代数控机床编程与操作[M].北京:机械工业出版社,2014.

[45] 李金伴.数控机床选用指南[M].北京:化学工业出版社,2010.

[46] 李峻,翁世修.活塞裙部中凸变椭圆异型面车削加工[J].制造技术与机床,1999,12(12):31-33.

[47] 约瑟夫·迪林格,等.机械制造工程基础[M].杨祖群,译.长沙:湖南科学技术出版社,2013.